W0258201

# LOGIK DER MORPHOLOGIE

## IM RAHMEN EINER LOGIK DER GESAMTEN BIOLOGIE

VON

## DR. ADOLF MEYER

PRIVATDOZENT AN DER UNIVERSITÄT HAMBURG
BIBLIOTHEKAR AN DER HAMBURGISCHEN STAATS-
UND UNIVERSITÄTSBIBLIOTHEK

MIT 3 ABBILDUNGEN

BERLIN
VERLAG VON JULIUS SPRINGER
1926

ISBN 978-3-642-50424-2          ISBN 978-3-642-50733-5 (eBook)
DOI 10.1007/978-3-642-50733-5

MEINEN LIEBEN ELTERN

# Vorwort.

Motto: „Die logische Anordnung des Materials
eines Wissensgebietes ist eine sehr ernste und wichtige Angelegenheit, sie ist zum mindesten ebenso
wichtig, wie die Ermittlung neuer Einzeltatsachen,
es seien denn solche von ganz grundlegender Bedeutung. Denn diese Anordnung ist in gewissem
Grade die »Wissenschaft« selbst.     DRIESCH.

Die moderne Biologie befindet sich heute in einer ähnlichen
theoretischen Lage wie die Physik um die Mitte des vorigen Jahrhunderts, als das überkommene Gewand einer Einteilung nach den
Sinnesgebieten anfing, ihr zu eng zu werden. Wie die Physik sich
damals, vornehmlich als Folge der Energetik, freimachte von der
Bevormundung durch die Sinne, so ist die heutige Biologie überall
bestrebt, das ihr zu eng gewordene, an der reinen Morphologie orientierte Gewand abzustreifen und überall physiologische Gesichtspunkte
maßgebend werden zu lassen. Statt von Formen spricht man heute
überall von „Systemen“. So will die Entwicklungsphysiologie (Entwicklungsmechanik ROUXs) die Formbildung selber physiologisch-
kausal untersuchen, während das andere Hauptgebiet der kausalen
Morphologie, die Vererbungslehre, die form- und funktionsphysiologisch letzten Anlagen der werdenden und fertigen Formen als physiologische Konstitutionen — Genome — begreifen will. Wo aber
gehobelt wird, da fallen Späne, und unter diesen Spänen befindet
sich manche auch heute noch wertvolle, rein morphologische Konzeption. Die reine Morphologie wird in ihrer theoretisch-logischen
Struktur und Leistung nicht selten vergewaltigt, so z. B. von GOEBEL,
wenn er als Morphologie nur noch gelten läßt, was „noch nicht Physiologie“ ist. Das geht entschieden viel zu weit. So will die vorliegende
Arbeit Wesen, Leistung und Wert rein morphologischer Theorienbildung für die Biologie herauszuarbeiten versuchen, um damit der
künftigen, in erster Linie an der Physiologie orientierten *theoretischen
Biologie* von vornherein theoretische Mißgriffe zu ersparen. Dementsprechend werden in der vorliegenden Arbeit die *rein* morphologischen Disziplinen — Systematik, vergleichende Anatomie und
Embryologie (inkl. der noch rein morphologisch orientierten vergleichenden Physiologie) und Phylogenie — nach ihrer logischen
Wesensart beschrieben. Die sog. kausale, besser physiologische Mor-

phologie erscheint dabei immer in der Gegenüberstellung mit den genannten Disziplinen und wird deshalb eingehend mit in die Diskussion gezogen. Eine positive Darstellung der „Logik der Physiologie" im Zusammenhang hoffe ich später vorzulegen.

Aber nicht nur der logischen Klärung biologischer Theorienbildung ist das vorliegende Buch gewidmet. Es will auch der reinen „Logik der Theorien" — gewöhnlich Erkenntnistheorie genannt — dienen. Die moderne Biologie ist wohl unter allen Naturwissenschaften gegenwärtig die an Mannigfaltigkeit ihrer rein logischen Theorientypen reichste, so daß sie gerade für den Erkenntnistheoretiker das interessanteste Untersuchungsgebiet abgibt. Die hier zunächst induktiv ermittelten rein logischen Erkenntnisse über Empirismen, Apriorismen, Kontingenzen usw. werden hoffentlich diese Behauptung rechtfertigen. Eine strenge Deduktion der gefundenen Sätze wird andernorts gegeben.

Die vorliegende Arbeit diente mir als Habilitationsschrift[1]) zur Erlangung der venia legendi für „Philosophie der Naturwissenschaft" und „Geschichte der Naturwissenschaft" in der Mathematisch-Naturwissenschaftlichen Fakultät der Hamburgischen Universität.

---

[1]) Nicht im Universitätsschriftentausch.

Hamburg, den 24. Februar 1926.

**ADOLF MEYER.**

# Inhaltsverzeichnis.

# Einleitung.

Man mag die Frage, ob in der Geschichte der Menschheit als Ganzes genommen irgendein sogenannter Fortschritt erkennbar ist oder nicht, noch so skeptisch behandeln, in manchen ihrer Teilgebiete und besonders in der Geschichte der Naturwissenschaften ist so etwas wie eine Entwicklung aus divergierenden Anfängen zu einem gemeinsamen Ziele — und das ist doch der Sinn des Fortschrittgedankens — jedenfalls nicht zu verkennen. Natürlich muß man sich hier, wo es sich um ein „Ganzes" und seine „Momente" handelt, davor hüten, von dem „Moment" der Geschichte der Naturwissenschaften auf das „Ganze" der Geschichte der Menschheit zu schließen. Ein solcher Schluß ist nur bei „Summen" erlaubt, die man natürlich restlos, d. h. auch in ihrem Gesamtcharakter, aus ihren Teilen aufbauen kann, nie aber bei sogenannten „Ganzheiten" oder, wie wir später genauer sagen werden, „Gestalten" und „Systemen".

Sieht man ab von dem tatsächlichen Auf und Ab und Hin und Her — denn alle Geschichte nähert sich ihrem Ziel nicht geradlinig, sondern in Zirkeln und Kurven —, das auch die Geschichte der Naturwissenschaften nicht weniger wie die der Logik und Mathematik selbst beherrscht hat, dann kann man aus dem tatsächlichen Verlauf der Historie folgende Entwicklungsstufen auslesen, die irgendwann einmal mehr oder weniger lange in jeder einzelnen Naturwissenschaft Epoche gewesen oder es noch sind und die zusammen eine geradlinige *logische* Entfaltung darstellen:

### Logische Entfaltung der Naturwissenschaften[1]).

### Deskriptive Stufen:

1. Besondere Deskription. Ziel ist, einen Gegenstand als einen ganz besonderen von allen übrigen Gegenständen zu unterscheiden, z. B. LINNÉsche Systematik; alle Arten von Diagnostik; historische Charakterschilderungen (etwa phylogenetischer Epochen).

2. Vergleichende Deskription. Ziel ist umgekehrt wie bei 1, das Gemeinsame einer Gruppe von Gegenständen hervorzuheben, z. B. natürliche Systematik, vergleichende Anatomie.

---

[1]) Vgl. des Verfassers Abhandlung: „Naturalismus und Historismus als Leitideen der modernen Naturwissenschaft" (*Verhandlungen* d. Nat. Ver. Hbg., 4. F., Bd. 1, H. 2—4, Hamburg 1923).

3. **Theoretische Deskription.** Ziel ist, vergleichend deskriptiv gefundene Erkenntnisse *auf Grund bestimmter theoretischer Prinzipien* rein *logisch* zu ordnen, z. B. „Idealistische Morphologie" (Bauplanprinzip). Hierher gehört auch die DRIESCH-UNGERERsche Ganzheitsmorphologie, selbst wenn sie Erkenntnisse verwendet, die kausalanalytisch gewonnen sind[1]). Auf den Ursprung einer Erkenntnis kommt es eben auch hier nicht an, sondern auf die Art ihrer theoretischen Verwendung. Die aber ist auf dieser theoretisch höchsten Stufe der Deskription rein logisch-kategorial, nie aber kausal-mathematisch oder kausal-historisch.

Kausalanalytische Stufen:

4. **Qualitatives Experiment.** Ziel ist die Gewinnung von „Regeln" des Naturgeschehens, ohne Anwendung von Messungen, die hier oft wegen der Schwierigkeiten im Objekt nicht angestellt werden können, z. B. Physik vor Galilei; die meisten entwicklungs-mechanischen Erkenntnisse.

5. **Quantitatives Experiment.** Gewonnen werden „empirische Naturgesetze" mit Hilfe exakter Messungen und mathematischer Berechnungen, z. B. alle Erkenntnisse der reinen Experimentalphysik, große Teile der Vererbungslehre, Physiologie des Wachstums, Reizphysiologie usw.

6. **Historische Analyse.** Ziel ist, mit RANKE zu sprechen, „festzustellen, wie es gewesen ist". Das ist durch reine Deskription niemals möglich, sondern nur auf Grund historisch-kausaler Erwägungen, z. B. bei der Abschätzung des historischen Wertes von Urkunden. Die sogenannte „historische Kausalität" ist zwar ganz gewiß von anderer Art als die mathematisch-physikalische, aber historische Erkenntnis befriedigt deshalb nicht weniger das sogenannte kausale Bedürfnis als die Physik. Beispiele sind die „historisch-kritische Methode" der sogenannten Geisteswissenschaften, die innerhalb der Biologie in der Phylogenie ihre Stätte hat (Abschätzung des phylogenetischen Wertes von Fossilien usw.).

Synthetische Stufen:

7. **Mathematische Theorie der Natur.** Ziel ist, die auf dem Wege des „quantitativen Experiments" gefundenen, also quantitativ formulierten „empirischen Naturgesetze" mathematisch-theoretisch

---

[1]) Erst wenn es gelungen sein wird, die prinzipiell wichtigen organischen Ganzheiten — „Gestalten" — von physischen „Gestalten" (KÖHLER [1920]) deduktiv abzuleiten, wird die DRIESCH-UNGERERsche Ganzheitsbiologie aus einer theoretisch-deskriptiven — „typologischen" unserer späteren Terminologie — wieder eine theoretisch- (ganzheits-) kausale Disziplin sein.

miteinander in Beziehung zu setzen. Das geschieht einmal so, daß sich die *Konstante* oder die *Konstanten* eines „empirischen Gesetzes" als „universelle", auch in den Bereichen anderer Gesetze geltende Naturkonstanten erweisen, z. B. Licht- und Elektrischewellen-Geschwindigkeit. Dann wird aus dem speziellen „empirischen Gesetz" ein apriorisch-theoretisches von mathematischer Stringenz; apriorisch insofern — und das ist der allein berechtigte Sinn dieses Begriffs! —, als man aus ihm nunmehr eine ganze Reihe von Naturgesetzen rein mathematisch deduzieren kann, deren empirische Gültigkeit dann solange eine notwendige ist, als das allgemeine Gesetz empirisch nicht angefochten ist. Einerlei ist, ob diese nunmehr deduzierten Gesetze schon vorher „empirisch" festgestellt waren oder erst nach Erkenntnis des allgemeinen „Gesetzes" auch empirisch gesucht und dann als erneute empirische Bestätigungen desselben gebraucht werden. Oder aber die theoretisch-mathematische Deduktion eines ursprünglich rein empirischen Gesetzes geschieht dadurch, daß man seine *mathematische Struktur* — zumeist Differential- und Integralgleichungen — aus einem anderen, bereits bekannten „apriorischen" Naturgesetz ableiten kann. In diesem Falle erweisen sich dann auch die „empirischen Konstanten" des „empirischen Gesetzes" als Spezialfälle oder Grenzfälle, jedenfalls aber als rational, d. h. rein mathematisch ableitbar aus den universellen Konstanten des apriorischen allgemeinen Naturgesetzes. Beispiele sind die Deduktion der speziellen Konstanten der chemischen Elemente aus den Grundgesetzen des periodischen Systems oder die vielen Folgerungen aus der Relativitätstheorie usw. In beiden Fällen, ob man nun ein empirisches Naturgesetz von seinen Konstanten — „Empirismen", wie wir später allgemein sagen werden — oder von seiner mathematischen Struktur — „Apriorismen" unserer späteren Terminologie — her zu einem apriorisch, d. h. mathematisch notwendigen erweitert, ist das Resultat eine reine theoretisch-mathematische Reduktion spezieller Naturkonstanten auf allgemeine und in speziellen Naturbereichen geltender Differential- und Integralgleichungen auf solche allgemeinen Charakters. Das ist auch der logische Sinn des zuerst von E. Mach in psychologischer Fassung formulierten „Ökonomieprinzips". So ist das endgültige Ziel dieser theoretisch nicht mehr überbietbaren Stufe der Naturforschung die „Beschreibung" oder besser Beherrschung der Natur durch ein System möglichst weniger und natürlich höchst universaler Differential- und Integralgleichungen mit möglichst wenigen, voneinander unabhängigen universellen Naturkonstanten. Man denke z. B. an Hilberts (1915—1917) Weltgleichungen oder an den berühmten Laplaceschen Geist. Diese Stufe dominiert in der gegenwärtigen Physik derart, daß fast alle Untersuchungen der fünften, experimentell-quantitativen Stufe, die ihr logisch unmittelbar vorhergeht und sie auch weiterhin stets ergänzt, mehr deduktiv als experimentell-induktiv inauguriert werden. In der modernen Biologie beginnt die mathematische Theorie hingegen erst ganz langsam und vorsichtig tastend Einfluß zu gewinnen. Man denke nur an PÜTTERS Untersuchungen zur Reiztheorie. Auch MORGANs Gensynthesen gehen in der Tendenz, wenn auch allerdings wohl kaum in ihrer gegenwärtigen Gestalt, verwandte Wege.

8. Historische Theorie der Natur. Sie hat das Ziel, die auf der Stufe der „historischen Analyse" (6) gewonnenen historischen Detailergebnisse in großen historischen Synthesen, die die gleiche Erkenntnisbefriedigung gewähren wie eine mathematische Theorie der Natur, zusammenzuschauen. THUKYDIDES, HERDER, RANKE, HEGEL, GROTE, MACAULEY und neuerdings SPENGLER und TROELTSCH haben solche, individuell verschiedene Synthesen geliefert, „Maßstäbe zur Beurteilung historischer Dinge". Die historischen Synthesen unterscheiden sich von den mathematischen Synthesen nicht so sehr dadurch, daß ihnen stets „*historische*" Entwicklungen, „*historische*" Ereignisse zugrunde liegen — es gibt auch mathematische Theorien historischer Prozesse, z. B. in der Theorie der Entwicklung der chemischen Elemente oder in manchen entwicklungsphysiologischen Prozessen, die auch zugleich phyletische Abwandlungen darstellen —, vielmehr liegt die Hauptdifferenz zwischen theoretisch-historischen und theoretisch-mathematischen Synthesen darin, daß die ersteren nie mathematisch-quantitative Erkenntnismittel verwenden, sondern stets quantitativ-intuitiv erfaßbare Ideenkomplexe. Infolgedessen sind historische Synthesen nie stringent beweisbar wie mathematische Sätze, sie sind aber auch nicht beliebigem Glauben oder Ablehnen anheimgegeben. Vielmehr wohnt auch ihnen eine Art von Bewährungsobjektivität, ein „Pragmatismus" also, inne, d. h. man nimmt ihre Grundideen als Hypothese an und sieht zu, wieviel oder wiewenig historisches Material sie beherrschen. Je umfassender das letztere ist, desto größer der Grad ihrer Objektivität. Der kausale Erkenntniswert der historischen Theorie ist so im Grunde nicht geringer wie der der mathematischen Theorie, nur gibt es über ein bestimmtes Erkenntnisgebiet nur eine einzige *gültige* mathematische Theorie (oder einige wenige noch nicht vollgültige), hingegen in der Regel mehrere gleich gültige und gleich notwendige historische Theorien. Natürlich ist das Hauptanwendungsgebiet der historischen Theorien das Problemgebiet der sogenannten Geisteswissenschaften, aber auch in der Naturwissenschaft spielen „historische Prinzipien" (AD. MEYER [1922]) eine mehr oder weniger große Rolle, so in der *Phylogenie* und in der *Soziologie*. Im einzelnen läßt die Logik der

historischen Theorie drei deutlich unterscheidbare Teilprobleme erkennen: das *Individualisierungs-*, das *Periodisierungs-* und das *Maßstabproblem*. Bei der Darstellung der Logik der *Phylogenie* werden wir diese Probleme ausführlich kennenlernen.

Diese acht Stufen sind der logische Ertrag einer Durchmusterung der von den verschiedenen Naturwissenschaften im Laufe ihrer bisherigen historischen Entwicklung erreichten, wohl unterscheidbaren Typen der Forschung. Unsere bisherigen Darlegungen haben schon gezeigt, daß diese Typen durchaus nicht sämtlich auseinander und aufeinanderfolgen, vielmehr lassen sich genauer zwei Entwicklungslinien feststellen, die bis zu einem bestimmten Punkte zusammengehen und von den kausalanalytischen Stufen an nach den beiden verschiedenen theoretischen Stufen hin divergieren. Die folgende schematische Darstellung mag das gegenseitige logische Abhängigkeitsverhältnis der acht Stufen besser als viele Worte illustrieren. Zu bemerken ist nur noch, daß selbstverständlich alle oder mehrere Stufen zur selben Zeit in einer Naturwissenschaft vertreten sein können oder, wie bei den Stufen 5 und 7, direkt zusammen vorkommen *müssen*, weil die eine das notwendige logische Korrelat der andern ist.

## Tabelle der Typen naturwissenschaftlicher Forschung.

Deskriptive Stufen:
1. Besondere Deskription (Bi.)
2. Vergleichende Deskription (Bi.)
3. Theoretische Deskription (Bi.)

Kausalanalytische Stufen:
4. Qualitatives Experiment (Bi.) ⎫ (führen dann nach 7.)
5. Quantitatives Experiment (Bi.) ⎭
6. Historische Analyse (Bi.) (führt dann zu 8.)

Synthetische Stufen:
7. Mathematische Theorie (Bi.)
8. Historische Theorie (Bi.)

Der Zusatz der Silbe (Bi.) hinter den einzelnen Nummern der vorstehenden Tabelle besagt, daß die betreffenden Stufen auch in der heutigen Biologie noch wirksam sind. Wie man sieht, fehlt keine der acht Stufen heute in der Biologie. Da die moderne Physik entsprechend ihrer theoretischen Reife nur noch die Gruppen 5 und 7 kennt, die theoretisch hinter der Biologie noch zurückstehende Psychologie die Stufe 7 überhaupt nicht und die Stufe 5 nur ganz unsicher verwendet, während die Soziologie theoretisch eigentlich nur von den deskriptiven und historischen Stufen lebt, so darf man von der Biologie billigerweise behaupten, daß sie unter allen Naturwissenschaften zur Zeit logisch betrachtet die vielseitigste ist. Wo nur immer in der Naturwissenschaft, besonders in den physikalischen Wissenschaften, sich ein neuer Erkenntnisweg zeigt, kann man sicher sein, daß er auch alsbald deutlichste Resonanz in der Biologie findet. Man denke nur an die Bedeutung der Kolloidchemie für die Biologie. Nun ist aber das Verhältnis der Biologie zu den Fortschritten der physikalischen Wissenschaften keineswegs nur ein bloß empfangendes. Vielmehr hat auch die Biologie der Physik nicht selten bedeutende Anregungen gegeben — man denke nur an PFEFFERS osmotische Untersuchungen, an BÜTSCHLI und RHUMBLER, deren Untersuchungen die moderne Kolloidchemie nicht weniger mitgeschaffen haben, als sie die Formphysiologie gefördert haben. Je mehr die biologische Forschung sich mit physikalischem Geiste erfüllen wird, desto mehr ähnliche Anregungen und Förderungen wird sie der Physik noch zuteil werden lassen. Man darf wohl mit Sicherheit behaupten, daß die von der modernen Vererbungsforschung so erfolgreich in Angriff genommene Aufhellung der Konstitution der Chromosomen und Gene die heute im Mittelpunkt physikalischer Interessen stehende Atomistik nach der anderen Richtung über das Molekül hinaus bedeutend ergänzen und fördern wird. So rechtfertigt die gegenwärtige Situation der Biologie unter den Naturwissenschaften durchaus das stolze und kühne Wort TITCHENERS (1921): „Not mathematics, not physics was the characteristic modern science, but biology ..."

Die geschilderte logische Vielseitigkeit der Biologie erklärt zugleich auch ihre Unfertigkeit und Unvollkommenheit in theoretischer Hinsicht. Vergleicht man etwa verschiedene Darstellungen der theoretischen Physik miteinander, so wird man zwar kleine Abweichungen in der Art des Vortrages und in der logischen Anordnung der Theorien, aber im wesentlichen den gleichen Lehrgehalt vorfinden. Das ist auch kein Wunder, da, wie wir gesehen haben, sich die weitere Entfaltung der Physik nur in den einander korrelativ fordernden, logischen Stufen 5 und 7 vollzieht, also einen einheitlichen und bis zu einem gewissen Grade abgeschlossenen logischen Charakter offenbart. Ganz anders in der Biologie. Vergleicht man hier die bekannten allgemeinen Darstellungen biologischer Probleme miteinander, so könnte man versucht sein, an Darstellungen verschiedener Wissenschaften zu glauben, die bis zu einem gewissen Grade nur dieselbe Terminologie benutzen. Wenn man sich die logische Universalität der Biologie vor Augen führt, erscheint dieser Zustand freilich nicht mehr verwunderlich. Eine an der vergleichenden Anatomie oder der Phylogenie orientierte „Allgemeine Biologie" muß notwendig anders ausfallen als eine vom Standpunkte der Entwicklungsmechanik oder der Vererbungslehre verfaßte. Ein und dasselbe Problem, wie z. B. die Frage

nach der „Vererbung erworbener Eigenschaften" wird von den einen
auf Grund experimenteller Ergebnisse negativ entschieden, während
die anderen seine positive Lösbarkeit nicht selten voraussetzen. Ja, die
Verschiedenheit biologischer Standpunkte geht heute noch so weit, daß
selbst zwei von Physiologen geschriebene „Theoretische Biologien" —
ich denke an die v. Uexkülls (1919) und R. Ehrenbergs (1923)
— sich wie Tag und Nacht voneinander unterscheiden. Danach
könnte es fast so scheinen, als ob die Zeit für eine „Theoretische
Biologie" in dem gleichen Sinne, wie man von „Theoretischer Physik"
und „Theoretischer Chemie" spricht, also für eine von allen möglichen
philosophischen „Standpunkten" befreite oder nach Newtons Prinzip
des „hypotheses non fingo" hypothesenfreie „Theoretische Biologie"
noch nicht gekommen ist. Ob dem wirklich so ist oder ob sich nicht
doch schon die Umrisse einer solchen exakten theoretischen Biologie
am wissenschaftlichen Horizont noch unsicher zwar, aber doch unverkennbar abzuzeichnen beginnen, das zu untersuchen ist eine der
vornehmsten Aufgaben dieser Arbeit.

Das Einfachste wäre hier nun ohne Zweifel, so wie es v. Uexküll
und Ehrenberg getan haben, von irgendwelchen für genügend allgemein und tragfähig gehaltenen Sätzen auszugehen und die „Theoretische
Biologie" daraus logisch zu entwickeln. Allein dieser königliche Weg
der Wissenschaft erscheint für die Biologie zur Zeit noch nicht gangbar,
wie gerade das Scheitern der Bemühungen der genannten Forscher
dartun kann. v. Uexküll geht von den Erfahrungen der Sinnesphysiologie, dem kompliziertesten Gebiet biologischer Probleme, das
es gibt, aus und versucht, so gleichsam das Fundament des Gebäudes
vom Dache aus zu legen. Das Ergebnis ist dann, von vielen, natürlich sehr wertvollen einzelnen Problemformulierungen abgesehen, im
wesentlichen eine interessante, neue Interpretation und Ausgestaltung
der „transzendentalen Ästhetik" Kants, aber absolut keine „Theoretische Biologie"; Ehrenberg, in der Tendenz glücklicher und klarer
sehend, verfehlt aber ebenfalls das Ziel, da er sein Gebäude auf einen
Satz gründet, den der „Irreversibilität des elementaren Lebensvor-
ganges", den er in keiner Hinsicht ausreichend *quantitativ* begründet,
ihn auch nicht so begründen kann, da es, wie z. B. in Pütters Reiztheorie, in der Biochemie und anderswo, zahlreiche reversible Vorgänge gibt, die unbedingt als organische angesprochen werden müssen
(s. auch Häcker). Auf qualitative Sätze kann man aber niemals eine
„Theoretische Physiologie", höchstens eine Phylogenie gründen.

So müssen wir vorerst auf den direkten königlichen Weg zur
Begründung einer „Theoretischen Biologie" verzichten. Die großen
allgemeinen Sätze und Prinzipien, auf die sie gegründet werden kann,

lassen sich eben nicht zufällig finden, sie können nur in einer sorgfältigen und mühseligen, aber sicher zu einem klaren Ja oder vorläufigen Nein hinsichtlich der Möglichkeit einer „Theoretischen Biologie" führenden logischen Durchmusterung der in den logisch selbständigen Teilgebieten der Biologie vorliegenden biologischen Theorien gefunden werden. *So führt der allein mögliche Weg zu einer „Theoretischen Biologie" über die „Logik der Biologie".*

Die größeren Mühseligkeiten dieses Weges bringen noch ein Gutes mit sich. Die logische Durchmusterung der biologischen Theorien will nicht nur der „Theoretischen Biologie" den Weg bereiten, sie dient auch der Logik und der Erkenntnistheorie der Biologie und, da die Biologie als Paradigma für die ganze moderne Naturwissenschaft gelten kann, dient sie auch unmittelbar der Naturphilosophie schlechthin. Aber nur scheinbar setzt sich unsere Arbeit so der Gefahr aus, „zweien Herren zu dienen"; denn die „beiden Herren", denen wir dienen wollen, die „Theoretische Biologie" und die „Logik der Biologie" sind, paradigmatisch für die gesamte Naturwissenschaft und ihre Logik aufgefaßt, nur zwei verschiedene Wege, die zum gleichen Ziele führen, dem System einer einzigen universalen Naturwissenschaft, von der man nicht sagen kann, wo die Wissenschaft aufhört und die Philosophie beginnt. Um darüber Klarheit zu schaffen, ist es notwendig, das Verhältnis der Naturphilosophie zur Naturwissenschaft in ihrer höchsten Form, wie sie in den verschiedenen *theoretischen* Naturwissenschaften vorliegt, restlos klarzustellen.

Die Schicksale der Naturphilosophie in den letzten hundert Jahren sind ein deutliches Beispiel dafür, daß die historische Entfaltung selbst der wissenschaftlichen Ideen weit mehr von personalen und psychologischen Motiven als von der ihnen immanenten Logik bewegt wird. Nach der großen Tat Kants wäre es logisch gewesen, die Naturphilosophie in unserm heutigen Sinne, die ja ganz und gar, wie wir noch sehen werden, eine Folge der Grundtendenz Kants ist, auszubauen. Die von Otto Liebmann sogenannten „Epigonen" Kants, in deren Wirken die gegenwärtige öffentliche Meinung auf philosophischem Gebiet die große Epoche der deutschen idealistischen Philosophie und damit dann gewöhnlich auch den Höhepunkt der deutschen Philosophie überhaupt erblickt, verlieren gänzlich die erkenntniskritischen neuen Bahnen ihres Meisters, den ein Hegel den „ledernen Kant" nennen mochte. So wurde die Epoche ihrer großen metaphysischen Systeme zugleich eine Zeit des Niederganges der Naturphilosophie; und das wird sie bleiben, obschon neuerdings von philosophischer Seite nicht wenig Versuche unternommen werden, auch die

„Naturphilosophie" der Epoche von Fichte bis Hegel zu rehabilitieren, ein Unternehmen, das bei den Naturwissenschaften bisher aber keine Gegenliebe gefunden hat und hoffentlich auch nicht finden wird. Seit jener Zeit ist vielmehr die Naturphilosophie bei den Naturforschern in Deutschland eine beinahe unmögliche Angelegenheit geworden. Am meisten haben naturgemäß darunter so bedeutende Naturforscher und Philosophen wie Fechner und Lotze zu leiden gehabt, deren naturphilosophische Leistung daher erst in unseren Tagen wirklich gewürdigt wird, in denen durch die Arbeit von Männern, die wie Ernst Mach, R. Avenarius, W. Ostwald, E. Häckel, W. Wundt, E. Boutroux, D. Hilbert, E. Becher, H. Driesch, M. Schlick, M. Planck, W. Köhler u. a. die Naturwissenschaft nicht weniger gefördert haben als ihre Philosophie, ein sicherer Umschwung in der Schätzung der Naturphilosophie und ihrer Bedeutung für die Naturforschung eingesetzt hat.

Was verstehen wir aber heute unter Naturphilosophie? Bekanntlich gliedert sich alle theoretische Philosophie in die drei Gebiete der *Logik, Erkenntniskritik* und *Metaphysik.* Während die Einteilung in Logik und Metaphysik auf Aristoteles zurückgeht, ist die *Erkenntnistheorie* eine neuere Errungenschaft. Der Terminus als solcher geht bekanntlich erst auf Eduard Zeller zurück. Ihre Abgrenzung von der Logik ist nur historisch, nicht prinzipiell zu verstehen; denn die viel vertretene Auffassung, wonach die Logik es wesentlich nur mit den formalen, die Erkenntnistheorie hingegen mit den materialen Elementen der Erkenntnis zu tun habe, läßt sich aus vielen Gründen nicht aufrechterhalten, deren triftigster in dem schiefen und dem tatsächlichen in keiner Weise gerecht werdenden Verhältnis liegt, in das die Mathematik dann zur Naturwissenschaft gebracht wird. Die Mathematik könnte als benachbarter Teil der Logik, der sie doch tatsächlich als eine „ideale" Wissenschaft ist, dann in der naturwissenschaftlichen Theorienbildung nur eine formale Rolle spielen, nicht aber die axiomatische, die sie doch tatsächlich spielt. Kurzum, man spart eine Menge unnützer philosophischer Kontroversen — Scheinprobleme würde E. Mach sagen, — wenn man darauf verzichtet, zwischen Logik und Erkenntnistheorie prinzipielle Grenzen zu errichten. Das wird im Verlauf der folgenden Untersuchungen selbst deutlicher werden. Historisch dagegen ist die genannte Scheidung darauf zurückzuführen, daß Kant der Logik des Aristoteles, die bis zu ihm hin keinen Schritt vorwärts oder rückwärts gemacht hätte, seine eigene „transzendentale Logik", also etwas prinzipiell Neues, gegenüberstellte. So bildete sich im Neukantianismus für die neue Logik allmählich auch eine neue Bezeichnung heraus. In den folgenden Darlegungen werden wir jedenfalls die erkenntnistheoretischen Probleme im Rahmen und im Zusammenhang mit den logischen behandeln, wo sie hauptsächlich in der Form des Kontingenzproblems erscheinen werden, und dadurch die Zusammengehörigkeit beider Disziplinen besser als in langatmigen prinzipiellen Darlegungen beweisen. Wir teilen die Naturphilosophie also in die beiden Teildisziplinen der *„Logik der Naturwissenschaft"* und der *Metaphysik der Natur*, um einen KANTischen Ausdruck zu gebrauchen, den wir alsbald genauer als *„Theoretische Naturwissenschaft"* deuten werden, wobei das „Theoretische" mit Rücksicht auf die gesamte Naturwissenschaft dasselbe bedeutet, wie in der engeren Zusammenstellung in der „Theoretischen Physik".

Die *Logik der Naturwissenschaft* bildet zusammen mit der „Logik der Geisteswissenschaften", die wieder mit der „Metaphysik des Geistes" zusammen die Geschichtsphilosophie ausmacht, die *spezielle Logik* der Einzelwissenschaften und ihrer Gruppen im Gegensatz oder besser in Ergänzung zur *Allgemeinen Logik*, die das allen Wissenschaften ausnahmslos gemeinsame „Logische" behandelt. Wir müssen uns also zunächst den Sinn der Logik schlechthin klarmachen, um die Aufgabe der Logik der Naturwissenschaft und ihrer Teildisziplin, der *„Logik der Morphologie"*, die uns hier allein beschäftigen soll, deutlich zu erfassen. Es ist schon gesagt worden, daß die moderne Logik, die die sog. Erkenntnistheorie in sich schließt, im wesentlichen auf die geniale Grundintuition der KANTischen Kritik zurückgeht. Diese findet ihren präzisen Ausdruck in dem, was KANT die „transzendentale Methode" genannt hat, deren unverlierbar bestimmten Sinn aber erst COHEN reinlich hat herausarbeiten können, während er bei KANT selbst — wie übrigens alle KANTischen Begriffe und Definitionen — mit einem gehörigen Ballast vorkantischer Philosopheme belastet und dadurch verdeckt worden ist. COHEN hat nachgewiesen — wir übersetzen das Hauptergebnis seiner mühevollen Untersuchung über „Kants Theorie der Erfahrung" gleich in die Sprache unserer Logik —, daß der Sinn der „transzendentalen Methode" in dem Nachweis besteht, daß die Logik keine Wissenschaft ist, deren Gegenstände irgendwelche Dinge sind, seien es nun solche der Natur oder des Geistes, sondern daß die Logik sich nur mit den bereits vorliegenden *Wissenschaften von den Dingen* befaßt. Die Logik nimmt also die *Resultate* der Wissenschaften unbesehen hin und macht ihre Studien nur an der wissenschaftlichen Verarbeitung, die diese in den verschiedenen Wissenschaften erfahren haben. Auf diese Weise wird eine klare Scheidewand zwischen den Kompetenzen der Philosophie (Logik) und der Einzelwissenschaften aufgerichtet, deren peinliche Aufrechterhaltung den gegenseitigen Frieden beider miteinander verbürgt und deren Errichtung unzweifelhaft das größte und sicherste Verdienst der KANTischen Vernunftkritik bleiben wird. HEGEL, der in seinem System im übrigen diesen Grundsatz nicht selten verletzt hat, drückt in poetischer Fassung wesentlich dasselbe aus in den berühmten, schönen Worten: „Die Eule der Minerva beginnt erst mit der einbrechenden Dämmerung ihren Flug." HUSSERL hat später (1913[2]) dem gleichen Gedanken die präzisere Formulierung verliehen, daß die Logik die „Wissenschaft von der Wissenschaft" ist, und ich glaube, die Genauigkeit dieser Formulierung jedenfalls nicht zu verringern, wenn ich die *Logik definiere als die Wissenschaft von den Momenten, welche wissenschaftliche Theorien im allgemeinen und im besonderen konstituieren*, während die Aufstellung der Theorien selbst Sache der zuständigen Spezialdisziplinen ist. Diese Definition unterscheidet sich von derjenigen HUSSERLs dadurch, daß an Stelle der etwas unbestimmten Worte „ . . . von der Wissenschaft" gesetzt ist „von den Theorien", da die Aufstellung einer „Theorie" unzweifelhaft das höchste und stets erstrebte Ziel reiner wissenschaftlicher Forschung ist. Daß die Beschäftigung der Logik mit den Theorien eine andersartige ist als diejenige, die die Einzelwissenschaften beim Aufstellen ihrer Theorien befolgen, erhellt aus unseren Worten „ . . . von den *Momenten*, welche wissenschaftliche Theorien . . . konstituieren". Die Logik erforscht also, bildlich gesprochen, die immanente Struktur der Theorien, legt ihren Aufbau, „die konstituierenden Momente," bloß. Als solche werden wir bei *naturwissenschaftlichen Theorien* — was übrigens auch für die Geisteswissenschaften, überhaupt für alle Realwissenschaften gilt — folgende vier Gruppen kennenlernen: *Empirismen, Apriorismen, Kontingenzen* und *Ideen*, die ich zusammen (1920) *Logismen* genannt habe, so daß die Logik in diesem Sinne kurzweg die *Wissenschaft von den Logismen* genannt werden kann. Diejenigen, die die Logik der Erkenntnistheorie als die Wissenschaft von den formalen im Gegensatz zu den materialen Prinzipien gegenüberstellen, geraten auch hier ins Gedränge, da die „Momente, welche wissenschaftliche Theorien konstituiren", ebensogut formaler wie materialer Natur sind. Es ist, wie gesagt, schon besser, die genannte, nur Scheinkomplikationen schaffende Spaltung zu übersehen. Wenn so die logische *Behandlung* der Theorien eine andere ist wie die theoretische, so verfolgen doch beide Richtungen der Forschung, wie wir alsbald erkennen werden, das gleiche Ziel. Vollendet gedachte Logik und Theoretik sind identisch geworden.

*Allgemeine* und *Spezielle Logik* scheiden sich nun so voneinander, daß die erstere die allen ‚wissenschaftlichen Theorien gemeinsamen

Momente erforscht — im wesentlichen die traditionellen Lehren von Begriff, Urteil und Schluß, die durch unsere Formulierung allerdings in eine neue Beleuchtung gerückt werden und in ihrem theoretischen Aufbau mancherlei Änderungen in ihrer Begründung und Ergänzungen erfahren müssen, worauf ich an anderer Stelle später zurückkommen werde —, während die *Spezielle Logik* die *Logismen herauszuarbeiten haben wird, die bestimmten Einzeldisziplinen oder Gruppen von ihnen eigentümlich sind.* So ist die *Aufgabe unserer Logik der Naturwissenschaft die Erforschung der für die Naturwissenschaften spezifischen Logismen.*

Nun ist aber jede naturwissenschaftliche Theorie ein mehr oder weniger komplexes Gebilde, in dessen Konstitution sich bei logischer Analyse mehrere Momente wohl voneinander sondern lassen. So enthält jede naturwissenschaftliche Theorie, z. B. irgendeine physikalische Theorie, um einen möglichst vollkommenen, d. h. logisch reinen und durchsichtigen Theorientyp zu nehmen, *empirische* und *apriorische* Momente, die in ihr zu einer „Einheit in der Mannigfaltigkeit" verarbeitet sind. Die empirischen Bestandteile oder kurz *„Empirismen"* (AD. MEYER [1920]) haben in einer physikalischen Theorie die Form von *Messungen,* und zwar treten sie auf als sog. „universelle" oder „spezifische" Konstanten — die letzteren heißen „Materialkonstanten" oder „Materialfunktionen" bei E. WARBURG (1915) —, während die apriorischen Momente oder kurz „Apriorismen" gewöhnlich in Form von Differential- und Integralgleichungen die mathematische Synthesis der Empirismen darstellen. In der historisch beeinflußten Theorienbildung der Phylogenie treten an die Stelle quantitativer Empirismen qualitative Daten mit dem typischen historischen Zeitort, und statt der mathematischen Apriorismen werden intuitiv historische Deutungen verwendet.

Während *Empirismen* und *Apriorismen* Logismen sind, deren unmittelbare Aufgabe darin besteht, jede einzelne Theorie als solche zu konstituieren, handelt es sich in der Lehre von den *Kontingenzen* stets um mindestens zwei Theorien, deren gegenseitiges Abhängigkeitsverhältnis logisch erforscht wird, während die Lehre von den *Ideen* jedesmal einen großen Komplex von Theorien voraussetzt, die die gleiche Idee, z. B. die mathematische oder die historische, eint. Natürlich können auch zwei Theorien, die gegeneinander kontingent sind, d. h. die nicht miteinander oder mit einer dritten Theorie in eine Art Ableitungsrelation gebracht werden können, dennoch von der gleichen *Idee* getragen sein. So waren z. B. bis zur Relativitätstheorie Mechanik und Elektrodynamik kontingent gegeneinander und doch Verkörperungen der gleichen Idee — nämlich der mathematischen — in der Beherrschung der Naturvorgänge. Denn, um auch das hier nebenbei zu erledigen, weil es nachgerade Allgemeinüberzeugung geworden ist, auch Naturwissenschaft ist niemals ein *Abbilden* der Natur gewesen, sondern stets ein *Beschreiben* derselben *zum Zweck ihrer Beherrschung.*

Die logische Lehre von den *Kontingenzen* hat als solche in der deutschen Philosophie bisher wenig Beachtung gefunden, und doch enthält sie meines Erachtens den wertvollsten logischen Bestand der sog. Erkenntnistheorie. Eine systematische Bearbeitung haben die Probleme der Kontingenz der naturwissenschaftlichen Theorien durch die ausgezeichneten Arbeiten Émile Boutrouxs (1907, 1911) erfahren, der seine „Metaphysik der Freiheit" auf den Versuch gründete, nachzuweisen, daß jedesmal zwischen den Theoriengruppen der Logik, der Mathematik, der Physik, der Chemie, der Biologie, der Psychologie und der Soziologie „Kontingenzen" beständen. Nun hat freilich die Relativitätstheorie die von Boutroux angenommenen Kontingenzen zwischen der Geometrie, der Physik und der Chemie beseitigt; und auch zwischen Logik und Mathematik ist eine Kontingenz nach den Untersuchungen der *Mengenlehre,* nach Russels, Freges und Hilberts Forschungen nicht länger aufrechtzuerhalten. Es stellt sich immer deutlicher heraus, daß die Mathematik ihrem Wesen nach eine der Logik koordinierte Wissenschaft ist, von wesentlicher Bedeutung namentlich für die exakt-quantitative Naturforschung, deren logische Bedürfnisse fast ausschließlich nur noch von der Mathematik bestritten werden. So bleiben von Boutrouxs Kontingenzen eigentlich nur noch diejenigen bestehen, die zwischen Biologie und Physik einerseits und, da die von Boutroux zwischen Biologie und Psychologie errichtete Kontingenz nach den Forschungen von W. Köhler (1919), C. U. Ariens Kappers (1921), Pütter (1918ff.) u. a. auch immer mehr zusammenfällt, anderseits die allerdings sehr schwache zwischen Psychologie und Soziologie noch vorhandene Kontingenz bestehen. So ist es verständlich, zumal da die letztere infolge des embryonalen Zustandes der Soziologie noch keine besondere Bedeutung erlangt hat, wenn zur Zeit das Problem der Kontingenz zwischen Physik und Biologie im Mittelpunkte des naturwissenschaftlichen und philosophischen Interesses steht. Das ist hauptsächlich ein Ergebnis der imposanten Lebensarbeit eines Driesch, der unsere Kontingenz unter dem Titel des „Vitalismus" oder besser des „Autonomieproblemes" behandelt hat. Da die vorliegende Arbeit eine ihrer Hauptaufgaben darin erblickt, diese Kontingenz zu beseitigen, so mag an dieser Stelle nur der Hinweis genügen, daß .es notwendig ist, das Autonomieproblem der Biologie nicht immer nur mit physikalischen oder biologischen Augen zu betrachten, sondern hierbei wieder mehr BOUTROUXsche Universalität zur Geltung zu bringen. *Denn das Autonomieproblem ist nun einmal ein solches, welches in der Form des Kontingenzproblems die gesamte Naturwissenschaft* — und auch die Geisteswissenschaften! — *energisch angeht.*

Zur Lehre von den *Ideen* ist an dieser Stelle nicht mehr viel zu sagen. Die gegenwärtige Naturwissenschaft — und die vorliegende Arbeit wird das für die Biologie im einzelnen erweisen — wird von zwei universalen, leitenden Ideen beherrscht, eben den *Ideen der Mathematik* und *der Historie*.

Die Lehren von den Empirismen, Apriorismen, Kontingenzen und Ideen bilden nun ohne Frage das Hauptstück der „Speziellen Logik", d. h. also der logischen Erforschung der Einzelwissenschaften. Ein fünftes Problemgebiet, das man versucht sein könnte, ebenfalls hierher zu verweisen, die Frage der *Bewertung oder Einrangierung der wissenschaftlichen Theorien*, gehört dennoch nicht hierher. Sie ist vielmehr eine interne Angelegenheit der Systeme der Mathematik und der Historie; denn die Apriorismen einer Theorie vom physikalischen Typus sind ja mathematische Systeme und die einer Theorie vom historischen Typus gehören dem jeweils geltenden System der Historie an. Die „Maßstäbe zur Beurteilung historischer Dinge" sind aber ebenso wie die mathematischer Systeme interne Angelegenheit der genannten Disziplinen.

Wenn somit die Annahme erlaubt ist, daß die vier logischen Probleme den Inhalt der gegenwärtigen „Speziellen Logik" erschöpfen, ist es gleichwohl nötig, noch einen besonderen propädeutischen Zugang, der von der reinen Theoretik, die in den Einzelwissenschaften geübt wird, zu ihrer Logik führt, zu formulieren. Das geschieht im folgenden in der Form der „Definitionsprobleme". Hier werden im Anschluß an die maßgebenden, fachlichen Bearbeitungen der — in unserem Falle — biologischen Teildisziplinen die Punkte schärfer zu formulieren versucht, die für die nachfolgende logische Diskussion vor allem in Frage kommen, während das Problem der „*Einteilung*" die Übersicht über den internen Zusammenhang des logisch zu diskutierenden Gebietes klarlegen und die definitive Theorie des Gebietes, wo eine solche noch nicht vorliegt oder nach dem noch unfertigen Zustand des Gebietes, wie es in der Biologie zumeist noch der Fall ist, noch nicht in Frage kommen kann, vorbereiten helfen soll. Aus dem obengenannten Grunde ist daher das „Einteilungsproblem" für die Biologie von großer Bedeutung, während die Physik in ihrem guten Stamm ausgereifter Theorien zugleich die denkbar beste Einteilung besitzt und ein besonderes Einteilungsproblem somit entbehren kann.

Ist so durch die Definitions- und Einteilungsprobleme der für uns wesentliche Weizen von der Spreu gesondert, so kann an die Diskussion unseres eigentlichen Zieles, der vier Logismen, herangetreten werden, die wir daher in der Form des „Zielproblems“ an die beiden genannten propädeutischen Probleme anschließen. Wenn in der Biologie diese letzteren oft den Logismen gegenüber viel stärker hervortreten, so liegt das ebenfalls an dem schon erwähnten unausgereiften Zustand biologischen Theoretisierens, zu dessen Klärung eben die folgenden logischen Untersuchungen beitragen sollen. Denn die logische Durchmusterung einer Wissenschaft ist immer dann ein besonderes Erfordernis, wenn sie sich in einem renaissanceartigen Übergangszustand befindet, ganz besonders aber, wenn es sich um den Übergang aus dem vorwiegend qualitativ-experimentellen, der gewöhnlich nur ein Ad-hoc-Theoretisieren kennt, zu dem quantitativ-experimentellen und theoretisch-deduktiven Zustand handelt. Das aber ist die typische Signatur der modernen Biologie, die, wie wir sahen, einmal noch überall an die mehr oder weniger primitiven Stufen naturwissenschaftlicher Forschung stark gebunden ist, zum andern mit Macht nach den höchsten Theorienformen der Naturwissenschaft strebt. So wurde sie uns ja zu einem Prototyp der Naturwissenschaft überhaupt und zu einem besonders dankbaren Objekt logischer Studien.

Die Erörterung unseres logischen Zielproblems schließt naturgemäß mit einer Diskussion der Ergebnisse für die vorhandene, nahe bevorstehende oder künftige *Theorie* des jeweils behandelten Gebietes, so daß wir zusammenfassend das folgende Schema für alle folgenden Untersuchungen erhalten:

1. Definitionsprobleme.
2. Einteilungsprobleme.
3. Zielprobleme:
    a) *Logismen.*
    b) *Theorie.*

Die Anwendung dieses Schemas ist überall in der „Speziellen Logik“ von großer Fruchtbarkeit. Natürlich erhält es in der Logik der Physik ein ganz anderes Gesicht als in der Logik der Biologie oder der reinen Historie, wofür wir die Gründe soeben ausreichend diskutiert haben.

Die eben gegebene, sachlich-fachliche Einteilung der „Speziellen Logik“ nach ihren Problemkomplexen findet ihr notwendiges Korrelat in der folgenden, aus sich heraus verständlichen Einteilung nach ihren naturwissenschaftlichen Gebieten:

Logik der Physik und Chemie.
Logik der Biologie.
Logik der Psychologie.
Logik der Soziologie.

Die hier vorliegende Einteilung der Naturwissenschaften geht zurück auf COMTE und SPENCER. In Deutschland ist sie besonders ausgebaut worden in der positivistischen Schule, vor allem von WI. OSTWALD (o. J. u. 1914). Aber auch die Untersuchungen anders eingestellter Forscher wie E. BOUTROUX, SCHLICK (1918), und E. BECHER (1921) haben ihre große Fruchtbarkeit erwiesen. Im einzelnen können wir diese Frage hier nicht diskutieren, sie gehört in eine Darstellung der gesamten Naturphilosophie, die ich später vorzulegen hoffe. Für die uns hier beschäftigende „Logik der Biologie" hat nur die Einteilung nach Problemen Bedeutung, während uns die zweite Einteilung nach den naturwissenschaftlichen Einzelgebieten nur noch einen Augenblick beschäftigen soll, wenn wir nunmehr daran gehen, das Verhältnis unserer „Logik der Naturwissenschaft" zur „Metaphysik der Natur", dem anderen großen Teilgebiet der Naturphilosophie, darzulegen, zweien Disziplinen, von denen wir ja behauptet haben, daß sie trotz der Verschiedenheit ihrer Wege schließlich doch dem gleichen Ziele zustreben.

Um diesen Nachweis zu führen, müssen wir uns zunächst Klarheit über die Aufgaben der „Metaphysik der Natur" verschaffen. Da treten uns nun im wesentlichen zwei grundverschiedene Auffassungen entgegen. Die eine weist der Metaphysik eine Aufgabe zu, die nur ihr allein zukommt. Bei dem Versuch, sie zu lösen, ist ihr zwar die jeweilige Situation der Einzelwissenschaften nicht gleichgültig, irgendwelche positiven Direktiven empfängt sie von dieser Seite aber nicht, entnimmt diese vielmehr nur den ihr allein eigentümlichen Erkenntnisquellen, oder was sie dafür hält. Auf solche Weise gelangt man dazu, über das Wesen der Natur oder der Geschichte zweierlei Arten von Erkenntnis zu postulieren, die metaphysische und die naturwissenschaftliche bzw. historische. Wenn auf solche Weise einander widersprechende Ansichten über das Wesen der gleichen Sache zustande kommen, haben die hierhergehörigen metaphysischen Systeme die verschiedensten gegenseitigen „Regulationen" ersonnen, die sich alle zwischen den beiden Extremen der Behauptung des entschiedenen Primates der metaphysischen Erkenntnis vor der wissenschaftlichen, wie er beispielsweise in den HEGEL zugeschriebenen Worten „um so schlimmer für die Naturgesetze" zum Ausdruck kommt, und dem schlichten, skeptischen Verzicht auf eine mögliche Lösung, der in den gläubig-ergebenen Worten „credo quia absurdum" liegt, bewegten. Diese Art Metaphysik, die ihren letzten Höhepunkt in der großen spekulativen Epoche der deutschen idealistischen Philosophie fand und die, trotz mancher unleugbar vortrefflichen logischen Gedankengänge besonders bei SCHELLING, im ganzen den gegenseitigen Beziehungen von Naturwissenschaft und Naturphilosophie mehr geschadet als genützt hat, kann heute wohl als definitiv erledigt gelten. Das Urteil der Geschichte über sie ist gesprochen in der einzig dauernden Wirkung, die sie gehabt hat, in der bedauernswerten, bis in unsere Tage nachwirkenden Entfremdung zwischen der Naturwissenschaft und ihrer Philosophie, besonders in Deutschland, einer Entfremdung, die der Wirksamkeit von FECHNER und LOTZE nicht wenig Abbruch getan hat. Wie aber keine historische Bewegung von einiger Bedeutung sich in nur negativen Wirkungen erschöpft, so kann auch die spekulative Epoche der deutschen Naturphilosophie die gute Wirkung haben, für alle Zukunft das gegenseitige Verhältnis von Naturwissenschaft und Naturphilosophie dahin festzulegen, daß für Fragen, die das Wesen der Naturvorgänge betreffen, einzig und allein die jeweils zuständigen Naturwissenschaften maßgebend sind, daß also neben der naturwissenschaftlichen Antwort keinerlei metaphysische mehr Anspruch auf Geltung erheben kann. In letzter Konsequenz bedeutet das: *die Metaphysik der Natur ist identisch mit dem jeweiligen System der Naturwissenschaft.*

Da nun das „System der Naturwissenschaft" eine Angelegenheit ist, deren Bearbeitung den einzelnen Naturwissenschaften obliegt, und zwar natürlich ihren „theoretischen" Teilen als denjenigen, in denen der Sinn eines Systems von Naturvorgängen seinen speziellsten Ausdruck findet, so können wir statt „Metaphysik der Natur" auch *Theoretische Naturwissenschaft* schlechthin sagen. Damit hat dann das Beiwort „theoretische" hier genau den gleichen Sinn wie in den engeren Zusammenstellungen: theoretische Physik, Chemie oder Biologie usw. Infolgedessen zerfällt die „Metaphysik der Natur" in folgende Teildisziplinen:

| | |
|---|---|
| Theoretische Geometrie | |
| ,, Mechanik | |
| ,, Physik | „Metaphysik der Natur" oder |
| ,, Chemie | „Theoretische Naturwissenschaft" |
| ,, Biologie | |
| ,, Psychologie | |
| ,, Soziologie | |

Da wir nun mit besonderem Nachdruck betont haben, daß die Naturphilosophie in die tatsächliche Naturforschung faktisch nicht hineinzureden, vielmehr deren Ergebnisse als solche zu respektieren hat, scheint es, als ob die „Metaphysik der Natur" gar keine Angelegenheit der Naturphilosophie ist. Indessen so einfach liegen die Dinge hier nicht; es kann, wie wir sogleich sehen werden, gar keine scharfe Grenze zwischen der „Logik der Naturwissenschaft" als der unzweifelhaft der Naturphilosophie angehörenden Disziplin und der „theoretischen Naturwissenschaft" errichtet werden; vielmehr existieren auch hier überall kontinuierliche Zusammenhänge. Freilich, wenn es schon so etwas wie eine einheitliche „theoretische Naturwissenschaft", eine einheitliche „Metaphysik der Natur" gäbe, dann wäre die obige Argumentation richtig. Da sie aber noch nicht existiert, da das System der Naturwissenschaften vielmehr noch eine ganze Reihe von negativen Kontingenzen in seinem Theoriengefüge aufweist, so wird deutlich, *daß die Aufhellung dieser Kontingenzen im Hinblick auf das Ziel der universalen theoretischen Naturwissenschaft eine Angelegenheit ist, die den Rahmen der naturwissenschaftlichen Einzeldisziplinen überschreitet*[1]). So erfährt die oben definierte Lehre von den Kontingenzen der naturwissenschaftlichen Theorien, die deren logische Eigenschaften analysiert, eine Ergänzung nach der inhaltlichen Bedeutung der Kontingenzen für die Schaffung des universalen Systems der Natur. *Somit erhellt, wie in der Lehre von den Kontingenzen Logik der Naturwissenschaft und Metaphysik der Natur als „theoretische Naturwissenschaft" zu einheitlicher Leistung zusammentreffen.* Nachdem die Logik der Naturwissenschaft an der Hand von Beispielen aus der naturwissenschaftlichen Theorienbildung die allgemeinen logischen Eigenschaften der Kontingenzen klargelegt hat und nachdem darauf fußend die Metaphysik der Natur die für den Einzelfall einer Überwindung von Kontingenzen zwischen naturwissenschaftlichen Theorien — z. B. der noch bestehenden Kontingenzen zwischen Physik und Biologie, dem „DRIESCH*problem*" (AD. MEYER [1923]) — maßgebenden Punkte näher bezeichnet und die mutmaßliche Lösungsrichtung, immer auf Grund der allgemeinen Logik der Kontingenzen, aufgedeckt hat, nachdem alles das geschehen ist, kann wieder die darnach in Frage kommende theoretische Spezialnaturwissenschaft mit Erfolg die definitive Lösung und Überwindung der Kontingenzen in Angriff nehmen. Wir haben dergleichen ja in unseren Tagen mit den noch von E. BOUTROUX definierten Kontingenzen zwischen Geometrie und Physik und zwischen Physik und Chemie durch die allgemeine Relativitätstheorie sowie durch

---

[1]) Ähnliches meint wohl auch WUNDT (1907), wenn er der Metaphysik die etwas unbestimmte Aufgabe zuweist, die Ergebnisse der einzelnen Naturwissenschaften zu einem einheitlichen Ganzen zu verarbeiten. Man vgl. auch COMTEs hübsche Definition der Philosophie, die aus dem Studium der Allgemeinheiten der Einzelwissenschaften ihre Spezialität machen soll.

Thermodynamik, Atomistik und Kolloidchemie erlebt. Es würde doch seltsam sein, wenn sich aus den bei diesen Kontingenzüberwindungen gemachten allgemeinlogischen Erfahrungen über das Wesen der Kontingenzen und ihre Erledigung keinerlei Präjudiz für die noch vorhandenen naturwissenschaftlichen Kontingenzen sollte ableiten lassen[1]!

So dürfte hinreichend deutlich geworden sein, wie die Naturphilosophie in ihren beiden Disziplinen der Logik und Metaphysik auf das engste mit der Naturwissenschaft zusammenarbeiten kann und muß, ohne daß beide sich in ihren Resultaten jemals zu widersprechen oder in ihren eigentümlichen Belangen zu stören brauchen. Sie stehen in engster Korrelation zueinander, besonders in dem Problem der Kontingenzen, in dem sich ihre Interessen nahe berühren und das daher vor allem befragt werden muß, wenn man definitive Klarheit über das der Naturwissenschaft und ihrer Philosophie gemeinsame Ziel aller Naturforschung gewinnen will.

Gerade die Lehre von den Kontingenzen und ihrer Überwindung zeigt nun aber auf das deutlichste, daß es letzten Endes zwei universale Ideen sind, die durch die ihnen eigentümlichen Theoriengefüge die Gesamtheit aller Naturvorgänge beherrschen, nämlich die Ideen der Mathematik und der Historie. Der Prototyp der mathematischen Idee ist die moderne Physik, deren augenblicklicher Herrschaftsbereich bereits von der Geometrie bis zur Chemie reicht. Innerhalb der Biologie hat sie sich, wenn sie auch noch weit davon entfernt ist, alle negativen Kontingenzen beseitigen zu können, schon in der Physiologie ein mächtiges Ausfallstor geschaffen, durch das sie sich immer mehr Teile der autonomen Morphologie hereinholt, um auf diese Weise die Biologie immer intensiver physikalisch zu fundieren. Andererseits versucht die historische Idee, deren Prototyp in der Naturwissenschaft die Soziologie darstellt, überall da, wo die Mathematik versagt, z. B. in der Phylogenie, auch wieder durch Kontingenzbeseitigungen Terrain zu gewinnen. Auch von der reinen Historie führt über die Soziologie eine gerade Straße zur Phylogenie und Kosmologie. An der Erreichung dieser Ziele arbeitet die Logik der Naturwissenschaft dadurch, daß sie auf die geschilderte Weise die bereits erarbeiteten Theorien logisch analysiert und der künftigen Theorienbildung durch klare Herausarbeitung der zu überwindenden Kontingenzen die Richtung weist. So gibt sie der nun einsetzenden Theoretik gewissermaßen frisch geschärfte Instrumente in die Hand,

---

[1] Wie das beim DRIESCHproblem geschehen kann, habe ich in meiner Hamburger Antrittsvorlesung: Das Mechanismus-Vitalismus-Problem im Lichte neuerer logischer Untersuchungen" gezeigt. Vgl. Biolog. Zentralbl. 46, 4, 1926.

mit deren Hilfe diese dann abermals der ewigen Sphinx Natur einige ihrer Rätsel entreißen kann. Stellen wir uns nun das System der Naturwissenschaft einen Augenblick als vollendet vor, nehmen wir an, der „LAPLACEsche Geist" hätte sein Ziel erreicht und die HILBERTsche Weltformel gefunden, dann würden Mathematik und Historie miteinander identisch geworden sein, da die Weltformel nicht nur jede systematische, sondern auch jede historische Frage müßte beantworten können. Aber auch Logik und Theoretik (Metaphysik) der Natur würden dann identische Begriffe, da sowohl Logik wie Theoretik nach Überwindung aller Kontingenzen die letzte universale Theorie der Natur gefunden hätten, an der die logische Analyse nichts mehr zu bessern haben und über die die Theoretik schlechterdings auch nicht mehr hinausgelangen könnte.

Das mag genügen, um unser gegenwärtiges Unternehmen, die *„Logik der Biologie"*, genügend zu verankern sowohl in der Naturphilosophie wie in der theoretischen Naturwissenschaft. Sie ist einmal Propädeutik zu der gegenwärtig noch nicht möglichen „theoretischen Biologie", wie sie andererseits infolge des mehrfach hervorgehobenen universalen Charakters der logischen Zustände der Biologie symptomatische Bedeutung für die gesamte Logik der Naturwissenschaft und damit auch für die Naturphilosophie schlechthin besitzt.

# Logik der Biologie als Ganzes.

## 1. Definitionsprobleme.

In der naturwissenschaftlichen Theorienbildung sind im wesentlichen drei Formen von Definitionen wirksam, allerdings selten jede von ihnen in voller Reinheit. Vielmehr sind die meisten gemischte Synthesen aus einigen oder allen von ihnen. Diese drei Typen sind die *Nominaldefinition*, die *Inbegriffdefinition* und die *Begrenzungsdefinition*. Alle drei kommen auch in der Biologie vor.

Die hier meist vertretene Definition ist eine *Nominaldefinition*, also eine bloße Verdeutlichung des Wortsinnes „Biologie" mit leichtem Einschlag inbegrifflicher Momente, d. h. mit Verwendung sachlicher Motive, die über den bloßen Wortsinn hinausgehen und ihn näher bestimmen. Hierher gehören alle Definitionen, die die Biologie einfach als „die Wissenschaft vom Leben" bezeichnen unter Hinzufügung näherer Erläuterungen dessen, was unter Leben verstanden werden soll. Zunächst einige Zitate als Beispiel: R. HESSE sagt (1912, S 1139): „Die Biologie ist die Gesamtwissenschaft von den Lebewesen oder Organismen. Ihr Gegenstand sind die verschiedenen Formen und Erscheinungen des Lebens, die Bedingungen und Gesetze, unter welchen dieser Zustand stattfindet, und die Ursachen, wodurch derselbe bewirkt wird." HESSE zitiert hier TREVIRANUS, der als erster (1802) den modernen Biologiebegriff geschaffen hat Ähnlich HÄCKEL (1866, I, S. 10): „Die *Biologie* oder Organismenlehre ist die Gesamtwissenschaft von den Organismen, oder den sogenannten ‚belebten' Naturkörpern, Tieren, Protisten und Pflanzen." Ferner DRIESCH (1909, I, S. 10): „Die Biologie ist die Wissenschaft vom Leben." Im übrigen verweist DRIESCH dann auf eine erst am Ende, nicht am Anfang der Wissenschaft mögliche exakte Definition. Die Nominaldefinition ist ihm also nur ein Provisorium für eine spätere Inbegriffdefinition. Ähnlich kurz äußert sich neuerdings GAMS (1918, S. 296): „Unter der Biologie verstehe ich mit TREVIRANUS, HÄCKEL TSCHULOK u. a. die Lehre von den Lebewesen." Das mag genügen, um das Wesen der Nominaldefinition in der Biologie zu illustrieren. Zu einer sachlichen Klärung des Begriffs vermag sie selbstverständlich nicht das geringste beizutragen. Man muß bereits wissen, was „Leben" ist, um zu erfahren, was Biologie bedeutet. Das historische Verdienst unserer Nominaldefinitionen liegt nun begreiflicherweise auch auf ganz anderem, nämlich terminologischem Gebiet. Durch sie sind die bekannten, engeren Auffassungen des Begriffs „Biologie" — Biologie = Ökologie, = medizinische Biologie, = Physiologie der Franzosen, = Deszendenztheorie der Engländer, um nur die bekanntesten Spielarten unseres Begriffs zu nennen — in den Hintergrund gedrängt oder ganz beseitigt worden. Sachlich aber bedürfen unsere Nominaldefinitionen der Ergänzung durch inbegriffliche Momente, d. h. durch nähere Erläuterungen dessen, was unter „Leben" denn eigentlich verstanden werden soll, oder dessen, *was* denn nun an den Lebewesen Gegenstand biologischen Forschens sein soll.

Denn in seiner ganzen unermeßlichen Bedeutung kann das „Leben" oder alles, was mit den „Lebewesen" zusammenhängt, natürlich nicht Gegenstand der Biologie sein. Freilich gibt es auch so radikal gesinnte Forscher, die alles, was irgend mit dem „Leben" zu tun hat, als Teile der Biologie auffassen, die so aus der Biologie eine Philosophie machen, die in den verschiedenen Gestalten des „*Biologismus*" genügend von sich reden gemacht hat[1]). Unter den bedeutenden Biologen neigte bekanntlich HÄCKEL sehr stark nach dieser Richtung, auch VERWORN ist von ihr nicht freizusprechen, wenn er ($1911^2$, S. 6) sagt: „Kein Leben ohne die leblose Welt. So birgt der Mensch in sich zugleich die Rätsel der lebendigen und der leblosen. Die Lebensforschung erweitert sich zur Weltforschung, und die Weltforschung gipfelt in der Lebensforschung." Man vergleiche auch folgende Äußerung von DRIESCH (1909, I, S. 10): „Unsere Wissenschaft ist die höchste aller Naturwissenschaften, denn sie umfaßt als letztes Objekt die Handlungen des Menschen, wenigstens soweit Handlungen Phänomene sind, welche an Körpern beobachtet werden können." Man könnte DRIESCH, der natürlich vollkommen frei von jeglichem *metaphysischen* Überschwang in der Biologie ist, hiernach einen Vertreter des *logischen Biologismus* nennen.

Auch der geniale CLAUDE BERNARD kann leicht in biologistischem Sinne mißverstanden werden, wenn er etwas enthusiastisch meint: „Ainsi, l'être vivant ne constitue pas une exception à la grande harmonie naturelle qui fait que les choses s'adaptent les unes aux autres; il ne rompt aucun accord; il n'est ni en contradiction ni en lutte avec les forces cosmiques générales; bien loin de là, il fait partie du concert universel des choses, et la vie de l'animal, par exemple, n'est qu'un fragment de la vie totale de l'univers" ($1882^2$, I, S. 67). Dergleichen Exkurse in eine gefühlte oder geschaute Metaphysik sind

---

[1]) Vgl. hierüber H. RICKERT: Lebensphilosophien, Tübingen 1920; ferner R. EUCKEN: Erkennen und Leben, Leipzig 1912.

natürlich wenig geeignet, den Begriff des Lebens so einzuschränken, daß die Nominaldefinition der Biologie einen den tatsächlichen Verhältnissen entsprechenden Sinn erhält. Um diesen gerecht zu werden, muß das Eigentümliche der Biologie nach der Seite des Überorganischen, des Seelen- und Geisteslebens also, das doch auch ein „Leben" ist, dasjenige sogar, das gewöhnlich für das „eigentliche" Leben gehalten wird, und nach der Richtung des Anorganischen klargestellt werden, wohin man ja auch, wie vor allem FECHNER, später PAULSEN u. a., den Bereich des Organischen ausgedehnt hat. So sehr nun die Biologen sich bemüht haben, das Gebiet ihrer Wissenschaft von physikalischen Wissenschaften sorgsam zu scheiden, so selten sind wirklich gründliche Untersuchungen über die Abgrenzung der Biologie von Psychologie und Soziologie.

Im allgemeinen ist die herrschende Auffassung der Biologen die, daß das biologische Leben in weitem Ausmaße bestimmend in die psychischen und sozialen Sphären hineinreicht, ohne sie allerdings vollkommen zu erschöpfen. So sagt DRIESCH: „Das höchste Objekt der Lehre von der Handlung ist *der Mensch*; hier geht denn Gesetzesbiologie in die üblicherweise Psychologie genannte Disziplin, soweit sie durch objektive Methoden und nicht auf dem Wege der Selbstbesinnung betrieben wird, ohne scharfe Grenze über. Umfaßt doch im logisch strengen Sinne der Begriff *Leben alles*, was da überhaupt gelebt hat, lebt und leben wird, in *allen* seinen objektiven Äußerungen und Folgen. *So verstanden ist denn Biologie die objektive Wissenschaft von der Gesamtheit des Belebten.* Es sind *praktische* Gründe, welche hier die sogenannten Kulturwissenschaften von der Biologie abzutrennen zwingen. Auch Geschichte in ihren objektiven Äußerungen ist der Stammesgeschichte Fortsetzung, wobei freilich der zweite Teil vom ersten wenig Nutzen ziehen kann..." (System 1910, S. 51). Eine scharfe Grenze errichtet DRIESCH also zwischen Biologischem und Psychologischem nicht, legt den Unterschied vielmehr in die Forschungsmethoden, insofern die Biologie den subjektiven Methoden der Psychologie gegenüber — „Selbstbesinnung!" — mit „objektiven" Methoden dem Leben seine Geheimnisse entreißen soll. Es handelt sich dann stets um solche psychischen „Phänomene..., welche an Körpern beobachtet werden können". Schärfer versucht N. HARTMANN (1912), die Grenze zwischen Biologie und Psychologie zu ziehen, wenn er in dem „Bewußtsein" das „Grenzproblem der Biologie" sieht. „Jeder Versuch, es auf Grund der Prinzipien des Lebens... zu behandeln, ...muß fehlschlagen, weil uns das Bewußtsein als solches von ganz anderer Seite und auf Grund anderer Vorgänge bekannt ist. Die Psychologie, deren rechtmäßiges Problem es bildet, . . . tritt von entgegengesetzter Seite an seine Erforschung heran . . .“ Es ist nämlich unmöglich, in das „Bewußtsein von außen hineinzugelangen . . .“ (S. 156), d. h. von der „Körperseite“ her, wie DRIESCH das nennt. Einige Seiten weiter (S. 165/166) sagt HARTMANN: „Es ist und bleibt eben unmöglich, mit den Mitteln der Biologie in das Wesen des Psychischen einzudringen. Und so dürfte es nun immer klarer werden, daß das Grenzproblem, welches wir hier berührt haben, auch eine *Problemgrenze* ist. Und wenn man hinzunimmt, daß jenseits dieser Grenze gleichwohl ein Gebiet liegt, welches der Forschung durchaus zugänglich ist — nur eben nicht der biologischen Forschung —, so erweist die Problemgrenze sich als doppelseitig, d. h. als eine solche für zwei heterogene Forschungsmethoden; oder, wie man das in einem Terminus zusammenfassen kann, sie ist die Problemscheide von Psychologie und Physiologie.“ Da nun aber nach allen unseren Erfahrungen die Vorgänge des Bewußtseins aus unbewußten oder noch nicht bewußten psychischen Prozessen hervorwachsen und wieder in sie untertauchen, Vorgängen also, die auf anders als biologischer Basis wissenschaftlich nicht bewältigt werden können, so kann das Bewußtsein auch als solches eine scharfe Grenze zwischen Biologie und Physiologie nicht abgeben. So ist auch HARTMANNS „Problemscheide“ keine Grenze der Gebiete, sondern vielmehr, wie bei DRIESCH, der Methoden. Der Unterschied besteht dann nur noch darin, daß HARTMANN stärker als DRIESCH die „Forschungszugänglichkeit“ des biologisch unzugänglichen Teils der Psychologie betont. Auch die reine Psychologie verfährt zweifelsohne nicht minder objektiv wie die biologische Psychologie. Nur daß diese von der Körpergebundenheit von außen her in die psychische Sphäre einzudringen sucht, während die reine Psychologie freilich ebenso objektiv, aber von innen her, von der Aktseite aus, das Seelische erforscht. Die biologische Psychologie ist nach einem viel zitierten Wort „Psychologie ohne Seele“, während die reine Psychologie „Psychologie mit Seele“ ist. Die Biologie macht dann eben den Versuch, auch vom Seelischen so viel zu erfassen, als ohne Benutzung psychischer Prinzipien und Motive möglich ist.

Es kann natürlich an dieser Stelle noch keine dem gegenwärtigen Zustand der Biologie entsprechende Darstellung des Verhältnisses von Psychologie und Soziologie zur Biologie gegeben werden. Das ist im Rahmen der inbegrifflich erläuterten Nominaldefinition, um die es uns hier ja noch zu tun ist, auch gar nicht erforderlich. Wir werden später sehen, daß sich das gegenseitige Verhältnis der genannten beiden Disziplinen zur Biologie auch gar nicht auf eine einzige, einheitliche Formel bringen läßt. Vielmehr bekommen diese Probleme ein ganz anderes, keineswegs an Kongruenz oder Ähnlichkeit gemahnendes Gesicht, je nachdem sie vom physiologischen oder vom phylogenetischen Standpunkt erwogen werden. Hier wollen wir das Ergebnis unserer Untersuchung in Hinsicht auf die Schaffung einer befriedigenden Nominaldefinition kurz in folgenden Thesen zusammenfassen:

1. *Die Biologie ist nicht die alleinige oder beherrschende Wissenschaft vom Leben schlechthin. Neben ihr sind auch Psychologie, Soziologie und die bekannten Geisteswissenschaften Wissenschaften vom Leben.*

2. *Es ist unmöglich, eine scharfe gegenständliche Grenze zwischen den Bereichen des Biologischen einerseits und des Psychologischen, Soziologischen und Historischen anderseits zu ziehen.*

3. *Der Unterschied zwischen diesen Disziplinen ist vielmehr ein solcher der Forschungsmethoden,* wenigstens soweit die Psychologie in Frage kommt. Wir werden ihn später eingehender im Hinblick auf unsere theorienkonstituierenden logischen Momente, die Empirismen, Apriorismen und vor allem die Ideen, analysieren. Vorläufig sei nur so viel gesagt, daß die Biologie nur so weit in Psychisches eindringt, als es von der körperhaften Seite der psychischen Phänomene her geschehen kann. Die reine, sog. Aktpsychologie verfährt vollkommen unbiologisch, autonom. In der Phylogenie liegen diese Probleme auch in dieser Hinsicht ganz anders.

4. Wenn wir nun die Probleme des Lebens, soweit sie von der körperbedingten Seite her zugänglich sind, den Bereich des *Organischen* nennen, so können wir alle diese Erwägungen in folgende Formel, die allerdings auch nur nominaldefinitorischen Wert hat, zusammenfassen: *Die Biologie ist die Wissenschaft vom Organischen.*

Nachdem die Biologie so nominaldefinitorisch nach der psychologischen Seite hin abgegrenzt worden ist, haben wir dasselbe nun auch nach der physikalischen Seite hin zu unternehmen. Da es sich hier um Probleme handelt, die seit Jahrzehnten in der Form des „Mechanismus-Vitalismusproblems" in den theoretisch-biologischen Diskussionen eine große Rolle spielen, können wir uns hier auf eine Präzisierung unseres eigenen Standpunktes beschränken, die an dieser Stelle aber natürlich auch nur in propädeutischer Form erfolgen kann.

Die Tatsache, daß die Biologie die Lebensprobleme stets von ihrer körpergebundenen Seite her anfaßt, ist ein deutlicher Hinweis auf eine nahe Verwandtschaft der Biologie mit der allgemeinen Wissenschaft von den Naturkörpern schlechthin, der Physik. Die Geschichte des Vitalismus (vgl. DRIESCH [1905]) zeigt, daß vitalistische Tendenzen, die Bemühungen also, den Bereich des Organischen vom Anorganischen prinzipiell zu sondern und kontinuierliche Übergänge zu leugnen, zu allen Zeiten in der Biologie eine große Rolle gespielt haben. Historisch ist das ja auch völlig verständlich. Alle großen mechanistischen Epochen haben das Organismusproblem nie definitiv lösen können. Stets ist ein Rest geblieben, von dem aus der Vitalismus wieder vorstoßen konnte; und obschon es unverkennbar ist, daß die großartige Entwicklung der modernen Physik, die nach Hilbert in wenigen Jahrzehnten soviel geschaffen hat wie früher in ebensoviel Jahrhunderten, auch in der Biologie wieder eine mechanistische Epoche zeitigen wird, die alle früheren weit in den Schatten stellen kann, so wird doch das vitalistische Gegenspiel ohne Zweifel auch dann wieder nicht ausbleiben. Das Organismusproblem ist zu kompliziert, um auf einen Anhieb, und gehe er noch so tief, erledigt werden zu können. Der Vitalismus erfüllt eine ungeheuer wichtige Funktion in der Geschichte der Biologie, nämlich, die jeweilig subtilsten organischen Probleme, die mit den bisherigen Mitteln der Physik nicht angreifbar waren, als solche in ihrer von einem unzureichenden Mechanismus verschleierten Klarheit wieder herzustellen, um so dann wieder einem besser fundierten Mechanismus sorgfältiger formulierte Probleme vorzulegen. In diesem Sinne wird es immer ein historisches Verdienst von Driesch bleiben, die organischen Probleme von der Umklammerung und Scheinlösung des mechanistischen Darwinismus befreit zu haben. Eine gewisse Tragik liegt nun freilich darin, daß seine zweite, noch größere Leistung, die Mitbegründung der Entwicklungsmechanik in der Zoologie, nun freilich nicht den von Driesch erwünschten Verlauf, seinen Vitalismus positiv zu beweisen, genommen, vielmehr gerade dem kommenden vertieften Mechanismus die Wege bereitet hat. Soviel über die biologiegeschichtliche Bedeutung vitalistischer Tendenzen. Ihre großen Verdienste sind logisch-theoretischer Natur, sie stellen verdunkelte Probleme in ihrer Reinheit wieder her und schärfen ihre Formulierungen, aber sie haben kein einziges neues Tatsachengebiet entdeckt, wie denn auch Bunge (1889[2]), so skeptisch er über die Erfolge mechanistischer Forschung auch dachte, gleichwohl zugeben mußte, daß die organische Forschung über andere als mechanistische Methoden nicht verfügt.

In früheren Epochen klammerten sich die Vitalismen an besondere Stoffe und Kräfte, also an gegenständliche Eigenschaften, die nur den Organismen eigentümlich sein sollten. Der z. Z. herrschende Drieschsche Vitalismus ist ein rein logisch-kategorialer. Damit hat der Vitalismus die letzte Feste bezogen, die er z. Z. noch behaupten kann. Auch die modernen Vitalisten sind sich darüber klar, daß alle gültigen physikalischen Prinzipien eo ipso auch bei den organischen

Naturkörpern gelten. Etwas anderes ist es natürlich mit solchen physikalischen Prinzipien, deren Geltung selbst in der Physik noch nicht feststeht, und mit solchen, die, wie das Entropieprinzip, auf statistischer, den Einzelfall mithin dynamisch-kausal nicht bindender Grundlage beruhen. DRIESCH und seine Schule, vor allem UNGERER (1919, 1922), die hervorragendsten und konsequentesten Vertreter dieses logischen Vitalismus, sind der Meinung, in der Kategorie der Ganzheit dasjenige Apriorisma gefunden zu haben, das die biologischen Theorien vor allem auszeichnet und von den physikalischen streng scheidet. Alle echt biologischen Vorgänge haben darnach die Eigentümlichkeit, zur Bildung, Erhaltung oder Wiederherstellung eines Ganzen beizutragen, sei es nun ein Individuum, ein Organ, ein Gewebe oder ein Komplex physiologischer Vorgänge. Dieser, nur den Organismen eigentümlichen Ganzheitskausalität stellt DRIESCH die rein summative Kausalität — Beispiel: Kräfteparallelogramm der physikalischen Vorgänge — gegenüber. UNGERER verfährt nicht ganz so kraß in der Scheidung beider Disziplinen. Er erkennt vielmehr an, daß auch im Reiche der Anorganismen, z. B. bei der Kristallbildung, regulatorische Vorgänge mitwirken, ist aber überzeugt (1922, S. 78), daß derartige Prozesse im Physischen außerordentlich selten und von sehr geringer theoretischer Bedeutung sind.

Zweifelsohne sind Ganzheitsvorgänge ganz besonders geeignet, das Wesen des Organischen zu beschreiben, wie sie ja auch in der Form der Gestalttheorie in der modernen Psychologie z. Z. eine große Rolle spielen und die sog. Assoziationspsychologie, eine sehr unvollkommene Form eines psychischen Mechanismus, haben beseitigen helfen. Nur ist es vollkommen irreführend, zu glauben, daß ihr Vorkommen auf die organischen Bereiche beschränkt ist. Vielmehr sind sie im physikalischen Bereich nicht nur nicht sehr selten, sondern geradezu überwältigend häufig. W. KÖHLER (1920) hat dem Nachweis der von ihm sog. „physischen Gestalten“ eine für die gesamte Theorie der Naturwissenschaften außerordentlich bedeutsame Untersuchung gewidmet. Wenn KÖHLER von „physischen Gestalten“ und nicht von physischen Ganzheiten spricht, so liegt der Grund darin, daß KÖHLER von der Psychologie, dem Streit um die Gestalt- oder Komplextheorie, wie das Mechanismus-Vitalismusproblem in der Psychologie heißt, herkommt und den Nachweis zu führen unternimmt, daß nicht nur die Komplex-, sondern auch die Gestalttheorie physikalisch-chemisch fundiert werden kann. Wäre KÖHLER von der Biologie ausgegangen, so würde er ohne Frage von physischen Ganzheiten statt Gestalten gesprochen haben. Sachlich sind beide Begriffe identisch (AD. MEYER 1923). Wir werden im Verlauf unserer Untersuchung noch oft auf die

„physischen Gestalten" zurückkommen müssen, weil wir in der Tat glauben, daß in ihnen und nicht in irgendwelchen anderen physikalischen Prinzipien oder Einzelgebieten — wie z. B. Auerbachs Ektropie (1910, 1913²), E. Bauers (1920) Biothermodynamik, den Biokolloiden usw. — der Schlüssel gegeben ist, das Organische physikalisch-chemisch von neuem aufzuschließen und zu fundieren. Hier sollen nur zwei Beispiele das Wesen der physischen Gestalten illustrieren.

In Abb. 1 sieht man zwei aus je drei einander völlig gleichen Kugeln bestehende Kondensatorsysteme. Jede der sechs identischen Kugeln soll dieselbe Elektronenladung enthalten. Dann ist die Summe der Elektrizitätsmengen in beiden Systemen, wenn wir die Ladung der außerordentlich dünn gedachten Verbindungsstäbe der Kugeln gleich o setzen, dieselbe, also $a + a_1 + a_2 = b + b_1 + b_2$. Beide natürlich isoliert aufgehängte Systeme sollen sich nur durch die Art ihrer Stabverbindung unterscheiden. Die Kugeln von A sind etwa durch Hartgummistäbe gegeneinander isoliert, während die Kugeln des Systems B etwa durch Kupferdrähte leitend miteinander verbunden sind. Die Art der Verteilung der Elektrizität ist also ebenso wie ihre Summe in beiden Systemen völlig die gleiche, sie sind, da wir von ihren Verbindungsstäben

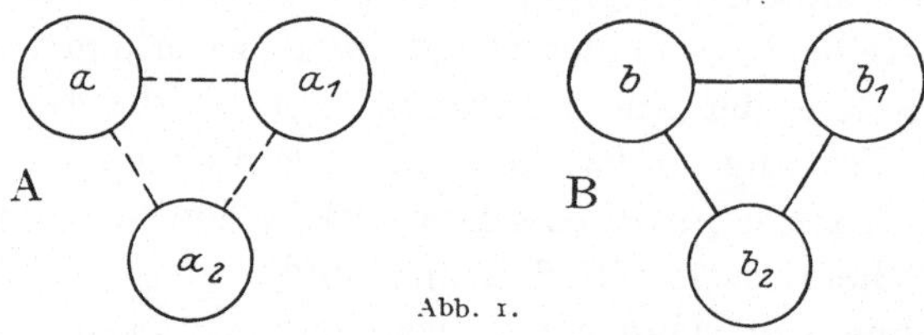

Abb. 1.

voraussetzungsgemäß abstrahieren wollen, einander physikalisch als Dreiersysteme äquivalent, solange sie nicht gestört werden. Und doch verhalten sie sich grundverschieden, wenn man in beiden Systemen denselben prinzipiellen Eingriff vornimmt. Entfernt man in ihnen z. B. die einander quantitativ gleichen Elektrizitätsmengen $a_2$ und $b_2$, dann enthalten beide Systeme zwar noch quantitativ die gleichen Elektrizitätsmengen, nämlich $^2/_3$ der ursprünglich vorhandenen. Aber deren Verteilungsform ist in beiden Systemen nunmehr grundverschieden. In A ist das ursprüngliche Dreierkondensatorsystem als solches zerstört. Die Kugeln $a$ und $a_1$ haben ihre elektrische Gestalt als solche erhalten, die Kugel $a_2$ aber hat sie verloren. Das System A als Ganzes war also keine „physische Gestalt", sondern eine reine „Undverbindung". Ganz anders das System B. Hier ist mit $^2/_3$ der ursprünglichen Elektrizitätsmenge das „Ganze" des Systems, seine „physische Gestalt" als ein Dreierkondensatorsystem, wiederhergestellt worden. (Eine physikalische „Restitution".) System B ist also eine echte „physische Gestalt", eine anorganische „Ganzheit".

Ein anderes Beispiel ist die Wiederherstellung eines chemischen Gleichgewichts zwischen Reaktionen, wenn von einem Komponenten eine bestimmte Menge fortgenommen wird. Entsprechende Beispiele lassen sich häufen; sie zeigen sämtlich, daß es auch im rein physischen Bereich echte Gestalten, Ganzheitswiederherstellungen gibt. Ganz allgemein sind „Gestalten" solche Zustände und Vorgänge, „deren charakteristische Eigenschaften und Wirkungen aus artgleichen Eigenschaften und Wirkungen ihrer sog. Teile nicht zusammensetzbar sind" (Köhler [1920, S. IX]). Eine Gestalt ist eben nach v. Ehren-

FELS (1890), dem Begründer der Gestalttheorie, „stets mehr als die
Summe ihrer Teile", ja, sie ist sogar in gewissem Grade unabhängig
von Art und Menge ihrer Komponenten, sie ist „transponierbar",
wie z. B. die gleiche Melodie mit verschiedenen Tonkomponenten hervorgebracht werden kann. Wenn nun die physischen Gestalten bisher
nie besondere theoretische Beachtung gefunden haben, so ist der
Grund dafür einfach der, daß sie mathematisch vollkommen bestimm-
bar sind und so dem Physiker keinerlei theoretische Schwierigkeiten
bereiten. Erheblich anders aber liegen diese Dinge in Biologie und
Psychologie, so daß sich hier vitalistische Tendenzen an die vitalen
Gestalten klammern konnten. Wir haben nunmehr festgestellt, daß
das nicht länger möglich ist, weil es auch im Reiche der Physik, die
nach DRIESCH nur „summative Kausalität" kennen sollte, echte Gestalten gibt. Mithin kann auf die logische Kategorie der „Ganzheit",
die mit der Gestalt identisch ist, hinfort keine biologische Autonomie
mehr begründet werden. Die Physiologie ist und bleibt die „Physik
des Organischen". Etwas anderes ist es freilich, von „praktischem,
empirischem oder vorläufigem Vitalismus zu reden" (GURWITSCH 1922,
1923). Tatsächlich ist die Lage der Dinge letztlich infolge unserer
Unkenntnis der chemischen Natur und der physikalischen Konstel-
lation jener höheren Proteine, die die organische Substanz bilden,
gegenwärtig so, daß es eine ganze Reihe typisch-organischer Phänomene gibt, die physikalisch-chemisch zur Zeit noch gar nicht angreifbar sind. W. OSTWALD (1915) faßt das Ergebnis seiner Analyse der
lebendigen Substanz in folgenden Sätzen zusammen, die deutlich
zeigen, wo das vorläufig autonome organische Gebiet beginnt: „Die
organisierte Substanz wird charakterisiert in *chemischer* Beziehung
durch das ständige, gleichzeitige Vorhandensein von Eiweiß, Lipoiden,
Salzen und Wasser, durch Oxydations- und Reduktionsprozesse und
durch die große Rolle von Fermentreaktionen, in *physikalischer* Beziehung durch ihren kolloidalen Zustand, der nicht nur den merk-
würdigen, zwischen fest und flüssig stehenden Aggregatzustand der
lebenden Substanz, sondern auch eine Fülle physikalisch-chemischer
Besonderheiten erklärt, und in *biologischer* Beziehung durch das an
ein und demselben Objekt nachweisbare Vorhandensein von Ernährung, Wachstum, Erhaltung, selbsttätiger Bewegung, Fortpflanzung, Vererbung und regulatorischer Verknüpfung aller dieser Prozesse untereinander" (S. 172). Die hier genannten, zur Zeit noch rein
organischen Merkmale der lebendigen Substanzen, die in vielen ihrer
einzelnen Komponenten sehr weitgehend physikalisch-chemisch analysiert sind, deren dynamisches Zusammenwirken im Ganzen des Organismus völlig noch nirgends erforscht ist, sollen im folgenden immer

kurz die *organischen Modale* genannt werden. Der Ausdruck „Modal"
ist von HELMHOLTZ (Neuausgabe 1921) in die naturwissenschaftliche
Logik eingeführt worden und bezeichnet heute solche qualitative
Letztheiten, die einstweilen nicht durch Reduktion auf andere Qualitäten weiter analysiert werden können. Demgemäß hört ein organisches Modal in dem Augenblick auf als solches zu existieren, in dem
es physikalisch-chemisch restlos aufgelöst worden ist, d. h. dann,
wenn es gelungen ist, seine organische Gestalt — denn Gestalten sind
natürlich alle diese hochdynamischen Komplexe — von einfacheren
physischen Gestalten abzuleiten. Sollte sich z. B. das PÜTTERsche
Reizgesetz bestätigen (1918—1920), und sollte es sich wirklich auf das
Massenwirkungsgesetz oder, wie LASAREFF (1910—1922) und KÖHLER
wollen, auf Ionentheorie zurückführen lassen, dann würde der Reiz-
begriff aufgehört haben, ferner ein organisches Modal zu sein. Wohl
würde auch fernerhin die Theorie der Reizvorgänge einen integrierenden Bestandteil der theoretischen Biologie bilden, nur keinen modalen,
der Physik gegenüber kontingenten mehr. Modalität ist eben vorüber-
gehende Kontingenz. Wir können daher auch V. TSCHERMACK vollkommen zustimmen, wenn er (1916, S. 3/4) die Organismen definiert
„als Naturkörper, welche einerseits mit Autonomie begabt und ente-
lechisch (d. h. zielstrebig, und zwar das Ziel in sich selbst tragend)
veranlagt sind, anderseits zu doppelsinniger Veränderung [„Assimilation — Dissimilation", „Ektropie — Entropie", „Differenzierung
— Dedifferenzierung"] und damit zur Selbstergänzung und Selbst-
vermehrung befähigt sind". Diese ihre Eigenschaften verlieren die
Organismen natürlich nicht dadurch, daß sie sich als von einfacheren,
physikalischen Gestalten ableitbar erweisen. Praktisch, empirisch ist
die Biologie so lange autonom, als sie Modale besitzt, die physikalisch
noch nicht aufgelöst worden sind. Aber die logisch-kategoriale Autonomie, die der Biologie nur ihr eigentümliche Erkenntnismittel vorbehalten möchte, kann schon jetzt restlos widerlegt werden.

Es gibt übrigens eine unzweifelhaft biologische Disziplin, deren
Modale ebenso zweifellos niemals physikalisch-chemisch erledigt werden können. *Das ist die Phylogenie.* Ihre besondere Problemlage
wird uns späterhin noch eingehend beschäftigen, hier muß nur so viel
gesagt werden, daß auch sie nicht benutzt werden kann, eine logisch-
autonome Biologie im Sinne von DRIESCH zu errichten. Die Phylogenie
ist vielmehr bestrebt, den von ihr theoretisch beherrschten Teil der
Biologie ohne prinzipielle Kontingenzen an die allgemeine Historie
anzuschließen. Wenn, wie wir gesehen haben, die *Biopsychologie* derjenige Teil der Biologie ist, der die psychischen Prozesse von ihren
körperlichen Grundlagen her erforscht, und wenn in reiner Konse-

quenz dieses Standpunktes die *Biosoziologie* die soziologischen Phäno-
mene in Beziehung zu ihrer organisch-körperlichen und psychischen
Grundlage zu bringen sucht, dann können wir dementsprechend der
Phylogenie die Aufgabe zuweisen, die Geschichte der körperlichen
Grundlagen aller Lebenserscheinungen, vor allem also der Organe und
Organsysteme, zu schreiben; denn auch alles psychische, soziologische
und rein historische Leben ist an Organismen gebunden.

Nunmehr können wir die Ergebnisse unserer nominaldefinitorischen Untersuchung des Verhältnisses von Biologie und Physik
in folgenden Thesen zusammenfassen:

1. *Es besteht in gegenständlicher Hinsicht auch zwischen physikalischen und organischen Zuständen und Vorgängen keine logisch
scharf formulierbare Grenze. Organische Gestalten schließen kontinuierlich an physische an.*

2. *Aber auch hinsichtlich der Erkenntnismittel* — Empirismen,
Apriorismen, Ideen — *besteht zwischen Biologie (genauer: Physiologie)
und Physik kein prinzipieller Unterschied.* Beide Wissenschaften
untersuchen die körperhaften Eigenschaften und Vorgänge ihrer
Gegenstände. Die Physiologie wenigstens ist, wie wir später noch
ausführlich begründen werden, nichts anderes als die Erstreckung der
Physik in organische Bereiche, die „Physik des Organischen". Bei
der Phylogenie liegen diese Dinge auch hier erheblich anders, sie
unterhält keinerlei Beziehungen zur Physik, um so innigere dagegen
zur reinen Historie.

3. Da es aber zur Zeit noch eine ganze Reihe biologischer Grund-
phänomene gibt, an deren völlige physikalisch-chemische Auflösung
wohl auf lange Zeit hinaus noch nicht gedacht werden kann, so ist es,
solange derartige biologische Modale existieren, vollkommen berechtigt, den Bereich der Biologie dadurch von dem der Physik abzugrenzen, daß wir wieder sagen: *Die Biologie ist die Wissenschaft vom
Organischen.* Sie wird das natürlich auch bleiben, wenn die gegenwärtige Kontingenz ihrer Modale den physischen Bereichen gegenüber beseitigt sein wird, allein man wird dann nicht mehr von der
Biologie als einer vorläufig, praktisch oder empirisch autonomen
Wissenschaft sprechen, sondern nur noch von einer „Theorie der
organischen Systeme", die dann innerhalb der Physik einen ebenso
integrierenden Bestandteil bilden wird, wie das heute etwa mit der
Theorie der Thermodynamik oder der (ehemals autonomen) chemischen Atomistik der Fall ist.

Vergleichen wir die hier vorliegenden Thesen mit den S. 24/25 ermittelten, so fällt uns eine Abweichung in den Ergebnissen nur bei
den kongruenten Thesen 3 und 2 auf. Doch ist auch diese Abweichung

keine prinzipielle. Wenn die Grenze in den Erkenntnismethoden zur Zeit zwischen der Biologie einerseits und der Psychologie anderseits schärfer formuliert werden kann als diejenige zwischen Physik und Biologie, so liegt das im wesentlichen an dem theoretisch noch wenig ausgereiften Zustand der Psychologie. Die Assoziationspsychologie hat gründlich versagt als Gesamttheorie des Psychischen, die moderne, der Biologie gegenüber unzweifelhaft völlig autonome Aktpsychologie aber, die letzten Endes auf die Phänomenologie HUSSERLS (1913²) und seiner Schule zurückgeht, kann ebenfalls nicht als das letzte Wort in theoretisch-psychologischen Dingen gelten. Sie ist durchaus nur ein Provisorium, ein Stadium vorübergehender Selbstbesinnung, eine vitalistische Reaktion. Sie spielt in der Psychologie bestenfalls keine andere Rolle als, wie wir sehr bald erkennen werden, die rein deskriptive Morphologie in der Biologie. Diese ist auch allen übrigen Wissenschaften gegenüber logisch völlig autonom, aber auch nie und nirgends das letzte Wort in der Biologie. Dieses wird vielmehr nur von den heteronom orientierten Disziplinen der Physiologie und Phylogenie gesprochen, für die die reine Morphologie eben bloße Propädeutik ist. So zeigt auch die moderne Psychologie bereits unverkennbar deutlich, daß die vitalistische Aktpsychologie im Begriffe ist, von einer mechanistisch, im Sinne der geistvollen Untersuchungen KÖHLERS orientierten Gestaltpsychologie absorbiert zu werden.

Damit sind die Probleme der Nominaldefinition der Biologie erledigt, und wir wenden uns nunmehr zu den Problemen der *Inbegriffdefinition* des Organischen. Hier handelt es sich eigentlich um jene Definitionen, von denen DRIESCH meinte, daß sie erst am Ende biologischer Untersuchungen, nicht an ihrem Anfang gegeben werden können. Wir können sie daher an dieser Stelle auch nur so weit behandeln, als ihre kritische Erledigung nicht Ergebnisse der folgenden Untersuchungen voraussetzt. Das ist nun zum Glück bei den meisten zur Zeit vorliegenden Versuchen, Biologie inbegrifflich zu definieren, auch nicht der Fall. Auf solche Inbegriffdefinitionen, die nur Teilgebiete der Biologie berücksichtigen, die also etwa nur physiologisch oder nur phylogenetisch basiert sind, wird an betreffender Stelle später eingegangen werden. *Eine Inbegriffdefinition ist nun eine solche, die das Wesen des von ihr beschriebenen Gebietes derart adäquat wiedergibt, daß es jeder Zeit mit beliebiger Genauigkeit von allen anderen in Frage kommenden Gebieten unterschieden werden kann, und daß auf ihrer Grundlage ausnahmslos alle Sätze des definierten Gebietes, kurz die Theorie des Gebietes, errichtet werden können*[1]). Beispiele solcher

---

[1]) Die Beziehung zwischen der inbegrifflichen Definition und der Theorie eines Gebietes ist natürlich eine umkehrbare logische Korrelation. Nicht nur

Inbegriffdefinitionen finden sich vor allem in der Mathematik, man denke nur an die Definition der Irrationalzahlen durch die DEDEKIND-schen Schnitte (1905), an die geometrische Definition des Kreises usw. Aber auch Mechanik, Physik, Chemie und Physiologie verwenden in weitgehendem Maße inbegriffliche Definitionen; z. B. das periodische System der chemischen Elemente ist eine solche für alle Stoffe, deren Eigenschaften deduktiv aus ihm abgeleitet werden können. Kein Wunder daher, daß man auch versucht hat, das Ganze der Biologie, ihren Sinn und ihr Wesen, inbegrifflich zu definieren. Wenn dabei von Leben schlechthin die Rede ist, so ist im wesentlichen immer das gemeint, was wir nunmehr nominaldefinitorisch „Organisches" genannt haben. Man kann die bisher vorgetragenen inbegrifflichen Definitionen des Organischen in Scheindefinitionen, chemisch-physikalisch und allgemein orientierte Definitionen einteilen. Im folgenden sollen aus jeder Gruppe einige charakteristische Versuche mitgeteilt und kritisch geprüft werden.

Inbegriffliche *Scheindefinitionen* des Organischen sind solche, die in gewöhnlich versteckter Form von dem zu Definierenden zum Zwecke der Definition wieder Gebrauch machen. Sie bewegen sich also in einem echten logischen Zirkel. Zwei Beispiele mögen genügen. BICHAT sagt (CL. BERNARD [1885[2]], I, S. 28): „La vie est l'Ensemble des fonctions qui résistent à la mort." Hier wird das Leben also vom Tode aus definiert. Der Tod ist aber bekanntlich selbst erst ein Ergebnis des Lebensprozesses. Oder JOHN BROWN sagt (W. ROUX [1915], S. 178): „Das Leben ist die Eigenschaft der Körper, durch Reize erregt zu werden." Bekanntlich aber sind die Reizvorgänge selber hochkomplizierte Lebensprozesse. Das mag genügen, um diese Art von Lebensdefinitionen, deren Zahl im übrigen Legion ist, hinreichend zu charakterisieren.

Nun einige vorwiegend chemisch orientierte Definitionen, allerdings mit physikalischem Einschlag. PFLÜGER (1875, S. 343) definiert: „Der Lebensprozeß ist die intramolekulare Wärme höchst zersetzbarer und durch Dissoziation wesentlich unter Bildung von Kohlensäure, Wasser und amidartigen Körpern sich zersetzender, in Zellsubstanz gebildeter Eiweißmoleküle, welche sich fortwährend regenerieren und auch durch Polymerisierung wachsen." Physikalische,

---

hat eine inbegriffliche Definition die Eigenschaft, einer Theorie zugrunde zu liegen, sie ist von der Theorie aus gesehen auch ein Ergebnis derselben. Denn nur, wenn ich ein Gebiet theoretisch vollkommen beherrsche, kann ich es exakt definieren. Gleichwohl decken sich Definition und Theorie nicht in ihrem gesamten Umfang. Sie verhalten sich etwa zueinander wie Behauptung und Beweis in einem mathematischen Lehrgebäude. So gehört auch die Inbegriffdefinition logisch ebensogut an den Anfang wie an das Ende — hier in der Form des „quod erat demonstrandum" — der Darstellung einer Theorie.

chemische und rein organismische Merkmale (,,Zellsubstanz, Regenerieren") bilden das Wesen dieser Definition. Sie spielen alle ohne Frage in organischen Prozessen eine große Rolle. Gleichwohl existieren Lebensvorgänge, denen das eine oder andere dieser Merkmale fehlt oder zu denen neue, nicht genannte hinzukommen. Die Pflügersche Kombination kann daher nicht als eine definitive gewertet werden, eben weil sie organismische, also zu definierende Momente benutzt. Erheblich leichter macht sich B. Rawitz (1912) unser Problem. Er meint: ,,Leben ist eine besondere Form der Molekularbewegung, und alle Lebensäußerungen sind eine Variation davon." Solange diese besondere Form der Molekularbewegung nicht experimentell als typisch organische nachgewiesen wird, solange ist diese Definition belanglos für die Forschung.

Nunmehr wenden wir uns zu den vorwiegend physikalischen Definitionen des Organischen, die von erheblich größerer Bedeutung für unser Problem sind als die bisher genannten, obschon natürlich auch sie ihr Ziel nicht erreichen. Nach C. Hauptmann (1894[2], S. 327, 328) ,,kann man die Lebewesen den anorganischen Körpern gegenüber ganz allgemein als Systeme charakterisieren, in denen nicht einfache Masseteilchen, sondern verschiedene sich gegenseitig im Gleichgewicht halten, und kann demnach die Lebewesen von den statischen Systemen kristallisierter, kristallinischer oder amorpher Anorgane als dynamische Systeme unterscheiden." Von dieser Definition kann man wohl zweifellos sagen, daß alle Organismen sich ihr gemäß verhalten, aber man wird nicht sagen können, daß auch alles übrige, was ihr gemäß ist — auch die Physik kennt sehr viele dynamische Systeme im Sinne Hauptmanns —, nun auch Organismen sind. Hauptmanns Definition ist mithin entschieden viel zu weit. Es fehlt z. B. jeder Hinweis auf die besondere chemische Konstitution der Organismen, die doch mindestens ebenso wichtig ist. Gleiches gilt auch von der ektropischen Definition des Organischen, die Auerbach (1910, 1913[2]) vorgetragen hat. Der Organismus ist nach dieser Auffassung ein Gebilde, welches, besonders in den ontogenetischen Entwicklungen, dem Entropiesatz nicht nur widerspricht, sondern ihn geradezu aufhebt und so die physikalische Natur korrigiert. Schon Helmholtz hat (1882, S. 34) einmal anmerkungsweise diese Auffassung erörtert, wenn er meint: ,,Für unsere dem Molekularbau gegenüber verhältnismäßig groben Hilfsmittel ist nur die geordnete Bewegung wieder in andere Arbeitsformen frei verwandelbar ... Ob eine solche Verwandlung [sc. ungeordneter Bewegung] den feinen Strukturen der lebenden organischen Bewegung gegenüber auch unmöglich sein kann, scheint mir immer noch eine offene Frage zu sein, deren Wichtigkeit

für die Ökonomie der Natur in die Augen springt." Aus dieser geistvollen Formulierung eines bedeutsamen physikalisch-physiologischen
Problems durch HELMHOLTZ macht nun AUERBACH gleich eine ganze
„physikalische Theorie des Lebens" und definiert, nur auf die Unmöglichkeit hin, das Gegenteil zur Zeit beweisen zu können, das
Organische folgendermaßen: „Leben ist Entwicklung, sei es nun
Leben der Gesamtheit oder Leben des Einzelnen; Entwicklung
ist nicht Ablauf, sondern Aufschwung, ist nicht Zerstreuung, sondern
Konzentration, ist nicht Entwertung, sondern Steigerung. Zweifellos
umfaßt auch das Leben zahllose Prozesse, für die der Entropiesatz
gültig bleibt; aber der experimentelle Nachweis, wie er für das Energie-
prinzip erbracht wurde, fehlt hier, und deshalb kann niemandem
verwehrt sein, zu sagen, daß es in der lebendigen Substanz außer den
entropischen auch ektropische Prozesse gäbe, und daß gerade diese
es sind, die dem Geschehen in ihr den Charakter der Entwicklung
verleihen" (1913², S. 57/58). Ich bin überzeugt, daß AUERBACH, wenn
ihm in der Physik eine derartig leichthin begründete, nur auf dem
fehlenden Nachweis des Gegenteils — der wohlverstanden nur fehlt,
aber durchaus nicht unmöglich oder unwahrscheinlich ist! — beruhende, ein so grundlegendes Problem lösen wollende These begegnen würde, sie nicht ernst nehmen, sondern über sie zur Tagesordnung
übergehen würde. Er wird es daher den Biologen nicht verargen
können, wenn sie seine Theorie des Ektropismus so lange als überflüssig ansehen, als es nicht gelungen ist, sie experimentell-quanti-
tativ nach physikalischer Art zu beweisen. Wie die Dinge liegen, ist
ein solcher Beweis recht unwahrscheinlich. v. KRIES (1919) hat erst
kürzlich bemerkt, daß der Entropiesatz wahrscheinlich doch in vollem
Ausmaß auch für die Organismen gilt, da diese sich in manchen Fällen
selbst dann nicht ektropisch verhalten, wenn das sehr zu ihrem Vorteil sein würde. Immerhin liegt hier ein zur Zeit noch ungelöstes
Problem. Es wird auch wohl noch einige Zeit dauern, bis seine Lösung
erwartet werden darf, da es, um einwandfrei gelöst werden zu können,
die Kenntnis aller chemisch-physikalischen Prozesse des untersuchten Objekts voraussetzt, da man sonst nie nachweisen könnte,
daß sich in den noch unbekannten Zwischenprozessen nicht doch
irgendwelche ektropische oder entropische oder beiderlei Regulationen abspielen. Wir werden also auf die Lösung dieser eminent
wichtigen Frage noch einige Zeit warten müssen; und sollte sich
dann doch wider alles Erwarten die Tatsächlichkeit des Vorkommens
ektropischer Prozesse in den Organismen herausstellen, dann ist Zehn
gegen Eins zu wetten, daß diese nicht auf die Organismen beschränkt
sein, sondern auch in rein physischen Bereichen vorkommen werden.

Die Physiker sind ja schon lange skeptisch gegen den Entropiesatz eingestellt. Ich erinnere nur an die bekannten Arbeiten von Seeliger (1909) und Arrhenius (1911). Also auch dann ist es wahrscheinlich nichts mit dem Ektropismus Auerbachs als Inbegriffdefinition des Organischen.

Ähnliche Wege wie Auerbach geht auch E. Bauer in seiner Definition des Organismus. Er sagt (1920, S. 10/11): „Wir nennen also jedes Körpersystem, welches bei der gegebenen Umgebung nicht im Gleichgewichtszustande ist und so eingerichtet ist, daß die Energieformen seiner Umgebung in ihm zu solchen Energieformen umgewandelt werden, welche bei der gegebenen Umgebung gegen den Eintritt des Gleichgewichtszustandes gerichtet sind, ein Lebewesen." Wenn Bauer auch den Kardinalfehler Auerbachs, alles auf die unbeschriebene Karte des Ektropismus zu setzen, vermeidet, so ist doch auch seine Definition so lange nichtssagend, als sie nicht exakt experimentell bewiesen ist. Ein solcher Beweis aber wird schwerlich jedesmal glücken. Allerhöchstens wird bestätigt werden, daß die Organismen sich so verhalten, es wird sich aber sehr wahrscheinlich ebenfalls herausstellen, daß es auch ihnen adäquate reine Anorganismen gibt. Es fehlt eben auch der Definition Bauers wie denen von C. Hauptmann und Auerbach die chemische und vor allem historische Ergänzung.

Zusammenfassend müssen wir nunmehr von den bisher diskutierten Inbegriffdefinitionen, nämlich den Scheindefinitionen sowie vorwiegend chemisch oder physikalisch orientierten Definitionen, sagen, daß sie ihr Ziel nicht erreicht haben. Sie haben keinerlei inbegrifflichen, d. h. Theorien konstituierenden Wert. Es ist nicht möglich, auf ihrer Grundlage das Gebäude der biologischen Theorien, auch nicht teilweise, zu errichten. Sie sind also in keiner Weise experimentell bewiesen oder empirisch nahegelegt. Man wende nicht ein, daß Definitionen überhaupt nie — auch in der Mathematik nicht — beweisbar seien. Das ist nur Wortspielerei. Definitionen werden bewiesen durch ihren Erfolg, die Früchte, die sie zeitigen, in theoretischer Hinsicht. In dieser Beziehung ist aus den bisher diskutierten Definitionen nicht viel herauszuholen. Eine gewisse, die Forschung anregende Bedeutung muß ihnen gerechterweise allerdings zugestanden werden. Prüfen wir nun näher, ob mit den folgenden *allgemeinen* Inbegriffdefinitionen, solchen also, die sich nicht eng an eine bestimmte Wissenschaft anlehnen, mehr zu erreichen ist.

Herbert Spencer hat in seinen berühmten „Principles of biology" (1864, I, S. 63) eine Reihe von allgemeinen Definitionen, so von Schelling, Richeraud, de Blainville, G. H. Lewes u. a., kritisch gewogen und zu leicht befunden. Er selber glaubt dann, das Wesen des Organischen auf die lapidare Formel bringen zu können: Leben ist „the continuous adjustment of internal relations to external relations" (ebenda S. 80). Es kann nicht geleugnet werden, daß diese Definition, besonders für die Theorie der Regulationen, eine erhebliche Bedeutung besitzt, als allgemeine Definition des Organischen schlechthin wird auch sie zurückgewiesen werden müssen. Dazu ist sie viel zu allgemein gehalten. Fechners (1873) Weltallorganismen oder Preyers (1880) phantasievolle Urorganismen würden ebenfalls der Spencerschen Formel Genüge tun. Auch sie ist somit zu weit und zu allgemein naturphilosophisch. Sie unterscheidet sich im Prinzip nicht von der Grundkonzeption Schellings, daß das Leben „ein Streben nach Individuation" sei.

Nach Spencer hat sich vor allem Wilh. Roux, der Begründer der Entwicklungsmechanik in der Zoologie, bemüht, das Organische möglichst adäquat zu definieren. In seiner „Terminologie" (1912) hat er das Resultat seiner Bemühungen folgendermaßen zusammenerfaßt: „Lebewesen . . . sind Naturkörper, welche mindestens durch eine Summe bestimmter, direkt oder indirekt der Selbsterhaltung dienender Elementarfunktionen . . . sowie durch Selbstregulation . . . in der Ausübung aller dieser Funktionen vor den anorganischen Naturkörpern sich auszeichnen und dadurch trotz der Selbstveränderung und durch dieselbe, sowie trotz der zu alledem nötigen komplizierten und weichen Struktur sehr dauerfähig werden." Solcher Elementarfunktionen nennt Roux dann im ganzen neun: Dissimilation, Sekretion, Aufnahme, Assimilation — diese vier bilden die Elementarfunktionen des Stoffwechsels —, weiter Wachstum, Bewegung, Vermehrung, Vererbung und Entwicklung. Diese neun Elementarfunktionen sind sämtlich Verkörperungen eines ihnen gemeinsamen Grundvermögens, der „Selbsttätigkeit" oder „Autoergie" des Organismus. Nimmt man dann noch die Fähigkeit der Selbstregulation hinzu, dann glaubt Roux, durch „die Gesamtheit dieser Leistungen", die „nicht bloß erschlossen, sondern durch tausendfältige Beobachtungen und Experimente sicher ermittelt" sind, „die Lebewesen . . . deutlich von den Anorganen unterschieden und damit das Wesen des Organischen erschöpfend definiert zu haben. Nur eine derartige „funktionelle Definition des Lebens ist zur Zeit möglich" (1915, S. 175/179). Wir werden Roux ohne Zweifel darin beistimmen, daß er in seiner Definition die Hauptmerkmale des Organischen erschöpfend aufgezählt hat. Sicher ist es nicht möglich, einen Anorganismus zu konstruieren, dem alle diese Fähigkeiten, die nach Roux jeden Organismus „mindestens" auszeichnen, in toto zukommen. Das ist ohne

Frage das Entscheidende. Erwägen könnte man höchstens, ob Roux's Elementarfunktionen den Organismus nicht überdefinieren, ob es sich in ihnen, axiomatisch gesprochen, um sämtlich notwendige und voneinander unabhängige Axiome handelt. Wahrscheinlich werden z. B. die Stoffwechselfunktionen noch auf einen gemeinsamen Generalnenner gebracht werden können. Allein da es sich hier noch um im wesentlichen nur qualitativ darstellbare „Axiome" handelt, kann die Frage ihrer Notwendigkeit und gegenseitigen Unabhängigkeit doch nicht exakt erledigt werden, so daß ein wenig Überdefinition hier nicht weiter schaden kann. Auch nach der psychischen Seite sichert Roux das Organische durch seine Definition. Mag man auch von einer Selbstregulation im psychischen Bereiche sprechen können, so doch gewiß nicht von Sekretion, Bewegung usw. Trotzdem muß gegen die Definition Rouxs, wenn sie eine echte Inbegriffdefinition sein soll, als die sie leicht aufgefaßt werden kann und worden ist, ein schwerwiegender Einwand erhoben werden. Roux's Elementarfunktionen und seine Selbstregulationen sind nämlich echte „Modale", also vorläufig wenigstens typisch organische Phänomene. Mit ihrer Hilfe kann man daher wohl das Leben sinngemäß beschreiben, aber nicht definieren im streng logischen Inbegriffssinne. Eine solche Definition darf aber keinerlei Momente enthalten, die das zu Definierende implicite vorwegnehmen, man darf mit anderen Worten nicht das Organische durch das Organische selbst definieren. Das tut aber Roux. Einen weiteren ernsthaften Versuch, den Organismus den obenerwähnten Forderungen der Logik entsprechend inbegriffmäßig zu definieren, hat neuerdings Ungerer (1919, S. 249) gemacht: „Der Organismus ist ein Naturding von einem hohen Mannigfaltigkeitsgrad der es zusammensetzenden Stoffe, ihrer Anordnung und der an ihm vor sich gehenden Veränderung, bei dem ein großer Teil der Vorgänge so verläuft, daß sie die Erhaltung der Ganzheit dieses Naturdinges bedingen oder zur Erzeugung und Erhaltung von Naturdingen derselben Art führen." Diese Definition vermeidet äußerst geschickt den Fehler, Modale des zu definierenden Gebiets zu benutzen oder sich einseitig an der einen oder der anderen, der Biologie logisch übergeordneten Wissenschaft — Physik, Chemie — zu orientieren; auch gibt sie ohne Frage erhebliche, besonders deskriptiv-morphologische Gebiete des modernen biologischen Theoretisierens wieder. Das endgültige Urteil über sie muß freilich noch so lange ausstehen, bis die von ihrem Schöpfer angekündigten „Grundbegriffe der Lebensforschung" vorliegen, die ohne Zweifel eine auf dieser Basis errichtete neue theoretische Biologie zur Ausführung bringen werden. Immerhin kann man begründete Bedenken haben, daß auch diese, logisch einwandfreie, inbegriffliche Definition UNGERERS sich sachlich als zu weitreichend herausstellen wird. UNGERER selbst scheint das zu fühlen; denn er fügt seiner Definition (1922, S. 78) die Anmerkung bei; „wo in der anorganischen Natur Ganzheitszüge vorkommen, z. B. bei den Kristallen, fehlt die Mannigfaltigkeit der stofflichen Grundlage wie die verwickelte Verkettung der Vorgänge; sind sie auch nicht, wie man bis vor kurzem annahm, stofflich homogen, so haben sie doch ein verhältnismäßig einfaches, innerhalb des Ganzen überall gleiches Strukturgesetz. Von — dem Aufbau nach — verschiedenen Teilen kann man hier gar nicht reden, die Teilformen sind nicht Formen der Teile, sondern Formen des Ganzen". Hier scheint mir UNGERER ad maiorem dei gloriam des Vitalismus mehr zu behaupten, als er in Anbetracht unserer großen Unkenntnis gerade der subtileren organischen Formprozesse verantworten kann. Auch scheint er mir die Ergebnisse der modernen Atomistik, was komplizierte formative Strukturen anbelangt, allzu einfach zu deuten. Von Dingen, die wir, wie die genannten subtilen organischen Formprozesse, noch gar nicht durchschauen, können wir aber auch nicht wissen, ob sie „Formen der Teile" oder „Formen des Ganzen" sind. Überhaupt scheinen mir diese Begriffskonstruktionen recht gesucht zu sein und, wie so viele DRIESCHsche Begriffe wenigstens bei dem gegenwärtigen Zustand unseres Wissens, mehr grammatische als sachliche Bedeutung zu haben.

Alles in allem kann daher wohl gesagt werden, daß der augenblickliche Zustand der biologischen Forschung für eine exakte, logisch einwandfreie, inbegriffliche Definition des Organischen, wie sie UNGERER versucht hat, noch nicht reif ist. Alles, was wir zur Zeit tun können, ist nach dem Vorgang von ROUX zu versuchen, das überaus komplexe Organische in eine Reihe weniger komplexer, aber immer noch organischer Modale aufzulösen und an ihrer weiteren physikalisch-chemischen Analyse so lange zu arbeiten, bis sie vollkommen erkannt ist. Dann erst ist eine vollgültige Inbegriffsdefinition des Organischen möglich, in der nichts Biologisches mehr vorkommt, vielmehr alle organischen Modale von physikalisch-chemischen abgeleitet werden können. Dann wird die Biologie — oder vielmehr nur die Physiologie — ebenso ein Teil der Physik sein wie die Mechanik oder die Elektrodynamik. Die phylogenetischen Modale hingegen verhalten sich gerade umgekehrt wie die physiologischen; sie werden in Richtung auf die Historie aufgelöst werden müssen.

Bevor wir uns nun der dritten Art, Biologie zu definieren, der Begrenzungsdefinition, zuwenden, sollen noch einige andere Zusammenstellungen von organischen Modalen angegeben werden, die zeigen, wie sehr selbst in diesen Teilstücken des Organischen die Ansichten der Autoren noch auseinandergehen, ebenfalls ein deutlicher Hinweis auf die derzeitige Unmöglichkeit einer strengen inbegrifflichen Definition des Organischen. Cl. Bernard (1885[2], I, S. 32) nennt fünf „caractères généraux des êtres vivants": L'organisation; la génération; la nutrition; l'évolution; la caducité, la maladie, la mort — die letzten drei gehören zusammen —. Wo. Ostwald nennt (a. a. O. S. 170), ganz offensichtlich von Roux beeinflußt: Ernährung, Wachstum, Erhaltung; selbsttätige Bewegung; Fortpflanzung samt Vererbung; regulatorische Prozesse. I. v. Kries nennt (1919): Reizbarkeit; Unstetigkeit („springende Form des Zusammenhangs", z. B. Rhythmik); Plastizität mit Gestaltungsfähigkeit überhaupt. Ebenfalls nur drei Modale kennt auch Pütter (1923, S. 547), nämlich Tätigkeit, Reizbarkeit und Struktur. Petersen (1919, S. 425) zählt sieben Modale auf: Stoffwechsel, Energiewechsel, Bewegung, Sekretion, Wachstum und Fortpflanzung, Reizbarkeit und endlich Regulation. „Sie bilden den Inhalt des objektiv empirischen Lebensbegriffes", der mit unserer modalen Charakteristik des Organischen vollkommen identisch ist. Die weiteren Spekulationen, die Petersen an sein Modalsystem knüpft, sind sehr reizvoll und zeigen philosophisch einen interessanten Zusammenhang mit pragmatistischer Erkenntnistheorie, entfernen sich aber doch weit vom gegenwärtigen Zustand biologischer Theorienbildungsmöglichkeiten. Es scheint mir nun sehr interessant zu sein, die hier genannten Modale, die aus der Literatur noch beliebig vermehrt werden könnten, einmal tabellarisch nach der Häufigkeit ihrer Erwähnung zusammenzustellen, um so eine Art statistischen Ersatz für eine axiomatische Begründung der Modale, die in der Biologie eben noch unmöglich ist[1]), zu erlangen. Wir erhalten dann folgende Statistik:

| | | |
|---|---|---|
| Ernährung viermal | Vererbung zweimal | Energiewechsel einmal |
| Vermehrung   ,, | Entwicklung   ,, | Assimilation   ,, |
| Bewegung dreimal | Tätigkeit   ,, | Dissimilation   ,, |
| Regulation   ,, | Struktur   ,, | Aufnahme   ,, |
| Wachstum   ,, | Erhaltung   ,, | Hinfälligkeit   ,, |
| | | (Caducité) |
| Reizbarkeit   ,, | Sekretion   ,, | Unstetigkeit   ,, |
| | | Plastizität   ,, |

---

[1]) Nach der Niederschrift dieser Sätze sehe ich, daß W. Preyer schon 1883 in einem außerordentlich geistvollen, leider viel zu wenig gewürdigten Werke den Standpunkt — zunächst freilich nur für die Physiologie — vertreten hat, die physiologischen Modale nach den Prinzipien der Axiomatik — gegenseitige Unabhängigkeit und Notwendigkeit — aufzustellen, wobei er sich freilich auch nicht verhehlt, daß ein dahin zielender Beweis zur Zeit noch nicht gegeben werden kann. Er schreibt (S. 204): „Physiologische Grundfunktionen sind aber solche Lebensvorgänge, welche nicht mehr voneinander abgeleitet werden können. In Zukunft wird eine solche Ableitung unzweifelhaft möglich sein, zur Zeit ist ein Beweis für die Notwendigkeit sämtlicher Grundfunktionen ebensowenig zu geben wie ihr genetischer Zusammenhang zu erkennen." Auf die dann von Preyer entwickelten physiologischen Grundfunktionen (= unseren Modalen) werden wir in einer beabsichtigten „Logik der Physiologie" zurückzukommen haben.

Man wird sich darüber wundern, daß so wichtige Modale wie Assimilation, Dissimilation und Nahrungsaufnahme nur einmal aufgeführt sind. Das ist in der Tat auch nur scheinbar. Tatsächlich kommen sie dreimal vor, da ROUX, der sie einzeln nennt, sie ebenfalls zu der Gruppe der „Ernährung" zusammenfaßt. Auch das Modal „Energiewechsel" kommt nur scheinbar einmal vor. In Wirklichkeit liegt es als allgemeiner Begriff ja dem dreimal genannten „Bewegung" zugrunde, so daß es tatsächlich viermal genannt ist. Die übrigen, nur einmal aufgeführten Modale verdienen entweder, wie die caducité BERNARDS, diesen Rang nicht oder sie müssen noch viel allgemeiner und gründlicher daraufhin erforscht werden, ob sie — in unserer Liste also Plastizität und Unstetigkeit — tatsächlich eine solche modale Geltung beanspruchen können. Das Kriterium dafür kann doch nur darin bestehen, ob sie wie „Vererbung" oder „Entwicklung" das Grundthema einer größeren biologischen Sonderdisziplin bilden. Nur wenn das der Fall ist, und wenn sie zudem noch organisch-autonom sind, verdienen sie den Charakter biologischer Modale. Von den zweimal aufgeführten Modalen wird man zwei, „Tätigkeit" und „Erhaltung", entbehren können, da sie nichts anderes sind als ein Ausdruck für das Ensemble aller übrigen, mit diesen also eo ipso mitgesetzt sind. Sie sind keine unabhängigen und notwendigen Axiome mehr. „Tätigkeit" — „Autergie" ROUXS — kommt ihnen allen zu. Sie sind sämtlich aktive Vermögen, und Erhaltung, d. h. „Zweckmäßigkeit" — „Dauerfähigkeit" ROUXS, „Ganzheitserhaltung" UNGERERS ist das Ziel und erreichte Ergebnis ihres Tuns. Danach bleiben aus unserer Statistik folgende Modale übrig, die zur Zeit wohl als qualitativ voneinander unabhängig und daher notwendig angesehen werden dürfen:

| Ernährung (Stoffwechsel) | Vererbung | Regulation |
|---|---|---|
| Vermehrung | Wachstum | Bewegung (Energiewechsel) |
| Entwicklung | Reizbarkeit | Struktur |

Sie sind ein Ergebnis *empirischer* Forschung. Es kann daher über ihre Vollständigkeit nichts Definitives gesagt werden. Diese ist vielmehr vom jeweiligen Stande der Forschung abhängig. Ein wirkliches organisches Axiomensystem läßt sich erst dann errichten, wenn man das Organische einwandfrei inbegrifflich definieren kann. Das setzt aber wieder eine einheitliche, apriorisch gültige Theorie des Organischen voraus, die wir zur Zeit noch nicht besitzen. Aller Wahrscheinlichkeit nach wird man auch zunächst einen Pluralismus von gültigen Theorien erreichen, die dann Teilgebiete beherrschen und gegeneinander kontingent sind. Dann wird man ebenso viele axiomatische Modalsysteme bekommen, als Theorien vorhanden sind.

Als Ergebnis unserer inbegriffdefinitorischen Bemühungen können wir nun aufstellen: *eine exakte inbegriffliche Definition ist in der Biologie zur Zeit noch unmöglich.* Ihre Stelle vertritt einstweilen ein nur qualitativ zusammengehaltenes System organischer Modale, das daher keine axiomatische, d. h. apriorisch notwendige, sondern nur empirische Geltung beanspruchen kann, also von dem jeweiligen Stande der Forschung abhängig ist und nur statistisch ermittelt werden kann.

Wir wenden uns nun der *Begrenzungsdefinition* des Organischen zu. Eine Begrenzungsdefinition definiert nicht positiv den Inhalt eines Gebietes, wie die exakte Inbegriffsdefinition, sie versucht vielmehr das zu definierende Gebiet von seinen Nachbarn her abzugrenzen durch Hervorhebung dessen, was ganz gewiß nicht mehr dem fraglichen Gebiet angehört. Begrenzungsdefinitionen sind hiernach natürlich nur dann möglich, wenn die zu definierenden Gebiete Nachbargebiete haben, die sich autonom von ihnen abgrenzen lassen. Das ist nun, wie wir bei der Erörterung der Probleme der Nominaldefinition gesehen haben, mit der Biologie der Fall. Das Organische läßt sich, zur Zeit wenigstens noch, in einer die empirische Autonomie vollauf befriedigenden Weise von den Bereichen des Physischen und Psychischen sondern. Auf Grund dieses Sachverhaltes läßt sich nun die Biologie in folgender Weise begrenzt definieren: *Die Biologie ist diejenige Naturwissenschaft, die auf die Physik folgt und der Psychologie vorhergeht.*

Was besagt nun diese Definition? Auf den ersten Blick scheint in ihr nichts ausgedrückt zu werden, was nicht auch schon die Nominaldefinition gesagt hat. Und doch kann aus ihr sehr viel den logischen Charakter der Biologie Bestimmendes (AD. MEYER [1922, 1923]) herausgelesen werden, wenn eine Voraussetzung mit guten Gründen gemacht werden darf; die nämlich, daß das System der Naturwissenschaft kein bloßes, zusammenhanglos neben- und durcheinander stehendes Konglomerat von Einzeldisziplinen ist, sondern eben ein wirkliches „System", d. h. ein logisch einheitliches und sinnvolles Gebilde ist, ein nach bestimmten logischen Prinzipien konstruiertes „Ordnungsgefüge" oder „Fachwerk". Diese Voraussetzung trifft nun für die Naturwissenschaft in der Tat zu. *Was* Naturwissenschaft selbst ist (vgl. PETZOLDT [1912]), bleibe als eine Angelegenheit der gesamten Naturphilosophie hier beiseite. Uns genügen die allgemeinen Empfindungen, die jeder Naturforscher eo ipso über diese Angelegenheit mitbringt, sowie die Tatsache, daß niemand daran zweifelt, *daß* die Biologie eben eine Naturwissenschaft ist.

Nun sagten wir schon in der Einleitung, daß sich alle Naturwissenschaften zunächst in zwei große Gruppen sondern lassen, in die „logisch reinen" und die „logisch gemischten" Naturwissenschaften. Die letzteren bieten der Logik keine besonderen Aufgaben; ihr logischer Charakter ist ohne weiteres ablesbar aus den Einzelsignaturen der logisch reinen Naturwissenschaften, aus denen sich die logisch gemischten Disziplinen zusammensetzen. Als logisch reine und zur Zeit noch kontingent voneinander trennbare Naturwissenschaften hatten wir dann ermittelt die Physik, die Biologie, die Psychologie und die Soziologie. Nach dem genialen und logisch überaus fruchtbaren Prinzip COMTES (1877[4]) lassen sich nun diese vier Wissenschaften in gleicher Reihenfolge in ein System bringen, das an Eindeutigkeit und Bestimmtheit nichts zu wünschen übrigläßt. COMTE zeigte, daß sich die genannten Naturwissenschaften nach dem Grade ihrer allgemeinen Gültigkeit — Abstraktheit COMTES — in eine vollkommen eindeutige Reihe bringen lassen, derart, daß die Prinzipien, Gesetze und Theorien der vorhergehenden, soweit sie natürlich einwandfrei bewiesen sind, eo ipso auch für die folgenden Disziplinen der Reihe maßgebend sind. So setzt die Biologie die Gültigkeit der bewiesenen Prinzipien und Gesetze der Physik voraus, natürlich nicht derjenigen, die, wie z. B. das Entropiegesetz, auch in der Physik noch problematisch sind, oder allgemein, die nach PLANCK (1922) nur statistisch gültig sind. Entsprechend setzt die Psychologie wieder Physik *und* Biologie voraus, immer natürlich nur in ihren „dynamischen Gesetzen" im Sinne PLANCKs. Und die Soziologie muß analog die Geltung von Physik, Biologie und Psychologie ihren Erörterungen zugrunde legen. Natürlich spielen in der Soziologie die physikalischen Gesetze nicht in der in der Physik üblichen Form eine Rolle — darnach würde man vergeblich suchen —, sondern nur in jener Form, die sie in der unmittelbar vorhergehenden Naturwissenschaft, in unserem Beispiel also in der Psychologie, angenommen haben (vgl. AD. MEYER [1920]). Die physikalischen Gesetze als solche haben nur für die Physik theoretische Bedeutung. Die Psychologie kennt sie nur in physiologischer Gestalt. Auf diese Weise läßt sich aus dem System der Naturwissenschaft allerhand über den logischen Charakter der Biologie rein theoretisch erschließen, wofern wir nur die logischen Koordinaten der Biologie kennen, die ihre Stellung im System festlegen. Diese aber hat uns die Begrenzungsdefinition gegeben. Ein weiteres Beispiel mag die große Fruchtbarkeit des COMTEschen Prinzips für die begrenzungsdefinitorische Bestimmung des logischen Charakters der Biologie illustrieren.

TROELTSCH hat (1922, S. 104) Naturalismus und Historismus „die beiden großen Wissenschaftsschöpfungen der modernen Welt" genannt. Ich habe mich (1924) um den Nachweis bemüht, daß von den vielen Bedeutungen, die diese Ideenkomplexe naturgemäß in den verschiedenen Gebieten des Geisteslebens haben müssen, für die Naturwissenschaft nur folgende in Frage kommen: *Naturalismus gleich der Tendenz zur Mathematisierung, Historismus gleich Teleologie der Natur*. Die vorliegende Untersuchung wird diese Thesen für die Biologie ebenfalls genauer fundieren. Ermitteln wir nun den Einfluß dieser beiden leitenden Ideen der modernen Naturwissenschaft auf das System der letzteren, dann erhalten wir, da nach dem COMTE-schen Prinzip die Mathematik der Physik voraufgehen und die Historie der Soziologie folgen muß, folgende Reihe:

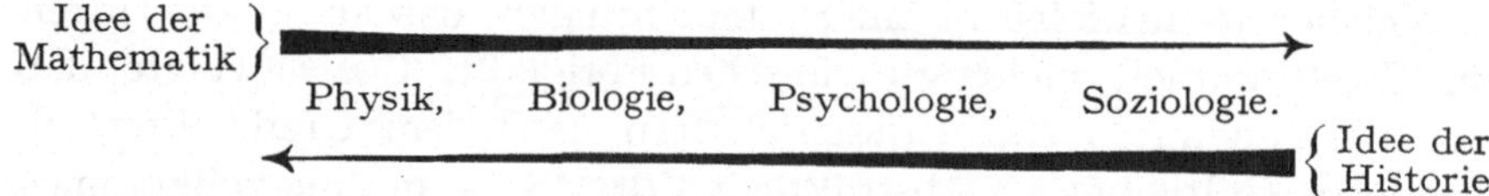


Rein auf Grund der diesem System der Naturwissenschaft immanenten Logik, also begrenzungsdefinitorisch, lassen sich so für die Biologie folgende Folgerungen ziehen, die den Charakter der Biologie schon deutlich bestimmen, ohne daß es nötig ist, sie selbst zu befragen. Voraussetzung ist dann natürlich die Gültigkeit des COMTE-schen Prinzips. Daß dieses selbst als solches ohne Befragung der Biologie zustande kommen kann, bedeutet nur für den einen logischen Zirkel, der die Gepflogenheiten der Logik nicht kennt. Hier treibt immer eins das andere. Das verlangt die Relativität begrifflicher Systeme. Ein Zirkel ist das insofern nicht, als es logisch durchaus erlaubt ist, sich einmal auf den einen Standpunkt, z. B. den des COMTEschen Prinzips, zu stellen und dann zu sehen, was man daraus z. B. für die Logik der Biologie ableiten kann, oder aber ein anderes Mal z. B. von den allgemeinen Eigenschaften der Biologie den Ausgang zu nehmen und daraufhin das COMTEsche System zu verbessern. So trägt eins das andere und bringt es vorwärts. Eine andere Methode ist in der Logik, zu der ja auch Mathematik und Historik (DROYSEN [1868]) gehören, gar nicht denkbar, da sie ja letzten Endes nur den Satz vom Widerspruch als gültig voraussetzen. Für die Biologie können wir nun aus dem System der Naturwissenschaften folgende Erkenntnisse ableiten:

1. Mathematik wirkt *theorienkonstituierend* in der Biologie nur auf dem Wege über die mathematische Physik, d. h. die künftigen Axiome der mathematischen Biologie müssen von physikalisch-mathematischen Axiomen ableitbar sein. *Denn Mathematisierung ist immer Axiomatisierung*. Bloße *Anwendung* von Mathematik, wie im formalen Mendelismus, ist noch keine Mathematisierung.

2. Physikalische Prinzipien und Gesetze sind in der Biologie direkt *konstitutiv* anwendbar. Das stimmt mit den Erfahrungen der Physiologie recht gut überein.

3. Alle *Historisierung* der Biologie erfolgt, wenn sie konstitutiv, theorienbildend auftritt, von der Psychologie her, natürlich nur von der historisch fundierten Psychologie, während die mathematische Psychologie umgekehrt „Physiologische Psychologie" sein muß. Daß alle Vitalismen in der Biologie auf Teleologie beruhen und gern an die Psychologie Anschluß suchen — Begriff der „Handlung"! —, wird uns nun völlig verständlich.

4. Auch die *Soziologie* kann konstitutiv nur durch das Medium der historischen Psychologie auf die historische Biologie (Phylogenie) einwirken. Bloße Anwendung soziologischer Prinzipien, wie z. B. in der Theorie vom Zellenstaat und der Arbeitsteilung in der Physiologie, hat nur allegorische, keine wirklich Theorien bildende Bedeutung.

Man sieht, es ist gar nicht so wenig, was sich a priori auf dem Wege der Begrenzungsdefinition durch das System der Naturwissenschaften über den logischen Charakter der Biologie ausmachen läßt. *Die Biologie steht im System der Naturwissenschaften mitten zwischen Physik und Psychologie. Damit ist ihr logischer Charakter vollkommen deutlich determiniert.* Das ist die einzige, strengen logischen Ansprüchen genügende Definition, die sich zur Zeit von der Biologie aufstellen läßt.

## 2. Einteilungsprobleme.

Wenn ein bestimmtes Wissensgebiet so eingeteilt werden soll, daß allen berechtigten Ansprüchen Genüge geleistet ist, dann müssen drei Momente berücksichtigt werden, das *logische*, das *historische* und das *praktische*. Vor eine solche Aufgabe ist beispielsweise der Bibliothekar gestellt, der eine große, aus verschiedenen Zeitaltern stammende Büchermasse eines bestimmten Gebietes, z. B. der Biologie, so ordnen soll, daß jedes Buch mit einem möglichst geringen Aufwand an Zeit und Mühe alsbald an der ihm zukommenden Stelle im systematischen oder im „Realkatalog" gefunden werden kann (Ad. MEYER [1923b]). Er wird sich zunächst an die immanente Logik seines Wissensgebietes halten und versuchen, das bibliographische System der Biologie an der gerade üblichen Einteilung der Biologie zu orientieren. Auf diesem Wege wird er aber nicht sehr weit kommen. Er wird sehr bald bemerken, daß das moderne System der Biologie nur einen sehr geringen Teil der ihm gegebenen Büchermasse einteilungsmäßig beherrscht. Das historische Moment tritt auf und verlangt Berücksichtigung der Tatsache, daß auch die moderne Einteilung der Biologie eine historisch gewachsene ist, daß man zu Aristoteles' Zeiten die Biologie und das System der Tiere und Pflanzen anders einteilte als zu den Zeiten von Linné und Cuvier und hier wieder anders als bei uns. So gelangt unser Bibliothekar dazu, seinem „bibliographischen" System nicht nur ein einziges logisches Schema, sondern deren mehrere, der Zahl der deutlich abgrenzbaren historischen Epochen entsprechend zugrunde zu legen, d. h. jede Epoche nach der ihr eigenen immanenten Logik selig werden zu lassen. Aber auch die Berücksichtigung von Logik und Historie allein genügt noch nicht, einen brauchbaren Realkatalog zu schaffen; auch das praktische Moment, d. h. der Zweck — die schnelle Benutzbarkeit und Handlichkeit —, dem der Katalog dienen soll, verlangt energisch Berücksichtigung. Logik und Historie allein würden sehr bald ein Werk zustande bringen, das an philologischer Akribie und behutsamer Komplizierung zwar seinesgleichen suchen könnte, das, um praktisch benutzbar zu sein, jedoch eine Reihe Kommentare — hier Schlagwortkataloge genannt, nötig haben würde. Hier hat das praktische Moment die wichtige Aufgabe, die logisch-historische Kleinmalerei im rechten Augenblick mit einigen energischen Strichen zu retouchieren.

So also liegen die Dinge, wenn die Einteilung eines Wissensgebietes allen nur irgend möglichen Ansprüchen genügen soll. Wenn es sich dagegen, wie in unserem Falle, nur um das Verständnis und die Förderung der die gegenwärtige Biologie beherrschenden logischen Einteilung handelt, kann eine Rücksichtnahme auf praktische Interessen, wie sie für den Unterricht oder die Ämterverteilung an Museen und Instituten maßgebend sein müssen, vollkommen entbehrt werden, während historische Motive uns nur so weit interessieren, als sie noch in der gegenwärtigen Logik der Einteilung weiterwirken. Wir haben es hier ausschließlich mit den *logischen Momenten* der Einteilung der Biologie zu tun. Aber auch die logischen Einteilungen der biologischen Disziplinen verlangen eine Differenzierung, die konform ist den jeweils erreichten, theoretisch mehr oder weniger vollkommenen Ausbildungsgraden der in Frage kommenden Gebiete. Und zwar können wir hier zwei Hauptgruppen von logischen Einteilungen unterscheiden, die wir in Erinnerung an die Erfahrungen der biologischen Systematik, wo ihre Typen zuerst ihre besondere Gestalt erhielten, *künstliche* und *natürliche* Einteilungen nennen wollen.

Eine *künstliche Einteilung* liegt dann vor, wenn dem einzuteilenden Gebiet irgendein Gesichtspunkt entnommen wird, den man für grundlegend hält, ohne ausreichende Gründe dafür zu haben — in der Regel ist er es sogar ganz bestimmt nicht, wie sich dann gewöhnlich später herausstellt —, und wenn dann das gesamte Gebiet nach

seinem — gewöhnlich positiven oder negativen — Verhalten diesem
Kriterium gegenüber geordnet wird. Ein bekanntes Beispiel dafür
ist die LINNÉsche Systematik der Blütenpflanzen, wo die Zahl der
Staubgefäße das Einteilungskriterium abgibt. Diese künstlichen Einteilungen spielen eine große Rolle im Betriebe namentlich aller
jugendlichen Wissenschaften. Überall, wo es sich darum handelt,
zunächst einmal überhaupt Ordnung zu schaffen, ohne daß man schon
das definitive Ziel, dem eine neue Wissenschaft zustrebt, erkennen
kann, sind sie unentbehrlich.

Im weiteren Fortschreiten des Gebietes stellen sie sich dann
gewöhnlich sehr bald als unzulänglich, als allzu rohe und gewaltsame
Einteilungsprinzipien heraus, und man beginnt, nach mehr natürlichen „Einteilungsprinzipien" zu suchen. Es ist selbstverständlich,
daß es eine scharfe Grenze zwischen künstlichen und natürlichen
Einteilungen nicht gibt, das beide vielmehr unmerklich ineinander
übergehen. Nicht eben selten erscheint späteren Forschern das, was
frühere für eine natürliche Einteilung gehalten haben, als ein vollkommen künstliches Gebilde. Alle natürlichen Einteilungen stimmen
darin überein, daß nicht ein einziges oder wenige beliebig heraus-
gegriffene Kriterien zu Einteilungsprinzipien gemacht werden, sondern
daß alle ein Gebiet beherrschenden Motive bei der definitiven Einteilung zu Rate gezogen werden. Weiterhin kann man die natürlichen Einteilungen in zwei Klassen sondern, die man ziemlich scharf
auseinanderhalten kann; in solche nämlich, *die auf eine Theorie hinarbeiten*, die also Vorläufer einer bestimmten Theorie sind, und in
solche, die umgekehrt *erst Konsequenzen von Theorien sind*. Die
ersteren wollen wir *empirisch-natürliche*, die letzteren *apriorisch-
natürliche* Einteilungen nennen. Gemeinsam ist ihnen beiden die
theoretische Beziehung, die die apriorisch-natürlichen Einteilungen
voraussetzen, während die empirisch-natürlichen Einteilungen erst
auf sie hinarbeiten. Das bekannteste Beispiel für eine empirisch-
natürliche Einteilung ist das sog. natürliche System der Organismen,
dem wir ja auch unsere Einteilungsterminologie entnommen haben.
Ein Beispiel für eine apriorisch-natürliche Einteilung hingegen ist das
moderne periodische System der chemischen Elemente, dieses also
nicht in der nur empirischen Gestalt MENDELEJEFFs verstanden, sondern in der theoretisch-deduktiven, die es durch die moderne Atomistik
erhalten hat. Man könnte fragen, zu welcher Theorie denn das von
uns herangezogene Beispiel einer empirisch-natürlichen Einteilung —
nämlich das natürliche System der Organismen — führen wird. Die
Antwort darauf gibt die moderne Vererbungslehre. Wenn es einmal
möglich sein wird, den Begriff der natürlichen Spezies — Rasse oder

Art — genotypisch zu fassen, wenn man also genau angeben kann,
durch welche Genradikale sich die Genotypen verwandter Rassen
oder Arten voneinander unterscheiden, dann wird man in der Theorie
der Konstitution der Genotypen und ihrer Abwandlungen, Verbindungen oder Trennungen, die sich zudem auf die moderne Atomistik
durch die Mittelglieder der dispersen Systeme aufbauen wird, jene
Theorie gefunden haben, auf die die empirisch-natürliche Systematik ab-
zielt und nach deren Erreichung sie eo ipso zu einer apriorisch-natürlichen Systematik geworden sein wird. Bemerken möchte ich schon
hier, daß diese Theorie der Systematik selbstverständlich eine physiologische und keine phylogenetische ist, die daneben ebenso selbstverständlich bestehen bleibt und mit der physiologischen keineswegs
identisch zu sein braucht; denn wenn die physiologischen Theorien
der Artumwandlungen, der Genotypenkonstitutionen also und ihrer
Verwandlungen ergeben würden, was im Hinblick auf organisch-
chemische Konstitutionen durchaus, und zwar in höherem Grade als
hier, wahrscheinlich ist, daß man auf *verschiedenen* physiologischen
Wegen von einer Rasse oder Art zur andern gelangen kann, dann ist
es immer noch die Phylogenie, die allein darüber zu bestimmen hat,
welche dieser physiologischen Möglichkeiten in der tatsächlichen
organischen Entwicklung realisiert worden sind. Diese Entscheidung
wird immer Domäne der Phylogenie bleiben. Nur wenn sich erweisen ließe, daß unter bestimmten geologischen Bedingungen, die
tatsächlich bei der Entstehung einer neuen Rasse vorgelegen haben
und als solche bekannt sind, nur eine einzige physiologische Möglichkeit der Rassenverwandlung bestand, nur in diesem Falle würden die
Schlüsse der Physiologie auch für die Phylogenie bindend sein. Die
prinzipielle Möglichkeit solcher Einsichten kann nicht bestritten
werden, die Wahrscheinlichkeit, daß sie gefunden werden, aber durchaus. Und auch dann noch ist die Phylogenie unentbehrlich, da sie im
Verein mit Paläontologie und Geologie ja immer noch nötig ist, um
dem Physiologen zu sagen, welchen geologischen und kosmologischen
Milieubedingungen seine Experimente Rechnung tragen müssen. Es
mag genügen, festzustellen, daß schon die alten vergleichenden Anatomen und neuerdings TSCHULOK (1910), NAEF (1917—1923) und
UNGERER (1922) durchaus auf dem rechten Wege sind, wenn sie eine
logische Trennung von Systematik und Phylogenie verlangen, wenn
sie — eine durch HAECKEL in Vergessenheit geratene Erkenntnis —
behaupten, daß die Systematik Propädeutik und nicht Folge der
Phylogenie ist, und wie ich hinzufügen möchte, auch der Physiologie,
soweit sie sich, wie in der Vererbungslehre, mit dem Artproblem beschäftigt. Wenn dann freilich — und das meinen wohl eigentlich

HAECKEL und seine Nachfolger — unter Benutzung der Systematik Phylogenie und Physiologie ihre eigenen, miteinander nicht identischen Systeme aufgestellt haben, dann hat diesen Ergebnissen, diesen Folgerungen gegenüber das ursprünglich rein systematische System nur noch diagnostische Bedeutung. Wir werden das im folgenden bei Morphologie, Physiologie und Phylogenie genauer zu erweisen haben.

Im Augenblick stehen wir vor der Aufgabe, einige der vorhandenen Einteilungen der Biologie daraufhin zu untersuchen, ob sie zum künstlichen, empirisch-natürlichen oder apriorisch-natürlichen Einteilungstyp gehören. Diese Diskussion wird uns die Möglichkeit geben, dasjenige logische System der Biologie, das ihrer gegenwärtigen Situation entspricht, zu entwickeln. Wir werden uns natürlich nicht darüber wundern dürfen, daß keines der folgenden Systeme vollkommen rein und konsequent nur einem einzigen unserer drei Einteilungstypen entspricht. Es gibt keine prinzipiellen Grenzen zwischen unsern drei Typen, sie vermischen ihre Motive vielmehr miteinander. Gleichwohl ist es für ihre kritische Erledigung naturgemäß von Bedeutung, festzustellen, welchem der drei Typen sie vorwiegend zuneigen oder wie mehrere oder alle von ihnen das in Rede stehende System logisch konstituieren. Unser Hauptaugenmerk werden wir dabei naturgemäß weniger auf die einzelnen Gruppen der Systeme zu legen haben, als auf die Prinzipien — GAMS (1918) spricht hier sehr treffend von „Dimensionen" —, nach denen sie zustande gekommen sind. Vor Eintritt in die Diskussion der Systeme mag noch erwähnt werden, daß es ein äußerlich sehr in die Augen springendes Merkmal gibt, an dem die künstlichen Einteilungen den natürlichen gegenüber sofort erkennbar sind; das ist die Tatsache, daß die künstlichen Systeme in der Regel Untergruppen enthalten, die erst durch die Logik des Systems hervorgebracht worden sind, die weder vorher noch nachher in der tatsächlichen Forschung eine Rolle gespielt haben. Auf das „nachher" ist hier besonders Gewicht zu legen, denn es ist natürlich vorgekommen, daß eine neue Einteilung zum ersten Male eine neue biologische Disziplin zwar nicht geschaffen, aber systematisiert hat, die dann auch in den folgenden Systemen nicht wieder verschwinden konnte. Das ist z. B. der Fall gewesen bei der Phylogenie, die zum ersten Male systematisiert in HAECKELs System (1866) auftaucht, und bei der Entwicklungsmechanik, die bekanntlich zuerst in dem DRIESCHschen System (1911²) systematisiert worden ist.

Alle Versuche, die heutige Biologie zu klassifizieren, gehen zweckmäßigerweise auf SPENCER (1864) und HAECKEL (1866) zurück, die, obschon der moderne Begriff „Biologie" selbst zwar älter und zuerst von TREVIRANUS (1802) präzisiert worden ist, doch die ersten waren, die

die moderne Biologie in großzügiger und der ganzen künftigen Forschung neue Wege eröffnender Weise systematisiert haben. Nicht vergessen darf auch werden, daß HAECKEL mit künstlerischem Sprachverständnis die biologische Terminologie bereichert und z. T. auch erst geschaffen hat. Man denke nur an die heute weltgeltenden Termini „Ontogenie" und „Phylogenie". Auch die noch ungeschriebene Geschichte der modernen biologischen Terminologie wird sich vor allem an HAECKEL zu orientieren haben. ROUX und DRIESCH, die dann später die Terminologie der Entwicklungsmechanik geschaffen haben, sind dabei deutlich erkennbar von HAECKEL beeinflußt worden.

HAECKEL, dem wir uns der größeren historischen Wirkung seines Systems zuliebe, und weil die Zeitdifferenz zwischen ihm und SPENCER nur zwei Jahre beträgt, zunächst zuwenden wollen, hat sein System zweimal (1866, I, S. 21[a] und S. 30 [b] und 1869 resp. 1902[2], II, S. 29 [c]) publiziert. Das System a hat für die Biologie weniger Bedeutung als für HAECKELS Auffassung vom Verhältnis der Biologie zur Physik und vor allem zur Chemie. Wir werden es daher nur benutzen, um uns ein Bild von den Forschungsmotiven zu machen, die HAECKELS System zugrunde liegen Es ist wohl überflüssig, zu bemerken, daß es von HAECKELS persönlichen Motiven unabhängig ist, es kann auch ganz anders motiviert werden, wie es tatsächlich ja auch oft geschehen ist. Die Systeme b und c sind diejenigen, die hier für uns in Frage kommen; sie sind in der Tat auch logisch identisch, obschon im Wortlaut abweichend. Ich habe im folgenden alle drei in eine Tabelle zusammengefaßt und diejenigen Partien, die nur in einem System vorkommen, mit ihrem örtlichen Index, als a, b oder c, versehen. TSCHULOK legt (1910) großes Gewicht auf die Feststellung, daß die Systematik, die in b nicht erwähnt worden ist, in c ausdrücklich genannt ist, und glaubt daraus eine Änderung der Bewertung der Systematik durch HAECKEL zu ihren Gunsten erschließen zu dürfen. Ich glaube das nicht. Für HAECKEL hat die Systematik immer nur phylogenetische Bedeutung besessen, auch 1869 erscheint sie an dieser Stelle.

Überblickt man nun HAECKELS System als Ganzes — Tabelle 1 — und versucht man, seinen Schwerpunkt zu ermitteln, dasjenige Moment also, auf dem sein dauernder Wert beruht, dann wird man dafür unbedingt die „Morphogenie" überschriebene Spalte und besonders ihr Teilgebiet, die *Phylogenie*, ansehen müssen. HAECKELS System muß aus phylogenetischer Perspektive betrachtet werden, wenn man es vollauf verstehen und seine historische Leistung würdigen will. HAECKEL ist der Historiker des Organischen. In dieser Auffassung

Tabelle 1. HAECKELS *System der Biologie* (1866 = a und b; 1869 = c)[1].

Biologie oder Lebenskunde (a). (Gesamtwissenschaft von den belebten oder organisierten Naturkörpern der Erde) (a). (A. Zoologie. B. Protistologie. C. Botanik.) (a)

Biologische Chemie (a)
(Chemie der Organismen) (a)

Biostatik (a)
oder organische Morphonomie (a)
(Organische Morphologie im weiteren Sinne.) (a)

Biodynamik (a)
oder organische Phoronomie (a)
(Physiologie im weiteren Sinne.) (a)

| Morphologie der Organismen (im engeren Sinne) (a) (nach Ausschluß der statischen Chemie) (b) Animale Morphologie oder Formenlehre der Tiere (c)[1]. | Chemie der organischen Substrate (Org. Stofflehre) (a). | Chemie der organischen Prozesse (Physiol. Chemie) (a). | Physiologie (im engeren Sinne) (a). Animale Physiologie oder Leistungslehre der Tiere (c) [1] |
|---|---|---|---|

| I. Anatomie oder Morphologie im engsten Sinne (b). (Gesamtwissensch. von der vollendeten Form der Organismen) (b). Körperbaulehre der Tiere (Vergleichende Anatomie (c)[1]. | II. Morphogenie oder Entwicklungsgeschichte (b). (Gesamtwissenschaft von der werdenden Form der Organismen) (b). Entwicklungsgeschichte der Tiere (c). | | III. Ergologie. Physiologie der Arbeitsleistungen (c). | | IV. Perilogie. Physiologie der Beziehungen (c) | |
|---|---|---|---|---|---|---|
| 1. Tektologie od. Strukturlehre. | 2. Promorphologie oder Grundformenlehre. | 3. Ontogenie (oder Embryologie) (b). Keimesgesch. (c). | 4. Phylogenie (oder Paläontologie) (b) Stammesgesch. (c). | 5. Physiologie der vegetativen Leistungen (c). | 6. Physiologie der animalen Leistungen (c). | 7. Ökologie. Haushaltslehre (c). | 8. Chorologie, Verbreitungslehre (c). |

I. Anatomie:

1. Tektologie od. Strukturlehre.
Wissensch. v. d. Zusammensetzung der Organismen aus organisch. Individuenverschiedener Ordnung (b).
(Histologie, Organologie, Blastologie, Cormologie) (c).

2. Promorphologie oder Grundformenlehre.
Wissensch. v. d. äußeren Formen der organischen Individuen u. deren stereometrisch. Grundf. (b).
(Geometr. ideale Grundform und reale Körperform) (c).

II. Morphogenie:

3. Ontogenie (oder Embryologie) (b). Keimesgesch. (c).
Entwicklungsgesch. der organ. Individuen (Onta) (b).
(Embryologie, Metamorphosenlehre, Lebensgeschichte) (c).

4. Phylogenie (oder Paläontologie) (b) Stammesgesch. (c).
Entwicklungsgesch. der organ. Stämme (Phyla) (b).
(Paläontologie, Genealogie, Natürliche Systematik) (c).

III. Ergologie:

5. Physiologie der vegetativen Leistungen (c).
(Stoffwechsel, Ernährung, Verdauung, Atmung, Kreislauf, Fortpflanzung) (c).

6. Physiologie der animalen Leistungen (c).
(Empfindung, Bewegung, Wille, Vorstellung, Seelenleben) (c).

IV. Perilogie:

7. Ökologie. Haushaltslehre (c).
(Ökonomie, Wohnung Beziehungen zu anderen Organismen, Parasiten) (c).

8. Chorologie, Verbreitungslehre (c).
(Geographie u. Topographie der Tiere. Wanderungen) (c).

---

[1] 1869 ist nur von Zoologie die Rede, dem Thema des Vortrages entsprechend.

4*

wird man sich auch nicht dadurch irremachen lassen, daß Haeckel selber die Deszendenztheorie für eine mechanische, eine physiologisch-kausale Theorie hielt (z. B. 1869, S. 21 ff.). Das ist nur scheinbar ein Widerspruch. In Wahrheit hat Haeckel, der bekanntlich in seiner künstlerischen Grundstimmung das Mathematisch-Physikalische wie Goethe sehr wenig liebte, alles Physiologische vollkommen durch die historische Brille gesehen, auch die Physiologie historisiert. Dafür haben wir selbst in seinem System Beweise. In erster Linie ist in dieser Beziehung auf Haeckels Unterteilung der Physiologie hinzuweisen. Wenn es auch ohne Frage rein physiologische Probleme und Fragestellungen in der Ökologie und Biogeographie gibt (Schimper 1898, Warming 1918[3], Fitting 1922, Hesse 1924), so besteht doch nicht der geringste Zweifel darüber, daß die eigentliche Fragestellung in diesen Wissenschaften, vor allem in der Biogeographie, historischer Natur ist und daß die physiologischen Methoden in ihnen nur die Rolle von Hilfsmethoden spielen. Nicht darum handelt es sich in erster Linie in der Biogeographie, festzustellen, auf Grund welcher physiologischen Veranlagung ein Organismus befähigt war, sich auszubreiten, sondern vielmehr, wie er tatsächlich zu seinen jetzigen Wohnplätzen gelangt ist, seit wann er wandert und von wo er gekommen ist, welche Organismen ihn begleiten, gegen welche er zu kämpfen hatte und welche ihn zu verdrängen suchen. Das Physiologische spielt hier keine größere Rolle als in der Phylogenie. Man kann Ökologie und Biogeographie also nur dann restlos zur Physiologie rechnen, ohne sie in ihrem logischen Charakter zu vergewaltigen, wenn man eben die Physiologie selbst historisch auffaßt. Dadurch, daß Haeckel die Abstammungslehre, diesen Historismus in der Biologie par excellence, mechanistisch deutete, hat er sie nicht enthistorisiert, sondern umgekehrt die Mechanik, die Physik und ihren biologischen Ableger, die Physiologie also, historisiert. Darauf deutet auch die Tatsache, daß Haeckel sein biogenetisches Grundgesetz, das gar kein physiologisch-kausales Gesetz ist, sondern eine historisch-kausale Maxime, für imstande hielt, dasselbe zu leisten, was Roux mit der Entwicklungsmechanik in Angriff genommen hat, für die eben Haeckel wegen seiner einseitig historischen Einstellung gar kein Verständnis hatte. Wir wundern uns daher auch gar nicht, wenn wir sehen, was ja auch andere schon bemerkt haben (Chwolson 1908[2]), daß Haeckel nur sehr unklare Vorstellungen über das Wesen von Physik und Chemie besaß. Nach dem Kopf der Tabelle 1 sollte man annehmen, daß er Statik und Dynamik für Teile der Chemie halte. Anderseits setzt er dann wieder Dynamik und Physik gleich usw. Dergleichen Unklarheiten findet man viel bei ihm. Außerordentlich bezeichnend ist schon seine Vorliebe für die Begriffe „Statik“ und „Dynamik“, die in der Tat historischer Intuition leicht zugänglich sind. Statik und Dynamik der Geschichte, besonders Dynamik, sind ja gern gebrauchte historische Allegorien. Daß er ferner die Systematik nur noch als phylogenetische gelten ließ, ist seither so sehr Gemeingut aller Biologen geworden, daß moderne Morphologen die größte Mühe haben, die logische Kontingenz der reinen Systematik gegenüber der Phylogenie auch nur als solche wiederherzustellen. Das Grundmotiv seiner Forschung hat HAECKEL selber auf das treffendste in folgenden Worten zum Ausdruck gebracht: „Die synthetische, genealogische Systematik der Zukunft wird mehr als alles andere dazu beitragen, die verschiedenen isolierten Zweige der Zoologie in einem natürlichen Mittelpunkte, in der wahren *Naturgeschichte* zu sammeln und zu einer umfassenden geschichtlichen Gesamtwissenschaft vom Tierleben zu vereinigen (1902², II, S. 11).“

Nachdem wir uns nun über den historischen Charakter seines Systems genügend Klarheit verschafft haben, können wir darangehen, seine Aufstellungen im einzelnen zu prüfen. Dabei werden wir in materieller Hinsicht festzustellen haben, welche biologischen Disziplinen in seinem System fehlen, welche vergewaltigt worden sind und welche etwa vollkommen leer, d. h. nur dem logischen Schema zuliebe erfunden sind. In formaler Hinsicht haben wir daran die Analyse seiner Dimensionen zu schließen, die uns dann schließlich Auskunft über den Einteilungstypus gibt, zu dem sein System gehört.

Es fehlt in HAECKELs System das, was wir heute Entwicklungsmechanik und Vererbungslehre nennen, und zwar fehlen diese beiden Disziplinen nicht nur deshalb, weil sie in den Jahren 1866—69 noch nicht offiziell existierten, sondern sozusagen auch absolut, d. h. es ist nicht möglich, sie im System HAECKELs unterzubringen, ohne sie selbst, wie die Biogeographie, historisch zu vergewaltigen — nämlich, wenn man sie, wie HAECKEL auf Grund seines biogenetischen Grundgesetzes unbedenklich getan haben würde, der „Morphogenie“ subsummieren würde —, oder aber, was auf dasselbe hinauskommt, ohne den historischen Charakter des Systems zu vernichten. Das würde dann geschehen, wenn man sie, was an sich natürlich erlaubt ist, der Physiologie zuweisen würde, die ja bei HAECKEL im Grunde auch historisch orientiert ist. Nicht zu ihrem Recht kommen, wie schon festgestellt wurde, bei HAECKEL Ökologie und Biogeographie. Beide sind, wie sich später ergeben wird, keine logisch-reinen, sondern logisch-gemischte Disziplinen, sind daher weder bei der Phylogenie noch bei der Physiologie reibungslos unterzubringen, bei der letzteren natürlich auch dann nicht, wenn sie, wie in unserm Fall, verkappte Historie ist. Als logisch leer und nur der Dichotomie des Systems zuliebe aufgestellt müssen wir wohl die Scheidung der Anatomie in Tektologie und Promorphologie auffassen, die vollkommen überflüssig ist und in der Forschung ja auch keinen Eingang gefunden hat. Auch die seltsam dominierende Stellung der „biologischen Chemie" ist logisch leer und nur wieder verständlich, wenn man an die historische Vermummung der Physiologie denkt.

Haeckels System ist von Unterteilungen, die nur empirische Konsequenzen ihrer Obersätze sind, und von dem belanglosen chemischen Überbau, den er auch 1869 nicht wiederholt hat, abgesehen, ein *dreidimensionales*. Die erste Dimension ist die zwischen Morphologie und Physiologie, die auf dem schon von Spencer benutzten Gegensatz zwischen Form und Funktion beruht. Die zweite Dimension beherrscht die Morphologie durch den Gegensatz von Anatomie und Morphogenie, der auf der Gegenüberstellung einer rein logisch-systematischen und einer historischen Kategorie beruht. Die dritte Dimension bestimmt die Physiologie: Ergologie — Perilogie. Sie ist rein künstlich, nur geschaffen, um Ökologie und Biogeographie bei der Physiologie unterbringen zu können, und durch den tatsächlichen Betrieb dieser Disziplinen weder gefordert noch erlaubt. In dieser Beziehung ist nur die erste Dimension völlig einwandfrei. Sie hat eine wohlbegründete empirische Grundlage. Die zweite Dimension Anatomie — Morphogenie ist nur für Haeckels historisch eingestellte Augen, in deren Gesichtskreis Entwicklungsmechanik und Vererbungslehre nicht eingehen, nicht schief. In Wahrheit müßte sie eine solche zwischen Formphysiologie und Phylogenie sein, da nur diese beiden einander logisch gleichwertig sind. Anatomie und Ontogenie gehören in eine Sondergruppe, die neben der ersten Dimension steht. Alles in allem kann Haeckels System daher dahin charakterisiert werden, daß wir es als ein aus natürlich-empirischen und künstlichen Motiven halb und halb gemischtes bezeichnen. Seine große historische Bedeutung bleibt unbestritten. Es hat eine neue Wissenschaft großenteils geschaffen und systematisiert, die Phylogenie. Den gegenwärtigen Zustand der Biologie gibt es hingegen nicht mehr adäquat wieder.

In anderer Hinsicht gilt ein gleiches von dem System Spencers (1864), das schon zwei Jahre vor Haeckels System veröffentlicht worden ist, aber wahrscheinlich nicht zuletzt wegen seines Zusammentreffens mit diesem nicht die gleiche historische Wirksamkeit entfaltet hat. Tabelle 2 gibt Spencers System wieder (1864, I, S. 96).

Tabelle 2. SPENCERS *System der Biologie.*

1. An account of the structural phenomena presented by organisms. And this subdivides into: —
a) The structural phenomena presented by individual organisms.
b) The structural phenomena presented by successions of organisms.

2. An account of the functional phenomena which organisms present. And this, too, admits of sub-division into:
a) The functional phenomena of individual organisms.
b) The functional phenomena of successions of organisms.

3. An account of the actions of Structure on Function, and the re-actions of Function on Structure. And like the others, this is divisible into:
a) The actions and re-actions as exhibited in individual organisms.
b) The actions and re-actions as exhibited in successions of organisms.

4. An account of the phenomena attending the production of successions of organisms: in other words — the phenomena of Genesis.

SPENCERS Klassifikation ist der erste großartige Versuch, ein System der modernen Biologie rein theoretisch aus einer Definition zu deduzieren. Das Leben hatte SPENCER bekanntlich (1864, I, S. 80) definiert als "The continuous adjustment of internal relations to external relations". Daraus folgert er nun für sein System: "If all the functional phenomena, which living bodies present, are, as we have concluded, incidents in the maintenance of a correspondence, between inner and outer actions; and if all the structual phenomena, which living bodies present, are direct or indirect concomitants of functional phenomena; then the entire Science of Life, must consist in a detailed interpretation of all these functional and structural phenomena in their relations to the phenomena of environment. Immediately or mediately, proximately or remotely, every trait exhibited by organic bodies as distinguished from inorganic bodies, must be referable to this continuous adjustment between their actions and the actions going on around them (1864, S. 95)." Deutlicher kann eine Klassifikation nicht deduziert werden. Wenn nun aber, wie wir früher gesehen haben, die Ausgangsdefinition nicht genügt, das Feld der Biologie gehörig abzugrenzen, dann muß logischerweise auch die aus ihr abgeleitete Klassifikation versagen. Prüfen wir das nun im einzelnen.

SPENCERS System ist dreidimensional. Die ersten beiden Dimensionen erstrecken sich auf die Gruppen 1—3, die dritte Dimension gibt das Wesen der Gruppe 4, der „Genesis", wieder. Wie man alsbald sieht, fällt die Genesis eigentlich vollkommen aus SPENCERS Deduktion heraus, von seiner Definition wird sie ja nicht mit umfaßt. So ist sie seinem System gewissermaßen nur angeflickt. Wenn sich daraus nun auch das Ungenügen der SPENCERschen Deduktion ergibt, so wird seine Klassifikation als solche davon doch nicht getroffen. Die ersten drei Gruppen des Systems werden von zwei Dimensionen beherrscht, einmal der Dimension "Structure-Function", die sich auch bei HAECKEL fand, und dann von der Dimension "individual organism — succession of organisms". Die erstere entspricht den von der Biologie gemachten Erfahrungen, die letztere ist rein willkürlich. Das wird die Einzelbetrachtung der Gruppen näher begründen.

Zunächst die *Strukturbiologie*. Spencer rechnet hierhin die Anatomie als die Wissenschaft von der ausgebildeten organischen Form und die Embryologie. Auf diesen beiden basiert dann auch die Systematik der Tiere und Pflanzen: "By contrasting the structures of organisms, there is also achieved that grouping of the like and separation of the unlike called Classification. — Whence there finally results such an arrangement of organisms, that if certain structural attributes may be empirically predicted; and which prepares the way for that interpretation of their relations and genesis, which forms an important part of Biology" (1864, I, S. 98). Der letztere Satz ist von Bedeutung insofern, als er Systematik und Deszendenztheorie (Phylogenie) logisch auseinanderhält und die erstere als Voraussetzung der letzteren hinstellt. Unter Strukturbiologie der "successions of organisms" versteht Spencer Erforschung aller Arten von Strukturvariabilität, besonders erblicher, die in aufeinanderfolgenden Generationen wie auch in den Formwandlungen eines einzelnen Organismus nicht nur während seiner Ontogenie, sondern auch in seinem postembryonalen Dasein vorkommen. "The facts of structure which any succession of individual organisms exhibits, admit of similar classification. On the one hand, we have those inner and outer differences of shape, that are liable to arise between the adult members of successive generations descended from a common stock—differences which, though usually not merked between adjacent generations, may in course of many generations become great. And on the other hand, we have these developmental modifications through which such modifications of the descended forms are reached" (ebda. S. 97). In vergleichender Anatomie und Embryologie sieht Spencer keine selbständigen "parts of Biology; since the facts embraced under them are not substantive phenomena, but are simply incidental to substantive phenomena". Die hier verwendeten Tatsachen kommen vielmehr schon sämtlich in der gewöhnlichen Anatomie und Embryologie vor; "and the comparison of these facts as presented in different classes of organisms is simply a method of interpreting the real relations and dependencies of the facts compared" (ebda. S. 97). Zusammengefaßt läßt sich sagen, daß Spencer unter Strukturbiologie versteht: Anatomie, Embryologie, morphologische Variabilitätslehre, vergleichende Anatomie und Embryologie sowie Systematik und "rational Biology" (der heutigen Deszendenztheorie entsprechend).

Zur Funktionsbiologie, der zweiten Hauptgruppe seines Systems, die sich auf die "functional phenomena" gründet, rechnet SPENCER nicht nur das, was wir heute Physiologie nennen, sondern auch die gesamte Psychologie. Die gewöhnliche Physiologie teilt er wieder in zwei Gebiete, in die "Organic Chemistry", die es zu tun hat, "with the molecular changes going on in organisms", und in die "Organic Physics", the account of the modes, in which the force generated in organisms by chemical change, is transformed into other forces and made to work the various organs that carry on the functions of Life" (ebda. S. 98). Nach den letzten Worten würde SPENCER die Entwicklungsmechanik, wenn er sie schon zu klassifizieren gehabt hätte, ohne Zweifel auch zur Biophysik rechnen. Eine so radikale Einteilung der Physiologie in Biochemie und Biophysik ist später besonders von CZAPEK (1917) vertreten worden. Freilich hat SPENCER alles Physiologische, was damals wie nach vielen Autoren auch heute noch dieses Schema zu sprengen scheint, die Reiz- und Sinnesphysiologie, der Psychologie zugewiesen, die den zweiten Hauptteil seiner Funktionsbiologie bildet. Psychologie ist ihm — hier kommt wieder seine Definition des Lebens zum Vorschein — die Wissenschaft, "which is mainly concerned with the adjustment of vital actions to actions in the environment"; im Gegensatz zur Physiologie, "which is mainly concerned with vital actions apart from actions in the environment" (ebda. S. 98/99). Diese so künstlich definierte Psychologie teilt er wieder in zwei Abschnitte, in die "Objective Psychology", die sich beschäftigt "with these functions of the nervo-muscular apparatus by which such organisms as possess it are enabled to adjust inner to outer relations; and includes also, the study of the same functions as externally manifested in conduct", und in die "Subjective Psychology", die sich abgibt "with the sensations, perceptions, ideas, emotions and volitions, that are the direct or indirect concomitants of this visible adjustment of inner to outer relations" (ebda. S. 99). Da nun aber "Consciousness under its different modes and forms, being a subject-matter, radically distinct in nature from the subject-matter of Biology in general; and the method of self analysis, by which at one the laws of dependance among changes of consciousness can be found, being a method unparalleled by anything in the rest of Biology" (ebda. S. 99), so sind wir verpflichtet, meint SPENCER, die "Subjective Psychology" zum Gegenstand einer besonderen Wissenschaft zu machen und ihr die rein biologisch betriebene "Objective Psychology" als von ihr untrennbar ebenfalls zuzuweisen. Man wird schwerlich ein System, dem eine Sondergruppe mit der logischen Hand gegeben wird, um mit der methodischen Hand alsbald wieder genommen zu werden, für befriedigend ansehen können. Hier tritt der große Fehler der Spencerschen Definition des Lebens, den wir in ihrem zu großen Umfange, der weit über den Bereich des Organischen hinausgreift, erblickt haben, besonders kraß zutage. Auch wird das Wesen des Rein-Psychischen, wenn man es nur als eine Art von Anpassungserscheinungen deutet, ohne Frage vergewaltigt. Man sieht, Theorien klären nicht nur dunkle Sachverhalte, sie verdunkeln bisweilen auch sonnenklare Tatbestände.

Die Einteilung der funktionellen Biologie in eine solche der "individual Organisms" und der "successions of organisms" spielt in der Ausführung des Systems der funktionellen Biologie eine ebenso geringe Rolle wie in der Strukturbiologie, eine Rolle, die keineswegs ihre großartige Hervorhebung im System selber begründet. Auch die vergleichende Physiologie und Psychologie wird ebenso schematisch erledigt wie ihre strukturbiologische Schwester, die vergleichende Anatomie und Embryologie.

Die dritte Hauptgruppe des Spencerschen Systems befaßt sich mit den Beziehungen, in denen *Funktion und Struktur* zueinander stehen: "It comprehends the determination of functions by structures, and the determination of structures by functions" (ebda. S. 100/101). Es handelt sich hier also um die Wissenschaften, die heute physiologische Anatomie (Haberlandt 1918[5]) — logischer wäre anatomische Physiologie — und Entwicklungsmechanik mit Vererbungslehre heißen, die man zusammen richtiger Formphysiologie genannt hat. Diese ist identisch mit Spencers "determination of structures by functions". Haberlandts physiologische Anatomie hingegen mit der "determination of functions by structures". Diese Gruppe ist die einzige, bei der Spencer seine Unterteilung der "individual Organisms" und der "successions of organisms" konsequent durchführt. Die Erforschung der letzteren nach den Gesichtspunkten dieser Gruppe, meint Spencer, "introduces to such phenomena as Mr. Darwin's 'Origin of Species' deals with" (ebda, S. 101), und zwar zur Selektionstheorie, nicht nur zur Deszendenztheorie als solcher. Da wir heute die Abstammungslehre nicht mehr für eine physiologische, sondern für eine historische Theorie mit ökologischem Einschlag halten müssen, so muß die Zusammenstellung von Deszendenztheorie mit Formphysiologie und physiologischer Anatomie befremden und einigermaßen künstlich erscheinen. Wir werden die Formphysiologie restlos der Physiologie schlechthin, die physiologische Anatomie der Ökologie und die Abstammungslehre der Phylogenie[1]) zuweisen und halten

---

[1]) Wir werden später erkennen, daß, was heute unter dem Titel Deszendenztheorie geht, in zwei logisch verschiedene Gruppen zerfällt, nämlich in die

daher die Aufstellung der SPENCERschen dritten Gruppe für völlig entbehrlich, obwohl gerade sie diejenige ist, in der SPENCERs Deduktion restlos durchgeführt worden ist.

Die vierte Gruppe SPENCERs, die Erforschung der *Genesis*, der Fortpflanzungserscheinungen, fällt, wie schon bemerkt, vollkommen aus dem Rahmen der SPENCERschen Deduktion heraus. SPENCER teilt seine Genesis in drei Teile. Im ersten "comes a description of all the special modes whereby the multiplication of organism is carried on" (ebda. S. 102). Er umfaßt Dinge, die wir heute vollkommen der Anatomie (Zytologie und Histologie besonders) und Embryologie zuweisen. Der zweite Teil "takes for its subject-matter such general questions as: What is the end subserved by the union of sperm-cell and germ-cell? Why cannot all multiplication be carried on after the asexual method? What are the laws of hereditary transmission? What are the causes of variation?" — Man sieht, es handelt sich um Fragen, die typische Grundprobleme schon genannter Wissenschaften sind, sie gehören entweder in die Formphysiologie, speziell die Vererbungslehre, oder in die Ökologie und Phylogenie. Für uns ist daher auch die vierte SPENCERsche Gruppe völlig entbehrlich, nicht hingegen für SPENCER, der dadurch, daß er die genannten Disziplinen in sein deduziertes Schema preßte, ihren Charakter zwar notgedrungen änderte, aber dann doch alles, was nicht mehr in sein System paßte, in einer Sammelgruppe vereinigen konnte.

SPENCER selbst betont die Idealität seines Systems. "This, however is a classification of the parts of Biology when fully developed; rather than a classification of the parts of Biology as it now stands" (ebda. S. 103). Nun, die Entwicklung der Biologie ist bis heute wenigstens andere Wege gegangen. Der Versuch, sie und ihr System aus einer einheitlichen Definition zu deduzieren, ist zwar in seiner Großzügigkeit und Treffsicherheit in vielen Einzelpunkten sehr bewundernswert, weshalb die Geschichte der Biologie ihn stets hoch bewerten wird, gleichwohl ist er nicht nur damals viel zu früh erfolgt, sondern auch heute noch nicht möglich. Einheitliche biologische Disziplinen, wie Phylogenie, Vererbungslehre, Entwicklungsmechanik, sind auseinandergerissen und erscheinen an zwei bis drei Stellen. Anatomie und Embryologie sind nicht ausreichend gegen phylogenetische Umdeutung abgegrenzt. Die Biogeographie kommt über-

---

Deszendenztheorie als historische Theorie der Phylogenie und in formphysiologische Untersuchungen über die Ursachen der Artumwandlung. SPENCER hat diese Trennung der Probleme noch nicht gesehen, während, was WINKLER (1912) als Deszendenztheorie und drittes Hauptproblem der Entwicklungsphysiologie bezeichnet hat, nur die formphysiologische Seite der Abstammungslehre behandelt, wie wir später bei Behandlung der Phylogenie genauer erkennen werden.

haupt nicht vor. Große Gruppen des Systems, z. B. die immer wiederkehrenden "successions of organisms" sind nur dem Schema zuliebe aufrecht zu halten und inhaltlich vollkommen leer. Von den drei Dimensionen ist nur die grundlegende "Structure-Function" als eine empirisch-natürliche zu bezeichnen, während die beiden andern, "Individual Organisms — Successions of organisms" und "Genesis" vollkommen künstlich sind. Danach ist das System Spencers ebenso wie das Haeckels ein logisch gemischtes; es gehört seinen Dimensionen nach mehr in die Kategorie der künstlichen als der empirisch-natürlichen Einteilungen. Als Ganzes ist es zwar apriorisch deduziert, hat aber nicht eine apriorisch-natürliche Einteilung ergeben. Eine solche wird, wie wir sehen werden, auch in der modernen Biologie erst in ganz nebelhaften Umrissen am Horizont sichtbar.

Einige zwanzig Jahre später hält dann Wilh. Haacke (1887) das System der Biologie für durchaus revisionsbedürftig und stellt selbst ein neues System auf, das, wenn man von seiner durchaus entbehrlichen geologischen Einkleidung absieht, durch die logische Geschlossenheit seiner Deduktion ebenso imponiert, wie es durch seine Modernität überrascht, wie denn überhaupt die Arbeiten dieses genialen Forschers und unglücklichen Menschen es durchaus verdienen, der Vergessenheit entrissen zu werden.

Haacke vergleicht den Organismus mit einer Maschine und fragt, nach welchen differenten Gesichtspunkten man vorgehen muß, wenn man eine Maschine vollkommen verstehen will. Zunächst sind da die allgemeinen physikalischen und chemischen Gesetze zu erforschen, die für sämtliche Maschinen als solche gelten. Gleiches leistet in der Biologie die Bionomie, die „Mechanik der Lebenserscheinungen, die ebensosehr die Gesetze des Gleichgewichts wie jene der Bewegungen ins Auge zu fassen hat. Sie soll die im Organismenreiche beobachteten Vorgänge als physikalische und chemische nachweisen". Im Gegensatz zu Haeckel, der Statik und Dynamik auseinanderriß und die Physik nur mit der Dynamik identifizierte, betont Haacke: „Statik und Dynamik sind also zusammengehörige und unzertrennliche Teile der Mechanik, in der Biologie nicht minder wie in der Maschinenlehre" (1887, S. 711). Haackes Bionomie ist vollkommen identisch mit dem, was wir heute allgemeine Physiologie nennen, und zwar im Sinne v. Tschermaks (1916). So sagt Haacke von der Bionomie ausdrücklich: „Die Gesetze, welche sie uns kennen lehrt, sind dieselben für alle Organismen" (ebda. S. 711). Im Gegensatz zu der reinen Betriebsphysiologie jener Tage rechnet Haacke die allgemeine Formphysiologie, die Ermittlung der Gesetze der Formbildung, zur Bionomie.

Das wird noch deutlicher werden, wenn wir uns vor Augen halten, was er unter „Biographie" versteht. Im Gegensatz zur Bionomie, die sich nur mit den für alle Organismen gemeinsam geltenden Gesetzen befaßt, wollen wir in der Biographie „mit jeder einzelnen Organismenart bekannt sein, wir wollen bei jeder jeden unterscheidbaren Sonderzustand kennenlernen und mit anderen Zuständen sowie mit den jeweiligen Zuständen der umgebenden Natur kausal verknüpft sehen". Auch „die Biographie faßt also, wie die Bionomie, Aufgaben zusammen, welche man früher teils der Morphologie, teils der Physiologie zuwies" (ebda. S. 711). Unter Morphologie versteht er hier genau das, was wir heute Entwicklungsmechanik nennen, das geht auf das deutlichste nicht nur aus dem im obigen Zitat gegebenen Hinweis auf das kausale Moment hervor, sondern auch aus seiner Definition der Entwicklungsmechanik selber (1897, S. 34): „Die Entwicklungsmechanik ist die Wissenschaft von der Physik und Chemie oder von der Mechanik im weiteren Sinne, von der physikalischen und chemischen Statik und Dynamik der Organismenformen."

Wir haben hier also die gleiche Definition vor uns, wie er sie oben für die Bionomie gegeben hat. Für die Biographie gilt dann eo ipso dasselbe, da sie sich zur Bionomie ja nicht anders verhält wie die moderne allgemeine zur modernen speziellen Physiologie. Die alte Einteilung in Physiologie und Morphologie verwirft HAACKE überhaupt, indem er viel zu radikal behauptet: „In der Tat ist ein physiologischer Vorgang nichts weiter als eine Veränderung der Organismenform" (1897, S. 33). Die Abgrenzung der Formphysiologie von der Betriebsphysiologie, wie sie HAACKE vornimmt, ist dann von unserem Standpunkt betrachtet, eine rein interne Angelegenheit der Physiologie, indem die Betriebsphysiologie die „periodischen", die Formphysiologie die „fortschreitenden" nicht periodischen Formwandlungen untersucht. Indessen rechnet HAACKE die Morphologie nicht restlos zu Bionomie und Biographie, sie ist ihm, wie GOEBEL (1905) nicht nur all das, was „noch nicht Physiologie ist", es gibt auch für HAACKE noch eine echt morphologische Disziplin, das ist seine „Biogenie", die genau dasselbe bedeutet, was wir gewöhnlich Phylogenie nennen, „aber die sorgfältigste Beschreibung sämtlicher am Organismus verlaufender Bewegungserscheinungen und die genaueste Bekanntschaft mit den zur Erklärung heranzuziehenden physikalischen und chemischen Gesetzen vermag uns keine Antwort zu geben auf die Frage, warum wir auf unserm Planeten in der Gegenwart hier diese, dort jene, aber eben solche und keine andern Organismen finden. Zur Beantwortung dieser Frage müssen wir die lebenden Tier- und Pflanzenarten mit den ausgestorbenen, die gegenwärtige Verbreitung

der Organismen mit der früheren vergleichen und überhaupt die ganze
Erdgeschichte in Betracht ziehen. So erst entsteht eine Geschichte des
Organismenreiches, eine Biogenie" (1887, S. 709). Noch deutlicher bringt
Haacke den logisch rein historischen Charakter der Phylogenie in folgenden Worten zum Ausdruck: „Die Biogenie . . . faßt die Gesamtheit
der Lebewesen als sich stetig ändernd auf und weist nach, daß das, was
ist, noch nicht da war, und das, was war, bis jetzt noch nicht wieder-
gekehrt ist, kurzum, daß der jeweilige Gesamtzustand der Organismenwelt in irgendeinem andern Moment der Erdgeschichte seinesgleichen
nicht hat. Von der Periodizität aller Lebenserscheinungen sieht sie
ab; sie hat es mit einer Reihe von Erscheinungskomplexen zu tun,
die sich stetig ändert, so zwar, daß das zweite Glied dieser Reihe mehr
als das erste dem letzten ähnlich ist, das vorletzte mehr als das letzte
dem ersten gleicht" (ebda. S. 712). Auf Grund aller dieser Darlegungen können wir das System Haackes in folgendem Schema zum Ausdruck bringen.

Tabelle 3.   Haackes *System der Biologie* als Wissenschaft von den organischen
Formen.

I. Erforschung der periodischen Formwandlungen:

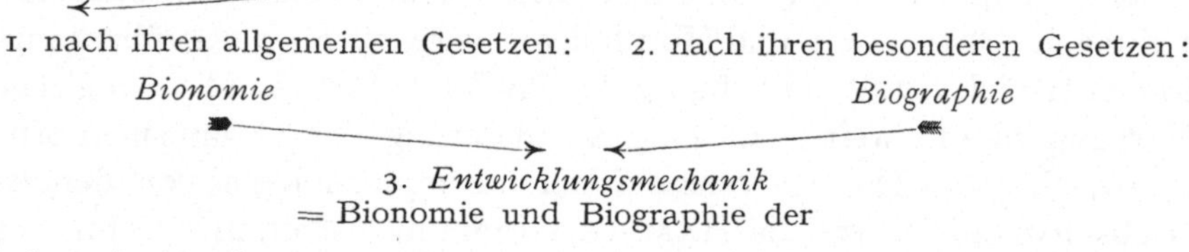

1. nach ihren allgemeinen Gesetzen:      2. nach ihren besonderen Gesetzen:
    *Bionomie*                                     *Biographie*

3. *Entwicklungsmechanik*
= Bionomie und Biographie der

II. fortschreitenden oder nichtperiodischen Formwandlungen:

4. *Biogenie* = Phylogenie = Geschichte der unperiodischen Formwandlungen.

Wenn wir uns nun zur Kritik des Haackeschen Systems wenden,
dann können wir zunächst mit Befriedigung konstatieren, daß so große
und wichtige biologische Disziplinen, wie Physiologie mit Einschluß
der Formphysiologie und Phylogenie ihrem logischen Charakter entsprechend, also vollkommen naturgetreu wiedergegeben sind. Damit
ist natürlich nicht gesagt, daß man die gegenseitige Abgrenzung der
physiologischen Disziplinen nach den Momenten der Periodizität und
des Fortschreitens auch heute noch gebrauchen kann. Diese Scheidung ist zweifellos allzu künstlich, verwischt aber nicht die von Haacke
sehr richtig gezeichnete Beziehung von Bionomie und Biographie zur
Entwicklungsmechanik, die in der Feststellung der methodischen
Identität beider Gebiete besteht.

Vollkommen unterdrückt ist in HAACKEs System die reine Morphologie. Soweit sie Phylogenie werden kann, verschwindet sie bei HAACKE vollkommen in Bionomie und Biographie, also in Physiologie. In dieser Hinsicht würde HAACKE heute GOEBELs Wort unterschreiben. Wir hoffen alsbald zu zeigen, daß das nicht ganz richtig ist. Logisch wenigstens ist es möglich, in Systematik und vergleichender Anatomie eine biologische Disziplin aufzubauen, die Physiologie und Phylogenie gegenüber vollkommen neutral ist, die zu ihrem eigenen Ausbau diese Wissenschaften zwar heranzieht, aber von ihnen logisch nicht abhängig ist, vielmehr für sie eine unerläßliche Vorarbeit darstellt. Wenn dann freilich ein so von der Morphologie beackertes Feld physiologisch und phylogenetisch vollkommen angebaut ist, dann ist die ursprüngliche Morphologie zwar nicht abgetan, aber sie hat doch keinen apriorisch-theoretischen, sondern nur noch praktisch-heuristischen Wert, genau wie das LINNÉsche System durch das natürliche nur theoretisch überwunden, aber nicht praktisch beseitigt ist. In diesem so modifizierten Sinne geben auch wir GOEBEL recht; nur geht er entschieden viel zu weit, wenn er auch die Phylogenie unter die physiologisch überwindbare Morphologie rechnet. In bezug auf das System HAACKEs können wir daher konstatieren, daß die rein morphologischen Disziplinen nicht zu ihrem Recht kommen.

Über den Charakter andersgearteter Disziplinen, die wie Ökologie und Biogeographie sowohl physiologische wie phylogenetische und rein morphologische Motive verwenden, können wir mit Bezug auf HAACKEs System nur ihre Nichtbehandlung konstatieren; auf Grund seines Systems wäre er aber durchaus in der Lage gewesen, sie zutreffend abzubilden. Leere und nur dem Schema zuliebe erfundene Gruppen gibt es bei ihm nicht.

Hinsichtlich seiner *Dimensionen* ist HAACKEs System dreidimensional. Es sind vorhanden die Gegensätze: ,,Periodisch-fortschreitend“, ,,allgemeine Gesetze — spezielle Gesetze“ und ,,fortschreitend-historisch — fortschreitend-entwicklungsmechanisch“ — (bionomisch und biographisch). Da diese Dimensionen sämtlich, die letzte allerdings nur in ihrem letzten Moment, mehr oder weniger künstlich sind, würde man HAACKEs System zu den künstlichen Einteilungen rechnen müssen. Indessen haben wir gesehen, daß diese drei Dimensionen nicht logisch voneinander unabhängig sind, sie lassen sich ohne Vergewaltigung ihres Sinnes allesamt auf eine einzige Dimension reduzieren, den Gegensatz: Physiologie zu Phylogenie. Dieser aber ist ein empirisch-natürlich-einteilungsmäßiger und stellt auch für das moderne System der Biologie ein ebenso unentbehrliches wie notwendiges Einteilungsmoment dar.

Im Jahre 1893 hat dann der größte Logiker der modernen Biologie, Hans Driesch, ein neues *System der Biologie* aufgestellt, dessen Schwerpunkt in dem ersten Versuch einer Systematisierung der Entwicklungsmechanik beruht, an deren Begründung und Ausbau er ja in so hervorragendem Maße beteiligt war. Auf diese Hauptleistung seines Systems werden wir naturgemäß erst an der maßgebenden Stelle eingehen können, hier sollen nur die allgemeinen Grundzüge behandelt werden. Nach der zweiten Auflage seiner in Rede stehenden Abhandlung ($1911^2$) stellt sich das Drieschsche System folgendermaßen dar:

Tabelle 4.    Drieschs *System der Biologie* als der objektiven Wissenschaft von der Gesamtheit des Belebten.

I. Biologie als Gesetzeswissenschaft:
1. die Lehre vom Formwechsel (= Entwicklungsmechanik, Deszendenztheorie und Vererbungslehre);
2. die Lehre vom Stoffwechsel;
3. die Lehre von den Bewegungserscheinungen bei Organismen (inklusive Tierpsychologie);

II. Biologie als Systematik, d. h. ,,als Ordnung in der Mannigfaltigkeit nicht des Nach-, sondern des *Bei*einander, des *zugleich*, besser vielleicht: des Soseins überhaupt ohne irgendwelche Rücksicht auf Zeit".

Drieschs ,,Gesetzeswissenschaft" ist vollkommen identisch mit unserem modernen Physiologiebegriff, nur daß man heute die Lehre vom Formwechsel als den kompliziertesten Teil der Physiologie nicht mehr an ihren Anfang, sondern an ihr Ende stellt. Wenn Driesch sie gern aus dem Rahmen der Physiologie herausnehmen möchte, weil man sonst den ,,Physiologen vom Fach" zuviel Ehre erweise, da sie ,,sich ja gerade um das Werden der Form gar nicht gekümmert" hätten (S. 39), so entspricht das allenfalls den historischen Tatsachen, kann aber nicht dazu benutzt werden, logisch Zusammengehöriges auseinanderzureißen. Driesch selber ist ja auch der letzte, der dazu die Hand bietet; hat er doch seinen grundlegenden Referaten in den ,,Ergebnissen der Physiologie" das Thema ,,Die Physiologie der tierischen Form" gegeben. Auch darf man nicht vergessen, daß die Entwicklungsmechanik überall die genaue Kenntnis der reinen Morphologie voraussetzt, daß es daher notwendig Morphologen sein mußten, die das erste Fundament zur Physiologisierung ihrer Disziplin legen konnten. Bei Driesch wirkt nur befremdend, daß er die Deszendenztheorie, ,,die Lehre von der Umbildung des Reiches des Belebten als eines Ganzen" völlig zur Formphysiologie rechnet. Das wird nur verständlich, wenn man bedenkt, daß Drieschs Arbeit historisch aus seiner Gegnerschaft gegen die reine Stammbaumphylogenie hervorgewachsen ist. So hat die Phylogenie in seinem System keinen Platz gefunden, auch nicht in seiner „Systematik". Gegen alles Historische ist DRIESCH, was ihm neuerdings auch von TROELTSCH (1922) vorgeworfen ist, nahezu blind. Die Deszendenztheorie hat aber in einer „Gesetzeswissenschaft", in der Physiologie, nichts zu suchen. Über die Lehre vom Stoffwechsel sagt DRIESCH nichts Neues. Bei der Lehre von der Bewegung ist bemerkenswert, daß er die *Tierpsychologie* hier einreiht, soweit eben von Seele in der „objektiven" Naturwissenschaft gesprochen werden kann. Auf diese Frage kommen wir demnächst an anderer Stelle zurück. Wir werden dann sehen, daß das Psychische, auch soweit es für die Biologie in Frage kommt, nicht einfach, wie SPENCER und DRIESCH im Grunde wollen, auf den physiologischen Nenner gebracht werden kann. Die Instinkthandlungen der Tiere z. B. sind ohne die Phylogenie der Seele nicht zu verstehen.

Was DRIESCH über Systematik, den zweiten logischen Bestandteil der Biologie, sagt, ist ziemlich fragmentarisch gehalten. Mit Sicherheit geht aber aus seinen Darlegungen hervor, daß er zu ihr nicht nur die gewöhnliche Systematik rechnet, sondern auch vergleichende Anatomie und Embryologie. Die Begriffe Individuum, Typus und Bauplan spielen hier die Hauptrolle. Unklar gelassen ist allerdings das Verhältnis dieser Begriffe zu dem der „Deskription". Sehr richtig sagt DRIESCH (S. 36): „Die reine Beschreibung hat als Vorbereitung für den eigentlichen Wissenschaftsbetrieb eine sehr große vorläufige Rolle in allen Teilen der Biologie zu spielen. Beschreibung bleibt dabei Beschreibung, ganz gleichgültig, ob es sich um reine Deskription der Formverhältnisse, oder um chemische Kennzeichnung der vorliegenden Stoffe, oder um reine Darlegung des Wesens der Funktionen der einzelnen Organe handelt, oder um anderes." Wenn man dann aber bedenkt, daß Begriffe wie Individuum, Typus und Bauplan rein deskriptive Begriffe sind, an sich also weder physiologisch noch phylogenetisch, dann ist der Schluß, den wir schon bei HAACKE gezogen haben, unvermeidlich, daß DRIESCHs Systematik logisch auch nur ein Propädeutikum für Physiologie und Phylogenie ist, daß daher der Gegensatz Gesetzeswissenschaft — Systematik schief ist und ersetzt werden muß durch die Dimension Physiologie — Phylogenie, in die HAACKES System schon ausklang. Freilich darin hat nun wieder DRIESCH HAACKE gegenüber recht, daß er betont: „das Problem der Systematik ist durchaus unabhängig von der Stellung zur Deszendenztheorie . . . Die Frage nach dem Sosein der Einzelausprägung der Naturdinge und nach seiner Bedeutung bleibt . . . als solche bestehen, ganz gleichgültig, ob alle Spezies als erschaffen oder als auseinander nach heute unbekannten Prinzipien der Umwandlung hervorgegangen betrachtet werden" (S. 54). Wenn DRIESCH aber darüber hinausgeht

und die Möglichkeit, „Systematik durch Phylogenie gleichsam ersetzen zu können" leugnet, dann sagt er wieder zuviel. Man muß
doch scharf unterscheiden zwischen logischer Unabhängigkeit und
theoretischer Ersetzbarkeit und Notwendigkeit. HAACKE wollte mit
HAECKEL alle Systematik in Phylogenie auflösen und glaubte, daß es
eine andere als phylogenetische Systematik hinfort nicht mehr geben
könne. Das ist selbst dann nicht richtig, wenn die Phylogenie der
Organismen vollkommen abgeschlossen uns vorliegen würde; denn es
ist ja nicht gesagt, daß das definitive phyletische System für die
praktische Diagnostik der Arten auch das einfachste ist. Freilich
irgendwelchen theoretischen Wert hat das rein systematische System
dann nicht mehr, d. h. über die Erkenntnis der historisch genetischen
Beziehungen zwischen den Arten sagt es nichts aus. Es gibt übrigens
noch ein drittes System der Organismen, das weder systematisch noch
phylogenetisch ist. Das ist das physiologische System der künftigen
genotypischen Konstitutionsformeln der Organismen. Auch dieses hat
keinen phylogenetischen Wert; denn es ist ja nicht gesagt, daß die
physiologische Entstehung der Genotypen nur eindeutige Ursprünge
nachweisen wird, im Gegenteil, es wird sich wahrscheinlich herausstellen, daß man auf verschiedenen physiologischen Wegen von einer
Art zur anderen gelangen kann. Welcher von diesen der wirkliche,
der historische war, kann eben nur die Phylogenie sagen. Gleichwohl
hat das physiologische System der Arten wahrscheinlich eine größere
theoretische Bedeutung als das phylogenetische, da es nicht nur in
die Vergangenheit, sondern auch in die Zukunft weist; insofern hat
es dann auch praktische Bedeutung, wenn auch in anderem als
diagnostischem Sinne. Die diagnostische Systematik hat da, wo
phylogenetisch und physiologisch klare Verhältnisse vorliegen, was
allerdings fast überall noch Zukunftsmusik ist, *nur* noch praktische
Bedeutung und entnimmt ihre diagnostischen Motive, wo sie ihr am
einfachsten dargeboten werden, vorwiegend also bei der Phylogenie,
aber auch bei der Physiologie. Wo jedoch Verhältnisse vorliegen —
und das ist in der speziellen Biologie noch fast überall der Fall —, die
physiologisch und phylogenetisch noch nicht völlig durchschaut sind,
da hat die reine Morphologie auch noch eine *theoretische* Bedeutung
dadurch, daß sie mit ihren Kategorien rein theoretischer Deskription
— Individuum, Typus, Metamorphose — auch eine, wenn auch nur
propädeutische theoretische Ordnung schafft.

Alles in allem läßt sich über das DRIESCHsche System der Biologie
sagen, daß Physiologie und reine Morphologie in ihm adäquat zum
Ausdruck kommen, daß die Phylogenie dagegen vollkommen entstellt
wird. Die größte Verwandtschaft hat das System von DRIESCH mit

dem von HAACKE. Beide sind — das HAACKEsche allerdings erst im korrigierten Zustand — eindimensional. Diese Dimensionen, die jede für sich einseitig sind und entweder (bei HAACKE) die reine Morphologie oder (bei DRIESCH) die Phylogenie unterdrücken, ergeben miteinander kombiniert ein durchaus zutreffendes Bild vom gegenseitigen logischen Verhältnis jener biologischen Disziplinen, die wir später die *logisch-reinen* nennen werden. DRIESCHs System erweist sich so, wie das HAACKES, dem empirisch-natürlichen Einteilungstypus zugehörig. Beide Systeme zusammen ergeben folgendes Schema:

*Kombiniertes System* HAACKE-DRIESCH.

1. Reine Morphologie

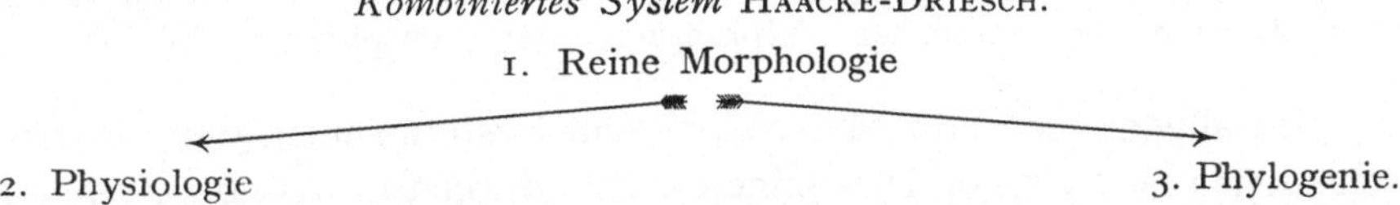

2. Physiologie                                   3. Phylogenie.

DRIESCH hatte als erster exakte logische Untersuchungen zur Voraussetzung einer Klassifikation der biologischen Wissenschaften gemacht. Damit ist das System der Biologie aus dem Bereiche definitorischer Willkürlichkeiten herausgehoben und auf ein sicheres, festes Fundament gestellt. Auf dieser Basis hat dann auch (1903, S. 388 ff.) RUD. BURCKHARDT sein System der Zoologie errichtet und dabei ausdrücklich zum ersten Male direkt von einer „Logik der Biologie" gesprochen. Nun verfügt aber bekanntlich die spezielle Logik oder Logik der Einzelwissenschaften (vgl. Einleitung) über recht verschiedene allgemeine Momente, die sämtlich zu Dimensionen wissenschaftlicher Systematik gemacht werden können, z. B. die Momente des Gegenstandes (Empirismen), der Theorien (Apriorismen), der Ideen, Kontingenzen oder Methoden. Von allen diesen ist ganz besonders oft zu dem genannten Zwecke das Moment der Methoden herangezogen worden, wahrscheinlich deshalb, weil es, wenn man über die Unzulänglichkeit der reinen Gegenstandssystematik hinaus ist, den Forschern als das am meisten mit Bewußtsein als solches geübte logische Instrument vertraut ist. Auf diesem methodologischen Fundament hat auch BURCKHARDT, der leider viel zu früh verstorbene Historiker der Biologie, sein System der Zoologie, das natürlich ohne weiteres auch auf Botanik übertragbar ist, aufgebaut (Tabelle 5).

Tabelle 5.   R. BURCKHARDTS „*Übersicht der zoologischen Disziplinen*".

A. Nach der Methode:
    1. Analyse:
        a) in Anwendung auf die ganzen Organismen: Zoologische Systematik zum Teil;
        b) in Anwendung auf die Teile der Organismen: Zootomie oder allgemeine Anatomie.

2. Synthese:
  a) nach dem Gesichtspunkt der Funktion: Physiologie;
  b) nach dem Gesichtspunkt der Herkunft: Phylogenie, angewandt:
     1) auf die über dem Individuum stehenden Einheiten: Zoologische Systematik zum Teil;
     2) auf die unter dem Individuum stehenden Einheiten: Vergleichende Anatomie zum Teil.

B. Nach dem Material:
  1. Nach der durch Synthese gewonnenen, zoologisch-systematischen Klassifikation: Protozoenkunde bis Mammologie.
  2. Nach den zeitlichen und räumlichen Umständen der Urkunden:
     a) erwachsene Lebewesen der Gegenwart: vergleichende Anatomie zum Teil;
     b) erwachsene Lebewesen der Vergangenheit: Paläontologie;
     c) in Entwicklung befindliche Wesen: Embryologie
     d) nach der räumlichen Verbreitung: Tiergeographie.

Im allgemeinen läßt sich von diesem System sagen, daß die verschiedenen biologischen Disziplinen in ihm durchaus logisch zutreffend abgebildet worden sind, es ergibt sich aber auch zwingend, daß das logische Moment der Methode doch nicht geeignet ist, die Dimensionen einer Klassifikation zu bestimmen. Unbedingt zusammengehörende Disziplinen, z. B. die vergleichende Anatomie, werden auf diese Art allzusehr auseinandergerissen. Wenn es schon richtig ist, daß ein Wissensgebiet durchweg von einer bestimmten Methode beherrscht ist, so ist damit doch eo ipso die Anwendung anderer Methoden, die im Range unter der hauptsächlich benutzten stehen, und soweit sie von dieser vorausgesetzt werden, mitgegeben. Solche Wissenschaften müssen dann im System notwendig an verschiedenen Stellen auftauchen. Unter Würdigung dieser Lage werden wir später nicht das Moment der Methode, sondern den *Theorientypus* zur Hauptdimension unserer eigenen Klassifikation machen. Im einzelnen läßt sich sagen, daß die Systematik durchaus zutreffend charakterisiert ist, wenn sie einmal unter der analytischen Methode und einmal unter der der Phylogenie auftaucht. Im ersten Falle handelt es sich eben um die rein-morphologische deskriptive Systematik, im anderen um die phyletische. Auch die vergleichende Anatomie kann phylogenetisch und deskriptiv-theoretisch betrieben werden, sie taucht daher auch unter „Phylogenie" und unter der „zeitlich räumlichen" Gruppe auf, die man nicht mit Phylogenie identifizieren darf und die besser als Gruppe c mit unter A 2 — Synthese nach a und b — stände. Denn die ganze Gruppe B fällt vollkommen aus dem logischen Rahmen des Burckhardtschen Systems heraus. B, 1 ist eine einfache Unterabteilung von A, 2 b 1. Die „allgemeine Anatomie" hat Burckhardt durchaus zutreffend zu den analytisch-deskriptiven Wissenschaften gestellt. Die Embryologie gehört methodologisch eigentlich auch hierher und zur Phylogenie. Die Paläontologie ist eine, nur aus praktischen Gründen selbständige Disziplin und hat in einer logischen Klassifikation nichts zu suchen. Nur die Tiergeographie bildet methodologisch eine besondere Gruppe zusammen mit der Ökologie, die BURCKHARDT vergessen hat. Phylogenie und Physiologie sind durchaus zutreffend charakterisiert. Zur Physiologie rechnet BURCKHARDT auch ausdrücklich die Entwicklungsmechanik. Auf Grund dieser Kritik läßt sich BURCKHARDTs System folgendermaßen vereinfachen, natürlich unter sorgfältiger Aufrechterhaltung seiner Intentionen.

Tabelle 6. *Methodologisches System der Zoologie nach* R. BURCKHARDT.

1. Analyse: (deskriptiv)
    a) Ganze Organismen: Systematik inkl. Paläontologie;
    b) Teile der Organismen: Anatomie u. Embryologie inkl. Paläontologie.

2. Synthese:
    a) (deskriptiv): Vergleichende Anatomie, Paläontologie und Embryologie (idealistische Morphologie);
    b) (kausal):
        $\alpha$) Funktion: Physiologie;
        $\beta$) Herkunft: Phylogenie;
    c) (kausal u. deskriptiv):
        $\alpha$) räumliche u. zeitliche (Ausbreitung): Tiergeographie;
        $\beta$) (Beziehungen zum Milieu: Ökologie).

Anm.: Das in ( ... ) Gesetzte sind sinngemäße Zusätze, die BURCKHARDTs Intentionen ergänzen, nicht fälschen sollen. M.

Auch aus dieser methodisch bereinigten Tabelle BURCKHARDTs geht mit aller Deutlichkeit hervor, daß das Moment der Methode für Klassifikationen größeren Stils unbrauchbar ist. Die von mir hinzugefügte Unterabteilung kausal-deskriptiv ist für das ganze System viel wesentlicher als die Dimension Analyse — Synthese. Analysiert und synthetisiert wird im Grunde überall, selbst in der reinen Systematik; in den darauf gegründeten Tabellen kann nur ein Mehr oder Minder den Ausschlag geben. Kausalität und reine Deskription aber sind Merkmale der grundlegenden Theorien und deshalb für die Klassifikation der Wissenschaften entscheidender als Methoden. Durch den Gegensatz Analyse — Synthese werden beispielsweise die logisch zusammengehörenden Disziplinen der deskriptiven Gruppen auseinandergerissen.

Alles in allem können wir somit von BURCKHARDTs System sagen, daß es zur logischen Charakterisierung — und das war ihm auch die Hauptsache — der einzelnen biologischen Disziplinen sehr viel beigetragen hat. So hat er die Beziehungen von Phylogenie und reiner Morphologie viel klarer gesehen als HAACKE und DRIESCH. Als endgültiges logisches System der Biologie ist seine Klassifikation dagegen nicht zu gebrauchen.

Bezüglich der Dimensionen seines Systems ist zu sagen, daß es aus fünf Antinomien besteht, nämlich „Methode — Material", „Analyse — Synthese", „Ganzes — Teil", „Funktion — Herkunft" und „Gegenstand — Urkunde" („Systematik zu zeitlich-räumliche Urkunden"). Auch unsere Umwandlung konnte diese Dimensionen nur um eine vermindern, „Methode — Material". Sie gehören bis auf die Dimensionen „Funktion — Herkunft", die empirisch-natürlichen Charakter hat, sämtlich dem künstlichen Einteilungstypus an, so daß alles in allem das System Burckhardts eine außerordentlich künstliche Einteilung darstellt.

Im Jahre 1910 hat dann Tschulok die seither gründlichste und umfassendste Behandlung der uns hier beschäftigenden Einteilungsprobleme geliefert. Uns interessiert an dieser Stelle nur das Resultat, zu dem er nach außerordentlich mühsamen und dankenswerten historisch-kritischen Studien gelangt ist. Wenn wir von der Einteilung der Biologie in allgemeine und spezielle absehen, der Tschulok mit Recht nur pädagogische Bedeutung beilegt, dann gelangt er zu folgendem System der Biologie, das, wie er meint, auf das beste die gegenwärtig zwischen den Einzeldisziplinen bestehenden logischen Beziehungen abbildet (Tabelle 7).

Tabelle 7. Tschuloks *System der Biologie* 1910.

I. Nach *formalen* Gesichtspunkten erhält man (S. 174):
　1. Biotaxie,
　2. Biophysik.
II. Nach *materiellen* Gesichtspunkten erhält man (S. 197):
　1. die Verteilung der Organismen auf Gruppen nach dem Grade ihrer Ähnlichkeit (Klassifikation, Taxonomie) [= Systematik],
　2. die Gesetzmäßigkeiten der Gestalt (Morphologie),
　3. die Lebensvorgänge in den Organismen (Physiologie),
　4. die Anpassungen der Organismen an die Außenwelt (Ökologie),
　5. die Verteilung der Organismen im Raume (Chorologie),
　6. das zeitliche Auftreten der Organismen in der Erdgeschichte (Chronologie)
　7. die Herkunft der organischen Wesen (Genetik).

Tschulok versucht nun nachzuweisen, daß die sieben „materialen" Disziplinen logisch genau so voneinander unabhängig sind, wie etwa die Axiome eines mathematischen Axiomensystems. Es ist nach ihm zur Zeit nicht möglich, die eine oder die andere aufeinander logisch zu reduzieren. Damit hat Tschulok auf das präziseste das Moment herausgearbeitet, um das es sich bei allen Einteilungen handeln muß. Wir werden hier also nachzuprüfen haben, ob Tschulok überall das Richtige getroffen hat. „Biotaxie" und „Biophysik" spielen nur insofern eine Rolle, als sie entweder allein oder in jeweils spezifischer Kombination die einzelnen materialen Disziplinen konstituieren. In dieser Hinsicht werden wir also erforschen müssen, ob die vorkommenden Kombinationen dieser beiden formalen Momente derart spezifisch sind, daß sie aufeinander unbedingt nicht reduzierbar sind, oder ob das doch der Fall ist. Hätten wir es nur mit quantitativen Momenten zu tun, so wäre die Reduzierbarkeit selbstverständlich; da wir es aber mit logisch-qualitativen Kombinationen zu tun haben, liegt hier ein besonderes Problem vor, das in jedem einzelnen Falle geprüft werden muß.

Biotaxie und Biophysik definiert TSCHULOK folgendermaßen (1910, S. 187): „Ich verstehe also unter Biotaxie die wissenschaftliche Erforschung und Zusammenfassung der Erscheinungen der organischen Natur unter dem formalen Gesichtspunkte der ideellen Beziehungen. Unter Biophysik — die wissenschaftliche Erforschung und Zusammenfassung der Erscheinungen der organischen Natur unter dem formalen Gesichtspunkte der realen Beziehungen." Der hier von TSCHULOK konstruierte Gegensatz „ideale — reale Beziehungen" ist ein allgemein logischer. Er führt letzten Endes auf das Problem des Verhältnisses zwischen idealer und realer Existenz, eine Grundfrage der allgemeinen Logik, speziell der Gegenstandstheorie. TSCHULOK wehrt sich ausdrücklich gegen eine methodologische Deutung dieses Gegensatzes, die, wie wir oben bemerkten, eine Angelegenheit der speziellen Logik, und zwar hier eben der Biologie ist. Methodologisch könnte man nämlich versucht sein, den Gegensatz Biotaxie — Biophysik aufzulösen in denjenigen zwischen experimenteller und nicht experimenteller Methode. TSCHULOK zeigt aber, daß es rein biotaktische Disziplinen gibt, die — wie z. B. die Systematik — sich der experimentellen Methode bedienen. Wir sind der Meinung, daß der Gegensatz ideal — real sehr gut zu verwenden ist, wenn es sich um die Abgrenzung der Naturwissenschaften oder der Geschichtswissenschaften von den rein logischen Disziplinen der Logik und Mathematik handelt. In unserm Falle aber, wo es auf die Systematisierung einer echten Realwissenschaft ankommt, würde es sehr sonderbar sein, wenn TSCHULOKs Gegensatz nicht versagen würde. Es ist sehr unwahrscheinlich, daß es innerhalb einer Realwissenschaft ein logisch selbständiges Spezialgebiet gibt, das *nur* ideale oder *nur* reale Beziehungen verwendet, wie TSCHULOK das von einigen Disziplinen behauptet.

Gleich die erste seiner sieben materialen Disziplinen, die *Systematik*, soll rein biotaktisch sein. „Wo man zunächst nach nichts anderem fragt, als nach einer wirklich übersichtlichen Ordnung mannigfaltiger Objekte, da ist eben für die Erforschung realer Beziehungen kein Platz" (S. 202). Der unbefangene Systematiker wird wahrscheinlich sehr erstaunt sein, wenn er erfährt, daß er an seinen Objekten keine realen Beziehungen feststellt, sondern „more geometrico" gleichsam nur ideale. Systematik müßte danach konsequenterweise eine Art angewandter Geometrie sein. Das wird aber im Ernst kein Naturforscher von seinem Tun behaupten wollen, es sei denn, daß er aus der „Weltgeometrie" der modernen Physik die radikalsten Konsequenzen ziehen will. In der Tat schwebt Tschulok im Grunde ein ganz anderer Gegensatz vor. Wenn er von realen und idealen Beziehungen spricht, meint er nämlich *kausale* im Gegensatz zu *deskriptiven*. Das geht deutlich aus folgendem Satze hervor: „Gehen wir aber auf die Logik der Forschungsmethode näher ein und schränken den Begriff der experimentellen Forschung auf diejenigen Operationen ein, bei denen es sich um die Feststellung kausaler realer Beziehungen auf dem Wege der Isolation und Variation handelt, berücksichtigen wir dazu unsere oben abgeleiteten Begriffe der Biotaxie und Biophysik, dann müssen wir sagen: die Systematik bedient sich bei ihren Forschungen, mögen sie vom technischen Standpunkte aus als vergleichende oder als experimentelle erscheinen, ausschließlich der Methode der Aufsuchung begrifflicher oder ideeller Beziehungen, also der Biotaxie" (S. 202). Tschulok hat recht, wenn er (S. 173) die Einteilung der Biologie in experimentelle und vergleichende oder richtiger gesagt „experimentelle und nicht experimentelle" als logisch unbrauchbar ablehnt und auch seine Begriffe Biotaxie und Biophysik damit nicht identifiziert wissen will, weil die als solche neutrale Methode des Experiments ja auch in der Biotaxie immer mehr Verwendung findet; das, was er mit seinem Gegensatz „Biotaxie — Biophysik" aber eigentlich sagen will, wird auch durch das Verhältnis real — ideal nicht getroffen, sondern allein durch die Antinomie *kausal — deskriptiv*. Es ist schade, daß Tschulok in diesem Zusammenhang die so außerordentlich klärende Unterscheidung Rouxs zwischen kausalem und deskriptivem Experiment (1905) entgangen ist. Sie hätte ihm sicher zu einer präziseren Fassung seiner Begriffe Biotaxie und Biophysik verholfen. Über die Systematik können wir nunmehr sagen: Tschulok hat recht, wenn er sie eine unkausale Disziplin nennt; sie ist aber keineswegs biotaktisch in seinem Sinne. Deskription, wenn auch oft mit Hilfe des unkausalen, deskriptiven Experiments im Sinne Rouxs, gibt den logischen Charakter der Taxonomie vollkommen zutreffend wieder.

Auch in der *Morphologie* ruft die Anwendung der Antinomie Biotaxie — Biophysik im Sinne Tschuloks nur Verwirrung hervor, während sie sonst im von uns korrigierten Sinne durchaus fruchtbar ist. Selbstverständlich treibt auch die Morphologie keine Geometrie —

HAECKELs Promorphologie, die das ex cathedra wollte, spielt bekanntlich innerhalb der morphologischen Forschung so gut wie gar keine Rolle, ist vielmehr ein leeres Schema geblieben —, sondern empirische Naturforschung. Die Morphologie ist aber keine nur deskriptiv-biotaktische Disziplin wie die Systematik, sondern auch eine kausal-biophysikalische. Unter der letzteren begreift auch TSCHULOK, was heute allgemein Entwicklungsmechanik heißt; zur biotaktischen Morphologie rechnet er die vergleichende Anatomie, weist mit Recht die allzu radikalen Thesen von GOEBEL (1905) und TIMIRIAZEW (1908) von der Überwindung der Morphologie durch die Physiologie zurück und kommt so zu dem Ergebnis: „Die biotaktische (vergleichende) Erforschung der Gestaltung im Pflanzen- und Tierreiche, die eine Art formaler Morphologie liefert, ist ein ebenso berechtigter Teil der wissenschaftlichen Untersuchung, wie der biophysikalische, der eine kausale Morphologie liefert" (S. 209). Der hier von TSCHULOK klar formulierte Gegensatz formal — kausal kommt dem eigentlichen Sinn seiner Antinomie Biotaxie — Biophysik schon erheblich näher als seine Definition. Es ist nur noch nötig, „formal" durch deskriptiv zu ersetzen, um völlige Klarheit zu haben. Im folgenden werden wir die TSCHULOKsche Antinomie nur noch in diesem Sinne diskutieren und ihre Definition durch den Gegensatz ideal — real als auch von TSCHULOK faktisch aufgegeben ansehen. Was nun die vergleichende Anatomie angeht, so verfährt sie in der Tat biotaktisch, ist sie doch nichts anderes als eine Fortsetzung der natürlichen, idealistisch, also noch nicht phyletisch verstandenen Systematik unter die Grenze des Individuums herunter, worauf auch schon BURCKHARDT mit aller Klarheit hingewiesen hat.

Über die *Physiologie* können wir uns ganz kurz fassen. Ihr logischer Charakter ist vollkommen eindeutig, sie stellt unbedingt „das Gebiet der biophysikalischen Forschung par excellence" dar (TSCHULOK 1910, S. 211). Physiologie kann gar nicht anders definiert werden denn als kausale Biologie. Wo nur von Vorgängen und ihrer gegenseitigen Reduktion aufeinander die Rede ist, da ist nur kausale Forschung möglich, beruht doch alle Kausalität auf dem Prinzip, Zustände durch Vorgänge zu ersetzen (SCHLICK 1920). Man kann freilich auch rein deskriptiv die Typen physiologischer Vorgänge beschreiben, taxonomisch oder vergleichend-anatomisch ordnen und dadurch den Herrschaftsbereich rein deskriptiv-morphologischer Prinzipien auf das physiologische Gebiet hinübertragen (UNGERER 1922); irgendwelchen *definitiven* physiologischen Wert hat das aber nicht. Die Physiologie morphologisieren wollen, bedeutet im Grunde ein Aufgeben klarer einfacher Erklärungen zugunsten umständlicher Beschreibungen. Reine Morphologie behält ihren guten Sinn überall da, wo man physiologisch noch nichts ausrichten kann, und für bestimmte *praktische* Zwecke auch noch darüber hinaus. Theoretisch wird durch morphologische Umdeutung physiologischer Sachverhalte nichts gewonnen, wohl aber viel verloren. Auch die Naturwissenschaft verfolgt eindeutige Ziele, die rückwärts zu revidieren sinnlos ist.

Die *Ökologie* wird von Tschulok sehr richtig als eine vorwiegend biophysikalische, kausal forschende Disziplin bezeichnet, obschon auch biotaktisch-deskriptive Prinzipien in ihr, z. B. in der Systematik der Pflanzenvereine, zum Ausdruck kommen. Nur hat die ökologische Kausalität nicht immer denselben Sinn wie die physiologische. Während die letztere im Grunde ihres Wesens im Sinne der mathematischen Kausalität verfährt, gibt es in der Ökologie auch historische Kausalität. Das Hauptproblem der Ökologie ist bekanntlich die Lehre von den Anpassungen im weitesten Sinne, den Anpassungen der Organismen aneinander und den Einpassungen der Organismen in ihr Milieu, ihre Umwelt. Diese Anpassungen sind manchmal nur deskriptiv-systematisch zu bewältigen, wie z. B. die Klassifikation der unzähligen Pflanzengallen, manchmal können wir sie auch bereits physiologisch deuten. Trotzdem genügen diese beiden Gesichtspunkte nicht, die Ökologismen ihrem Wesen nach vollkommen zu verstehen. Wie, wo und wann konvergente Ökologismen aus verschiedenen homologen Reihen entspringen, das ist eine historische Frage, die ohne Phylogenie nicht verstanden werden kann. Deshalb spielt das Teleologieprinzip, das in der reinen Physiologie nichts zu suchen hat, jedoch den Hauptmaßstab des phyletischen Systems abgibt, auch in der Ökologie eine wichtige Rolle. Die ökologische Kausalität ist eben eine Kombination von physiologischer und phylogenetischer Kausalität.

Die „*Chorologie*", wie Tschulok mit einem Ausdruck, der sich glücklicherweise nicht eingebürgert hat, die Biogeographie nennt, ist ihrem logischen Charakter nach sowohl biotaktisch wie biophysikalisch. Was man gewöhnlich Faunistik und Floristik nennt, das ist reinste deskriptive Systematik, allerdings nicht nur Taxonomie der Individuen, sondern auch der Organismengesellschaften, Gruppen von Ökologismen also. Deren Zustandekommen ist dann wieder Gegenstand biophysikalisch-kausaler Forschung, und zwar in erster Linie historisch-kausaler und erst dann physiologisch-kausaler Forschung. Das alles ist uns ja von der Ökologie her geläufig. Wir werden auch diese komplexen Beziehungen in einer späteren Arbeit über die Logik der Biogeographie ausführlich erörtern. Hier mag nur gesagt werden, daß die physiologische Biogeographie nur indirekt physiologisch ist, nämlich auf dem Wege über die ökologische Biogeographie, die, wie wir wissen, selbst aus physiologischen und phylogenetischen Prinzipien gemischt ist. In der Tat ist die Lehre von der Ausbreitung oder den Wanderungen der Organismen nur auf ökologischer Basis zu errichten. Hier genügt es, den logisch-komplexen, aus Biotaxie und Biophysik gemischten Charakter der Biogeographie festgestellt zu haben.

Unter „*Chronologie*" versteht TSCHULOK denjenigen Teil der Paläontologie, dessen Objekt die Erforschung der „zeitlichen Verteilung ähnlicher Lebeswesen" ist (S. 218). Er charakterisiert aber auch eine so eingeschränkte Paläontologie nicht richtig, wenn er meint, daß „die Art der Forschung hier eine ausschließlich biotaktische" ist (S. 217). Die Feststellung der „zeitlichen Verteilung der Organismen" ist ohne Frage keine rein taxonomische, chronologische Angelegenheit, wobei unter Chronologie das rein mathematische Pendant zur Geometrie zu verstehen ist. Es handelt sich hier vielmehr um höchst reale Beziehungen, freilich nicht physiologisch-reale, sondern historisch-reale. Chronologie im Sinne TSCHULOKs ist ohne Phylogenie nicht möglich, also auch nicht ohne historisch-kausale Forschung, wobei denn auch die Ergebnisse der Ökologie und Biogeographie eine besonders große Rolle spielen. Natürlich kann und muß man die Fossilien auch genau so gut taxonomisch klassifizieren wie die rezenten Formen; insofern sind sie auch Objekt rein biotaktischer Forschung. Aber wenn wir Fossilientaxonomie treiben, sind wir eben reine Systematiker und keine Paläontologen. Paläontologie hat *selbständigen* Sinn nur als logisches Gegenstück zur Biogeographie und erforscht die zeitliche Aufeinanderfolge der Organismen mit denselben logischen Mitteln wie die Biogeographie die räumliche, rein morphologisch, ökologisch und vor allem phylogenetisch also. Es ist daher gut und verständlich, wenn auch der TSCHULOKsche Begriff der Chronologie keinen Eingang in die Forschung gefunden hat.

Als letzte materiale Disziplin nennt TSCHULOK dann noch die „*Genetik*". Ihre Aufgabe ist die Erforschung des „Ursprungs der Gruppen: Arten, Gattungen, Familien usw." (S. 218), während die Ermittlung des Ursprungs der Individuen nach TSCHULOK Sache der Physiologie ist. Im einzelnen zählt er drei Grundprobleme der Genetik auf. „Die erste Frage, die Grundfrage der Genetik, ist in Form einer Alternative" zu stellen. Sind die Arten der Pflanzen und Tiere unabhängig voneinander auf der Erde aufgetreten, oder stammte eine Art immer von einer andern ab? Ist diese Frage im Sinne der zweiten Hälfte der Alternative beantwortet, dann erhebt sich natürlich die Frage nach den Stammlinien der Gruppen oder der Vorfahren irgendeiner bestimmten Gruppe von Lebewesen. Eine dritte Frage ist die nach den treibenden Kräften oder den Faktoren der organischen

Entwicklung. Die ersten zwei Fragen werden fast ausschließlich biotaktisch behandelt, die letzte dagegen ausschließlich biophysikalisch" (S. 218/219). Hier tritt der ganze Widersinn des Tschulokschen Biotaxiebegriffes besonders deutlich zutage. Die ersten beiden Probleme seiner Genetik sind die Grundprobleme der Phylogenie, die genau so reale und kausale Beziehungen erforscht wie die Physiologie, nur nicht physikalisch-reale und mathematisch-kausale, sondern historischreale und kausale Beziehungen. Das dritte Grundproblem der Tschulokschen Genetik ist uns ein alter Bekannter: die Entwicklungsmechanik und Vererbungslehre, die als Formphysiologie echte Teilprobleme der Physiologie sind. Man gibt daher die Tschuloksche Genetik am besten auf und konstituiert ihre eigentlichen Probleme nach Abzug des letztgenannten wie üblich als Phylogenie.

Zusammenfassend können wir von Tschuloks System nunmehr sagen, daß er in seiner Begründung mit größerer Klarheit und Entschiedenheit als irgend jemand seiner Vorgänger die einzig richtige Methode befolgt hat, nämlich die Ermittlung der logisch-autonomen Teildisziplinen, um an ihnen dann das System der Biologie zu orientieren. In der Ausführung versagt sein System dann freilich nicht selten, obschon es viele Momente aufdeckt, die auch in jeder künftigen Klassifikation wiederkehren werden, wie auch an dem alsbald hier zu entwickelnden System deutlich werden wird. Tschulok scheitert hauptsächlich an seiner gänzlich unzulänglichen Definition von Biotaxie und Biophysik, Begriffen, die er dann auch selbst nie nach der von ihm gegebenen Definition benutzt. Auf diese Art ist er zu seinen sieben autonomen materialen Disziplinen gelangt, die aber unseres Erachtens sämtlich auf drei wirklich logisch autonome Disziplinen reduziert werden müssen: reine Morphologie, Physiologie und Phylogenie. Alle anderen biologischen Disziplinen sind logisch vollkommen von diesen dreien abhängig, Mischungen ihrer Prinzipien. Sie behandeln besonders interessante oder praktisch bedeutungsvolle Probleme mit den logischen Erkenntnismitteln von wenigstens zweien der autonomen Disziplinen.

Tschuloks System zeichnet sich ferner dadurch aus, daß es keinerlei leere, nur dem Schema zuliebe erfundene Gruppen enthält, auch fehlt keine logisch wichtige Disziplin. Die Pathologie, die Tschulok absichtlich unberücksichtigt gelassen hat, kann auch nicht als solche bewertet werden. Sie gehört zu den angewandten biologischen Disziplinen.

Tschuloks System ist zweidimensional; es beruht auf den Antinomien „formal — material" und „Biotaxie — Biophysik". Die sieben materialen Disziplinen bilden keine besondere Dimension, da

sie logisch-spezifische Kombinationen von Biotaxie und Biophysik
sind. Seinem Einteilungstypus nach muß TSCHULOKS System als vollkommen *empirisch-natürlich* bezeichnet werden, weshalb es eben auch
keinerlei leere, schematische Gruppen enthält. Alles in allem bedeutet es einen großen Schritt vorwärts in Richtung auf das „natürliche System" der Biologie.

Dann hat 1912 R. HESSE ein *System der Biologie* entworfen, dessen
besonderer Wert in der gründlichen, kritischen Durcharbeitung der
Ergebnisse seiner Vorgänger besteht, das in prinzipieller Hinsicht,
d. h. im Aufbau auf Grund des Autonomieprinzips der Einzeldiszi-
ziplinen jedoch hinter TSCHULOK zurücksteht. HESSE kommt zu folgendem Ergebnis (vgl. Tabelle 8):

Tabelle 8.  HESSES *System der Biologie.*
„Gesamtwissenschaft von den Lebewesen."

A. Betrachtung der Einzelorganismen:
   I. nach Bau: Morphologie:
      1. analytische Morphologie:
         a) mechanische Analyse: Anatomie
               Organologie, Organlehre
               Histologie, Gewebelehre
               Zytologie, Zellenlehre
         b) chemische Analyse: Biochemie ex parte;
      2. synthetische Morphologie:
         Ontogenie, Keimgeschichte
         vgl. Anatomie führt zu  { Klassifikation,
                            { Phylogenie, Stammesgeschichte.
  II. nach Verrichtung: Physiologie:
      1. analytische Physiologie:
         Organphysiologie       ( Physiologie des Stoffwechsels
         Gewebephysiologie   { Physiologie des Kraftwechsels
         Zellphysiologie         ( Physiologie der Formbildung
      2. synthetische Physiologie:
         Ergogenie: Genese der Funktion in der Einzelentwicklung und in
         der Organismenreihe.
         Syzygiologie: Lehre von den Beziehungen zwischen Funktion und
         Form.
B. Betrachtung der Lebewesen in Beziehung zur Umwelt:
    Ökologie.
      a) Lebewesen und unbelebte Umwelt,
      b) Lebewesen und belebte Umwelt,
      c) Ein besonderer Ausschnitt der Ökologie unter geographisch-geologischen
        Gesichtspunkten ist die Chorologie, die Lehre von der geographischen
        Verbreitung." (1912, S. 1145.)

HESSES System basiert auf *vier Dimensionen,* nämlich „Einzelorganismus — Umwelt", „Form — Funktion", „Analyse — Synthese", „tote — belebte Umwelt". Drei von diesen Dimensionen sind
empirisch-natürlich, nämlich „Form — Funktion", „Einzelorganismus — Umwelt" — im Gegensatz zu der früher erörterten Relation

Einzelorganismus — Organismenreihen, die künstlich war — und „tote — belebte Umwelt". Rein künstlich dagegen ist die methodologische Dimension „Analyse — Synthese". Hesses System ist daher wieder ein logisch-gemischtes, dessen Schwerpunkt allerdings mehr auf seiten der empirisch-natürlichen als der künstlichen Einteilung ruht. Da ferner die von ihm benutzten Dimensionen bis auf die Umweltantinomie, die empirisch-natürlich ist und daher keinen Schaden anrichten kann, zudem in ihrer Wirkungssphäre sehr begrenzt ist, sämtlich schon in den früher erörterten Systemen vorkommen, so werden wir uns nicht wundern, bei Hesse die gleichen Vorzüge und Nachteile wie früher wiederzufinden.

Die sein System beherrschende Dimension „Einzelorganismus — Umwelt" scheidet sehr gut die Ökologie von denjenigen biologischen Disziplinen, die wir nachher die logisch-reinen nennen werden. Wesentlich hierbei ist aber nicht, daß der Einzelorganismus seiner Umwelt gegenübergestellt wird, sondern die Tatsache, daß die logischen Erkenntnismittel, mit denen die Umweltprobleme bewältigt werden müssen, nicht einer, sondern mehreren der bei den Einzelorganismen möglichen logisch-autonomen Disziplinen entnommen werden müssen. Nur deshalb fällt die Ökologie aus deren Rahmen heraus und muß als logisch-gemischte Disziplin behandelt werden, nicht weil sie den Schwerpunkt auf die Beziehungen des Organismus zu seiner Umwelt legt. Dies tut in nicht gerade seltenem Umfange auch die Physiologie.

Die zweite Dimension „Form — Funktion", die schon Haacke verworfen hat, spielt auch in Hesses System keine ganz glückliche Rolle. Sie deckt recht künstlich, so daß man besser von einem Verdecken spräche, drei logisch verschiedene Antinomien: Physiologie, reine Morphologie und Phylogenie. Wie wenig diese Dimension imstande ist, Morphologie und Physiologie zu trennen, erhellt schon daraus, daß die Bauprobleme in der Formbildungsphysiologie die größte Rolle spielen. Morphologie und Phylogenie endlich kann sie überhaupt nicht auseinanderhalten.

Die dritte Dimension „Analyse — Synthese" haben wir bei Burckhardt schon zurückgewiesen. Nach Methoden kann man Wissenschaften in großen Zügen nicht trennen. Dieselben Methoden kehren in allen Wissenschaften wieder, die eine mehr, die andere weniger, je nach dem theoretischen Zustand der betreffenden Disziplin. Dasjenige, worauf die Methoden hinweisen und was man gewöhnlich meint, wenn man sie zur Klassifikation von Wissenschaften benutzt, sind die Theorien, in denen sie hauptsächlich geübt werden.

Die Gegenüberstellung von mechanischer und chemischer Analyse bei Hesse ist vollkommen verfehlt. Die Anatomie steht doch nicht als eine mechanische — im Sinne der physikalischen Mechanik — der chemisch orientierten Biochemie gegenüber! Mit mechanischer Analyse ist bei der Anatomie doch nur eine manuelle, makro- und mikrotomische Zerlegung gemeint, die doch nicht ebenso auf den Prinzipien und Gesetzen der Mechanik beruht, wie die chemische Anaylse auf denen der Chemie. Wohl sind die Apparate des Anatomen nach den Gesetzen der Mechanik und Optik gebaut, aber doch nicht das, was der Anatom damit tut! Zudem gehört die Biochemie gar nicht zu den morphologischen Disziplinen. Entweder analysiert sie chemisch die organische Substanz, dann ist sie nichts als organische Chemie, oder sie erforscht die chemische Dynamik der Stoffwechsel- und Formbildungsvorgänge, dann bildet sie einen Hauptbestandteil der reinen Physiologie. Unter „synthetischer Morphologie" begreift HESSE logisch grundverschiedene Dinge. Ontogenie, Systematik und vergleichende Anatomie gehören zur reinen Morphologie, stehen bei HESSE bis auf die Systematik, die man mit BURCKHARDT, wenn man schon die Antithese Analyse — Synthese verwendet, besser zu der analytischen Morphologie stellt, also an richtiger Stelle. Die Phylogenie hingegen fällt völlig aus diesem Rahmen heraus. Sie gehört parallel zur Physiologie in eine eigene Gruppe, für die bei HESSE kein Platz ist.

. Auch in der *Physiologie* ist die Unterteilung HESSES nach dem Analyse-Syntheseprinzip wenig klärend. In dem, was HESSE analytische Physiologie nennt, spielen synthetische Methoden und Theorien die größte Rolle. Man denke nur an die Vererbungslehre, einen echten Teil der Formphysiologie, deren Gesetze uns bereits die Möglichkeit an die Hand geben, Organismen mit gewünschten Eigenschaften synthetisch herzustellen. „Ergogenie" und „Syzygiologie", Wortbildungen, die sich hoffentlich nie einbürgern werden, sind die beiden Unterteile der synthetischen Physiologie HESSES. Die Ergogenie gehört zum Teil zur Ontogenie, zum Teil zur Entwicklungsphysiologie, zum Teil endlich, soweit die Organismenreihen in Frage kommen, zur Phylogenie. Die Syzygiologie schließlich ist nichts als eine besondere Formulierung des Grundproblems der Entwicklungsmechanik.

Das Verhältnis von Ökologie und Biogeographie jedoch ist von HESSE vollkommen zutreffend gekennzeichnet. Hier sieht er erheblich klarer als TSCHULOK. Die Paläontologie, die in der Form der Chronologie bei TSCHULOK als eigene Disziplin erschien, fehlt bei HESSE mit Recht als solche. Im übrigen vergleiche man hier das bei TSCHULOK Gesagte.

Abschließend läßt sich von HESSES System im Vergleich zu der Leistung seiner Vorgänger sagen, daß sein Hauptwert in der klaren Absonderung der Ökologie und Biogeographie von den logisch reinen Disziplinen Morphologie, Physiologie und Phylogenie besteht. Im übrigen bedeutet sein ausgesprochener Eklektizismus ein Abweichen von der mit DRIESCH und BURCKHARDT begonnenen und von TSCHULOK mit voller Klarheit weitergeführten logischen Methode der Wissenschaftssystematik.

Unlängst hat dann H. GAMS (1918), von den besonderen Bedürfnissen der Vegetationsforschung ausgehend und so in der Tendenz mit HAACKE verwandt, ein neues System der Biologie entworfen, das uns aber in prinzipieller Hinsicht nichts Neues bietet, weshalb wir uns ihm gegenüber auch kurz fassen können. Es hat, darin HESSE verwandt, ebenfalls eklektischen Charakter und biegt von der geraden logischen Linie der biologischen Systematik ab.

GAMS selbst nennt sein System (Tabelle 9) ein „dreidimensionales“. Zwei von diesen Dimensionen sind uns nun schon alte Bekannte, nämlich „Einzelorganismus — Organismengesellschaft“ und „Dynamik — Statik“. Wir haben sie bereits als unzulänglich aufgegeben. Hier sei nochmal bemerkt, daß die Antithese „Dynamik — Statik“ schon deshalb nicht als logische Scheidewand zwischen Morphologie und Physiologie dienen kann, weil sie als Ganzes in die Physik, biologisch gesprochen also in die Physiologie gehört. Man könnte damit bestenfalls die Formphysiologie von der Betriebsphysiologie trennen. In Wirklichkeit ist auch das falsch, da auch die

Tabelle 9. GAMS' *System der Biologie* (1918), S. 296 ff.

| | I. Lehre von den Einzelorganismen = Idiobiologie. | | II. Lehre von den Organismengesellschaften = Biocoenologie | |
| --- | --- | --- | --- | --- |
| | a) Statik | b) Dynamik | a) Statik | b) Dynamik |
| A. Verhalten d. Teile zueinander (1) u. z. Umwelt (2) | Morphologie | Physiologie (1) Autökologie (2) | † Qualitative und quantitative Analyse d. Organismengesellschaften | † Symphysiologie (= Korrelationslehre) (1) Synökologie (2) s. str. |
| B. Einteilung der Vielheit | morpholog. Systematik | † autökolog. Systematik[2] | † biocönolog. Systematik (topographisches Vegetationssystem) | † Synökolog. Systematik s. str. (ökologisches Vegetationssystem) |
| C. Verteilung auf d. Erde | †[1] Lehre von d. räumlichen Verbreitung (Areale) d. Arten = Autochorologie | † Lehre von der Arealveränderung d. Arten = Epiontologie s. str. | † Lehre von der räumlichen Verbreitung d. Organismengesellschaften = Synchorologie | † Lehre von den lokalen Sukzessionen |
| D. Verteilung i. der Erdgeschichte | (†)[1] Stratigraphie = Autochronologie | Phylogenetik | (†) Synchronologie | (†) Lehre von d. säkularen Sukzessionen |

[1]) Die Kreuze stammen von mir (A. M.) Erklärung im Text.
[2]) = Systematik der Lebensformen und Aspekte. (Anm. v. GAMS.)

Formphysiologie nicht nur statisch erforscht wird, sondern ebensosehr dynamisch, nie aber die reine deskriptive Morphologie von der
Physiologie. Auch die Antithese ,,Einzelorganismus — Organismengesellschaft‘‘ bringt, wenn sie an beherrschender Stelle im System
steht, nur gekünstelte Gruppen zustande. Das haben wir genügend
erörtert. Die wichtigste ist für uns jetzt noch die Gamssche erste
Dimension, die durch die Momente A—D dargestellt wird und auf
der ohne Frage die Originalität des Gamsschen Systems beruht.
Sehen wir daher zu, was sie aus ihm gemacht hat.

Da fällt uns sofort die große Masse biogeographischer und deskriptiv-
paläontologischer, nicht phylogenetischer Untergruppen auf, deren
Vorhandensein offenbar durch die Momente A—D bedingt ist, da wir
in den früher erörterten Systemen, die auch die Gamsschen Dimensionen zwei und drei verwandten, dergleichen nicht gefunden haben.
Von den sechzehn vorhandenen Untergruppen des Systems gehören
nicht weniger als neun [= †] der Biogeographie und drei der
deskriptiven, noch phylogenetisch neutralen Paläontologie [= (†)] an,
so daß insgesamt nur vier Untergruppen für die ganze sonstige Biologie übrigbleiben. Das ist ein ganz unmögliches Mißverhältnis, das
seine Erklärung nur in der einseitig geographischen Einstellung Gamss
findet. Er hat eigentlich kein System der Biologie geliefert, sondern
eine Kapiteleinteilung der Biogeographie und ihrer Hilfswissenschaften,
besonders der Biocönologie, unter krasser Hervorhebung ihrer Beziehungen zu den übrigen Teilen der Biologie. Die Momente A—D
sind typisch biogeographische. Infolgedessen ist es natürlich kein
Wunder, wenn sein System für die strenge Logik der Biologie nicht
zu gebrauchen ist. Die *Dimensionen* A—D und ,,Statik — Dynamik‘‘
sind vollkommen künstlich — die erstere ist vielleicht im Rahmen
der Biogeographie natürlich-empirisch — und die Dimension ,,Einzel-
organismus — Organismengesellschaft‘‘ steht hart an der Grenze von
künstlich und empirisch-natürlich. Alles in allem ergibt das für das
Gamssche System als Ganzes einen in hohem Maße künstlichen
Charakter.

Nach dem Gesagten werden wir uns nun nicht mehr wundern,
wenn wir finden, daß alles, was nicht Biogeographie und deskriptive
Paläontologie ist, im Gamsschen System nur in großer logischer Ver-
zerrung zum Ausdruck kommt. Von Morphologie und Physiologie
haben wir in diesem Zusammenhang schon bei der Dimension ,,Statik
— Dynamik‘‘ gesprochen. Auch für die Ökologie ist es durchaus kein
Vorteil, wie Gams gegenüber Tschulok meint, wenn sie in so be-
drohlicher Nähe bei der Physiologie erscheint. Da hat Tschulok
u. E. doch klarer gesehen, wenn er beide reinlich voneinander trennte.

Wertvoll ist bei Gams die klare Scheidung der „morphologischen Systematik" von der Phylogenie. Hier bedeutet sein System Tschulok gegenüber einen Fortschritt. Allerdings ist es falsch, wenn Gams seine „morphologische Systematik" nach ihren Koordinaten im System als „statische Einteilung der Vielheit" definiert. Eine „Einteilung der Vielheit" wohl, aber eine rein deskriptive. Mit Statik hat dergleichen nicht das geringste zu tun. Statik ist entweder ein Teil der Physik oder eine nichtssagende Allegorie. Demnach wäre Gams' „morphologische Systematik" identisch mit dem, was wir gelegentlich wohl physiologische Systematik genannt haben; denn wo in der Biologie Physik vorkommt, handelt es sich allemal um Physiologie. Das meint nun aber Gams ganz gewiß nicht mit seiner morphologischen Systematik. Auch die *Phylogenie* wird durch die Koordinaten, die Gams ihr gibt, logisch falsch bezeichnet. Sie ist nach ihm Dynamik der Verteilung der Organismen in der Erdgeschichte. Das ist nur dann zutreffend, wenn wir hier unter Dynamik die sog. natürlich nur allegorisch definierte „Dynamik der Geschichte" verstehen dürfen. Bei Gams aber bedeutet Dynamik in dieser Rubrik etwas Physiologisches, also Physikalisches, wodurch in das Bild der Phylogenie eben ein falscher Zug gerät. Bei der kursorischen Behandlung aller nicht biogeographischen und deskriptiv paläontologischen Disziplinen durch Gams werden wir uns nicht wundern, wenn wichtige Gebiete wie vergleichende und allgemeine Anatomie, Entwicklungsmechanik, Vererbungslehre usw. gar nicht erwähnt werden. Zusammenfassend können wir daher sagen, daß Gams' System der Biologie als solches vollkommen verfehlt ist, hingegen einen großen Wert als System der Biocönologie vielleicht auf lange hinaus behalten wird.

Damit schließen wir die kritische Erörterung einiger bisher gelieferter Systeme — wir haben natürlich unter allen vorhandenen nur eine begrenzte Auswahl treffen können, aber wie wir hoffen, keine wertvollen *Dimensionen* übersehen — und wenden uns nun zur *Darstellung unseres eigenen Systems,* das durch die Kritik der bisherigen Systeme schon allmählich deutlicher werdende Gestalt angenommen hat.

Insbesondere hat sich ergeben, daß ein System der Biologie, das alle logischen Ansprüche befriedigen will, folgenden Bedingungen genügen muß:

1. *Es muß jede Teildisziplin ihrem logischen Charakter entsprechend abgebildet werden,* d. h. die Koordinaten, die sie im System bestimmen, müssen als Resultante eben diesem Charakter Ausdruck verleihen, Umfang und Inhalt der Koordinaten muß sich mit Umfang und Inhalt der betr. Disziplin decken.

2. Die Dimensionen des gesamten Systems müssen so gewählt werden, daß jede vorhandene Teildisziplin wesensgemäß aus ihnen abgeleitet oder ihnen eingefügt werden kann.

3. Die Dimensionen des gesamten Systems dürfen ferner keine *leeren, rein schematischen Untergruppen hervorbringen.* Das war bekanntlich bei allen Systemen der Fall, die künstliche Dimensionen gebrauchten. Die dritte Bedingung ist also identisch mit der Forderung, keine künstlichen Dimensionen zu verwenden.

Man sieht, alles hängt von der Wahl der getroffenen Dimensionen ab. Sie sind gewissermaßen die Axiome des Systems. Sie müssen wie diese natürlich, d. h. voneinander unabhängig und sämtlich notwendig sein.

Wie gelangt man nun zu solchen Dimensionen? Wir haben gesehen, daß man sie nicht in allgemein logischen Einteilungsprinzipien, wie Einheit — Mehrheit, Analyse — Synthese usw. findet, auch nicht in an ihrer Stelle natürlichen Einteilungsprinzipien, wie Statik — Dynamik in der Physik oder Individuum — Gesellschaft in der Soziologie, und endlich auch nicht in Methoden, die der eigenen Wissenschaft entnommen sind, wie z. B. Experiment — Deskription, Biotaxie — Biophysik, wobei hier unter Methoden natürlich nur rein logische Erkenntnismomente verstanden werden.

Wir hoffen, durch das im folgenden zu entwickelnde System beweisen zu können, *daß als Dimensionen des Systems der Biologie,* die alle unsere Forderungen erfüllen, *nur die logischen Grundtypen der die einzelnen Disziplinen beherrschenden Theorien in Frage kommen.* Sie allein sind natürlich und den Einzeldisziplinen logisch kongruent; sie allein bilden jede Disziplin nach ihrem Charakter ab und vermeiden leere Schemata. Die so erhaltenen natürlichen Dimensionen müssen dann noch nach dem COMTEschen Prinzip geordnet werden, d. h. sie müssen eine derartige Folge der Einzeldisziplinen zustande bringen, daß diejenigen, die von anderen vorausgesetzt werden, diesen im System vorausgehen.

Die Grundthese, nur voneinander unabhängige und unbedingt notwendige Dimensionen zu verwenden, führt zunächst dahin, alle vorhandenen biologischen Disziplinen in zwei Klassen zu sondern:

1. Die *logisch reinen* Disziplinen sind diejenigen, die einen logisch selbständigen und von allen anderen unabhängigen Theorientypus verkörpern. Zu ihnen gehören nur *reine Morphologie, Physiologie* und *Phylogenie.*

2. Die *logisch gemischten* oder auch kombinierten Disziplinen sind demnach diejenigen, deren Theorien spezifische Kombinationen der in den logisch reinen Disziplinen vorkommenden Theorientypen sind. Sie bieten also in logisch prinzipieller Hinsicht, von der jeweils spezi-

fischen Kombination ihrer theoretischen Momente abgesehen, nichts Neues. Hierher gehören *Ökologie, Biogeographie, Paläontologie, Biopsychologie* und *Pathologie*.

Auf diese Weise erhalten wir folgendes System der Biologie (Tab. 10):

Tabelle 10.    *System der Biologie*[1])
(gegründet auf die Typen biologischer Theorien).

A. Logisch-reine Wissenschaften:
  I. ***Deskriptive Morphologie:*** Ideale und theoretisch-neutrale, infolgedessen propädeutische Disziplinen:
  1. Systematik als reine Diagnostik
     (*Praktische, differentielle Deskription*).
  2. Typologie:
     a) Typologische Anatomie und Embryologie
        (*Empirische Deskription*):
        Zytologie, Histologie, Organologie, Individuologie, Biocönologie.
     b) Typologische vergleichende Anatomie und Embryologie
        (*Theoretische Deskription*):
        Vergleichende Zytologie — Biocönologie. (s. AI Ia.)
  II. ***Physiologie:*** Mathematische Idee (Naturalismus) und physikalisch-chemische Theorienbildung (Kausalität).
  1. *Stoffwechsel:* vorwiegend *chemische* Theorie, analytische und dynamische Biochemie.
  2. *Energiewechsel:* Bewegungs- und Reizphysiologie, vorwiegend *physikalische* Theorie, Biophysik, physiologische Psychologie.
  3. *Formwechsel:* vorwiegend *kombiniert* physikalisch-chemische und rein physiologische, d. h. zur Zeit physikalisch-chemisch *noch nicht reduzierbare* Theorie.
     a) die *allgemeinen* Vorgänge der Formbildung (Wachstum usw.),
     b) die Formphysiologie der morphologischen Einheiten: Zellphysiologie, Histophysiologie, Organphysiologie, Physiologie der Individuen und Cönobien,
     c) die *Formwandlungsphysiologie:*
        $\alpha$) Entwicklungsmechanik,
        $\beta$) Vererbungslehre.
  III. ***Phylogenie:*** Historische Idee und Theorie des Organischen (Historismus, Teleologie):
  1. Geschichte der organischen Individuen, Subindividuen und Stämme: Phyletisches System der Organismen.
  2. Geschichte der organischen Epochen.

B. Logisch-kombinierte Disziplinen:
  IV. ***Ökologie:*** Typologisch-physiologisch-phylogenetische Theorienbildung.
  1. Organismus und tote Umwelt.
  2. Organismus und Organismus.
  V. ***Biogeographie:*** Diagnostisch-ökologisch-phylogenetische Theorienbildung.
  1. Floristik und Faunistik (diagnostische Biogeographie).
  2. Geschichte der Cönobien (phylogenetische Biogeographie).
  3. Ökologische Biogeographie.
  VI. ***Paläontologie:*** Diagnostik, Typologie, Physiologie und Phylogenie der Fossilien (die Physiologie tritt aus äußeren Gründen hier sehr zurück, beruht in erster Linie auf ökologischen Analogien).
  VII. ***Pathologie:*** Diagnostik, Typologie, Physiologie und Phylogenie des pathologischen Organismus.

---

[1]) Es kann hier natürlich nur eine Übersicht in großen Zügen geboten werden, die in den „Einteilungsproblemen" der Einzeldisziplinen bedeutend vertieft, begründet und erweitert werden muß.

Obwohl die folgenden Darlegungen zu einem nicht geringen Teile den Zweck verfolgen, das soeben vorgetragene System logisch zu beweisen, sollen doch auch schon an dieser Stelle einige Anmerkungen gemacht werden, deren Aufgabe es ist, Mißverständnissen vorzubeugen.

Zunächst ergibt sich da die Frage nach den internen logischen Beziehungen der drei theoretisch reinen Disziplinen. Wie folgen sie nach dem COMTESchen Prinzip aufeinander? Dies Problem haben wir bei der Kritik der früheren Systeme schon mehrfach gestreift, wir können es jetzt dahin erledigen, daß wir Physiologie und Phylogenie als logisch koordinierte Disziplinen betrachten müssen, während die reine Morphologie ihnen zwar nicht logisch subordiniert, vielmehr gewissermaßen propädeutisch präordiniert ist derart, daß Morphologismen, Beziehungen zwischen organischen Formen, die sowohl phylogenetisch wie physiologisch völlig geklärt sind, keine rein morphologische Gliederung mehr benötigen, soweit diese wenigstens in theoretischer Absicht erfolgt. Praktisch-diagnostischen Wert können sie natürlich trotzdem besitzen. Insofern hat GOEBEL durchaus recht, das Morphologische als das noch nicht Physiologische und, wie wir hinzusetzen müssen, das auch noch nicht Phylogenetische zu bestimmen. Wenn GOEBEL aber die Phylogenie auch zu der von der Physiologie zu erobernden Morphologie rechnet, muß ihm widersprochen werden. Denn die Phylogenie ist eine durchaus logisch autonome und der Physiologie koordinierte Disziplin. Sie verhält sich zu dieser, wie sich die Geisteswissenschaften zu den Naturwissenschaften überhaupt verhalten. Auch die historische Kausalität, die in der Phylogenie herrscht, ist der die Physiologie charakterisierenden physikalischen Kausalität gegenüber durchaus gleichwertig und kontingent.

Ebendeshalb jedoch, weil organische Formen, deren Bildung physiologisch und phylogenetisch erkannt ist, morphologisch kein Interesse mehr bieten, hat es keinen Sinn, der vergleichenden Anatomie als logisches Korrelat innerhalb der typologischen Disziplinen eine vergleichende Physiologie im idealistischen Sinne, worauf UNGERERS „Funktionsformenlehre“ wesentlich hinausläuft, an die Seite zu stellen. Was man gewöhnlich „vergleichende Physiologie“ nennt, gehört einer logisch ganz anders gearteten Schicht an wie die vergleichende Anatomie. Diese ist physiologisch und phylogenetisch vollkommen neutral, während die „vergleichende Physiologie“ durch die allgemeine Tendenz der Physiologie überhaupt theoretisch bereits festgelegt ist; d. h. in der Physiologie ist die „vergleichende Physiologie“ nur Methode und Stufe, in der reinen Morphologie ist die „vergleichende Anatomie“ dagegen als ihre höchstmögliche Leistung und

Ausprägung selbst Theorie, nämlich Typentheorie. Das ist sehr zu beachten, wenn man, wie es so oft geschieht, diese beiden vergleichenden Disziplinen in Parallele stellt. Man kann eben, das zeigt sich hier wieder, auf Methoden keine Systematik der Wissenschaften gründen, wenn man nicht verwirren, sondern klären will. Natürlich hat Ungerers „Funktionsformenlehre" logisch nichts mit der normalen vergleichenden Physiologie zu tun. Sie ist ihrem Sinne nach eine typentheoretische vergleichende Physiologie und als solche logisch möglich, biotheoretisch wird sie keinerlei Bedeutung haben, solange es wenigstens als ausgemacht gilt, daß physiologische Erkenntnis besser und mehr wert ist als rein morphologische. Infolgedessen hat reine Morphologie nur da ihren theoretisch guten Sinn und Wert, wo Physiologie und Phylogenie noch nicht genügend hinreichen. Das aber ist heute noch auf vielen, wesentlichen Gebieten der vergleichenden Anatomie der Fall, wo eine allzu optimistische und kritiklose Phylogenie Allegorien an Stelle sicherer Erkenntnis bot. So erwerben sich die diese Fragen heute bereinigenden Arbeiten von Naef, Tschulok und Ungerer ein hohes Verdienst. Allerdings glaube ich nicht, daß sie schließlich zu einer Erneuerung der vergleichenden Anatomie, viel eher zu einer neuen kritischen Phylogenie führen werden.

Nach dem Gesagten können wir nun die logisch genetischen Beziehungen der logisch reinen biologischen Disziplinen in folgendes Schema bringen:

Tabelle 11. Reine Morphologie (Biotypologie)

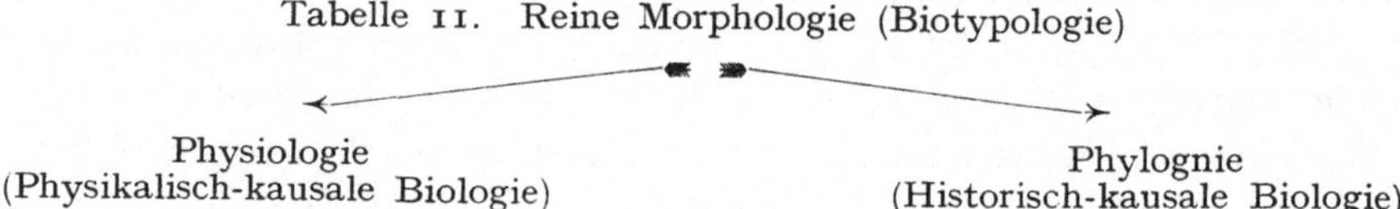

| Physiologie | Phylognie |
|---|---|
| (Physikalisch-kausale Biologie) | (Historisch-kausale Biologie) |

Die logische Genese der logisch kombinierten, biologischen Disziplinen ist damit implicite mitgesetzt.

Auf die Einzelausführung des Systems werden wir, um Wiederholungen zu vermeiden, bei den Einteilungsproblemen der Einzeldisziplinen zu sprechen kommen. Wir würden, wenn wir das hier schon unternehmen wollten, gar zu viel des Folgenden voraussetzen müssen. Insofern müssen wir Driesch durchaus beistimmen, wenn er (1909, I, S. 10) behauptet, daß das System der Biologie nicht an den Anfang, sondern an das Ende der Darstellung gehöre. Es gehört aber in gewissem Sinne auch an den Anfang, als Thema nämlich, das dann in der Folge abzuwandeln ist.

# Logik der reinen Morphologie.

## 1. Definitionsprobleme.

Während die Physiker bei der Erforschung ihrer Objekte stets in erster Linie bemüht gewesen sind, den *Kräften*, denen die Anorganismen ihr Dasein verdanken, auf die Spur zu kommen, haben die Biologen sich von allem Anfang an stets hauptsächlich für die reinen *Formen* und Gestalten der Organismen interessiert. Die Erforschung der physiologischen Vorgänge, auf denen das Zustandekommen der organischen Formen beruht, die Entwicklungsmechanik oder allgemeiner Formphysiologie mit Einschluß der Vererbungslehre, ist bekanntlich erst ein Kind unserer Zeit und eine reifende Frucht der an den Namen DARWIN geknüpften Renaissance biologischer Forschung. Was vordem in der durch CUVIER, GOETHE, BURDACH, AGASSIZ u. a. charakterisierten klassischen Epoche der idealistischen Morphologie Organphysiologie und vergleichende Physiologie (MILNE-EDWARDS) hieß, war in logischer Hinsicht eine ebenso deskriptive Disziplin wie die vergleichende Anatomie jener Tage, hatte also mit unserer modernen kausalen Morphologie und vergleichenden Funktionsphysiologie nichts zu tun. Die klassische vergleichende Physiologie verglich die Funktionen der Organe in gleicher Weise miteinander wie die idealistische vergleichende Anatomie ihre Formen. Man kann es nur als ein deutliches Zeichen der heute noch spürbaren großen theoretischen Kraft jener idealistischen Biologie ansehen, wenn sie sich, obschon die moderne Entwicklungsphysiologie das logische Verhältnis zwischen Anatomie und Physiologie jener Epoche ebenso vollständig umzukehren im Begriffe ist, wie die analytische Geometrie DESCARTES das klassisch-griechische Verhältnis von Geometrie und Arithmetik gewandelt hat, nicht nur auch in unseren Tagen noch hervorragend schöpferisch wirksam zeigt, z. B. in der physiologischen Anatomie HABERLANDTs, sondern sogar eine eigene Renaissance unternimmt, die in neueren Arbeiten, wenn auch vorläufig nur andeutungsweise, zum Ausdruck kommt. Man erkennt wieder einmal deutlich, wie der Fortschritt in den Wissenschaften — das gilt selbst von der Mathematik — sich immer nur scheinbar eine Weile gradlinig bewegt; in Wirklichkeit dürfte eine auf einem Kegelmantel ruhende Spirale das richtige Bild für diese historischen Prozesse abgeben und vor allem zeigen, wie die gleichen philosophischen Ausgangspunkte in der Forschung ewig wiederkehren, wenn auch stets in verschiedener, nicht immer höherer Höhenlage.

Versucht man nun die Gesichtspunkte, die die Biologie bisher bei der Bearbeitung morphologischer Dinge geleitet haben, auf klare Formeln zu bringen, so kann man sie durch fünf verschiedene Fragestellungen bestimmen, nämlich:

1. *Wie müssen die organischen Formen charakterisiert werden, damit man* jederzeit möglichst mühelos irgendeine gegebene Form von allen übrigen *unterscheiden kann?*

Von welchen *Grundtypen* kann man die Unmenge vorhandener verschiedener organischer Formen ableiten, wenn man sie *nach dem Prinzip der Ähnlichkeit in kontinuierliche Reihen ordnet?*

3. Wie und in welcher Reihenfolge sind die organischen Formen auseinander entstanden, d. h. *welche* von ihnen — natürlich nicht nur von den rezenten — *sind die historisch ursprüglichen Stammformen* und welche können aus ihnen *historisch abgeleitet* werden?

4. *Auf welchen physiologischen Vorgängen beruht die organische Formbildung* oder normativ gewandt: Wie muß man es anfangen, wenn man aus jeweils organisch formloser oder formneutraler, Energie getränkter Substanz irgendeine gewünschte organische Form herstellen will?

5. *Welches sind die Funktionen der organischen Formen* oder welchen „Zweck" haben sie im Leben des Organismus zu erfüllen?

Der Begriff „organische Form" ist in diesen fünf Fragen im weitesten Sinne verstanden, so daß alles unter ihn fällt, was sich genügend gegen andere Teile des Organismus abgrenzen läßt, was mit andern Worten über eine, wenn auch noch so minimale, formale, Selbständigkeit verfügt. Selbstverständlich fallen also unter diesen Formbegriff auch alle embryonalen Formen, nicht nur fertige. Präzisere Definitionen der organischen Form werden in den biologischen Einzeldisziplinen gegeben, die auf unseren fünf Fragestellungen beruhen, ohne sich definitorisch unter einen Hut bringen zu lassen. Was der Physiologe Form (Organ) nennt, ist z. B. dem „Typus" des idealistischen Morphologen oder dem „Phylon" des Phylogenetikers gegenüber völlig kontingent.

Die erste unserer Fragen formuliert das *Grundproblem der Systematik*, während die zweite das der *vergleichenden Anatomie* definiert, soweit sie noch phylogenetisch neutral betrieben werden kann. Beide Probleme gehören logisch auf das engste zusammen, sie machen die gleichen Voraussetzungen und benutzen logisch nahe verwandte Methoden der reinen Deskription. Sie unterscheiden sich nur durch das minder wichtige und in erster Linie praktisch bedingte Moment, daß das Hauptaugenmerk im einen Falle (Systematik) auf die deskriptiv darstellbaren Unterschiede, das andere Mal (Anatomie) auf die ebenso gewonnenen Ähnlichkeiten der organischen Formen gelegt wird. Beide Fragestellungen haben bis zu der durch DARWIN inaugurierten modernen Biologie fast ausschließlich die Biologie beherrscht und sollen daher hier als *reine Morphologie* zusammengefaßt werden. Von reiner Morphologie sprechen wir deshalb, weil sie die organischen Formen *rein als solche,* d. h. ohne Rücksicht auf ihre phylogenetische Entwicklung und physiologische Entstehung und Funktion bearbeitet. Unsere dritte Frage hingegen charakterisiert die *Aufgabe der Phylogenie,* während die vierte und fünfte die *Grundprobleme der Form- und Betriebsphysiologie* definieren. Den letzten dreien werden wir besondere Kapitel der vorliegenden und einer künftigen[1]) Arbeit widmen und können uns an dieser Stelle daher darauf beschränken, die Beziehungen, die von der reinen Morphologie zur Phylogenie und Physiologie herüber- und hinüberlaufen, klarzulegen, um so die reine Morphologie den beiden anderen logisch reinen Zweigen der Biologie gegenüber abzugrenzen und zu definieren. Denn es ist klar, daß wir in den Definitionsproblemen der reinen Morphologie, um ihr Terrain zu sondieren, auch wieder nur von Nominal- und Begrenzungsdefinitionen handeln können, während wir die exakte inbegriffliche Definition unseres augenblicklichen Themas durch die folgenden Darlegungen selbst geben werden.

Über die *Nominaldefinition* brauchen wir hier nicht viel Worte zu verlieren, ist es doch bekannt genug, daß das Wort „Morphologie" von GOETHE stammt, der, wenn man auch sonst gar nichts von ihm wüßte, doch in der Geschichte der Biologie stets als ein bedeutender Repräsentant der idealistischen Epoche unserer Wissenschaft genannt werden müßte. Daß ferner mit einer Charakterisierung der Morphologie als der Wissenschaft von den organischen Formen eben nichts als eine Erläuterung des Namens gegeben ist, ist so selbstverständlich, daß wir alles Nominaldefinitorische damit auf sich beruhen lassen können.

Wie aber ist die reine Morphologie gegen Physiologie und Phylogenie abzugrenzen? Trotz der ähnlichen logischen Verwandtschaft von diagnostischer Systematik und idealistischer Morphologie, den beiden Hauptgebieten, in die für uns die reine Morphologie zerfällt, wird es gut sein, ihre nicht immer kongruenten Beziehungen zu Physiologie und Phylogenie gesondert zu beachten.

Zunächst *wie verhalten sich Systematik und Typologie,* wie wir im folgenden die phylogenetisch noch neutrale Morphologie kurz nennen wollen, *zur Physiologie?* Bei der Lösung dieser Frage verfahren

---

[1]) „Logik der Physiologie."

wir am einfachsten so, daß wir uns vergegenwärtigen, in welcher
Weise sich die Physiologie überhaupt mit morphologischen Dingen
befassen kann. Was dann als physiologisch unzugänglich übrigbleibt, gehört entweder der Phylogenie oder der reinen Morphologie
an. Führen wir dann dieselbe subtraktive Analyse auch noch an
der Phylogenie durch, so müssen wir, wenn anders unsere Gesamteinteilung der logisch selbständigen Zweige der Biologie richtig ist,
in dem nach Abzug der Phylogenie noch verbleibenden Rest die
unbedingt nur der Morphologie zukommende biologische Domäne
gefunden haben. Physiologisch kann man sich in zweifacher Weise
mit organischen Formen beschäftigen. Man kann diese, die in diesem
Falle nach Heidenhain u. a. (1907, 1911, 1923), „Organe" im Sinne
rein physiologischer Begriffe heißen, als solche und fertige zunächst
einmal hinnehmen und dann — gewöhnlich auf dem Wege des „deskriptiven Experiments" (Roux 1905) — zu erforschen suchen, welche
Funktionen sie im Stoffwechsel und Energiebetriebe des Organismus
zu erfüllen haben, was mit anderen Worten ihr physiologischer
Zweck ist. Solange die untersuchten Organe hierbei als solche
in ihrer substanziellen Struktur intakt bleiben, handelt es sich
um reine Betriebsphysiologie, die für die Erforschung der Formen
nur indirekt in Frage kommt, nur dann nämlich, wenn es zu
entscheiden gilt, ob irgendwelche verglichene Organsysteme zueinander typisch oder phyletisch homolog sind oder ob ihre Ähnlichkeit
nur auf Analogie und Konvergenz beruht. Direkt sagt die reine
Funktionsphysiologie über morphologische Dinge gar nichts aus.
Das wird aber sofort anders, wenn die Erforschung der Organfunktionen
nicht nur zur Feststellung und Vergleichung der Funktionen betrieben
wird, wenn vielmehr das Interesse der Untersuchung darauf gerichtet
ist, *wie* denn die Funktion eines Organs aus- und umgestaltend auf
dieses selber wirkt. Wir rühren hier an ein überaus komplexes, logisch
durcheinander geschichtetes Problemgebiet, das in der Biologie wie
auch in der allgemeinen Naturphilosophie die verschiedensten Formulierungen angenommen hat. Das Lamarcksche Prinzip von der formbildenden Wirkung des „Gebrauchs oder Nichtgebrauchs der Organe"
gehört ebenso hierher wie alle Probleme der sog. „funktionellen Anpassung" und der „formbildenden Reize". Pflüger (1877) hat allen
diesen Prinzipien, soweit sie in der Biologie eine Rolle spielen, in
seiner berühmten Abhandlung über „Teleologische Mechanik", die
ebenso kurze wie klassische Formulierung gegeben, daß das Vorhandensein eines Bedürfnisses die Ursache seiner Befriedigung ist.
Letzten Endes kommt das alles auf das allgemeine naturphilosophische
Problem hinaus, ob die materiellen Substanzen ein Produkt der Feld-

wirkungen sind oder umgekehrt. Diese allgemeine Formulierung macht am ehesten deutlich, wie sehr man sich bei der Diskussion dieser Probleme eigentlich im Kreise bewegt. Denn selbstverständlich sind Feldwirkungen ohne Substanz ebenso unmöglich wie das Umgekehrte. Es handelt sich hier lediglich um logisch-korrelative Begriffe, und der scheinbar reale Primat ist in Wirklichkeit ein rein logischer, die Frage nämlich, ob die *Gesetze* der Substanzbildung von den *Gesetzen* der Feldwirkung abgeleitet werden können oder umgekehrt, eine Frage, die die moderne Physik bekanntlich zugunsten der Elektrodynamik erledigt hat. Auf alle diese Probleme werden wir an anderer Stelle[1]) ausführlicher zurückkommen, hier genügt uns die Feststellung, daß die Frage der organbildenden Wirkung der Organfunktionen in Wirklichkeit nur ein tieferliegendes Problem verdeckt. Sind doch die realen Prozesse, die die funktionelle Umbildung eines Organs allein besorgen können, zum mindesten logisch von gleicher Art wie die Vorgänge, die die Bildung des betreffenden Organs bislang besorgt haben, an die sie daher auch realiter anknüpfen müssen. Damit aber sind die Probleme der funktionellen Umbildung und Anpassung der Organe zurückgeführt auf die Probleme der allgemeinen Formphysiologie, auf physikalisch-chemische Prozesse im weitesten Sinne also, und somit allen mystischen Schleiers entkleidet.

Unsere anfängliche Frage, wieviel die Physiologie in morphologischen Dingen ausmachen kann, können wir also beschränken auf eine logische Untersuchung der eigentlichen Formphysiologie. Da diese jedoch andern Orts geleistet werden soll[1]), muß es hier genügen, die uns im Augenblick interessierenden Resultate vorweg zu nehmen und bezüglich ihrer Begründung auf die spätere Darlegung zu verweisen. Sehen wir ab von der physiologischen Anatomie HABERLANDTs (1918[5]), die sich theoretisch vollkommen in den Gedankenkreisen der teleologischen Mechanik PFLÜGERs bewegt und daher besser eine anatomische Physiologie genannt würde, dann werden wir Auskunft über unsere Frage nur bei der modernen Entwicklungsmechanik erhalten können, in den Arbeiten von ROUX, DRIESCH, HERBST, KLEBS, BERTHOLD, GOEBEL, WINKLER. u. a. Am präzisesten hat wohl KLEBS (1903) die Aufgabe der Physiologie der Formbildung bestimmt, wenn er immer wieder von einer „Beherrschung der pflanzlichen Form" spricht: „Die Forschung muß sich das Ziel setzen, jede Formbildung durch die Kenntnis ihrer Bedingungen beherrschen zu lernen. Wie der Chemiker die Eigenschaften eines Körpers so kennen muß, daß er sie jederzeit sichtbar machen kann, so muß auch der Botaniker

---

[1]) s. Anm. 1 auf S. 89.

hinstreben, mit entsprechender Sicherheit die Pflanze in seine Hand zu bekommen. Die Beherrschung des Pflanzenlebens wird, wie ich hoffe, die Signatur der kommenden Botanik werden" (KLEBS 1903, S. 23). In Verwirklichung dieses Programms ist es den genannten Autoren denn auch gelungen, eine ganze Reihe von „willkürlichen Entwicklungsänderungen" bei niederen und höheren Pflanzen und Tieren durch experimentelle Variation ihrer äußeren Lebensbedingungen, zumeist der Ernährungs- und Reizverhältnisse, je nach Wunsch zu erzielen. Für die kausale Morphologie ist eine organische Form die Resultante einer Reihe formbildender physiologischer Vorgänge und von drei Faktorenkomplexen abhängig, von einer „konstanten spezifischen Struktur" (KLEBS) oder, mit DRIESCH gesprochen, von der „prospektiven Potenz" der betreffenden Form, sowie von den „inneren" und „äußeren Bedingungen" ihrer Verwirklichung. Da die inneren Bedingungen, z. B. „die Qualität und Quantität der in den Zellen vorkommenden Stoffe, die mannigfachen Formen der auslösend wirkenden Fermente, die physikalischen Eigenschaften des Protoplasmas, Zellsaftes, der Zellwand usw." (KLEBS 1903, S. 7), ihrerseits wieder vollkommen abhängig von den äußeren Bedingungen sind, versuchte KLEBS durch Variationen der letzteren nach allen möglichen Richtungen hin den konstanten Kern, die „spezifische Struktur" oder „prospektive Bedeutung" immer klarer herauszuschälen. Einen ganz anderen Weg zum selben Ziel, das dann Genotypus heißt, geht der Bastardierungsversuch der modernen Vererbungslehre. Angenommen nun, es wäre der kausalen Morphologie gelungen, eine Gruppe verwandter organischer Formen nach den genannten drei determinierenden Faktoren bis zu Ende zu analysieren und damit auch synthetisch zu beherrschen, dann würde sich auf Grund dieser vertieften physiologischen Erkenntnis dieser Formen auch eine übersichtliche Einteilung und gegenseitige Ableitung derselben aufstellen lassen. Wie verhält sich nun ein solches System der betreffenden Formen zu dem analogen, von der reinen, vergleichend deskriptiv verfahrenden Morphologie gelieferten? Ganz offenbar genau so, wie sich die Ableitung einer verwandten Gruppe organisch-chemischer Substanzen auf Grund ihrer Konstitutionsformeln verhält zu einer rein morphologischen Übersicht der gleichen Gruppe, die nur auf den primären und sekundären Qualitäten, Form, Farbe usw. der Einzelindividuen der betreffenden Gruppe beruht. Es wird niemandem in den Sinn kommen, die morphologische Kenntnis der betreffenden Gruppe mit ihren oft falschen, weil äußerlichen Ableitungen für besser und richtiger zu halten als die konstitutionelle, die wir in der Biologie der physiologischen gleich setzen können, weil sie uns ebenso wie diese sagt, auf welche Weise eine bestimmte Form synthetisch darstellbar ist. *Es ist kein Zweifel möglich, theoretisch ist die physiologische Kenntnis organischer Formen der rein morphologischen erheblich überlegen.* In praktischer Hinsicht freilich, wenn es sich darum handelt, eine bestimmte Form möglichst schnell und ohne große Apparatur zu bestimmen, führt die rein morphologische Übersicht, eben weil sie sich auf die leicht zugänglichen Merkmale der Formen beschränkt, gewöhnlich schneller zum Ziele. In der Chemie spielen die rein morphologischen Momente daher nur in der analytischen Chemie, in der Praxis also, noch eine gewisse Rolle und werden sie immer behaupten; aus der reinen Theorie, wo es nicht auf Praxis, sondern auf Erkenntnis ankommt, und wo sie früher, besonders zu den Zeiten der mit Unrecht verlästerten Alchemie, auch von Bedeutung war, ist sie vollkommen verschwunden. In der Chemie ist die Morphologie sozusagen restlos physiologisiert worden, in der Biologie erleben wir gerade die bescheidenen Anfänge dieses Prozesses. Bei TIMIRIAZEW (1908) ist daher mehr der Wunsch der Vater des Gedankens, wenn er schon vom 19. Jahrhundert meinte, es sei biologisch durch die „Überwindung der Morphologie durch die Physiologie" charakterisiert. Das ist vielmehr frühestens die historische Signatur unseres Jahrhunderts. GOEBEL (1905, S. 82) hat dem gleichen Gedanken viel vorsichtiger schon einige Jahre vorher folgende Formulierung verliehen: „Morphologisch ist das, was sich physiologisch noch nicht verstehen läßt." Wer vorsichtig den Anteil der in diesem Sinne physiologischen Morphologie der reinen Morphologie gegenüber abwägt, wird zugestehen müssen, daß das Schwergewicht unserer morphologischen Kenntnisse immer noch nach der formalen Morphologie orientiert ist, „welche die Gestaltungsverhältnisse als etwas für sich Bestehendes betrachtet und sich weder um die Funktion der Organe noch um die Bedingungen, unter denen sie entstanden sind, kümmert" (GOEBEL ebda. S. 66). Wer gerecht urteilen will, darf ebenfalls nicht vergessen, daß die Formen im Reiche des Organischen auch als solche eine noch viel größere Vielseitigkeit, Mannigfaltigkeit und damit Bedeutung haben als im chemischen Bereiche. *Je komplizierter und mannigfaltiger die Formen werden, desto schwieriger wird nicht nur ihre Physiologie, um so mehr und tiefer kann man auch durch einen rein auf die Formen als solche eingestellten Vergleich, wie ihn die reine Morphologie unternimmt, in ihr Wesen, ja selbst bis zu einem gewissen Grade in ihre Konstitution eindringen.* Wenn daher auch unser obiger Vergleich der organischen Formen mit den organisch-chemischen in prinzipieller Hinsicht, in der theoretischen Bewertung von formaler und physiologischer Morphologie vollkommen den Nagel auf den Kopf trifft, so ist er doch in tatsächlicher Hinsicht, soweit also die wirklichen Leistungen der formalen Morphologie in Biologie und organischer Chemie in Vergleich kommen, schief wie alle Vergleiche, *weil mit der quantitativen Zunahme der Formenmannigfaltigkeit auch die Intensität ihrer rein formalen Erforschungsmöglichkeit in geometrischer Progression wächst.* So konnte die reine Morphologie, besonders in ihrer größten Schöpfung, der „vergleichenden Anatomie und Entwicklungsgeschichte" nicht nur Hervorragendes leisten, sie konnte sogar eine lange Zeit auch die „vergleichende Physiologie" — bis zu Milne-Edwards (1857/1863) — theoretisch beherrschen. *Erst der Darwinschen Epoche blieb es vorbehalten, in dieser Hinsicht eine völlige Umkehr* zu inaugurieren. Heute hat die „vergleichende Anatomie" in ihrer klassischen Gestalt, von ihrer phylogenetischen Verwertung also abgesehen, ihren Höhepunkt überschritten. Sie ist gewissermaßen der Physiologie „als Material überwiesen", ein Material freilich, das nicht so bald aufgearbeitet sein wird. Unser bedeutendster Biologiehistoriker, R. Burckhardt, hat das schon 1903 (S. 434/35) in folgenden Worten zum Ausdruck gebracht: „So bringt es denn auch die innere Entwicklung der vergleichenden Anatomie mit sich, daß sie nicht mehr bei der Galen-Cuvierschen Systematik wird stehen bleiben dürfen, sondern zu der physiologischen wird übergehen müssen, da sie keine ebenso wohl fundierte ihr an die Seite zu stellen hat." Und ein Jahr später schrieb Berthold (1904, S. 4), der beste Kenner der physiologischen Formbildungsvorgänge bei den höheren Pflanzen: „Nicht gegen die Verwertung formaler, morphologischer Charaktere an sich ist vom physiologischen Standpunkt aus Einspruch zu erheben; auf ihrer Basis läßt sich zunächst allein mit genügender Schärfe Gleiches und Ungleiches vereinigen und trennen und die feste Grundlage für alle weitere Forschung gewinnen. Die Bewertung der einzelnen formalen Charaktere muß nur in der richtigen Weise geschehen und geschehen können, und das ist nur möglich auf Grundlage einer tieferen physiologischen Einsicht in das Wesen der Organisationsprozesse."

Das Ergebnis unserer bisherigen Diskussion des logischen Verhältnisses von formaler und kausaler Morphologie können wir nunmehr in folgenden Sätzen zusammenfassen:

1. *Theoretisch ist die reine oder formale Morphologie überall da erledigt und entbehrlich, wo die von ihr beschriebenen Formverhältnisse physiologisch durchschaut sind.*

2. *In der praktischen Diagnostik dagegen, mag es sich nun um anatomische oder taxonomische Diagnostik handeln, wird sie immer einen hohen Wert und Rang behaupten.*

Da nun aber die Morphologie noch weit davon entfernt ist, physiologisch in größerem Umfange zugänglich, geschweige denn erforscht zu sein, wird die reine oder formale Morphologie noch auf lange hinaus, nicht nur als praktische Diagnostik, in der Biologie unentbehrliche Funktionen erfüllen. Es ist daher auch für eine Logik der Biologie ganz besonders notwendig, Klarheit über die logischen Grundlagen der reinen Morphologie zu gewinnen. Dabei werden wir sorgsam zu scheiden haben zwischen den Funktionen, die sie als diagnostische Systematik erfüllt und denjenigen, wo sie an Stelle der mangelnden Physiologie oder Phylogenie, wie in der vergleichenden Anatomie, theoretische Aufgaben, wenn auch nur propädeutisch bewältigt.

Für unsere *Begrenzungsdefinition* wollen wir daher einstweilen festhalten: *Reine Morphologie ist diagnostische Systematik und im übrigen die Theorie derjenigen organischen Gestaltungen, die physiologisch noch unzugänglich sind.*

Nachdem wir die reine Morphologie so nach der formphysiologischen Seite hin abgegrenzt haben, haben wir ein Gleiches noch *nach der Phylogenie* hin zu besorgen. Wir haben in den letzten Darlegungen mehrfach phylogenetische Vorbehalte machen müssen und knüpfen zweckmäßigerweise an diese an mit der Frage, ob die physiologisch-kausale Morphologie, wenn sie ihre Aufgabe bis zu Ende erledigt hat, damit auch zugleich das Problem der Phylogenie gelöst hat. Diese Frage wird in den Kreisen der modernen, der Phylogenie ziemlich skeptisch gegenüberstehenden Entwicklungsphysiologen gewöhnlich implizite bejaht, wie von DRIESCH und den theoretisch von ihm beeinflußten Autoren, nicht selten aber auch expressis verbis, so von GOEBEL. Auch aus WINKLERS Darlegungen (1913, S. 634) geht nicht unzweifelhaft klar hervor, ob er dieser Auffassung huldigt, wenn er die Erforschung der „Entstehung der Anlagen" der Deszendenzlehre zuweist, während die Vererbungslehre ihre „Übertragung von einer Generation auf die andere" und die gewöhnliche Entwicklungsphysiologie die Bedingungen und kausalen Vorgänge ihrer Entfaltung „zu den dazugehörigen Merkmalen" untersuchen soll. Ist nun diese „Entstehung der Anlagen" historisch oder physiologisch gemeint? Aus der Zusammenstellung mit Vererbungslehre und Entwicklungsmechanik könnte das letztere erschlossen werden, dann würde auch WINKLER die Deszendenzlehre und damit vermutlich doch auch die Phylogenie der Physiologie restlos unterordnen. Nicht wenige Autoren gehen sogar so weit, phylogenetische Fragen durch das physiologische Experiment entscheiden zu wollen, so besonders BRAUS (1906) und die Serodiagnostiker FRIEDENTHAL (1900, 1906),

MEZ (1922) und GOHLKE (1913). So außerordentlich wertvoll nun physiologische Untersuchungen für die Beurteilung solcher phylogenetischer Vorgänge, die uns paläontologisch nicht beurkundet sind, auch ohne Zweifel sind, so sind doch starke kritische Bedenken geltend zu machen, wenn das physiologische Experiment als Experimentum crucis gewertet werden soll. Obschon selbstverständlich auch jede phyletische Formänderung durch physiologische Prozesse veranlaßt worden ist, ist es doch sehr schwierig, an rezentem Material vergangene und wie alles Historische einmalige Vorgänge wiederholen zu wollen. Die *Physiologie kann nur dann als Experimentem crucis der Phylogenie dienen, wenn klipp und klar vorher nachgewiesen wird, daß eine bestimmt vorliegende phyletische Formwandlung physiologisch nur auf eine einzige, ebenfalls völlig bestimmbare Weise entstanden sein kann.* Dieser Nachweis aber dürfte in den seltensten Fällen einwandfrei geliefert werden können. Sind schon die organisch-chemischen Individuen gewöhnlich auf mehr als eine Weise auch unter annähernd gleichen Bedingungen synthetisch darstellbar, so gilt dasselbe in noch viel stärkerem Maße von den physiologischen Individuen. Wie will man aber durch das Experiment, noch dazu an rezentem, also ganz anderem Material, feststellen, daß die in Rede stehende phyletische Formänderung nur auf einem bestimmten, unter mehreren möglichen physiologischen Wegen entstanden ist? Das wird, wie gesagt, nur in besonderen, äußerst seltenen Fällen möglich sein. Im großen ganzen wird die Physiologie zur Entscheidung phyletischer Probleme daher nur Indizienbeweise beibringen können. Die *Aufgabe der Phylogenie aber ist die tatsächliche Geschichte der organischen Formen von ihrem ersten Auftreten bis auf unsere Tage.* Die Phylogenie ist eine echt *historische* Wissenschaft mit eigener, echt historischer Logik, die wir in unserem phylogenetischen Kapitel genauer darzustellen haben. Sie hat daher ein eigenes, nur ihr zukommendes eigentümliches Problem der Biologie zu lösen und ist somit von der Physiologie logisch unabhängig. Für unseren gegenwärtigen Zweck ergibt sich daraus die Aufgabe, die Beziehungen unserer reinen Morphologie auch zur Phylogenie näher zu bestimmen. Vor allem werden wir uns zu fragen haben, ob etwa der physiologisch unzugängliche Teil der reinen Morphologie in der Phylogenie aufgehen kann, oder ob er sich auch dieser gegenüber mehr oder weniger selbständig behaupten kann. Auch hier werden wir die beiden verschiedenen Teile der reinen Morphologie, die diagnostische Systematik und die vergleichende Anatomie gesondert zu betrachten haben.

Während nun bei der Diskussion der Beziehungen, die zwischen diesen beiden Hauptgebieten der reinen Morphologie und der Formphysiologie bestehen, durchaus die typentheoretische Morphologie

im Vordergrund des Interesses stand, kehrt sich diese Situation nahezu
vollständig um, wenn wir jetzt das Verhältnis von reiner Morphologie
und Phylogenie erwägen. Seit HAECKEL (1866) ist es beinahe ein
Gemeinplatz in der Biologie geworden, die Systematik nur noch als
Spiegelbild der historischen Entwicklung der Organismenreiche anzusehen. Nachdem jedoch die Sturm- und Drangperiode der Stamm-
baumkonstruiererei vorüber war, erkannte man sehr bald, besonders
auf botanischer Seite (v. WETTSTEIN 1898) — die Botanik ist in
theoretischer Hinsicht aus Gründen, die wohl im Objekt der Forschung liegen, der Zoologie ja gewöhnlich um einige Jahrzehnte
voraus —, daß die angenommene Kongruenz von Systematik und
Phylogenie eigentlich nur in den großen Grundzügen des Systems
Geltung hat, daß man hingegen für die Erkenntnis der phyletischen
Beziehungen zwischen den niederen Kategorien des Systems in der
Systematik und auch in der Ontogenie kaum Anhaltspunkte findet.
Infolgedessen ist v. WETTSTEIN dazu gelangt, die „geographisch-
morphologische Methode" in die Phylogenie einzuführen, und haben
die Serodiagnostiker, vor allem MEZ und seine Schüler, rein bio-
chemische Methoden zur Aufhellung phylogenetischer Beziehungen
auszubilden sich bemüht. Auch in der Zoologie macht sich neuerdings,
besonders in den schönen Cephalopodenarbeiten von NAEF (1921)
das Bestreben geltend, durch sorgfältige Kritik des phylogenetischen
Quellenwertes rein morphologischer Tatsachen einer gesunderen Auffassung des Verhältnisses von Systematik und Phylogenie die Wege
zu ebnen. Wir werden alledem alsbald in der Logik der Systematik
und Phylogenie genauer nachzugehen haben, hier genügt es, mit
v. WETTSTEIN die Tatsache festzustellen, daß phyletische und taxonomische Systematik nur in den großen Gruppen des Systems übereinstimmen, daß dagegen bei den niederen systematischen Kategorien
die rein diagnostischen Merkmale die phyletischen vollkommen verdecken. Das taxonomische unphyletische System der Organismen
ist ein logisch überaus komplexes Gebilde, in dessen Systematik
die rein phyletischen Beziehungen nur *eine* Rolle neben anderen Komponenten, wenn auch eine besonders wichtige Rolle spielen. Es kann
daher keine Rede davon sein, daß die Phylogenie die Systematik
vollkommen ersetzen kann. Selbst wenn uns von jedem rezenten
und fossilen Organismus die Phylogenie genau bekannt wäre, würde
das daraus resultierende phyletische System der Organismen das rein
taxonomische, dessen Wesen nichts ist als *praktische* Diagnostik,
keineswegs überflüssig machen; denn es ist geradezu widersinnig, zu
erwarten, daß das phyletische System der Organismen, welches diese
naturgemäß nach ihren historischen Beziehungen ordnet, für das

deren Ähnlichkeiten oder Verschiedenheiten daher unmaßgebliche, rein zufällige Aggredienzien sind, sich mit dem systematischen decken sollte, das gerade auf die möglichst sinnfälligen Unterschiede das Schwergewicht seines Interesses legt. Ein weiterer bedeutender Unterschied zwischen dem phyletischen und taxonomischen Organismensystem ist die logische Tatsache, das alle systematischen Kategorien, die über die „infima species" hinausgehen, rein konventionelle Apriorismen sind, während sämtliche phyletischen Kategorien Realia, seien es rezente, seien es fossile, oder Hypothesen über Realia sind. Wir werden auf diese Dinge sehr bald genauer einzugehen haben, hier soll nur noch festgestellt werden, daß die Aufgabe der Phylogenie auch keineswegs mit der Aufstellung des phyletischen Systems, der Konstruktion von Stammbäumen erschöpft ist. Phylogenie ist eine echt historische Disziplin, und es wäre daher seltsam, wenn die Genealogie für sie einen größeren Wert besitzen sollte als für die anderen historischen Wissenschaften. Zusammenfassend können wir daher sagen, daß *die Phylogenie selbst da, wo sie ihre Arbeit getan hat, die Systematik keineswegs entbehrlich macht, wobei wir uns allerdings darüber klar sein müssen, daß reine Systematik logisch nichts ist als Diagnostik und daher für die Biologie keinen theoretischen, sondern nur praktischen Wert besitzt.* Das hindert natürlich nicht, daß es auch eine Theorie der Systematik gibt, gibt es doch auch Theorien über technische Dinge. Nur für die der Biologie gestellte theoretische Aufgabe ist sie nicht Selbstzweck, sondern Mittel zum Zweck.

Was für das Verhältnis von Systematik und Phylogenie gilt, gilt keineswegs auch für die Beziehungen zwischen vergleichender Anatomie und Phylogenie. Denn die moderne vergleichende Anatomie ist eine historische Disziplin. Ihr Grundbegriff ist die phyletische Homologie und als phyletisch-homolog gelten bekanntlich nur Organe gleicher Abstammung. *So ist die moderne deszendenztheoretisch orientierte vergleichende Anatomie in der Tat nur ein Pendant zum phyletischen System der Organismen unter die Grenze des Individuums hinunter.* Diese Art vergleichender Anatomie hat daher auch ihre Vorgängerin, die sog. idealistische Morphologie Cuviers, Goethes und Agassizs theoretisch überall dort entbehrlich gemacht, wo phyletisch klare Verhältnisse vorliegen. Wo das noch nicht der Fall ist, besitzt die idealistische Morphologie noch denselben heuristischen und propädeutischen Wert wie in der Formphysiologie da, wo diese noch versagt. Wenn so leider in der vergleichenden Anatomie in Ermanglung besserer Methoden noch oft Verhältnisse, die auf rein idealistisch-morphologischer Grundlage ruhen, deszendenztheoretisch-morphologisch gedeutet werden, so ist das ein logisch nicht zu rechtfertigendes Verfahren; man muß sich dann aber gleichwohl auch davor hüten, das Rad der Geschichte rückwärts drehen zu wollen und wie NAEF und UNGERER u.a. zu beweisen versuchen wollen, daß die idealistische Morphologie nicht nur historisch, sondern auch logisch das Primäre gegenüber der phyletischen Morphologie ist. Das ist nicht der Fall. Auch die phyletische Morphologie verfügt, wie die phyletische Systematik, über eigentümliche Forschungsmethoden, die von der idealistischen Morphologie logisch vollkommen unabhängig sind. Auch die Ergebnisse der geographisch-morphologischen Methode v. WETTSTEINS sind für die phyletische Morphologie ohne weiteres verwertbar. Immerhin ist der Anwendungskreis dieser Methoden sehr beschränkt und daher sehr zu begrüßen, daß NAEF es unternommen hat, die Methoden der alten idealistischen Morphologie logisch-kritisch auf ihre Brauchbarkeit als phyletische Urkunden zu untersuchen. Seine verschiedenen „Präzedenzprinzipien" sind überaus wertvolle Ergebnisse dieser Forschungen, die ja auch in NAEFs grundlegenden Cephalopodenarbeiten bereits schöne Früchte getragen haben. Nur hüte man sich davor, aus der Not der Verwendung idealistisch-morphologischer Methoden eine Tugend zu machen und einer Renaissance der idealistischen Morphologie die Wege zu ebnen. Zusammenfassend können wir nunmehr feststellen: *Wo die phyletische Morphologie klare Verhältnisse geschaffen hat, ist die reine idealistische Morphologie überflüssig geworden. Nur da, wo es auch eine Diagnostik der anatomischen Verhältnisse gibt,* wie in der pathologischen Anatomie, *werden rein morphologische Beziehungen unabhängig von ihrer phyletischen Bedeutung stets ihren, wenn auch nur praktischen Wert behalten.*

Damit sind die Definitionsprobleme der reinen Morphologie erledigt. *Sie ist einmal eine praktische Disziplin, nämlich Diagnostik der systematischen und morphologischen Kategorien* und wird als solche *stets unentbehrlich* sein; *zum andern ist sie Propädeutik für Phylogenie und Formphysiologie.* Es ist daher noch auf alle Fälle notwendig, ihre eigene Logik unabhängig von Phylogenie und Physiologie zu entwickeln.


## 2. Einteilungsprobleme.

Wie die Erörterung der Definitionsprobleme nicht zu einer begrifflichen Definition führen konnte, so kann auch die nun folgende Diskussion der Einteilungsprobleme nicht eine inbegriffliche Einteilung ergeben. Ist doch alles Inbegriffliche exakt nur dadurch definiert, daß es nichts als implicite Konsequenz von Theorien ist. Liegt eine mehr oder weniger abschließende Theorie eines Gebietes vor, dann ist selbstverständlich aus dieser Theorie auch eine exakte

Definition und Einteilung des Gebietes ableitbar. Definiert und eingeteilt ist das betreffende Gebiet ja eben durch den Herrschaftsbereich der fraglichen Theorie. Definitions- und Einteilungsprobleme, wie wir sie bisher erörtert haben, haben daher nur da einen bestimmten Sinn, wo exakte deduktive Theorien in mathematischem Sinne noch nicht vorliegen. Das aber ist in der Biologie als Ganzes und den meisten ihrer Teildisziplinen der Fall. Hier liegen daher überall Definitions- und Einteilungsprobleme vor und haben den klaren Sinn, auf induktiver Grundlage Vorbereitungen abzugeben für eine künftige, exakte, inbegrifflich-deduktive Theorie der betreffenden Gebiete. In diesem Sinne ist auch die Erörterung der folgenden Einteilungsprobleme der reinen Morphologie gemeint.

Wir haben schon in den Einteilungsproblemen der gesamten Biologie zwei logische Haupttypen von Einteilungen unterschieden, die künstlichen und die natürlichen Einteilungen. Selbstverständlich ist die vollendete Einteilung die inbegriffliche, die aus einer deduktiven Theorie des betreffenden Gebietes folgt. Alle nicht auf dieser Basis ruhenden Einteilungen sind daher mehr oder weniger künstlich, respektive natürlich. Sie beruhen auf irgendwelchen willkürlich herausgegriffenen Momenten und sind um so natürlicher, je tiefer und allgemeiner die gewählten Momente in das betreffende Gebiet eindringen.

Wir haben ferner schon in den Definitionsproblemen dieses Abschnittes immer von zwei grundverschiedenen Teildisziplinen der reinen Morphologie gesprochen, von diagnostischer Systematik und typologischer Morphologie, und stehen nunmehr vor der Aufgabe, diesen Unterschied genauer zu formulieren, zu begründen und ihn weiter auszubilden zu einer Gesamteinteilung der reinen Morphologie, die, da es keine Gesamttheorie des Gebietes gibt, nur mehr oder weniger natürlich sein kann. Diagnostik und Typologie stimmen zunächst darin überein, daß sie beide auf rein deskriptiver Grundlage beruhen. Kausalität in physiologischer oder historischer Absicht hat in ihnen keinen Platz; infolgedessen verfährt die reine Morphologie auch nicht experimentell im Sinne Rouxs, d. h. des auf kausaler Fragestellung ruhenden Experimentes. Das hindert natürlich nicht, daß auch in der reinen Systematik mit Erfolg experimentiert wird, worauf besonders Tschulok (1910) aufmerksam gemacht hat. Aber einmal handelt es sich bei Experimenten dieser Art nicht um die Entscheidung rein diagnostischer Probleme, sondern um solche phylogenetischer Art (vgl. Braus 1906) oder aber, wenn das doch der Fall ist, benutzt die Diagnostik lediglich *Ergebnisse* der kausalen Morphologie zur Klassifikation der Organismen in logisch genau der gleichen Weise, wie sie Ergebnisse der Phylogenie, der

Ökologie, Biogeographie usw. benutzt. Das aber ist, wie auch TSCHULOK bemerkt (S. 192), kein Experimentieren mit eigenkausaler Fragestellung, wie in der Physiologie und infolgedessen durchaus verträglich mit dem logisch rein deskriptiven Charakter der Diagnostik. Die reine Typologie hingegen ist ihrem Wesen nach völlig frei von Kausalität und Experiment. In dem Moment, wo sie das Experiment einführen würde, würde sie ihren idealistischen Charakter aufgeben und Formphysiologie werden, genau so wie die Geometrie, wenn sie anfängt zu experimentieren, keine reine mathematisch-deduktive Geometrie mehr ist, sondern Physik.

Von dieser gemeinsamen theoretisch-deskriptiven Basis aus entfernen sich dann aber Diagnostik und Typologie in diametraler Richtung. Die Diagnostik verfolgt ein praktisches Ziel, die Typologie ein rein theoretisches. Diagnostik scheidet scharf durch Betonung der Unterschiede, Typologie verwischt die Grenzen durch Hervorhebung des Gemeinsamen, Ähnlichen. Wir werden die Aufgabe der Diagnostik genauer bestimmen als das Bestreben, alle organischen Formen, handele es sich um individuelle oder subindividuelle Ganzheiten, durch eine möglichst geringe Zahl von Merkmalen so zu bestimmen, daß sie jeder Zeit wiedererkannt und von allen andern unterschieden werden können. Eine so definierte Diagnostik zerfällt naturgemäß in zwei Unterabteilungen, die Diagnostik der Individuen oder reine Taxonomie und die Diagnostik der subindividualen Gebilde, der Organe, Gewebe, Zellen usw. Hierher gehören nach ihrem logischen Habitus auch die in der praktischen Medizin eine große Rolle spielenden Disziplinen der topographischen Anatomie und pathologischen Diagnostik[1]).

Die Typologie anderseits wird definiert als die Wissenschaft von den rein formalen Homologien und Metamorphosen aller individualen und subindividualen organischen Formen. Sie zerfällt ihrerseits wieder in zwei Teile, die hier im Gegensatz zu der praktisch-orientierten Diagnostik wie bei allen rein theoretischen Disziplinen in einen allgemeinen und einen speziellen Teil unterteilt werden. Die allgemeine Typologie ist identisch mit der klassischen oder ideali-

---

[1]) Sehr mit Recht hat BURCKHARDT (1903, S. 405) betont, ,,daß die Systematik der Teile des Individuums eine der der gesamten Individuen durchaus ebenbürtige Aufgabe für unsere Wissenschaft ist". Einige Zeilen tiefer erläutert er das folgendermaßen: ,,Trotz der Auflösung des Organismus in seine Teile und Teilchen, der Erschließung einer noch größeren Mannigfaltigkeit von Tatsachen, als sie die Individuen und ihre Verbände darboten, vernachlässigt die Zoologie die systematische Gruppierung dieser Tatsachen, unterschätzt das System, sobald es unter der Schwelle des Individuums seine Anwendung finden sollte, vergißt ihre Geschichte und ihre Werte." Wenn BURCKHARDT hier unter Systematik auch nicht gerade unsere Diagnostik versteht, so gelten seine Bemerkungen doch in gleicher Weise für diese.

stischen, also noch phylogenetisch neutralen vergleichenden Anatomie und Embryologie. Die speziellen Teile ziehen ihre theoretische Nahrung aus der allgemeinen Typologie und behandeln dementsprechend entweder als nicht weiter zu erörternde Teilkapitel der vergleichenden Anatomie und Embryologie einzelne Organsysteme vergleichend durch mehr oder weniger zahlreiche Organismengruppen hindurch, oder aber sie sind echte spezielle Anatomie und Embryologie und behandeln dann als solche einen bestimmten Organismus, z. B. den Menschen, immer aber nach den theoretischen Prinzipien und auf Grund der Einteilung und Ableitungen (Metamorphosen) der vergleichenden Anatomie und Embryologie. Zwischen Anatomie und Ontogenie besteht auf dem Boden der reinen Morphologie natürlich keinerlei logische Verschiedenheit[1]). Die Ontogenese ist nichts weiter als die Anatomie der werdenden Formen. Da auch die sog. fertigen Formen nur relativ fertig sind, da auch sie noch weiterhin „werden“, so ist der Unterschied zwischen ihnen auch in dieser Hinsicht kein prinzipieller, sondern ein kontinuierlicher, lediglich durch die Geschwindigkeit der Vorgänge bei werdenden und fertigen Formen bedingter. Diese Erwägung aber gehört schon in den Bereich der Formphysiologie.

Besonders interessant ist noch die Stellung des sog. *natürlichen Systems*, diesen Begriff ganz unphylogenetisch im idealistischen Sinne verstanden. Es fügt sich überaus harmonisch als Abschluß dem Gebäude der speziellen Typologie an. Wie aus der Diagnostik der Individuen diejenige der Subindividuen entstand, so geht in der Typologie der analoge logische Prozeß in umgekehrter Richtung vor sich. Hier ist die Anatomie das Primäre und die Individuologie das Sekundäre. Auf das Verhältnis von diagnostischer und typologisch-natürlicher Systematik gehen wir im nächsten Abschnitt genauer ein.

Auf Grund dieser Überlegungen können wir nunmehr folgende Tabelle von der Einteilung der reinen Morphologie geben.

Tabelle 13. *Einteilung der reinen Morphologie.*
(Rein formale, noch unkausale Wissenschaft von den organischen Formen.)

A. *Diagnostische Systematik:* Hinreichende Beschreibung der Formen als einmalig-besonderer zu praktischen Unterscheidungszwecken.
    I. *der ganzen Individuen: Diagnostische Taxonomie;*
   II. *subindividualer Teile: Diagnostische Anatomie und Embryologie:*
       a) der Zellen und infrazellularen Formen: *Diagn. Zytologie,*
       b) der Gewebe: *Diagn. Histologie,*
       c) der Organe: *Diagn. Organographie,*
       d) Anwendungen:
          1. *Diagn. pathologische Anatomie,*
          2. *Topographische Anatomie etc.*

---

[1]) Abgesehen von dem „Moment der vertikalen Ontogenese“, das aber unsere gegenwärtigen Kreise noch nicht stört.

B. *Typologie:* Theorie der formalen Homologien, Metamorphosen und des „natürlichen Systems" der organischen Formen.

   I. *Allgemeine Typologie: Deskriptiv vgl. Anatomie und Embryologie* (sowie der typolog. vgl. Physiologie).

  II. *Spezielle Typologie:*
     a) der werdenden Formen: *Theoret.-deskriptive Embryologie,*
     b) der fertigen Formen: *Theoret.-deskriptive Anatomie.*

Mikroskopische Anatomie $= \begin{cases} \end{cases}$
1. der Zellen und infrazellularen Formen: Formale *Zytologie,*
2. der Gewebe: Formale *Histologie,*
3. der Organe u. Organsysteme: *Makroskopische Anatomie,*
4. der Individuen: *„Natürliches System der Organismen",*
5. der überindividualen Gebilde — *„Gestalten", „Ganzheiten"* —: *Formale Biocönologie.*

Die *formale vergleichende Physiologie* war theoretisch vollkommen abhängig von der klassischen vergleichenden Anatomie. Sie bot ihr gegenüber logisch daher nichts Neues. Heute, wo sich das theoretisch-kausale Verhältnis zwischen Morphologie und Physiologie vollkommen umgekehrt hat, existiert sie nicht mehr und wird trotz moderner Restaurationsversuche von Naef (1919) und Ungerer (1922) auch nicht wieder ins Leben zurückgerufen werden können. Was an ihr lebensfähig war, ist in die moderne „vergleichende Physiologie" übergegangen, die eine rein physiologische Disziplin ist. Von der formalen vergleichenden Anatomie kann man, wie wir oben erfahren haben, leider noch nicht sagen, daß sie restlos in die kausale Morphologie aufgegangen ist. Solange das nicht der Fall ist, wird sie in der Logik der Biologie ihren theoretischen Platz behaupten müssen, weshalb Forschungen, wie die eben erwähnten von Naef und Ungerer für die Logik der Morphologie auch fernerhin von großer Bedeutung sind.

# Logik der Systematik.

## 1. Definitionsprobleme.

„Die Lücke fühlend, welche für das Studium der Zoologie aus dem bisherigen Mangel an einer Geschichte derselben entsteht, beschloß ich, mich an die Lösung dieser Aufgabe zu wagen und wählte zu meinem Gesichtspunkte das Wesentliche und gleichsam den Mittelpunkt derselben, die Darstellung aller Systeme, welche von ARISTOTELES an bis jetzt ans Licht getreten sind." Diese von SPIX (1811) geschriebenen Sätze beleuchten blitzartig die seitdem vollzogene Wandlung des biologischen Interesses. Vor hundert Jahren noch das „Wesentliche" der zoologischen Forschung, ist die Systematik heute zu ihrem Stiefkind herabgesunken. Gegenwärtig konzentriert sich das Hauptinteresse der Biologen auf die allgemeinen, formphysiologischen und allenfalls noch phylogenetischen und betriebsphysiologischen Probleme unserer Wissenschaft. Es macht sich allerdings allmählich eine heilsame Reaktion gegen allzu kritiklos betriebenes allgemeines Theoretisieren in der Biologie bemerkbar. Immer mehr bricht sich die Überzeugung Bahn, daß es nicht genügt, zur Lösung allgemeiner Fragen gute, experimentell prüfbare Probleme und Methoden zu besitzen; mehr als in der Physik und Chemie spielt in der Biologie das Objekt mit seiner Tücke eine ausschlaggebende Rolle. Sehr viele Untersuchungen sind falsch gedeutet worden, weil man das Objekt, seine individuellen Eigenschaften und seine Geschichte, nicht so kannte, wie es erforderlich gewesen wäre. Wenn diese Erkenntnis mehr als bisher Allgemeingut geworden sein wird, ist eine Erneuerung der Systematik die notwendige Folge. Allerdings sicher keine bloße Restauration, die wie auch sonst in der Geschichte zur Unfruchtbarkeit verurteilt wäre, sondern eine lebensfähige Neubildung der Systematik, die nicht nur auf reiner Morphologie oder Phylogenie, sondern in erster Linie auf formphysiologischer Basis ruhen wird. Die Tatsache, daß unsere erfolgreichsten Experimentatoren, wie DE VRIES, ROUX, BOVERI, KLEBS, SPEMANN, WINKLER, BAUR u. a., ihre schönsten Erfolge mit der experimentellen Durchforschung sehr weniger und immer derselben Objekte errungen haben, ist ein unübersehbarer Hinweis in dieser Richtung. Um so notwendiger ist es für eine Logik der Biologie, die logischen Grundlagen der Systematik, deren Wichtigkeit für die allgemeine Biologie in jüngster Zeit besonders NAEF in ausgezeichneten Arbeiten dargetan hat, nicht zu vernachlässigen.

Was man nun in der gegenwärtigen Biologie Systematik nennt, ist logisch kein einheitliches Gebilde. In ihm treffen vielmehr in Gegensatz und Ausgleich grundverschiedene Motive zusammen, rein theoretische und praktische. Diese Lage der Dinge kommt auch in deutlicher Weise in den zur Zeit üblichen Definitionen der Systematik zum Ausdruck. So bezeichnete v. WETTSTEIN kürzlich (1923³, S. 1) als die Aufgabe der Pflanzensystematik „die Feststellung der Pflanzen, welche jetzt existieren, sowie derjenigen, welche in früheren Epochen der Erdentwicklung lebten, und den Versuch, sie zu einem Systeme zu gruppieren, welches einerseits der wissenschaftlichen Forderung gerecht wird, eine Darstellung der entwicklungsgeschichtlichen Beziehungen der Pflanzen zueinander zu geben, anderseits dem praktischen Bedürfnisse nach Übersicht entspricht". BURCKHARDT schied die in der Systematik wirksamen praktischen und theoretischen Motive (1903, S. 396) in „analytische" und „synthetische". „So hat die zoologische Systematik von jeher zwei Richtungen des Forschens in sich enthalten, entsprechend ihrem Prinzip: genus proximum, differentia specifica, nämlich eine analytische, auf Feststellung der Art abzielende, und eine synthetische, die Klassifikation bezweckende." In offenbarem Anschluß an diese Worte BURCKHARDTs meint PLATE (1914, S. 102), es sei richtiger, die zoologischen Systeme „in praktische (analytische) und in wissenschaftliche (synthetische) einzuteilen. Die ersteren sind enger oder weiter gefaßte Bestimmungstabellen, welche die Formen nach wenigen, besonders auffälligen Merkmalen gruppieren, die letzteren suchen den vollen Gegensatz der Gruppen durch Aufzählung aller wichtigsten Eigenschaften zum Ausdruck zu bringen. Als dritte Gruppe wären die kombinierten Systeme anzusehen, welche die praktische und die wissenschaftliche Form zu vereinigen suchen". Während so v. WETTSTEIN und PLATE die Systematik für eine Kombination von praktischer Diagnostik und phyletischem System halten, BURCKHARDT hingegen es dahingestellt sein läßt, ob das die Diagnostik ergänzende Moment ein phylogenetisches oder ein rein Typologisch-Morphologisches ist, behandelt NAEF in seinen logisch gründlich durchdachten Arbeiten auch ganz besonders das Verhältnis von Diagnostik und Typologie. Während man gewöhnlich das natürliche System mit dem phyletischen identifiziert, behauptet NAEF, daß das letztere logisch in sekundärer Weise vom typologischen abhängig ist, und erforscht daher zunächst einmal die logischen Beziehungen zwischen Diagnostik und Typologie, ehe er das Verhältnis von Typologie und Phylogenie behandelt. Wir werden auf das letztere sehr bald in unserer Logik der Typologie einzugehen haben. Hier interessiert uns noch besonders die Frage des Verhältnisses von Diagnostik und Typologie. Naef definiert die typologische Systematik, die er ja für die natürliche hält, folgendermaßen (1917, S. 16/17): „Natürliche Systematik bezweckt die Ordnung der organischen Formen nach ihrer typischen Ähnlichkeit. Typische Ähnlichkeit besteht zwischen Naturformen, wenn dieselben sich in unserer Vorstellung durch stufenweise Abänderung aus einer gemeinsamen Urform, dem Typus, ableiten, d. h. entstanden denken lassen. Der Typus oder die Urform ist also diejenige gedachte Naturform, von der aus sich eine Kategorie ähnlicher [sc. Naturformen] auf sinngemäße Weise ableiten läßt, und zwar auf dem denkbar einfachsten Wege." Bei dieser natürlichen Systematik ist, wie man sieht, von irgendwelcher Abstammung keine Rede. Sie gibt exakt den Standpunkt der vordarwinschen vergleichenden Anatomen, der Cuvier, Goethe usw., wieder, die man heute die idealistischen Morphologen nennt. Das Verhältnis dieser idealistischen Systematik zur Diagnostik bestimmt Naef dann (1919, S. 22/23) folgendermaßen: „Diagnosen sind zwar für die schnelle Bestimmung notwendig, können aber durchaus nicht als ausreichende Charakteristik ... gelten ... Sie geben auch nie das lebendige Bild eines Naturwesens wie der Typus, sondern sind um so ärmer, je verschiedenartiger dieser Typus in einer Gruppe variiert ist; denn um so spärlicher sind die übrigbleibenden Merkmale. — Es können die allerwesentlichsten Merkmale des Typus bei abgeleiteten Formen verändert, verwischt oder verschwunden sein und müssen also in der Diagnose fehlen ... Aus der Fassung des Typus ergibt sich nämlich ohne weiteres eine Reihe von formalen Beziehungen innerhalb derselben, eine Ordnung, ein Rangverhältnis ... Unter der Diagnose ist alles gleich." Diese Zitate mögen genügen, um die Definitionsprobleme, die eine moderne Logik der Systematik naturgemäß beschäftigen müssen, hinreichend zu kennzeichnen. Versuchen wir nun, diese Probleme in ihrem ganzen Umfange so exakt wie möglich zu definieren, so gelangen wir zu folgenden Fragen:

*1. Gibt es eine als logisch reines und selbständiges Gebilde wohlcharakterisierbare Systematik oder ist diese nur eine logisch gemischte Disziplin?*

*2. Wenn diese Frage positiv erledigt werden kann, wie verhält sich dann unsere Systematik erstens zur typologischen und zweitens zur phylogenetischen Systematik?*

Aus den bisherigen Darlegungen ist ohne weiteres ersichtlich, daß von einer Systematik, die nicht mit Typologie und Phylogenie identisch ist, nur gesprochen werden kann, wenn man sie mit dem, was wir Diagnostik genannt haben, identifiziert. Selbstverständlich gibt es auch eine Systematik, die sich auf den Ergebnissen der Typologie und der Phylogenie aufbaut, wie man ja auch eine Systematik auf Biogeographie, Ökologie oder gar Physiologie gründen kann. Aber zum Unterschied von der reinen Diagnostik handelt es sich hier allemal um Systematiken, die nicht um ihrer selbst willen aufgebaut, die logisch also nicht selbständig, sondern abhängig sind. Sie verwerten lediglich Ergebnisse der genannten, taxonomisch gänzlich neutralen und ganz andere, sei es vergleichend anatomische, sei es historische, sei es physiologisch-kausale Ziele verfolgenden Wissenschaften. *Die Diagnostik allein ist reine Systematik, treibt diese um ihrer selbst willen.* Es ist notwendig, sich diesen Sachverhalt besonders deutlich vor Augen zu halten, gerade *weil die gewöhnliche Systematik eben nicht reine Diagnostik, sondern eine Kombination von Phylogenie, Typologie und Diagnostik ist.* Überhaupt sind in der Naturwissenschaft logisch reine Typen von Theorienbildungen überaus selten, weshalb eine Logik der Naturwissenschaft und ganz besonders der Biologie um so mehr die oft recht schwierige Aufgabe zu erfüllen hat, das Logisch-Komplexe und Kombinierte in seine logisch-reinen Komponenten aufzulösen.

Die diagnostische Systematik entspringt genau wie die analytische Chemie einem ungemein starken und wichtigen praktischen Bedürfnis. Die Zahl der als solche wohl charakterisierbaren organischen Individuen ist Legion. Es ist daher, wenn die Biologie ihre rein theoretischen, physiologischen oder historischen Aufgaben lösen will, zunächst einmal unbedingt notwendig, die organischen Individuen, mit denen der Physiologe und der Phylogenetiker arbeiten, jederzeit mit aller Exaktheit identifizieren zu können. Diese praktische Aufgabe löst die Diagnostik. Gleichwohl ist sie deshalb ebensowenig wie ihre genannte chemische Schwester eine rein praktische Disziplin in dem Sinne, wie man die technischen oder klinisch-medizinischen Fächer praktische Disziplinen nennt, obschon auch diese wie alle normativen Disziplinen ihre theoretische Seite haben. Man muß aber unterscheiden zwischen solchen praktischen Disziplinen, deren Praxis lediglich oder doch nicht zuletzt für die Theorie da ist, und solchen praktischen Wissenschaften, deren Theorie und Praxis beide nur der Praxis dienen sollen. Zu den ersteren gehören unsere diagnostische Systematik und die analytische Chemie, zu den letzteren die gewöhnlichen technischen und klinischen Fächer. Diagnostik aber, die, wenn auch indirekt, um der Theorie willen betrieben wird, ist insoweit selber Theorie, als sie ihre Motive nur wieder rein theoretischen Disziplinen entnehmen kann. Das werden wir von unserer Diagnostik schon sehr bald genauer erkennen, wenn wir die ihr zugrunde liegenden Empirismen und Apriorismen erforschen. Alles in allem wollen wir zunächst einmal festhalten, daß von Systematik im logisch reinen und autonomen Sinne nur als Diagnostik gesprochen werden kann, und uns dabei bewußt bleiben, daß damit eine rein logische Feststellung gemacht ist, die ihre Berechtigung nur ihrem Erfolge verdankt und die selbstverständlich in keiner Weise dem bisherigen gemischten Betriebe von Phylogenie und Diagnostik entgegentreten kann und will. Auf Grund dieser in den folgenden Paragraphen noch zu bewährenden These läßt sich biologische Systematik nunmehr exakt folgendermaßen definieren: *Systematik ist Diagnostik als solcher wohl charakterisierbarer organischer Individuen, handele es sich nun um ganze Individuen oder um Teile von ihnen;* sie bezweckt daher, die genannten Individuen durch möglichst kurze, aber ausreichende Beschreibung so zu charakterisieren, daß vorgelegte neue Individuen jederzeit entweder mit bereits bekannten identifiziert oder dem diagnostischen System als neue Glieder dort eingefügt werden können, wo es mit einem Minimum von individueller Beschreibung geschehen kann. Zunächst stehen wir nun vor der Aufgabe, den Begriff der Diagnostik gegen Typologie und Phylogenie, die auch vollständige Einteilungen aller Organismen liefern, exakt abzugrenzen. Auf die analogen Beziehungen zur Physiologie, Ökologie, Biogeographie usw. brauchen wir hier bei den Definitionsproblemen nicht einzugehen, da es bisher niemandem eingefallen ist, die Einteilung der Organismen *lediglich* auf eine von diesen Disziplinen zu gründen. Die Rolle aber, die sie als Hilfsdisziplinen der Diagnostik spielen, wird in dem Kapitel über die Apriorismen zur Diskussion kommen.

Nicht selten besteht nun zwischen der diagnostischen und der typologischen Einteilung der Organismen weitgehendste Identität der Ergebnisse. Das ist natürlich immer dann der Fall, wenn sich, was sehr häufig ist und in praxi dahin geführt hat, keinen prinzipiellen Unterschied zwischen Diagnostik und Typologie zu machen, diagnostische und typologische Untersuchungen auf die gleichen Merkmale stützen. Dann wird gewöhnlich, wenn auch nicht immer, geschweige denn notwendigerweise, die typologische Einteilung der Merkmale, die diese in kontinuierlich abgestuften Ähnlichkeitsreihen ordnet, identisch mit der diagnostischen, die um jeden Preis nur differentielle Unterschiede zum Einteilungsprinzip macht, allerdings nicht Besonderheiten schlechthin — dann würde nie eine Identität diagnostischer mit typologischen Merkmalsreihen zustande kommen —, sondern Besonderheiten in ganz bestimmter Reihenfolge, in derjenigen nämlich, die für jedes Individuum mit einem Minimum von individueller Deskription auskommen will. Nur so verstandene Diagnostik kann und wird gewöhnlich, wenn die gleichen Merkmale vorliegen, mit einer typologisch-orientierten identisch in ihren Ergebnissen sein. Immerhin sind auch unter diesen günstigsten Bedingungen Abweichungen nicht eben selten, denn dasselbe Merkmal spielt naturgemäß eine andere Rolle, wenn es zur Feststellung von Ähnlichkeiten verwandt wird, als wenn es Unterschiede konstatieren soll. Besteht somit schon keine notwendige, höchstes eine zufällige und durchschnittliche Identität zwischen Diagnostik und Typologie, selbst wenn es sich um die Klassifikation der gleichen Merkmale handelt, so werden beide Gebiete völlig divergent, wenn die zugrunde liegenden Merkmale verschieden sind. Das fällt dann besonders auf, wenn neue Formen auftreten und nun typologisch und diagnostisch verwertet werden sollen. Mit Recht bemerkt NAEF (1919, S. 23/24) dazu: ,,Das Bekanntwerden neuer Formen kann den Bestand einer Diagnose jederzeit weiter einschränken, da die Variationsbreite einer Gruppe nicht begrenzt ist. Die Typen werden dagegen durch Erweiterung unserer Kenntnisse immer nur bereichert, falls die neuen Formen sich nicht ohne weiteres anschließen." Alles in allem kommt man so zu dem Resultat, daß *Übereinstimmungen zwischen Diagnostik und Typologie, mögen sie auch noch so häufig sein, nicht auf logischer Notwendigkeit beruhen, sondern, wenn auch nicht zufällig, so jedenfalls völlig gegeneinander kontingent sind.* Kontingent sind ja auch die Ziele beider Disziplinen; denn die Feststellung von Ähnlichkeiten zwischen Merkmalsgruppen und damit die Aufstellung von Typen ist logisch völlig verschieden — also auch nicht nur eine korrelative Ergänzung — von der Konstatierung der Unterschiede. Gewiß ist dasjenige, was von einem Merkmalskomplex übrigbleibt, wenn alles Ähnliche ausgesondert ist, das Verschiedene, sofern wir von dem uns hier nicht interessierenden Neutralen absehen, aber die strukturelle Anordnung unserer beiden Merkmalsklassen ergibt verschiedene Bilder, wenn wir sie nach dem Prinzip der Ähnlichkeitstypen vornehmen, oder wenn wir scharfe Scheidungen herausheben.

Zu einem entsprechenden Ergebnis wie bei der Erforschung der logischen Beziehungen zwischen Diagnostik und Typologie kommen wir auch, wenn wir nun das Verhältnis von diagnostischer und phylogenetischer Systematik betrachten. Auch hier ist es nicht ausgeschlossen, daß die Ergebnisse beider Organismensysteme, selbst in ganz speziellen Verhältnissen, manchmal genau übereinstimmen. PLATE erwähnt hier als typisches Beispiel den Fall von PILSBRY, der (PLATE 1914, S. 102/103) ,,ein mustergültiges System der Chitonen aufgestellt hat, wobei er sich in erster Linie an die Charaktere der Schale, daneben auch an einige Merkmale des Fußes und der Kiemen hielt. Als ich dies nach allgemeiner Auffassung wohl künstliche System durch sehr umfassende anatomische Studien nachprüfte, fand ich, daß die Pilsbryschen Familien und Unterfamilien dieser Ordnung der Weichtiere durchaus natürlich waren". Es sei bemerkt, daß Plate hier unter „natürlich" phylogenetisch versteht. Das geht aus folgenden, kurz vorher geschriebenen Worten Plates hervor (S. 100/01), die zugleich zeigen, daß auch er in dem Falle Pilsbrys eine überaus seltene Ausnahme erblickt. Plate sieht nämlich den Unterschied zwischen dem „künstlichen" (diagnostischen) und natürlichen (phyletischen) System darin, „daß das künstliche System die Einteilung auf Grund irgendeines willkürlich herausgegriffenen Merkmals oder Prinzips vollzieht und dadurch zu unnatürlichen Gruppen gelangt, während bei dem natürlichen System möglichst alle wichtigen Organisationszüge Berücksichtigung finden und auf Grund dieser genaueren Analyse nur solche Arten zu einer systematischen Kategorie vereinigt werden, welche miteinander blutsverwandt sind, sich also von derselben Stammform ableiten. Das natürliche System hat daher einen phyletischen Charakter." In ganz ähnlicher Weise äußert sich auch v. Wettstein (1913, S. 993/94) über das gegenseitige Verhältnis der in Rede stehenden Disziplinen. Die Phylogenie zielt nach ihm auf „Überbrückung von Unterschieden", „Aufdeckung des Gemeinsamen zwischen verschieden erscheinenden Typen" und ergibt „nebeneinander verlaufende Entwicklungslinien". Die Systematik dagegen verlangt „möglichste Hervorhebung der Unterschiede", ferner „eine Aufeinanderfolge der unterschiedenen Typen". Zusammenfassend meint er dann: „Solange das System beiden Aufgaben zugleich zu dienen hat, ... wird man damit rechnen müssen, daß manche phylogenetischen Erkenntnisse sich im Systeme nicht entsprechend ausdrücken lassen, man wird anderseits eine Abschwächung der Übersichtlichkeit des Systems als eine Folge des Ausdruckes wissenschaftlicher Erkenntnisse mit in Kauf nehmen... Je mehr wir natürliche Entwicklungsreihen konstruieren können, desto schwieriger muß es sein, durchgreifende Unterschiede zwischen den Gruppen festzustellen." Als Beispiel führt v. Wettstein dann an: „Solange der Generationswechsel der Gymnospermen nicht aufgeklärt war, solange man die fossilen Übergangsformen zwischen Pteridophyten und Gymnospermen nicht kannte, war es leicht, die Unterschiede zwischen diesen beiden großen Gruppen anzugeben, ja gerade zwischen diese beiden Gruppen fiel eine der Hauptscheidewände des Systems. Heute ist es geradezu schwer, die Unterschiede zwischen den genannten Gruppen zu präzisieren" (ebda.). *Somit besteht auch zwischen diagnostischer und phyletischer Systematik vollkommene logische Kontingenz.* So weitgehende Übereinstimmungen wie im Falle PILSBRYs werden hier stets große Seltenheiten bleiben; nur die Grundlinien des phyletischen Systems werden aller Wahrscheinlichkeit nach von der Diagnostik immer übernommen werden, aber nicht aus den historisch-theoretischen Motiven der Phylogenie heraus, sondern ganz einfach deshalb, weil diese großen phyletischen Grundschemata auch für die praktische Diagnostizierbarkeit mit einem Minimum von individueller Deskription benutzt werden können. Wenn v. WETTSTEIN jedoch früher (1898, S. 1) meinte, die alte Aufgabe der Systematik, „eine möglichst klare und eine rasche Orientierung zulassende Übersicht über die bisher bekanntgewordenen Pflanzen zu geben", erscheine „seit dem Zeitpunkte, in dem deszendenztheoretische Erwägungen in der Botanik Eingang fanden, uns als eine, Resultate von allgemeinerem Werte nur vorbereitende", so können wir dem nur zustimmen, wenn damit gesagt sein soll, daß die Diagnostik als solche rein theoretische Ziele nicht verfolgt, vielmehr nur praktisches Mittel zum Zweck der Theorie ist; wir werden diese Worte aber ablehnen müssen, wenn sie etwa bedeuten sollen, daß organische Verhältnisse, die phylogenetisch völlig geklärt sind, damit auch eo ipso taxonomisch erledigt sind, eine besondere Diagnostik für sie also entbehrt werden kann. Wir sind vielmehr der Ansicht, *daß Phylogenie und Systematik grundverschiedene Aufgaben verfolgen, daß beide heute nur deshalb noch so eng liiert auftreten, weil die Phylogenie, sowieso ein Stiefkind der modernen Biologie, bisher eben nur der Systematik wegen getrieben worden ist und sich auf ihre eigentlichen, rein historischen Aufgaben erst ganz neuerdings, z. B. bei NAEF, zu besinnen anfängt.* Je mehr man *Phylogenie um ihrer selbst willen,* d. h. schließlich um der Geschichte willen und im logischen Rahmen der allgemeinen Historie, treiben wird, desto mehr wird man erkennen, *daß sie mit der reinen Systematik im Grunde nicht eben viel mehr zu tun hat wie auch die Physiologie,* desto notwendiger und bewußter wird auch Systematik im Sinne der Diagnostik getrieben werden müssen. Weit entfernt daher, sie in sich aufzusaugen, wird die sich ihres eigentümlichen historischen Charakters immer deutlicher bewußt werdende Phylogenie auch die als Diagnostik logisch gereinigte Systematik immer mehr zur Geltung bringen. Denn ohne vorhergehende einwandfreie Diagnostik kann die Phylogenie so wenig wie die Physiologie mit Erfolg ihre Studien treiben[1]).

---

[1]) DRIESCH drückt in scharfer, der Phylogenie wenig günstiger Form ähnliche Gedanken aus, wenn er sagt: „Das Problem der Systematik ist durch-

## 2. Einteilungsprobleme.

Es ist eine alte, immer wieder neu konstatierbare, logische Erfahrung, daß die leitenden Ideen und allgemeinen Prinzipien, die ursprünglich in einem begrenzten Wissensgebiet aufgestellt worden sind und seinen Rahmen zusammenhalten sollen, sehr bald selbst über diesen Rahmen hinauszuwachsen anfangen und ihren Herrschaftsbereich zu erweitern streben. Das gilt naturgemäß auch in ganz besonderem Maße von den an sich logisch ja ziemlich primitiven Prinzipien der Diagnostik, die allerdings gerade deshalb für eine weite Verbreitung im Reiche menschlicher Wissenschaften prädestiniert erscheinen. So brauchen wir uns auch nicht zu wundern, wenn die biologische Diagnostik nicht bei der Taxonomie der ganzen Organismen stehengeblieben ist, in der sie zuerst in einer Weise logisch vervollkommnet worden ist, daß sie in der hier erhaltenen Gestalt als allgemein logisches Paradigma für diagnostische Einteilungen überhaupt benutzt wird. So sind die Prinzipien der Diagnostik der ganzen Organismen auch durchaus übertragbar auf die Diagnostik der Teile derselben, wofür ja auch die Existenz so wichtiger Wissenschaften wie der pathologisch-anatomischen, der klinischen Diagnostik, der topographischen Anatomie usw. hinreichend deutliche Beweise liefern. Man kann daher R. BURCKHARDT (1903, S. 405) nur beistimmen, wenn er meint, „daß die Systematik der Teile des Individuums eine der der gesamten Individuen durchaus ebenbürtige Aufgabe für unsere Wissenschaft ist". Wenn er jedoch weiterhin klagt: „Trotz der Auflösung des Organismus in seine Teile und Teilchen, der Erschließung einer noch größeren Mannigfaltigkeit von Tatsachen, als sie die Individuen und ihre Verbände darboten, vernachlässigt

---

aus unabhängig von der Stellung zur Deszendenztheorie. Die Frage nach dem Sosein, der Einzelausprägung der Naturdinge und nach seiner Bedeutung bleibt aber als solche bestehen, ganz gleichgültig, ob alle Spezies als erschaffen oder als auseinander nach heute unbekannten Prinzipien der Umwandlung hervorgegangen betrachtet werden. Die Verschiedenheit des Soseins ist doch in beiden Fällen gleichermaßen da! Begriffe sind zeitlos, und insofern das Sosein der Spezies durch Begriffe dargestellt wird, ist auch dieses Sosein zeitlos — trotz aller Deszendenzlehre, die wir selbst für eine wahrscheinliche Hypothese halten. Was würde wohl ein Chemiker sagen, wenn man ihm zumuten würde, nur diejenigen Verbindungen systematisch zu verwerten, welche unter den biologischen Bedingungen von heute dauernd stabil wären! Für ihn gibt es sogar Verbindungen, die er noch nie darstellte. Mit dem Problem des ‚es gibt‘ in diesem Sinne allein hat es Systematik zu tun. Das übersieht meist die heutige systematische Forschung ... und deshalb darf man mit Recht sagen, daß die Deszendenztheorie die Systematik verdorben habe" (1910², S. 54/55). Diese Äußerung geht natürlich viel zu weit. Im Ernst möchte wohl niemand mehr die Fülle wertvoller historischer Erkenntnis entbehren, die wir der Erforschung des phyletischen Systems der Organismen verdanken. Man muß sich nur darüber klar werden, daß sie etwas ganz anderes will und ist als die diagnostische Systematik und diese daher auch nicht ersetzen kann.

die Zoologie die systematische Gruppierung dieser Tatsachen, unterschätzt das System, sobald es unter der Schwelle des Individuums seine Anwendung finden sollte, vergißt ihre Geschichte und ihre Werte", so ist diese Klage doch nur zum Teil berechtigt, nur soweit nämlich, als es tatsächlich an guter Diagnostik der Gewebe und Organe fehlen sollte; soweit jedoch die Diagnostik der ganzen Organismen in Frage kommt, ist infolge des sie beherrschenden Ökonomieprinzips eine Heranziehung der schwieriger zugänglichen, subindividuellen Merkmale nur so weit nötig, als die makroskopischen Daten eine exakte, individuelle Deskription nicht gestatten. Immerhin haben wir in dem Prinzip des Ganzen und der Teile die Maxime gefunden, die wir zur Einteilung unserer biologischen Diagnostik verwenden können. Wir erhalten dann folgende Übersicht:

Tabelle 14. *Einteilung der diagnostischen Systematik.*
(Hinreichende Klassifikation organischer Individuen als solcher:)

I. *Ganzer Organismen* als Individuen: *Taxonomie:* (Die Unterteilung erfolgt nach den im Abschnitt über die Apriorismen der Diagnostik entwickelten Prinzipien.)

II. *Individueller Teile* von ganzen Organismen:
*Diagnostische Anatomie und Embryologie:*
1. der Zellen und infrazellularen Formen: *Diagnostische Zytologie,*
2. der Gewebe: *Diagnostische Histologie,*
3. der Organe: *Diagnostische Organographie.*

   *Anwendungen* von II sind:
1. *Diagnostische pathologische Anatomie,*
2. *Topographische Anatomie usw.*

Ausdrücklich bemerkt sei, obschon es sich nach dem Vorhergegangenen von selbst versteht, daß diagnostische Zytologie, Histologie und Organographie in ihrer Einteilung von derjenigen der normalen Zytologie, Histologie und Organologie genau so abweichen, wie sich diagnostische Systematik von phylogenetischer und typologischer unterscheidet. Diagnostische Zytologie usw. ist also etwas ganz anderes als normale Zytologie usw. Die letztere ist eine rein theoretische Disziplin ohne jede praktische Aufgabe und verfährt bei der Lösung ihrer Probleme entweder typologisch, phylogenetisch oder physiologisch; die diagnostische Zytologie usw. dagegen löst, allerdings wieder um indirekt theoretischer Ziele willen, derjenigen, nämlich der normalen Zytologie usw., zunächst praktische Aufgaben und klassifiziert ihre Objekte genau so nach dem Ökonomieprinzip der individuellen Deskription, wie es die Taxonomie tut. So sind auch diagnostische Zytologie, Histologie und Organographie unentbehrliche Voraussetzungen und Hilfsdisziplinen für den normalen, rein theoretisch eingestellten Betrieb dieser Wissenschaften.

### 3. Empirismen.

Wenn wir nunmehr zum ersten Male ein Problem berühren, das uns im Verlaufe dieser Untersuchungen noch sehr oft, in jeder biologischen Einzeldisziplin nämlich, wieder begegnen wird, ist es wohl angebracht, über dies wichtigste Teilproblem realwissenschaftlicher Logik zunächst etwas Allgemeines zu sagen, welches das schon in der Einleitung hierzu Gesagte weiterführend ergänzt. Wir wollen das tun an dem Beispiel der theoretischen Physik als dem logisch vollkommensten Typus naturwissenschaftlicher Theorienbildung. Hier dürfen wir hoffen, mit einem Minimum von Mühe und einem Maximum von Einsicht Klarheit zu erhalten über die Rolle empirischer Momente, kurz gesagt der *Empirismen,* in der logischen Struktur naturwissenschaftlicher Theorienbildung.

Wir gehen dabei aus von einem logischen Erfahrungssatz, einer nach jahrhundertelangen Bemühungen um die logischen Grundlagen der Realwissenschaften gewonnenen Erkenntnis, die mir berufen scheint, in der Logik dieser Wissenschaften die gleiche axiomatische Rolle zu spielen wie etwa das Parallelenaxiom in der Geometrie oder das Permanenzprinzip in der Arithmetik. Jedenfalls ist es möglich, auf dieser Grundlage über die Logik naturwissenschaftlicher Theorienbildung einige Sätze exakt zu formulieren, die an apodiktischer Strenge und Gültigkeit hinter den viel gerühmten Sätzen der mathematischen Logik in keiner Weise zurückstehen und in der Lage sind, endgültig den gern gehegten Wahn zu zerstören, daß es in der Philosophie absolut sichere und bindende Erkenntnis nicht gebe, hier vielmehr alles und jedes Sache des persönlichen Geschmackes und willensmäßiger Entscheidung sei.

Der von uns gemeinte logische Erfahrungssatz von axiomatischer Gültigkeit lautet: *jede realwissenschaftliche Theorie ist eine in jedem Einzelfalle typische Kombination von empirischen und apriorischen logischen Momenten.* Unser Axiom klingt wie die meisten seiner Geschwister natürlich ziemlich banal; daß es aber auch deren wichtigste Eigenschaft, Ausgangspunkt exakter, universaler Wissenschaftsbildung zu sein, teilt, wird uns im Verfolg dieser Studien noch deutlicher werden. Unser Satz ist ein Ergebnis der von KANT begründeten kritischen Philosophie; nur hat diese bisher nicht seinen konstitutiven Charakter erkannt, geschweige denn benutzt, auf ihm eine neue, deduktive Logik zu gründen, um diese Wissenschaft so definitiv von ihrem Eklektizismus, der ihr logisches Gesicht trotz HUSSERL und der Phänomenologie immer noch verschleiert, zu befreien und in Kantischem Sinne auszubauen. Viel mehr hat sich der Kritizismus bisher darauf beschränkt, unser Axiom immer nur gegen empiristische und rationalistische Übergriffe sicherzustellen.

Solche Apologie ist gewiß unbedingt notwendig; denn auch nach KANT wird sich der metaphysische Teil der Philosophie niemals bei dem in unserem Axiom ausgesprochenen logischen Dualismus, über den mit den Mitteln der Logik auf keine Weise hinausgegangen werden kann — sonst wäre unser Satz ja auch kein Axiom! —, beruhigen, sondern auch in Zukunft stets versuchen, die empirischen und die apriorischen Momente wenigstens metalogisch auf eine einheitliche Grundlage zu stellen. Das kann einmal dadurch geschehen, daß man auf dem Wege des *Empirismus* versucht, auch alle Apriorismen letzten Endes als von Empirismen ableitbar hinzustellen, oder dadurch, daß in der Weise des *Rationalismus* umgekehrt alle Empirismen aus Apriorismen abgeleitet werden. Die dritte Möglichkeit, eine Plattform zu finden, die gewissermaßen eine Stufe höher liegt als die Empirismen und Rationalismen, diesen gegenüber also eine neutrale Synthese darstellt, aus der sie beide deduziert werden können, besteht zur Zeit nur in der Idee; es hat bei tieferem Durchdenken dieser vom Kritizismus wohl zu unterscheidenden Möglichkeit wenig Wahrscheinlichkeit, mehr als eine neue metaphysische Scheinlösung zu erlangen, an denen ja leider kein Mangel herrscht.

Der *Empirismus* nun, der in klassischer Weise in der englischen Philosophie von LOCKE über BERKELEY und HUME bis MILL in seltener Konsequenz ausgebildet worden ist, muß letzten Endes scheitern an der nicht wegzuleugnenden Tatsache der Möglichkeit, rational-apodiktischer Erkenntnis in der Mathematik. Nicht besser ergeht es dem in unseren Tagen typisch von COHEN und seiner Schule vertretenen *Rationalismus*, der niemals über die Tatsache kontingenter Naturkonstanten hinwegkommen wird, die doch stets mehr bleiben werden als mathematische Unbekannte. Nur der allerdings von der Naturwissenschaft erstrebte Grenzfall, alle zur Zeit noch kontingenten physikalischen Konstanten schließlich rein mathematisch aus einer einzigen universalen Weltkonstante abzuleiten[1]), könnte den Ausgleich von Empirismus und Rationalismus bringen, beide aus der Welt schaffen und die erwähnte gemeinsame Plattform logisch realisieren. Denn wenn es nur noch eine einzige Naturkonstante gibt, hat diese selbstverständlich ihre Kontingenz verloren. Damit hätte dann zwar der Empirismus seinen Stachel eingebüßt, der Rationalismus aber ebenso die Möglichkeit weiterer Betätigung, ohne sein Ziel völlig erreicht zu haben. Denn die letzte universale Konstante ist, wenn

---

[1]) Man denke etwa an HILBERTS (1915/17) Weltgleichungen, die aber noch mehrere Empirismen verwenden.

auch nicht mehr kontingent gegen andere Konstanten, so doch immerhin noch eine Konstante, etwas Notwendiges, aber mathematisch Unableitbares[1]), ein empirisches mathematisches Axiom. Wir brauchen
aber nicht zu befürchten, daß dieser Grenzfall, in dem alle Logismen
fast identisch werden, jemals eintritt; hätte er doch die endgültige
Vollendung aller unserer Wissenschaft zur Voraussetzung, vor der
uns die allen Rationalisierungsversuchen immer noch geschickt durch
ein Hintertürchen entweichende Natur schon bewahren wird.

Es bleibt uns somit nichts anderes übrig, als unseren Satz von
der naturwissenschaftlichen Theorie als einer jedesmal typischen Kombination von empirischen und apriorischen Momenten als eine logische
Tatsache von axiomatischer Bedeutung zu formulieren, wenn anders
wir die theoretische Logik überhaupt auf ein festes Fundament stellen
und sie vor uferlosen Philosophismen bewahren wollen. Empirismus
und Rationalismus haben aber immerhin das nicht gering zu beurteilende Gute, daß sie zu immer erneuter Überprüfung derjenigen
Logismen antreiben, die als jeweils letzte Empirismen und Apriorismen bezeichnet werden. Nachdem unser logisches Axiom so als
solches gesichert ist, wollen wir nunmehr darangehen, aus ihm zwei
Sätze abzuleiten, die für die gesamte logische Lehre von den Empirismen von grundlegender Bedeutung sind.

Allerdings wollen wir sie nicht streng more geometrico ableiten,
das ist vielmehr eine Aufgabe der deduktiven Logik, die hier nicht
beabsichtigt ist; wir werden uns an dieser Stelle damit begnügen, an
einigen physikalischen Beispielen ihre Bedeutung und Wirksamkeit
zu erweisen; und zwar entnehmen wir unsere Beispiele der elementaren Physik, an der wir das, worauf es uns ankommt, ebenso gut
demonstrieren können wie an den kompliziertesten theoretischen
Systemen der modernen Physik.

Die elementare Theorie der Gase wird beherrscht von der allgemeinen Gasgleichung: $P \times V = R \times T$, wo $P$ den Gasdruck, $V$ das
Volumen und $T$ die absolute Temperatur bedeutet, während $R$ eine
für alle Gase geltende Naturkonstante darstellt. $P$, $V$ und $T$ bestimmen zwar auch empirische Momente und sind nach einmal definierter Einheit meßbare Größen, aber sie sind keine Naturkonstanten,
vielmehr können sie in gleicher Weise definiert werden, wie man in
der Geometrie den Kreis oder die Ellipse definiert. $R$ dagegen ist
eine regelrechte Naturkonstante, ein echtes Empirisma, das wir nicht
nach Belieben definieren können, das wir vielmehr als solches einfach
hinnehmen müssen. Zwar ändert sich der zahlenmäßige Wert von $R$,

---

[1]) Also ein Idealempirisma cf. AD. Meyer: Kontingenzerscheinungen ... 1926.

wenn wir die willkürlichen Definitionen von $P$, $V$ und $T$ variieren, wenn aber $P$, $V$ und $T$ einmal in bestimmter Weise festgesetzt sind, ist es unserem Belieben absolut entzogen, den Wert von $R$ zu bestimmen. Wir müssen ihn empirisch feststellen und als solchen hinnehmen, wenn anders wir von unserer Gasgleichung überhaupt Gebrauch machen wollen. Jedes echte Empirisma ist kontingent, ist logisch invariant gegenüber den Transformationen, die wir mit den definierbaren Empirismen — $P$, $V$, $T$ — vornehmen. Ein anderes Beispiel gibt uns die klassische Gravitationstheorie NEWTONS, für die die bekannte Formel

$$k = G \cdot \frac{m \cdot m_1}{r^2}$$

gilt. $m$, $m_1$ und $r$ sind hier wieder definierbare, unechte Empirismen und $k$ ist aus der vorliegenden Gleichung ableitbar. $G$ dagegen ist wie $R$ eine echte Naturkonstante, kann daher nur empirisch ermittelt und muß als solche bestimmt werden, damit man mit der NEWTON-schen Theorie überhaupt etwas anfangen kann. In gleicher Weise wie $R$ und $G$ sind nun alle existierenden Naturkonstanten beschaffen. Sie sind kontingent und logisch invariant gegenüber ihren mathematischen Transformationen und müssen einfach hingenommen werden. Ihren logischen Ausdruck findet diese Erkenntnis in folgendem ersten Theorem der Lehre von den Empirismen:

I. *Alle echten Empirismen sind im Rahmen ihrer Theorie gegeneinander und gegen die Apriorismen derselben Theorie logisch invariant, also kontingente Gebilde.*

Nun stehen aber bekanntlich nicht alle echten Naturkonstanten logisch auf gleicher Stufe. Es gibt mehr oder weniger spezielle und ganz allgemeine sog. universale Naturkonstanten (E. WARBURG 1915). Das Atomgewicht eines bestimmten chemischen Elementes oder die Umlaufsgeschwindigkeit eines Planeten sind spezielle Konstanten, unsere beiden $G$ und $R$ hingegen sind bekanntlich generelle Konstanten; denn $G$ gilt für alle Naturkörper und $R$ gilt für alle Gase. Nun kann man eine ganze Anzahl von speziellen Konstanten aus allgemeinen ableiten, natürlich immer nur dann, wenn die Theorie, in der die speziellen Konstanten als kontingente Gebilde vorkommen, selbst aus einer allgemeineren Theorie mit allgemeineren Empirismen abgeleitet werden kann. In diesem Falle, also nur in dem Rahmen dieser allgemeineren Theorie haben dann unsere speziellen Konstanten der spezielleren Theorie ihre Kontingenz, also ihre Konstanteneigenschaft verloren. Sie sind rationalisiert oder apriorisiert und durch neue, universalere Empirismen, eben die Konstanten der allgemeinen Theorie, ersetzt worden. *Eine naturwissenschaftliche Theorie ohne alle Konstanten ist nach dem Grundaxiom aller realwissenschaftlichen Logik ja nicht möglich.* Deshalb mußten wir hinsichtlich der Kontingenz der Empirismen die Einschränkung machen, daß sie nur in dem Rahmen der jeweils fraglichen Theorie gilt. Die Invarianz aller Empirismen gegen die Apriorismen ihrer Theorie ist eine Angelegenheit, die sich ebenfalls unmittelbar aus der Fassung unseres Grundaxioms der Logik ergibt. Beispiele für die Ableitung spezieller Empirismen aus allgemeineren lassen sich in der Physik in Menge finden. So kann man aus der allgemeinen Gravitationskonstante etwa die spezielle Fallbeschleunigung auf der schiefen Ebene mit leichter Mühe errechnen, wenn nur diese selber genau definiert ist. Oder man kann die KEPPLERschen Gesetze als Spezialfälle nachweisen, die aus der NEWTONschen Gravitationstheorie und der Theorie der Zentrifugalbewegung ableitbar sind. Ob wir nun solche elementaren Fälle betrachten, oder ob wir erwägen, wie z. B. HILBERT aus den Konstanten seiner Weltgleichungen ganz spezielle, sonst nur aus der Chemie bekannte Eigenschaften der Naturkörper ableitet, logisch haben wir immer den gleichen Vorgang: die Ableitung spezieller Empirismen aus allgemeinen auf Grund universalerer Theorien.

Dieser überall in der Physik wahrnehmbare Prozeß der Ableitung spezieller Empirismen aus universalen Naturkonstanten ist nun keineswegs zufällig und absichtslos. Vielmehr liegt ihm ein ganz bestimmtes Prinzip zugrunde, mit dem die theoretische Naturwissenschaft steht und fällt, und in dem wir den zweiten allgemeinen Grundsatz der Lehre von den Empirismen gefunden haben. Es ist das von MACH aufgestellte und erkenntnispsychologisch gedeutete Ökonomieprinzip, das in einwandfreier Weise in der Lehre von den Empirismen — es wird uns in analoger Form auch in der Theorie der Apriorismen wieder begegnen — folgendermaßen definiert werden kann:

II. *Die Zahl der* in der realwissenschaftlichen Theorienbildung *unbedingt notwendigen Empirismen* (universalen Naturkonstanten) *ist auf ein Minimum zu beschränken.*

Dieses Ökonomieprinzip würde seine Wirksamkeit dann abgeschlossen haben, wenn es, wie in dem schon erwähnten idealen Grenzfall, nur noch eine einzige universale Naturkonstante gäbe, aus der sich alle übrigen auf rein mathematischem Wege errechnen ließen. Dieser Fall wird, wie ausgeführt, wahrscheinlich nie eintreten.

Diese beiden Prinzipien der *Kontingenz und der Ökonomie der Empirismen* sind in allen Typen naturwissenschaftlicher Theorienbildung in gleicher Weise wirksam, mag es sich nun um die in der Physik herrschende Form der mathematischen Theorie, die wir in der Biologie überall in der Physiologie erstreben und hin und wieder schon haben, handeln oder um die ihr entgegengesetzte, rein qualitative, historische Theorie, wie wir sie in der Phylogenie haben, oder um Mischformen beider, die in der Ökologie, Biogeographie usw. vorkommen.

In der uns zur Zeit beschäftigenden diagnostischen Systematik gibt es qualitative und quantitative Empirismen, deren apriorischer Verband jedoch bisher noch stets ein rein qualitativer ist. Möglich, daß die Vererbungslehre uns später einmal instand setzt, für die einzelnen Individuen und ihre mehr oder weniger selbständigen Organe genotypische Konstitutionsformeln aufzustellen und so an die Stelle der bisherigen qualitativen Apriorismen der diagnostischen Systematik quantitative zu setzen, deren logischer Habitus dann sicherlich die meiste Ähnlichkeit mit demjenigen der organisch-chemischen Konstitutionsformeln haben wird. Doch zunächst ist es unsere Aufgabe, die Empirismen der gegenwärtigen Diagnostik zu erforschen. Wir haben somit die Frage zu beantworten: *welches sind die letzten empirischen Einheiten, von denen die diagnostische Klassifikation ausgehen muß?* Sind es die alten LINNÉschen Arten oder verlangt der Fortschritt der biologischen Wissenschaften, besonders der Vererbungslehre, nach einer neuen, schärfer formulierten, empirischen Einheit, etwa der ,,reinen Linie" JOHANNSENs, der ,,isogenen Einheit" LEHMANNs, den ,,Plektokonten" LOTSYs oder der ,,Geno-Spezies" resp. des ,,Isoreagenten" RAUNKIAERs usw.? Wir berühren hier die letzten und tiefsten Probleme der *Artfrage* und glauben, keine wesentliche Seite des Problems, wie es heute liegt, zu übersehen, wenn wir sie auf folgende, wohl zu unterscheidende Formulierungen bringen:

1. *Sind die ,,Arten" Realitäten oder bloße Begriffe?* Gibt es überhaupt systematische Kategorien, die Realitäten sind? Was heißt überhaupt in diesem Zusammenhang Realität?

2. *Können die Arten, oder was etwa an ihre Stelle zu setzen ist,* so *eindeutig definiert werden,* daß sie als empirische Grundbegriffe in allen Zweigen der Biologie verwendet werden können? Oder arbeiten die verschiedenen biologischen Wissenschaften mit gänzlich verschiedenen und gegeneinander kontingenten Empirismen? Ist das letztere der Fall, *wie sind dann diese verschiedenen Einheiten zu definieren und wie verhalten sie sich logisch zueinander?*

Man sieht, es sind eine Fülle von Teilproblemen, die sich in den beiden großen Artproblemen, der *Frage nach der Realität und nach der Definition der Arten* verbergen; und obschon uns an dieser Stelle die Artfrage nur so weit interessiert, als sie für die taxonomische Diagnostik eine Rolle spielt, sind wir doch genötigt, an dieser Stelle schon unser Problem im ganzen, in allen seinen Beziehungen zu allen biologischen Wissenschaften aufzurollen. Wir werden uns dafür dann später um so kürzer fassen können.

Gegenwärtig werden über unsere beiden Probleme die heterogensten Ansichten vertreten. Hinsichtlich der Frage der *Realität der Arten* ist die zumeist vertretene Ansicht, daß die Arten Realia sind; sie wird z. B. von Plate (1914) verfochten. Während dagegen die überartlichen systematischen Kategorien von Plate für bloße Begriffe gehalten werden, schreiben Alex. Braun und Haeckel auch diesen Realität zu. Den ganz entgegengesetzten Standpunkt, nach dem alle systematischen Kategorien einschl. der Arten reine Begriffe sind, hat u. a. E. Lehmann (1913/14) in seiner bekannten Polemik mit Lotsy (1913/14) eingenommen. Nicht minder groß ist der Gegensatz der Ansichten in der Frage der Definition der Arten. Im allgemeinen ist man hier zwar darüber einig, daß es eine ganz bestimmte Definition gibt, die für *alle* biologischen Disziplinen gilt. Die Art der vorgeschlagenen Definition freilich fällt ganz verschieden aus, je nach dem Wissensgebiet, von dem der einzelne Autor herkommt. Reine Systematiker definieren anders als Phylogenetiker, und diese wieder anders als die modernen Vererbungsforscher. Aus diesem Tohuwabohu hat Raunkiaer (1918) neuerdings den Schluß gezogen, daß es unmöglich ist, die Art so zu definieren, daß die gleiche Definition für Systematik und Vererbungslehre brauchbar ist. Er stellt dementsprechend zwei logisch grundverschiedene Einheitsbegriffe auf, die „Genospezies" für die Genetik und den „Isoreagenten" für die Systematik. Wir sind der Ansicht, daß Raukiaer mit dieser Trennung der Begriffe und Bedürfnisse auf dem rechten Wege ist. Allerdings genügen unseres Erachtens diese zwei kontingenten Definitionen noch nicht, um die Bedürfnisse *aller* biologischen Disziplinen zu befriedigen; wir meinen, daß die Biologie gegenwärtig *vier* verschiedene kontingente Artbegriffe verwendet, die allesamt unentbehrlich sind. Sie verteilen sich auf die Phylogenie, die diagnostische Systematik (Taxonomie) und die Vererbungslehre, die sogar zwei verschiedene Artbegriffe benutzt. Nur auf dieser Grundlage ist es möglich, die eben geschilderten Gegensätze besonders auch in der Realitätsfrage, soweit sie auf berechtigten Erwägungen beruhen, miteinander auszugleichen und damit den bestehenden Wirrwarr in der Artfrage, wenn auch nicht zu beseitigen, so doch logisch so weit zu klären, daß künftig bessere Verständigungsmöglichkeit besteht. Von einer Logik der Biologie mehr zu verlangen, wäre auch unbillig; die Logik ist ihrem Wesen nach ja immer nur in der Lage, Gegensätze zu klären und so scharf wie möglich zu definieren. Die Beseitigung von Gegensätzen ist schließlich immer nur der Tatsachenforschung möglich, vorausgesetzt natürlich, daß es sich um wirkliche und nicht eingebildete Gegensätze handelt.

Wenn wir nun daran gehen wollen, die Realitätsfrage zu prüfen, die uns schon deshalb an dieser Stelle ganz besonders interessiert, weil wir hier von Empirismen handeln, so wird es nötig sein, uns zuvor ganz genau darüber klar zu werden, was wir denn eigentlich meinen, wenn wir von einem Dinge sagen, es sei realexistierend. Nun kann man bekanntlich alle Begriffe in zwei Klassen ordnen, einmal in solche, die reale Gegenstände charakterisieren, und in solche, die wieder Begriffe durch Begriffe beschreiben und untereinander subsumieren. Letzten Endes fußen alle diese Begriffe von Begriffen natürlich auf den Begriffen von Realitäten. Mögen nun die Philosophen, welche meinen, daß Realität unmittelbar erlebt werden kann, recht haben oder nicht, die Logik kann damit jedenfalls nichts anfangen. Sie hat es immer nur mit irgendwie beschriebener und charakterisierter Realität zu tun, d. h. mit *Begriffen* von Realem. Die Frage der Artrealität können wir daher folgendermaßen formulieren: *ist die Art ein Begriff von etwas Realem oder ein Beriff von Begriffen?* So betrachtet sind alle höheren, genauer überartlichen Kategorien der Diagnostik jedenfalls keine realen Begriffe, sondern reine Begriffe[1]) (Begriffe von Begriffen); denn die Klassendiagnose eines Säugetieres läßt sich als solche, d. h. allein aus dem logischen Rahmen der Klasse heraus, nicht auf ein einzelnes Säugetier übertragen. Man muß dann vielmehr noch alle unterklassigen, immer spezialisierter werdenden systematischen Kategorien bis zum Artbegriff hinzunehmen. Dann hat man aber nicht die Klassendiagnose auf das betreffende Säugetier übertragen, sondern nur seine nach oben bis zur Klasse erweiterte Artdiagnose. Die Frage ist für uns nun eben die, *ob die Artdiagnose ohne Überschreitung ihres logischen Rahmens auf einen realen Organismus übertragen werden kann*, ob mit andern Worten sie logisch von allen höheren taxonomischen Kategorien unterschieden werden und so als Begriff von etwas Realem konstituiert werden kann.

*Was meinen wir nun, wenn wir von einem Begriff sagen, er sei ein realer Begriff?* Damit kommen wir zum Kernpunkt unserer gegenwärtigen Diskussion. Wenden wir uns in unserer Not zunächst an die Philosophen, dann finden wir eine höchst seltene und erfreuliche Übereinstimmung darüber, daß zu den wesentlichen Kennzeichen eines realen Objektes eine bestimmte, raumzeitliche Lokalisation gehört. Alles Reale ist nach DRIESCH (1923[2]) ein „Hierjetzt". Alsbald aber setzt dann der Streit der Meinungen und Standpunkte ein, sowie die Frage nach der materialen Charakteristik dieser Hierjetzts auf-

---

[1]) Daß HAECKEL's oben wiedergegebene Ansicht deshalb noch nicht falsch ist, werden wir sehr bald bei Betrachtung des „Phylons" sehen. HAECKEL dachte eben nicht diagnostisch, sondern phyletisch.

taucht; denn das Wirkliche ist eben nicht ein Formallogisches, sondern das gerade Gegenteil davon, eben ein Wirkliches. Wenden wir uns dann an die empiristisch orientierten Positivisten, so erfahren wir: die letzten „Elemente" (Mach) des Wirklichen, die letzten Gegebenheiten, „Gignomene" (Ziehen 1913), sind Gebilde, die etwa unseren Sinnesempfindungen entsprechen, wobei man sich jedoch vor jedem Sensualismus hüten muß; denn wenn wir tatsächlich behaupten wollten, diese letzten Elemente des Wirklichen seien Sinnesempfindungen, dann würden wir schon viel zu viel behaupten, wir würden die ganze Sinnesphysiologie unseren Elementen hypostasieren, während sie doch u. a. auch diese logisch tragen sollen. Die Rationalisten ihrerseits behaupten, daß die Hierjetztcharakterisierung der Wirklichkeit noch selbst eine oder gar mehrere logische Funktionen — Anschauungsformen bei Kant — enthalten, daß das Wirkliche im Grunde nichts anderes ist als das $X$ einer mathematischen Gleichung, das wir von Fall zu Fall nach bestem Vermögen bestimmen müssen. Wir haben uns somit bisher im Kreise bewegt, wir wollten wissen, an welchen tatsächlichen Merkmalen man das Reale erkennen kann, und haben statt dessen Theorien über das Reale vorgesetzt erhalten.

Die reine Erkenntnistheorie kann uns nicht weiter helfen. Aber vielleicht dürfen wir hoffen, nachdem sie wenigstens unseren Blick für das, worauf es bei Realem ankommt, geschärft hat, wenn wir uns nun wieder an die eigentlichen Realwissenschaften, die Naturwissenschaft und die Geschichte, zurückwenden, hier definitive Auskunft zu erlangen. Die Hierjetzt-Eigenschaft des Realen, über die sich die Philosophen einig waren, kann uns dabei als Führer dienen.

Fragen wir zunächst die klassische Naturwissenschaft, die Physik. Wir haben zu Beginn dieses Abschnittes gesehen, daß in jeder physikalischen Theorie zwei logisch verschiedene Momente einheitlich verbunden sind, Empirismen und Apriorismen. Empirismen treten in physikalischen Theorien immer in einer sehr exakt formulierten logischen Gestalt auf: sie sind identisch mit den Naturkonstanten. In dieser Form verwendet die Physik die Hierjetzts. Nun wissen wir aber ferner, daß alle Empirismen Kontingenzen sind, daß sie im Rahmen ihrer Theorie einmalig, unwiederholbar, unableitbar, kurz einfach gegeben und hinzunehmen sind. Damit haben wir ermittelt, *daß alles Reale, alle Hierjetzts dann als solche in den Realwissenschaften verwendbar sind, wenn sie kontingente Eigenschaften haben.* Kontingenz ist für uns das einzige, hinreichend deutliche Kriterium zur Entscheidung der Frage, ob ein Begriff ein solcher von etwas Realem ist oder von etwas Abstraktem. Die weitere Untersuchung, welche logischen Funktionen noch ferner bei der Formung der Kontingenzen aus Erlebnissen zu Begriffen wirksam sind — und sie sind ohne Zweifel wirksam —, können wir getrost der Erkenntnistheorie überlassen. Unseren Bedürfnissen ist völlig Genüge geschehen, wenn wir wissen, daß die in den Realwissenschaften vorkommenden Realitätsbegriffe immer Begriffe von Kontingenzen sind. *Wenn ein Begriff somit etwas Kontingentes charakterisiert, ist er ein Realbegriff.*

Ist nun die Art etwas Kontingentes, etwas einfach Hinzunehmendes und nicht weiter Ableitbares, oder ist sie mit DEDEKIND ($1911^3$) zu sprechen, wie alles Rationale, alle reinen Begriffe eine mehr oder weniger „freie Schöpfung des Geistes", etwas der Konvention mehr oder minder Unterliegendes? Da stehen wir vor neuen Schwierigkeiten. Wenn die Arten Naturkonstanten im Sinne der theoretischen Physik, quantitativ exakt meßbare Größen wären, dann wäre die Frage entschieden. Nun aber sind sie ohne Zweifel Begriffe, die als Ganzes, wenn man auch manche ihrer Eigenschaften messen und in Zahlen angeben kann, qualitative Einheiten sind. So erhebt sich die Frage, *ob es auch Qualitäten gibt, die Kontingenzen sind?*

Antwort werden wir am ehesten bei derjenigen Realwissenschaft finden, die wie keine sonst eine Wissenschaft von Qualitäten ist, in deren Theoriengefüge Quantitäten nicht die mindeste Rolle spielen, nämlich die Historie. Die realen Gegenstände, von denen sie handelt, sind immer Qualitäten; und wenn sie selbst die Größe eines Bismarck schildern will, so meint sie damit weder seine Körperlänge, noch will sie sagen, daß er etwa x mal größer sei als Wallenstein, oder daß er ebenso groß sei wie Goethe — dergleichen ist fast zu sinnlos, um auch nur davon zu reden —, sondern sie meint auch dann qualitative Größe. Welches sind nun die *letzten* Realitäten, die Empirismen der Geschichte? Das sind ohne Zweifel, soweit die Menschheitsgeschichte in Frage kommt, die menschlichen Individuen. Zwar sind auch historische Gebilde wie Familie, Volk, Nation, Staat, Heer, Krieg, auch kulturelle Größen wie Wissenschaft, Kunst, Religion usw. individuelle Gebilde, aber sie sind keine Realitäten im selben Sinne wie die Menschen, sie sind gleichsam ideale Individuen. Was an Realität in ihnen steckt, haben sie nur der Tatsache zu verdanken, daß es Menschen gibt, die in ihnen, für sie und durch sie leben, die sie geschaffen haben, an ihnen sich modeln und ihre ideale Existenz weiterspinnen. Gibt es keine Menschen mehr, dann gibt es *realiter* auch keine Mathematik mehr, dann existiert diese nur noch im Reiche der platonischen Ideen, um in dem Augenblick, wo ein reales Individuum die Blicke seines Geistes wieder zu ihnen emporrichtet, zu neuem Leben zu erstehen und dann allerdings die ihnen eigentümlichen idealen Beziehungen dem realen Wesen wieder aufzuzwingen. So hat v.Uexküll (1919) vollkommen recht, wenn er meint, daß die Wissenschaft nur so lange existiert, als es Menschen gibt, die sich mit ihr beschäftigen, er hat aber nicht recht, wenn er darauf einen beliebigen Subjektivismus gründen zu können glaubt. Die ideale Welt existiert nicht real, aber sie zwingt das reale Individuum, daß sich ihr hingibt, in ihren Bann und drängt es, mit seinen realen Kräften die reale Welt nach ihrem idealen Bilde zu formen. Wenn wir somit auch annehmen müssen, daß die höheren, die idealen historischen Mächte, nur so weit real sind, als sie von realen Individuen getragen werden, so ist damit selbstverständlich nicht gesagt, daß man die idealen historischen Individuen summativ oder so ähnlich aus den realen Individuen ableiten könnte. Der Staat als solcher ist logisch mehr als die Summe seiner Individuen, wird z. B. durch Gesetze bestimmt, die man aus den für das Einzelindividuum geltenden moralischen Gesetzen vergeblich abzuleiten versuchen würde. Ebenso ist die Wissenschaft nicht identisch mit der Summe der Forscher. Diese bestimmt nur die Macht ihrer Realität, nicht ihre Idealität. Soviel zur Vermeidung naheliegender und oft gemachter Irrtümer. Für uns genügt es, *im realen Individuum das qualitative Empirisma gefunden zu haben*, das wir brauchen. Wenn das so ist, muß das reale Individuum auch den beiden Gesetzen Genüge leisten, die wir oben als für alle Empirismen verbindlich erkannt haben, den Gesetzen von der Kontingenz und der Ökonomie der Empirismen. Zunächst einmal sind alle realen Individuen in der Tat Kontingenzen. Sie sind einmalig, unwiederholbar und nicht im geringsten auseinander ableitbar; und das nicht nur im Rahmen desselben Theoriengefüges, wie die quantitativen Empirismen der Physik, die aus universaleren Empirismen universalerer Theorien exakt ableitbar sind und eben deshalb keine *Individuen* sind, sondern schlechthin absolut kontingent. *Etwas Kontingenteres als das reale Individuum ist undenkbar!* Wohl kann man reale Individuen wie die Genies in Typen ordnen, aber es gibt kein einziges Individuum, das sich in jeder Hinsicht dem Typus einfügte, es sei denn, daß der Typus nach seinem Bilde geformt ist. Dann aber ist er schon kein Typus mehr.

Hier nun ergibt sich uns ein deutlicher Unterschied zwischen realen und idealen Individuen. *Nur von den realen Individuen gilt unser Satz, daß sie Kontingenzen schlechthin und für alle Fälle sind,* und bestätigt damit aufs glänzendste die Brauchbarkeit des Kontingenzprinzips als Realitätskriterium. Die idealen Individuen sind nicht kontingent, auch nicht, wie die Naturkonstanten, im Rahmen ihrer Theorie. Die verschiedenen Arten von Verfassungen z. B. sind durchaus ableitbar im streng logischen Sinne aus der allgemeinen

Theorie der Verfassung, wenn eine solche Ableitung tatsächlich oft auch außerordentlich schwierig ist. Ideale Individualität ist somit nur eine scheinbare Individualität. Sie besagt im Grunde nur, daß die höheren historischen idealen Gebilde nicht aus niederen in der Weise summativ-kausal, wie das in der Physik so oft, wenn auch durchaus nicht so ausschließlich, wie DRIESCH meint (1921), möglich ist, abgeleitet werden können, daß sie vielmehr echte Gestalten im Sinne von v. EHRENFELS (1890), und zwar historische Gestalten (AD. MEYER 1923) sind. Dementsprechend werden in der Historie die niederen idealen Gebilde nicht selten aus den höheren historisch abgeleitet. Das ist nichts anderes als die positive Wendung der Erkenntnis, daß z. B. der Staat mehr ist als alle seine Individuen.

Wir haben somit festgestellt, daß die Individuen — damit sind in Zukunft stets nur noch reale Individuen gemeint — kontingent im höchsten Maße sind. So genügen sie unserem ersten Grundsatz der Lehre von den Empirismen, der eigentlich nur eine Definition ist. Von den Individuen gilt aber auch der zweite Empirismensatz. Es wird daher keinem Forscher einfallen, in seiner Theorienbildung mehr Individuen zu verwenden, als eben nötig für das jeweilige theoretische Ziel sind. Das ist ein Ergebnis logischer Erfahrung. Endlich sei noch erwähnt, daß auch das Individuum wie die Naturkonstante ein Hierjetzt ist, ein Logisma also, bei dessen Formung noch allerhand komplizierte logische Funktionen beteiligt sein können. Deren Untersuchung geht uns indessen hier nichts an. Uns genügt die nun wohl hinreichend logisch fundierte Erkenntnis, daß *Kontingenz ein ausreichendes Realitätskriterium* ist, und zwar Kontingenz in beiden möglichen Formen als relative oder Rahmenkontingenz (Naturkonstanten) — d. h. also im Rahmen bestimmter Theorien — und als absolute oder Kontingenz schlechthin (Individuum), wie Tabelle 15 zusammenfassend zeigt. *Das Individuum ist ein echter Realitätsbegriff und das von uns gesuchte qualitative Empirisma.*

Tabelle 15. *Kriterium der Realität (Kontingenz):*

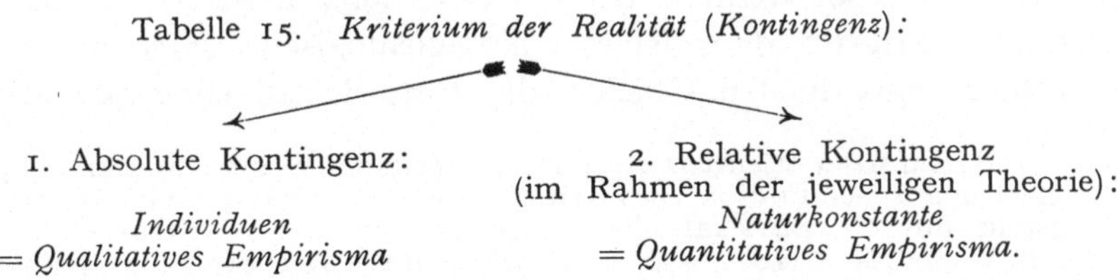

| 1. Absolute Kontingenz: | 2. Relative Kontingenz (im Rahmen der jeweiligen Theorie): |
|---|---|
| *Individuen* | *Naturkonstante* |
| = *Qualitatives Empirisma* | = *Quantitatives Empirisma.* |

Damit gewinnt das Problem der Artrealität, für das wir alle diese Überlegungen angestellt haben, folgende exakte Formulierung: *die Arten sind dann Realbegriffe, wenn ihre Diagnosen direkt, ohne Zuhilfenahme artfremder logischer Kategorien auf Individuen anwendbar sind*[1]). Wir werden nun zu untersuchen haben, ob das immer, gar nicht oder nur manchmal der Fall ist. Da diese Prüfung selbstverständlich eine solche der einheitlichen oder multiplen, d. h. in den einzelnen Teilen der Biologie identischen oder verschiedenen Artdefinitionen ist, setzt die Lösung unseres Realitätsproblems die des Artdefinitionsproblems voraus oder schließt sie vielmehr ein. Wir werden daher nunmehr so vorgehen, daß wir die einzelnen Gebiete der Biologie der Reihe nach vornehmen, die jeweils adäquate Artdefinition suchen, alsdann prüfen, ob sie auch für die anderen biologischen Disziplinen gilt, und erst, wenn das alles geklärt ist, für die jeweils vorliegende Artdefinition die Realitätsfrage stellen.

Wenden wir uns zunächst zur *Phylogenie*, um die in ihr gültige Arteinheit zu bestimmen. Die Phylogenie ist nichts als die Geschichte aller organischen Individuen[2]), die je gelebt haben, jetzt leben und künftig leben werden. Es kann daher kein Zweifel darüber bestehen, daß die Phylogenie es mit realen Individuen zu tun hat, mögen sie nun rezent oder fossil sein. Diese Eigenschaft muß daher auch im phylogenetischen Artbegriff tonangebend zum Ausdruck kommen. Was sind phyletische Arten? *Die Phylogenie eines bestimmten Individuums ist seine Genealogie.* Natürlich hat die Phylogenie, um ihr Ziel zu erreichen, nicht nötig, die Genealogie sämtlicher organischer Individuen zu erforschen; sie trifft vielmehr eine Auswahl, deren Kriterien wir alsbald in der Logik der Phylogenie zu entwickeln haben. Wenn die Deszendenztheorie richtig ist, und wir haben keinen Grund daran zu zweifeln, da gerade das phyletische und vergleichend anatomische Beweismaterial für sie erdrückend ist, obschon die Physiologie und Vererbungslehre, insbesondere die Domestikationsforschung, bisher keine befriedigende kausale Erklärung der Artdeszendenz haben geben können, vielmehr sich immer deutlicher herauszustellen scheint (Klatt 1923), daß die Faktoren der Rassen und Varietätenentstehung nicht ohne weiteres auf die Artentstehungen übertragbar sind, wenn also die Deszendenztheorie trotzdem unbebedingt richtig ist, dann ist es eine genealogische Tatsache, daß die einzelnen individuellen Glieder, die Empirismen einer phyletischen

---

[1]) B. Erdmann orientiert 1894 das Kriterium der Artrealität an dem Bilde der mechanistischen Physik. Dies Kriterium ist für unsere Zwecke zu eng, da es höchstens auf die physikalischen Naturkonstanten anwendbar ist.

[2]) Wenn Baur (1922, 5/6, S. 33/34) meint: „Der Begriff Individuum ist ja bei der Mehrzahl der Pflanzen wegen der spontanen vegetativen Vermehrung oder der doch künstlich leicht möglichen Teilung und Vermehrung durch Stecklinge gar nicht aufrechtzuerhalten", so hat er natürlich recht, meint aber nicht den Begriff Individuum, sondern den davon verschiedenen der Person. Selbst wenn die meisten Pflanzen Kolonien usw. von Personen sind, sind sie darum doch individuell verschieden. Wie könnte es sonst eine Systematik der Pflanzen geben?

Reihe, verschiedenen individuellen Arten angehören. Es ist daher nicht erlaubt, den taxonomischen Artbegriff ohne weiteres mit dem phyletischen zu identifizieren. *Die Arteinheit der Phylogenie umfaßt individuell verschiedene taxonomische Arten*, während die letzteren sich immer gleichbleiben und von aller Genealogie völlig unabhängig sind. Diesen Unterschied des phyletischen und taxonomischen Artbegriffes hat NAEF (1919, S. 45) sehr lebendig in folgende Worte gefaßt: „Die Deszendenztheorie führt ihrem Wesen nach zur Aufhebung des Artbegriffs im allgemeinsten Sinne. Denn wenn die lebenden Organismen, die heute als art-verschieden dastehen, gemeinsame Vorfahren haben, sind sie eben eigentlich einer Art. — Falls wir aber an eine monophyletische Herkunft der Lebewesen denken (wie ich tue), so gibt es letzten Endes nur eine einzige Art von solchen." Ein Jahr früher hatte schon RAUNKIAER (1918) betont, daß Genealogie bei der Bestimmung des diagnostischen Artbegriffes („Isoreagent" in seiner Terminologie) keinerlei Rolle spielt (S. 240): „Ein Isoreagent kann aber auch verschiedenartigen Ursprung haben; der Isoreagent R R B B S S kann z. B. nicht nur durch Kreuzung zwischen RR bb SS und RR BB ss entstehen, sondern auch durch Kreuzung zwischen RR bb SS und rr BB ss, sein Ursprung ist dann heterophyletisch." Oder S. 235: „Es ist also nicht das genealogische Prinzip, die Beurteilung der Nachkommenschaft, sondern das Gleichheitsprinzip, worauf die Einheiten der Systematik beruhen, und das einzig und allein . . . Die Deszendenzlehre ist für die Systematik nicht absolut notwendig, diese ist aber für die Deszendenzlehre notwendig." In der bekannten Polemik zwischen LEHMANN und LOTSY (1913/14), ob die „reine Linie" oder die „isogene Einheit" die richtige Artdefinition ist, hat auch schon LEHMANN mit denselben Argumenten wie später RAUNKIAER gegen LOTSY gekämpft. Da wir jedoch alsbald feststellen werden, daß weder die reine Linie noch die isogene Einheit für Phylogenie und Taxonomie zu gebrauchen sind, obschon tatsächlich im Gegensatz dieser Begriffe der zwischen der phyletischen und taxonomischen Einheit bestehende wiederkehrt, so habe ich davon abgesehen, die Ausführungen LEHMANNs hier heranzuziehen. Somit können wir als ein erstes Ergebnis festhalten, daß die *Arteinheit der Phylogenie fundamental von derjenigen der Taxonomie verschieden ist.* Damit in Zukunft die auf die Nichtbeachtung dieses Momentes zurückgehenden, zahllosen Mißverständnisse in der Behandlung der Artfrage vermieden werden, schlage ich vor, die Verschiedenheit der Begriffe auch terminologisch zum Ausdruck zu bringen und die genealogisch orientierte Einheit der Phylogenie in Zukunft im Anschluß an HAECKEL (1866) *Phylon* und die der Taxonomie *Taxon* zu nennen. Also: *Phyla sind dann identisch, wenn sie der gleichen genealogischen Reihe angehören, einerlei an welcher Stelle sie stehen.*

Nun erhebt sich die Frage, ob die Phylogenie tatsächlich die Stammesgeschichte jedes einzelnen organischen Individuums, dessen sie habhaft werden kann, untersuchen soll, oder ob sie die Feststellung ihrer Phyla auf bestimmte Individuen beschränken kann und nach welchen Kriterien sie diese auswählen soll. Schon bei der Ermittlung der Genealogie eines einzelnen Phylons ergeben sich Schwierigkeiten, die eine Auswahl bestimmter Phyla nötig machen; denn bekanntlich hat jedes Individuum $2^{n-1}$ Vorfahren, wobei $n$ die Zahl der Generationen bedeutet. Die Kenntnis der genotypischen Konstitution aller dieser Vorfahren würde von Interesse sein für die Ermittlung der Beschaffenheit der reinen Linien, für die Feststellung der Geschichte, der Phylogenie aber genügt es, wenn aus jeder Generation ein Phylon ermittelt ist. Dann ist die Genealogie phylogenetisch exakt genug. Wenn so nun auch die Phyla einer zu untersuchenden phyletischen Reihe auf ein genealogisches Minimum reduziert werden können, ist dennoch die Erforschung aller derart eingeschränkten genealogischen Reihen[1]) immer noch eine unerträgliche Belastung der Phylogenie. Nach welchem Kriterium sollen nun die Phyla ausgewählt werden, deren Erforschung genügt, um ein lückenloses Bild von der Geschichte der Organismen zu gewinnen? Damit ist der Punkt erreicht, wo die Taxonomie der Phylogenie zur Hilfe kommen kann, und es sich zeigt, daß tatsächlich, wie bekanntlich schon u. a. Burckhardt, Tschulok, Naef, Ungerer und Raunkiaer behauptet haben, die Phylogenie die Systematik nötig hat, ohne daß zugleich das umgekehrte Verhältnis unbedingt bestehen muß. Daß es jedoch tatsächlich und mit Nutzen für die Systematik besteht, werden wir im nächsten Kapitel über die Apriorismen der Systematik festzustellen haben. Da nämlich die Taxa nichts anderes sind als eben die Letztphyla aller in einem bestimmten phyletischen Moment, der nach Jahrtausenden gemessen wird, existierenden phyletischen Reihen, die sich miteinander fruchtbar fortpflanzen, so kann sich die Phylogenie durchaus darauf beschränken, die Phylogenie der Taxa zu erforschen. Dabei ist es auch erlaubt, aus der Genealogie dieser Taxa an irgendeiner Stelle der phyletischen Reihe in die chronologisch kongruente Stelle der Genealogie eines anderen Taxons hinüberzuspringen, sofern dieses mit dem ersten Taxon in Fortpflanzungsgemeinschaft steht, d. h. sofern die beiden Taxa als solche identisch

---

[1]) Die formal-logischen Eigenschaften und Gesetze aller apriorisch möglichen genetischen Reihen sind in ausgezeichneter Weise erforscht von K. Lewin (1922).

sind, ohne darum also dieselbe Genealogie haben zu müssen. Es ist dann durchaus die Hypothese erlaubt, *daß die Genealogien aller zum selben Taxon gehörenden Phyla identisch sind,* d. h. dieselbe Geschichte haben oder uns, miteinander verglichen, nichts historisch Neues lehren. *Man sieht, die Phylogenie kann sich tatsächlich weitgehend von der Genealogie emanzipieren.* Insofern hat RAUNKIAER (S. 234) durchaus recht, wenn er sagt: ,,Deszendenz wird nicht durch unmittelbare Genealogie bestimmt." Es würde jedoch durchaus verkehrt sein, daraus den Schluß ziehen zu wollen, daß die Phylogenie mit Genealogie gar nichts zu tun habe. Das würde vollkommen falsch sein. *Genealogie ist selbstverständlich die letzte, exakte Grundlage aller Phylogenie.* Nur kann diese durch zwei erlaubte Hypothesen, die wir soeben kurz angedeutet haben und die in der Logik der Phylogenie genauer dargestellt werden, weitgehend aus der Fülle der Genealogien auswählen. Auf Grund dieser Hypothesen können wir einen Unterschied machen zwischen genealogischer und phyletischer Reihe, ohne allerdings zu vergessen, daß die phyletische Reihe nur eine nach bestimmten taxonomischen Kriterien ausgewählte Kombination genealogischer Reihen ist, und damit auch das Phylon durch Inbeziehungsetzen zum Taxon exakter formulieren. Haben wir bisher unter einem Phylon jedes Individuum genealogischer Reihen verstanden und als gleiche Phyla diejenigen definiert, die derselben genealogischen Reihe angehören, einerlei an welcher Stelle sie stehen, so können wir nunmehr den Begriff des Phylons folgendermaßen erweitern: *Phylon ist ein jedes Taxon, das in einer phyletischen Reihe vorkommt, und gleiche Phyla sind diejenigen Taxa, die in derselben phyletischen Reihe vorkommen.* Da nun zwar jedes Taxon in irgendeiner phyletischen Reihe vorkommt, so ist auch jedes Taxon ein Phylon, aber gleiche Phyla sind niemals gleiche Taxa. Für das Phylon ist historische Lokalisation wesentlich, dem Taxon geht jegliche genetische Beziehung begrifflich ab.

Nachdem nun das Verhältnis zwischen Phylon und Taxon klargestellt worden ist, bleibt uns noch übrig, die Beziehungen herauszuarbeiten, die zwischen dem Phylon und den beiden von der Vererbungsforschung vorgeschlagenen neuen Artbegriffen bestehen, nämlich der ,,reinen Linie" (JOHANNSEN 1903, 1913[2], 1915) und der ,,isogenen Einheit" (LEHMANN 1914 b). Unter einer ,,reinen Linie" versteht man bekanntlich nach JOHANNSEN alle Individuen, die von einem homozygoten, sich selbst befruchtenden Individuum abstammen, während wir unter einem *Isogenon* in Erweiterung des von LEHMANN vorgeschlagenen Begriffs alle Individuen verstehen wollen, die die gleiche genotypische Zusammensetzung haben, einerlei ob sie homo- oder heterozygot sind und dieselbe oder verschiedene Genealogie haben. Lehmann versteht unter der isogenen Einheit bekanntlich nur homozygote Individuen, da die heterozygoten, weil sie in den verschiedenen Generationen aufspalten, keine Einheiten sind. Allein Raunkiaer hat bei der Definition seines Isoreagenten mit Recht darauf aufmerksam gemacht, daß man sehr wohl von Identität, von Isoreaktion reden kann, selbst wenn die Nachkommen verschieden sind. Die Ablehnung der heterozygoten Isogena ist bei Lehmann, obschon er bei seiner „isogenen Einheit" ausdrücklich auf alle Genealogie verzichtet, wohl noch eine Erinnerung an die „reine Linie", in der bekanntlich Lotsy (1913) den neuen, von der Vererbungslehre inaugurierten, Artbegriff sah. Wer indessen die Anschauung vertritt, daß die Vererbungsforschung mit einer einzigen empirischen Einheit nicht auskommt, daß sie vielmehr, wie wir meinen, sowohl den Begriff der reinen Linie im Sinne Johannsens wie den des oben definierten Isogenons benötigt und daß beide Begriffe völlig gegeneinander kontingent sind, der braucht das Isogenon nicht auf die homozygoten Individuen zu beschränken. Müßte man sonst doch noch für die heterozygoten Isogena einen neuen eigenen Begriff prägen. Der Begriff Genospezies, den Raunkiaer als vererbungswissenschaftlichen Artbegriff vorschlägt, deckt sich ebenso wie Lehmanns isogene Einheit nur zur Hälfte mit unserem Isogenon, weil Raunkiaer ihn ebenfalls nur auf homozygote Individuen beschränkt (S. 240). Da somit unser Isogenon das, worauf es ankommt, die Gleichheit der genotypischen Konstitution nicht nur bei Homo-, sondern auch bei Heterozygoten, richtiger als die Termini Lehmanns und Raunkiaers zum Ausdruck bringt, halte ich es im Gegensatz zu diesen Autoren, die zudem mit ihren Begriffen *allein* in der Vererbungslehre auskommen zu können glauben, für erforderlich, das Isogenon als korrelativ notwendiges Pendant zur reinen Linie vorzuschlagen.

Soviel zur Klarstellung der Terminologie und des Sinnes der Begriffe. Im Augenblick haben wir die Aufgabe, nachzuweisen, daß das Phylon sowohl der „reinen Linie" wie dem „Isogenon" gegenüber kontingent ist. Zunächst besteht zwischen Phylon und reiner Linie eine große logische Ähnlichkeit darin, daß sowohl die Endglieder und überhaupt spätere Glieder einer phyletischen Reihe wie auch diejenigen einer reinen Linie nicht mit den Anfangsgliedern kongruent sein müssen. Von einer reinen Linie wird logisch nur verlangt, daß das Ausgangsglied homozygot, womit bekanntlich nur gesagt ist, daß alle Gene zweimal vorhanden sein müssen, und selbstbefruchtend ist; ob die späteren Glieder infolge Mutation oder ähnlicher unbekannter Prozesse, natürlich unter Ausschluß der Modifikationen heterozygot sind oder nicht, das hindert ihre Zugehörigkeit zur reinen Linie in keiner Weise. Aber auch von den Phyla wissen wir, daß sie in einer phyletischen Reihe sogar taxonomisch völlig verschieden sein müssen. Reine Linie und Phylon haben somit beide das Moment der genealogischen Verwandtschaft miteinander gemein. Viel bedeutender aber sind die Unterschiede beider Begriffe. In einer reinen Linie ist mindestens ein Glied ein homozygotes, nämlich das Ausgangsglied, in einer phyletischen Reihe ist es gänzlich gleichgültig, wie die einzelnen Phyla genotypisch beschaffen sind. Hier ist nur tatsächliche historische Kontinuität erforderlich. Außerdem ist der Begriff der reinen Linie ein hypothetischer, obschon er sich, wenn es wirklich reine Linien gibt, stets wie das Phylon auf Individuen bezieht. Bisher kennt man (vgl. LEHMANN) nur einzelne Eigenschaften von Individuen, einzelne Merkmale, z. B. Bohnengröße, die sich wie reine Linien verhalten. Ob es hingegen wirklich homozygote Individuen gibt, das ist zwar eine gut begründete, aber doch immerhin noch lange nicht ausreichend bewiesene Hypothese, das Phylon dagegen ist ganz gewiß stets ein reales Individuum. Aus allen diesen Gründen, denen man mit leichter Mühe noch allerhand weniger wichtige Unterschiede beigesellen könnte, ist es unbedingt erforderlich, *den Begriff des Phylons wie vom Taxon, so auch von der reinen Linie als dieser gegenüber völlig kontingent zu scheiden.*

Nicht anders verhält es sich auch mit den Beziehungen zwischen dem Phylon und dem Isogenon. Das Isogenon ist nicht nur ein ebenso hypothetischer Begriff wie die reine Linie, es hat auch nicht einmal die geringste genealogische Beziehung mit dem Phylon gemeinsam. Dieselben Unterschiede, die zwischen Phylon und reiner Linie vorhanden sind, existieren daher noch in verstärktem Maße hinsichtlich des logischen Verhältnisses von Phylon und Isogenon Dazu kommt hier noch als auffallendste Differenzeigenschaft, daß das Isogenon stets nur Identitäten, einerlei woher sie genealogisch stammen, konstatiert, während das Phylon definitionsgemäß die isogenetisch verschiedensten Individuen umfaßt. Phylon und Isogenon verhalten sich in mancher Beziehung ähnlich wie Phylon und Taxon, wie überhaupt die Unterschiede zwischen diesen beiden weitgehend mit denen zwischen reiner Linie und Isogenon identifiziert werden können, ohne daß natürlich die Identität der Differenzen auch auf einer Identität der Objekte beruht. Alles in allem haben wir damit festgestellt, daß das Phylon dem Taxon, der reinen Linie und dem Isogenon gegenüber logisch absolut kontingent ist.

Von Phylon wissen wir nunmehr, daß es definiert ist als jedes Taxon, das in einer phyletischen Reihe vorkommt, und daß gleiche

Phyla diejenigen Taxa sind, die in derselben phyletischen Reihe auftreten, ferner, daß es der in der Phylogenie gebräuchliche Artbegriff ist, der von allen übrigen fundamental verschieden ist. Wie steht es nun mit der *Realität des Phylons?* Hat HAECKEL recht, wenn er meinte, daß alle systematischen Kategorien, die er als Phyla auffaßte, Realia sind? Schon am Beginn und im Verlauf unserer Diskussion des Phylons hatten wir wiederholt Gelegenheit, darauf hinzuweisen, daß die Phyla allemal unzweifelhaft echte, historische Individuen sind, wenn wir uns auch bei der Zusammenstellung einer phyletischen Reihe bestimmt umgrenzte Freiheiten in der Auswahl der Phyla aus den genealogischen Reihen nehmen können. Aber jedes Phylon ist stets das Glied irgendeiner direkten genealogischen Reihe und deshalb ein echtes historisches Individuum, also eine Realität im strengsten Sinne des Wortes. *Das Phylon ist der Artbegriff und das Empirisma der Phylogenie.* Damit ist diese Frage im Sinne HAECKELs erledigt, ohne daß zugleich die gegnerischen Ansichten, z. B. PLATES, als irrig erwiesen sind. Natürlich haben auch die Forscher recht, die behaupten, daß die höheren systematischen Kategorien keine Realbegriffe, sondern reine Begriffe sind, immer dann nämlich, wenn wir sie rein diagnostisch, wie wir das tun müssen, nehmen. Wir werden, wenn wir nun zur Diskussion des Taxons übergehen, uns näher um diese Probleme zu bekümmern haben. Hier sollte nur betont werden, daß HAECKEL unter den höheren systematischen Kategorien etwas ganz anderes verstand als seine Gegner, nämlich Phyla, und deshalb durchaus im Recht sein konnte, ohne damit die Auffassung der Gegner zu widerlegen. Es handelte sich hier eben, wie leider so oft, um einen Streit um denselben Terminus, dem aber verschiedene Bedeutungen zugrunde liegen.

Im Phylon haben wir nunmehr den in der Phylogenie gebräuchlichen Artbegriff erkannt. An diesem Sachverhalt wird auch dadurch nichts geändert, daß die Phylogenie sich ebenfalls des rein taxonomischen Artbegriffs, des Taxons, bedient, wenn auch nur als Auswahlkriterium für die Phyla, die in einer phyletischen Reihe jeweils zu erforschen sind. Bei dieser Lage der Dinge würde man aber einem großen Fehlschuß verfallen, wenn man annehmen wollte, daß das Taxon damit auch der Artbegriff der Phylogenie sei. Die Phylogenie erforscht stets Phyla, niemals Taxa; und die erwähnte taxonomische Einschränkung sagt ja nur, daß die Phylogenie sich darauf beschränken kann, von allen zum selben Taxon gehörigen Phyla nur jeweils ein einziges zu erforschen, und daß die so gewonnenen Resultate trotzdem auf alle zu dem betreffenden Taxon gehörigen Phyla übertragen

werden dürfen. Das Taxon wird für die Phylogenie so zu einem Hilfs-
begriff, niemals aber vollzieht es in ihr die gleiche logische Funktion
als Empirisma wie in der reinen Systematik. Es ist somit eine logische
Tatsache, die wir bei der genaueren *Definition des Taxons*, an die
wir nun herantreten wollen, sorgfältig berücksichtigen müssen, daß
es einen einheitlichen Artbegriff, der für alle Bedürfnisse sowohl der
Phylogenie wie der Taxonomie ausreicht, nicht gibt. Aus diesem
Sachverhalt ergibt sich die Möglichkeit, aus dem Begriffe des Taxons
alle diejenigen Momente fortzulassen, die im Phylon vorkommen und
sich in den geläufigen Artdefinitionen ausgesprochen oder nicht nur
deshalb finden, weil man sie zugleich als Phyla verwenden wollte,
was aber, wie wir nun wissen, logisch unmöglich ist. Das Moment
jedoch, das wir aus dem Begriffe des Taxons unbedingt entfernen
müssen, ist vor allem das genetisch-genealogische Moment, das für
das Phylon, wenn auch in der verkappten Form der phyletischen
Reihe schlechthin bestimmend ist. Genese jeglicher Art, die mehr
als Rückschlüsse auf die Beschaffenheit des Erzeugers selbst geben
will, gehört nicht in den Begriff des Taxons. Auf Verwendung des
genetischen Momentes beruhende Artbegriffe[1]) haben u. a. LANCASTER,
CUVIER, CLAUS, ASA GREY, WOODWARD und PLATE gegeben.
Besonders charakteristisch ist die Definition von WOODWARD (cit.
nach PLATE 1914, S. 123): "All the specimens or individuals, which
are so much alike that we may reasonably believe them to have descended from a common stock constitue a species." Welcher Systematiker könnte danach bestimmen, ob zwei ihm vorgelegte Individuen zur selben Art gehören? Auch LOTSY war (1913) noch von
der Notwendigkeit des genetischen Momentes für den Artbegriff
überzeugt, solange er an der reinen Linie als der modernen Art fest-
hielt, denn dieser Begriff ist ohne echte Genese natürlich undenkbar.
Demgegenüber muß man LEHMANN und RAUNKIAER unbedingt beistimmen, wenn sie immer darauf hinweisen, daß das Moment der
genetischen Verwandtschaft im Artbegriff der Systematik nichts zu
suchen hat. Beide haben überzeugend nachgewiesen, daß dasselbe
genotypisch gleiche Individuum von genotypisch verschiedenen
Eltern abstammen kann. Wenn die Systematik nun diese in ihrer
Genealogie verschiedenen, in ihrer Konstitution aber gleichen Individuen nicht zum selben Taxon rechnen wollte, dann würde sie unbedingt dahin kommen, den Begriff des Taxons mit unserem Phylon
zu identifizieren, müßte aber dann für die Diagnostik ein neues Taxon

---

[1]) Sie sind vortrefflich zusammengestellt bei PLATE (1914). Zur Geschichte
des Artbegriffes vergleiche man UHLMANN (1913), eine gediegene, wenn auch
nicht vollständige Arbeit. Die ältere Literatur findet sich bei BESNARD (1864).

definieren, da man einen Begriff zur Bezeichnung des zwar genetisch Verschiedenen, aber taxonomisch Gleichen schlechterdings nicht entbehren kann. Ein solches Vorgehen wäre offenkundiger Widersinn.

Diejenige Definition der taxonomischen Art, die mit größter Konsequenz alles Genetische beiseite läßt, ist die des Isoreagenten Raunkiaers (1918). ,,Die letzte und kleinste Einheit (nicht Einer) der Natur und der Systematik ist also der Inbegriff aller unter denselben Verhältnissen und auf demselben Stadium isoreagierenden Individuen, und eine solche Einheit nenne ich einen Isoreagenten . . .; solange eine vergleichende Morphologie und eine Systematik existiert, ist in Wirklichkeit das Isoreaktionsprinzip immer das letzte, höchste wissenschaftliche Kriterium gewesen und wird es bleiben, es ist die praktische Anwendung des Identitätssatzes, es ist deshalb überhaupt nicht möglich, weiter zu gelangen als zum Isoreaktionsprinzip, und deshalb muß auch der Isoreagent die letzte Einheit sein'' (S. 236). Das logische Wesen des diagnostischen Artbegriffes, nämlich die Feststellung von Identitäten ist in diesen Worten Raunkiaers auf das treffendste herausgestellt worden. Aber auch dadurch verdient diese Definition vor allen anderen, neuerdings vorgeschlagenen, den unbedingten Vorzug, daß sie sorgsam und mit Absicht jede Hineintragung der Definitionen der modernen Vererbungsforschung in die Taxonomie vermeidet. Hat doch Raunkiaer unsers Wissens als erster die vollkommene Kontingenz zwischen der Arteinheit der Vererbungslehre und der der Taxonomie nachgewiesen. Der Isoreagent hat mit Homo- oder Heterozygotie nichts zu tun. Es können sowohl Homo- wie Heterozygoten und beide miteinander zum selben Isoreagenten gehören, denn ,,die Systematik bestimmt den Wert des Individuums dadurch, was es selbst ist'' (S. 240), nicht nach der Beschaffenheit seiner Nachkommen. Dafür gibt Raunkiaer folgendes Beispiel. A und B seien zwei verschiedene Spezies (Isoreagenten), die Artbastarde ergeben. Verhält sich nun ein solcher Bastard (C) intermediär — natürlich in allen Merkmalen —, dann haben wir einen gänzlich neuen Isoreagenten nach Raunkiaer, dominiert aber in C in allen Merkmalen A oder B, dann haben wir nach wie vor nur zwei Isoreagenten, aber drei Isogena, nämlich zwei homozygote Isogena (isogene Einheiten Lehmanns und Genospezies Raunkiaers) und ein heterozygotes Isogenon. Aus diesem Beispiel erhellt auf das deutlichste die *Kontingenz des Taxons gegenüber allen vererbungswissenschaftlichen Artbegriffen*, nicht nur der genetischen reinen Linie, sondern ebenso dem völlig agenetischen Isogenon gegenüber. Es ist nicht möglich, gegen die hier vorgetragene Argumentation Raunkiaers einzuwenden, die Erzeugung verschiedenartiger Nachkommen sei doch ebenfalls eine Eigenschaft, die den betreffenden Isoreagenten als solchen zukäme, die man daher nicht einfach ignorieren dürfe, wenn man im Falle der Dominanz C zum selben Isoreagenten wie A oder B rechne. Allein dieser Einspruch ist nicht richtig. Absolute Dominanz — es ist hier natürlich gleichgültig, ob es dergleichen wirklich gibt — besagt doch gerade absolute Isoreagenz von C mit A oder B, wenn das genetische Moment der Nachkommen definitionsgemäß beiseite gelassen wird. Ist doch unsere Ansicht von der genotypischen Verschiedenheit von C und dem in C dominanten A oder B auch nur eine Hypothese, wenn auch eine sehr naheliegende und sehr wahrscheinliche; und denkbar wäre auch die Möglichkeit, daß C mit A oder B tatsächlich isogen ist und daß das verschiedene Verhalten der Nachkommen auf ganz anderen, diesen selbst eigentümlichen Ursachen beruht. Aus alledem folgt, *daß man den Begriff des Taxons ebenso frei von Vererbungshypothesen wie von genetischen Momenten halten muß*. Wir brauchen eben einen Artbegriff, der nur dazu dient, an Individuen als solchen vorhandene Identitäten zu konstatieren, und dazu dient das Taxon, die Arteinheit der gewöhnlichen reinen Systematik, die wir deshalb immer die diagnostische nennen. RAUNKIAER sagt mit Recht: „Die sortierende . . . Natur . . . (fragt) nicht, welche Nachkommen die Individuen hervorbringen werden, sondern was sie selbst sind, wie sie selbst imstande sind, den gegebenen Bedingungen, dem bestimmenden Reagenz gegenüber zu reagieren; sie fragt nicht, ob sie isogen sind, ob sie demselben Biotyp angehören, ob sie homozygot oder heterozygot sind; sie fragt nicht nach genealogischen Einheiten, sondern nach Konkurrenzeinheiten, und um zu derselben Konkurrenzeinheit gerechnet zu werden, wird nur gefordert, daß die Individuen auf dieselbe Weise denselben Verhältnissen gegenüber reagieren." Oder auch, wie UNGERER (1922, S. 37) in vermutlichem Anschluß an diese Darlegungen gesagt hat: „Zwei Lebewesen gehören verschiedenen Arten an, weil sie unter gleichen Bedingungen verschieden reagieren."

Wenn so RAUNKIAERS Isoreagent ohne Zweifel auch alle logischen Erfordernisse besitzt, die wir beim taxonomischen Artbegriff erwarten dürfen, so kann doch nicht verborgen bleiben, daß er im Grunde ganz formaler Natur ist. Was heißt denn Isoreagenz, und wie will man sie erkennen? RAUNKIAERS Verdienst um die Klärung des taxonomischen Artbegriffes wird durch Nichtbehandlung dieser Frage selbstverständlich nicht geringer. Logische Klarheit über das, was man eigentlich definieren will, muß zunächst vorhanden sein — und sie war vor RAUNKIAER in der Polemik zwischen LEHMANN und LOTSY jedenfalls nicht vorhanden —, ehe man daran gehen kann, das Gewünschte auch materiell zu definieren. Auch wird RAUNKIAER als der bedeutende und erfahrene Systematiker und Pflanzengeograph, als den wir ihn verehren, die Ansicht vertreten, daß bei der tatsächlichen Feststellung von Isoreagenten der berühmte Takt der Systematiker, der eben nur ein Ergebnis langer und gründlicher Beschäftigung mit den Objekten ist, praktisch immer ausschlaggebend sein wird, sowie daß es vergebliche Liebesmühe sein würde, diesen Takt in logische Fesseln schlagen zu wollen. Sicherlich wird nun auch dieser undefinierbare Takt bei der Bestimmung eines Taxons[1]), wie wir statt des etwas umständlichen und allzu formalen Isoreagent lieber sagen wollen, praktisch die Hauptrolle spielen. Immerhin dürfte es nicht ohne Interesse sein, einmal nachzuprüfen, ob sich unter den vielen Merkmalen, die den systematischen Takt bestimmen, nicht doch das eine oder andere findet, das eine besondere mehr oder weniger allgemeingültige Rolle spielt. Da ist es nun überaus bemerkenswert, daß fast sämtliche Systematiker, die sich theoretisch zum Artbegriff geäußert haben, besonders seit KOELREUTER darin übereinstimmen, in der Erzeugung fruchtbarer Nachkommenschaft das wesentlichste Artkriterium zu sehen. Arten sind Fortpflanzungsgemeinschaften. NAEF definiert kurzerhand: „Eine solche Fortpflanzungsgemeinschaft, sofern sie nicht durch künstlichen Zwang erzielt und dauernd, d. h. durch viele Generationen, lebensfähig ist, heißt eine Art. Es gibt keine andere Möglichkeit, diesen Begriff zu begründen, vor allem keine morphologische" (1919, S. 44/45). Eine solche Ermittlung der Fortpflanzungsfähigkeit bedeutet keinerlei Verletzung des Isoreaktionsprinzips, keinerlei Hineintragung genetischer Momente in den Begriff des Taxons; denn Fortpflanzungsfähigkeit ist durchaus eine Eigenschaft, die in den Reaktionsrahmen eines Isoreagenten als solchen fällt, die keinerlei Präjudiz über die sonstige, besonders konstitutionelle Beschaffenheit der Nachkommen enthält, außer daß sie ebenfalls fortpflanzungsfähig sein müssen. Darin aber liegt auch keine neue genetische Beziehung, vielmehr ist dies Moment ja schon im Begriff der Fortpflanzung enthalten. Natürlich ist das Prinzip der Fortpflanzungsfähigkeit auch kein absolut gültiges und nie versagendes. Einmal ist es nicht selten überhaupt unmöglich, die Fortpflanzungsfähigkeit festzustellen; und zum andern gibt es ohne Zweifel fruchtbare Artbastarde. Sonst hätten wir in unserm A B C-Beispiel nicht von A und B als verschiedenen Isoreagenten ausgehen und im Falle absolut intermediären Verhaltens von C dieses nicht als neuen Isoreagenten aufstellen können. Es gibt eben nicht nur kein materielles Moment, das bei allen Taxis wiederkehrt und dessen Ver-

---

[1]) Aus „Taxonomie" abgeleitet.

halten daher zur Grundlage der Diagnostik gemacht werden kann, es kann vielmehr auch dasselbe Moment am selben Taxon sich unter verschiedenen Bedingungen verschieden verhalten. KLEBS sagt (1903, S. 8) sehr mit Recht: „Es gibt höchstwahrscheinlich kein an und für sich unter allen Umständen konstantes Merkmal, keine für die Spezies immer vorhandene bestimmte Form der Blätter, Blüten usw. . . . Eine gegebene Form ist nur konstant unter konstanten Bedingungen; . . .“ In jedem einzelnen Falle der möglichst eindeutigen, kurzen und präzisen Beschreibung eines Taxons werden die verschiedensten Momente die sog. Organisationsmerkmale bilden müssen; besonderer Wert wird dabei ohne Zweifel der statistischen Methode in der Form der „kombinierten Merkmale“ HEINCKES (1897/98) zukommen. Taxa sind eben nach einem treffenden Worte REINKES „morphologische Gleichgewichte“, deren Dynamik eben in der jeweils typischen Kombination der Merkmale zum Ausdruck kommt.

Auf die Frage der *Subspezies*, Varietas und der vielen anderen Unterkategorien des diagnostischen Artbegriffes brauchen wir hier um so weniger einzugehen, als sie uns logisch nichts Neues bietet und bei der Unterscheidung dieser speziellsten Kategorien noch mehr als beim Taxon der systematische Takt die Hauptrolle spielt. Im allgemeinen wird man sich hier an das Prinzip DÖDERLEINS (1902, S. 408) halten: „Arten unterscheiden sich von Varietäten nur dadurch, daß sie sich scharf abgrenzen lassen.“ Alles zusammenfassend können wir nunmehr sagen: *Zwei oder mehr Individuen gehören dann zum selben Taxon, wenn sie im Rahmen des Isoreaktionsprinzips die gleichen Organisationsmerkmale besitzen.* Im allgemeinen bilden gleiche Taxa Fortpflanzungsgemeinschaften. Von den andern Artbegriffen unterscheidet sich das *Taxon* folgendermaßen:

Vom *Phylon* durch die Abwesenheit jeglicher genetischer Beziehung: Grundverschiedene Taxa können gleiche Phyla sein.

Von der *reinen Linie* ebenfalls durch die Abwesenheit genetischer Beziehung; ferner durch das Fehlen der Homozygotie und Selbstbefruchtungsbedingung, also der Grundlagen, auf denen die reine Linie definitorisch beruht. Ferner können im Prinzip Angehörige derselben reinen Linie taxonomisch verschieden sein.

Vom *Isogenon* endlich ebenfalls durch das Fehlen jeglicher Beziehung auf die genotypische Konstitution. Ferner können genotypisch verschiedene Individuen taxonomisch absolut identisch sein.

Das *Taxon* stellt somit einen logisch eigenen *gegen alle übrigen kontingenten Artbegriff dar* und ist damit unentbehrlich. Es ist die empirische Arteinheit der diagnostischen Systematik, die definitionsgemäß darauf ausgeht, Identitäten von Verschiedenheiten zu sondern.

Wie steht es nun mit der *Realität der Taxa?* Bekanntlich bestehen darüber die widersprechendsten Meinungen. Plate (1914, S. 117/118) stellte und beantwortete dieses Problem folgendermaßen: „Werden die Gruppen von Individuen, welche als Art, Gattung, Familie usw. zusammengefaßt werden, noch von einem realen Bande umschlungen, welches ganz unabhängig ist von der menschlichen Betrachtung, welches auch wirken würde, wenn keine Biologen mehr existierten? Die Antwort kann nur lauten: Ein solches gemeinsames Band ist vorhanden zwischen den Gliedern einer Art, insofern sie sich als zusammengehörig erkennen und miteinander fortpflanzen . . . Ein solches reales Band der Vermehrungsfähigkeit oder irgendwelcher anderer, vom Menschen unabhängiger Beziehung umschließt aber nicht die übrigen systematischen Gruppen, sondern gilt nur für die Art . . . In diesem Sinne ist die Art etwas Reales, während die Gattung, die Familie, überhaupt die höheren Gruppen abstrakter Natur sind." Das gerade Gegenteil behauptet Lehmann (1914 a, S. 113) im Anschluß an Bessey und Wundt: „Nur können wir heute nicht mehr wie damals, als man die Art als etwas von Gott Geschaffenes auffaßte, etwas real Gegebenes, nach einer Art suchen, wie nach einem Gegenstande, wie nach Inseln im Ozean (Bessey). Seit Darwin ist die Art etwas, was mit unserer jetzigen Kenntnis bis zu einem gewissen Grade von der menschlichen Konvention abhängig ist, etwas begrifflich Begrenztes, oder wie Wundt sagt, wie Gattung, Familie usw. Erzeugnisse einer generalisierenden Abstraktion." Und Bessey sagt: "The species are mental conceptions, nothing more." Die logisch noch bestehende dritte Möglichkeit, wonach alle systematischen Kategorien Realbegriffe sind, die bekanntlich von Haeckel und Alex. Braun vertreten worden ist, ist unter Beschränkung auf den Begriff des Phylons bereits im Sinne Haeckels erledigt worden.

Es kann nach den Ausführungen, die wir am Beginn dieses Kapitels über Realbegriffe und reine Begriffe sowie über die Kriterien der Realität gemacht haben, nicht zweifelhaft sein, daß wir uns prinzipiell auf die Seite Plates zu stellen haben. Wir sind uns darüber klar geworden, daß, wenn es sich um nur qualitativ faßbare Gegenstände handelt, ein Begriff von diesen dann ein Realbegriff ist, wenn er unmittelbar auf echte Individuen übertragbar ist. Das Individuum war uns das Kriterium qualitativer Realität. Infolgedessen ist das *Taxon im allgemeinen ein Realbegriff* und kein Abstraktum wie Familie und Gattung. Wundt, Bessey und Lehmann haben also unrecht. Die Diagnose eines Taxons ist nur in dem Falle ein Abstraktum, wenn sie nicht unmittelbar, sondern nur unter Zuhilfenahme niederer systematischer Kategorien, wie manchmal im Sub-

speziesfalle, auf Individuen übertragbar ist. Dann ist die Subspezies
natürlich das Reale. Wo aber Spezies und Subspezies individuell
nebeneinander bestehen, sind beide, Taxon und Subtaxon, jedes
innerhalb seiner Diagnose, Realbegriffe. Im Falle ferner eine Spezies
nur aus verschiedenen Subspezies besteht, sind natürlich diese die
Realtaxa, wofern sie selbst direkt auf Individuen bezogen werden
können, während das Taxon wie die Gattung dann ein Abstraktum
ist. Gewöhnlich wird man es in diesem Falle auch zum Range einer
Gattung erheben. Der ebenfalls vorkommende Fall nun, daß eine
Gattung oder höhere diagnostische Kategorie nur aus einer einzigen
Spezies besteht, ist so zu erledigen, daß in diesem Fall die Gattung
usw. auch ein Realbegriff ist, da ihre Diagnose unmittelbar auf Individuen übertragbar ist. Gewöhnlich wird man dann auch nur von
Spezies statt von Gattung reden. Zusammenfassend läßt sich über die
Realitätsfrage der Taxa somit sagen: *die unmittelbare Anwendbarkeit
der Diagnose auf Individuen ist das Entscheidende.* Deshalb sind Taxa
in der Regel Realbegriffe. Im Grunde genommen wird LEHMANN
dieser Ansicht gar nicht so fern stehen, sagt er doch selbst (1914 a,
S. 117): „Das, was wir Arten nennen, bleibt immer bis zu einem gewissen Grade, d. h. abgesehen von der Verwandtschaft der darunter
vereinigten Formen, von menschlicher Konvention abhängig." Was
LEHMANN meint, ist ja klar. Er will sagen, daß es mehr oder weniger
von unserer Willkür abhängt, welche Merkmale wir in die Diagnose
eines Taxons aufnehmen wollen, und hat damit auch entschieden
recht. Nur trifft das nicht den Kern der Frage. Willkür in der Diagnose schließt die Realität des diagnostizierten Gegenstandes nicht
aus. Die Diagnose nimmt ja nur die Merkmale auf, die wir eben nötig
haben, um unser reales Objekt von allen übrigen so scharf wie möglich zu sondern; und dieses Ziel können wir natürlich mit verschiedenen Diagnosen erreichen. Trotzdem sind unsere Diagnosen immer
dann Realbegriffe, wenn sie sich unmittelbar auf Individuen beziehen; und Taxa, die das tun, sind dann eben doch etwas prinzipiell
anderes als die höheren systematischen Kategorien wie Familie, Klasse,
Gattung usw. Insofern ist LEHMANNs Ansicht objektiv falsch und
PLATEs im allgemeinen richtig.

An die Betrachtung des Taxons müßte nun eigentlich die des
*Typus* als der Arteinheit der idealistischen Morphologie angeschlossen
werden. Allein der Typus ist logisch von gleicher Struktur wie das
Taxon, wenn er auch inhaltlich von ihm abweicht. Wir können auf
eine Analyse des Typusbegriffes deshalb hier auch um so eher verzichten, als wir sie sehr bald im Rahmen der Logik der Typologie
vornehmen werden.

An dieser Stelle liegt uns nun noch ob, die beiden Artbegriffe der modernen Vererbungslehre in ihren gegenseitigen Beziehungen zueinander und zu Phylon und Taxon zu schildern. Da wir indessen bei der Analyse dieser beiden Kategorien auch die reine Linie und das Isogenon schon ausgiebig berücksichtigt haben, können wir uns im folgenden wesentlich kürzer fassen. Wir wissen bereits, daß die von Lehmann und Lotsy gehegte Hoffnung, mit einem dieser vererbungswissenschaftlichen Grundbegriffe die alten Artbegriffe zu ersetzen, sich nicht erfüllen kann. Gleichwohl ist es interessant, zu konstatieren, daß derselbe Gegensatz, der zwischen Phylon und Taxon besteht, und den wir kurz auf die Formel „genetische gegen agenetische Identität" bringen können, sich in genau der gleichen Weise im Gegensatz zwischen reiner Linie und Isogenon wiederholt. Die reine Linie ist gewissermaßen das Phylon der Vererbungslehre, während das Isogenon mit dem Taxon oder Isoreagenten gleichzusetzen ist.

Zunächst die *reine Linie* ist von Johannsen (1903) definiert als der Inbegriff aller Individuen, die von einem selbstbefruchtenden homozygoten Individuum abstammen. Der Begriff der reinen Linie gehört zu den seltenen wissenschaftlichen Grundbegriffen, die von ihrem Schöpfer in so vollendeter Form in die Wissenschaft eingeführt worden sind, daß sie seitdem keinerlei logische Wandlung haben durchmachen müssen. Bei fremdbefruchtenden Organismen ist das Prinzip der reinen Linie dann gewahrt, wenn man es definiert als den Inbegriff aller Individuen, die ohne Beimischung fremden Blutes von zwei isogen homozygotischen Individuen sexuell oder vegetativ abstammen. Bei sich auch vegetativ fortpflanzenden Pflanzen ist es im allgemeinen nicht schwer, solche isogen-homozygotischen Ausgangsindividuen zu erhalten. Man geht eben auch von einem Individuum aus, pflanzt es zunächst vegetativ fort und benutzt dann ein so erhaltenes, dem ersten völlig isogenes Individuum, um es alsdann mit diesem sexuell fortzupflanzen. Bei Organismen ohne vegetative Fortpflanzung ist die Beschaffung isogener Ausgangsindividuen schwieriger. Das sind indessen praktische Momente, die uns hier nichts angehen. Im Begriff der reinen Linie ist zunächst nur behauptet, daß das oder die Ausgangsindividuen homozygot sein müssen, über die genotypische Beschaffenheit der späteren Glieder einer reinen Linie ist damit nicht das geringste ausgesagt. Man muß Lehmann (1914, S. 287) unbedingt zustimmen, wenn er meint, daß „in einer äußerlich vollkommen als reine Linie erscheinenden Sippe die allergrößte genotypische Vielförmigkeit" existieren könne. Wenn Lotsy dagegen behauptet (ebda S. 616): „Heterozygotisch kann aber keine reine Linie sein; sobald man in einer vermeintlichen reinen Linie Heterozygotismus nachweist, zeigt sich, daß man sich getäuscht hatte, als man die betr. Kultur für eine reine Linie hielt", so gibt er damit zwar das Ergebnis der bisherigen Deutung unserer Forschungen an reinen Linien wieder, kann aber unmöglich behaupten wollen, daß das Homozygotbleiben der späteren Glieder einer reinen Linie aus der Definition derselben folgt. Darüber ist sich schon JOHANNSEN (1903, S. 62) völlig klar gewesen, wenn er erklärt, daß aus der Tatsache, daß die bisherigen Versuche an reinen Linien ihre Konstanz erwiesen haben oder, wie wir vorsichtiger sagen müssen, daß die vorliegenden Versuche in dieser Richtung gedeutet werden können, keineswegs folgt, „daß die reinen Linien absolut konstant sein sollen". Als Möglichkeiten, die die ursprüngliche Homozygotie der reinen Linien ändern können, führt JO-HANNSEN Selektion, Kreuzung und Mutation an. Immerhin wird man JOHANNSEN zustimmen und darin auch LOTSY entgegenkommen kön-nen, daß die Beweislast dafür, daß es inkonstante reine Linien gibt, demjenigen obliegt, „welcher die Wirkung einer derartigen Selektion behaupten will". Die ganze Frage der Konstanz der reinen Linien be-darf auch nach den Ergebnissen TOWERS dringend einer logisch gründ-lich durchdachten experimentellen Nachprüfung. Uns genügt hier die Feststellung, daß in der Definition der reinen Linie als solcher keinerlei Behauptung über genotypisches Konstantbleiben enthalten ist.

Eine andere, die Art der Realität der reinen Linie betreffende überaus wichtige Frage wirft LEHMANN auf in den Sätzen (1914, Z XI, S. 154): „Eine reine Linie, wie wir sie heute kennen, ist aber keine Einheit. Eine reine Linie im JOHANNSENschen Sinne ist eben nur eine reine Linie in bezug auf die Samengröße oder eine oder mehrere andere Eigenschaften. In einer solchen reinen Linie können aber rezessiv oder kryptomer oder, wie man das sonst nennen will, eine Unmenge verschiedener Charaktere vorhanden sein." Wenn z. B. auch die Nachkommenschaft einer weißblühenden Linaria sich bezüglich ihrer Blütenfarbe wie eine konstante reine Linie verhalten kann, so braucht sie deshalb „doch nicht im mindesten eine Ein-heit zu sein. Das weiße Ausgangsindividuum konnte ja eine Hetero-zygote mit saurem und alkalischem Zellsaft sein (vgl. CORRENS 1912, S. 58). Da aber das Gen für Farbstoff nicht vorhanden ist, so hätten wir, wenn wir nicht in diesem Falle die Möglichkeit der Bastardierung besäßen, keine Ahnung von dem heterozygotischen Charakter. Aber mit dieser Erkenntnis ist doch die Einheit der reinen Linie durchaus vernichtet. Denn zweifellos kommen unendlich viele solcher Fälle vor" (LEHMANN, ebda. S. 155). Hiermit ist die Frage angeschnitten, ob die Realität der reinen Linie sich auf ein ganzes Individuum bezieht oder nur auf einzelne Eigenschaften eines solchen, mit anderen

Worten, ob es überhaupt absolut homozygote Isogena gibt. Das ist natürlich eine Frage, die die Logik von sich aus nicht entscheiden kann, die vielmehr die experimentelle Forschung allein angeht. Man sieht aber auch hier wieder, wie notwendig es ist, das ganze Problem der reinen Linie und ihrer Konstanz von der hier versuchten logisch vertieften Fragestellung aus experimentell neu zu prüfen. Was wir bisher wissen, betrifft immer nur die Homozygotie einzelner Merkmale oder Merkmalskomplexe, aber immerhin spricht auch bisher nichts gegen die Existenz in jeder Hinsicht, also absolut homozygoter ganzer Individuen. Jedenfalls ist die reine Linie so definiert, daß sie sich sowohl auf solche *absolut homozygote* Individuen beziehen kann, wie auch auf *relativ homozygote*, wie wir die bloße LEHMANNsche Eigenschaftshomozygotie vielleicht treffend nennen können. Mag sich die reine Linie nun auch faktisch auf ganze Individuen oder auf Einzelmerkmale von solchen beziehen, daran jedoch, *daß sie ebenfalls ein realer Artbegriff ist, ist nicht zu zweifeln.*

Die Beziehungen, Ähnlichkeiten und Differenzen der reinen Linie zu Phylon und Taxon haben wir bereits bei der Besprechung der letzteren erledigt; so daß wir hier nur noch ihr Verhältnis zum Isogenon zu klären haben. Der Unterschied zwischen reiner Linie und Isogenon ist, wie erwähnt, ein ganz ähnlicher wie der zwischen Phylon und Taxon. Vor allem fehlt dem Isogenon jegliches genetische Moment. Das Isogenon ist, wie das Taxon, lediglich ein Begriff zur Feststellung von Identitäten, einerlei wie diese zustande gekommen sind. Die reine Linie ist hingegen ein typisch genetischer Begriff und ohne Genese einfach sinnlos. Zum anderen verlangt die reine Linie wenigstens beim Ausgangsindividuum Homozygotie, während das Isogenon sich genau so gut auf homozygote wie auf heterozygote Individuen bezieht. Endlich gibt es isogene Individuen schlechthin ganz zweifellos als absolute ganze Organismen, während wir zugeben mußten, daß die in der reinen Linie verlangten Ausgangshomozygoten möglicherweise nicht absolut als ganze Individuen, sondern nur relativ bei einzelnen Merkmalen oder Merkmalskomplexen existieren. Das alles sind Differenzen genug, um die selbständige Aufstellung beider Begriffe zu rechtfertigen. Das die reine Linie aber nicht nur logisch zu halten, sondern auch praktisch für die Forschung geradezu unentbehrlich ist, das hat aufs deutlichste der Aufschwung bewiesen, den die moderne Vererbungswissenschaft seit der genialen Konzeption der reinen Linie durch JOHANNSEN genommen hat. Zusammenfassend können wir daher sagen: *Die reine Linie ist neben Phylon, Taxon und Isogenon ein diesen gegenüber kontingenter und für die Forschung unentbehrlicher realer* (absolut oder relativ realer) *Artbegriff.*

Damit stehen wir nun noch vor der Aufgabe, das Isogenon als vierten und letzten Artbegriff nachzuweisen. Seine Verwandtschaften und Gegensätze zu den drei anderen Artbegriffen, zu Phylon, Taxon und zur reinen Linie haben wir eben bereits ausreichend diskutiert. Die *logische Möglichkeit und Kontingenz des Isogenons gegen diese drei Begriffe ist damit völlig ausreichend sichergestellt.* Somit bleibt uns hier nur noch der Nachweis zu erbringen übrig, daß das Isogenon auch tatsächlich ein für die Forschung unentbehrlicher Begriff ist, sowie daß es ein Realbegriff ist.

Daß die moderne Vererbungsforschung mit dem Begriff der reinen Linie als einziger, empirischer Einheit nicht auskommen kann, erhält schon historisch aus der interessanten Polemik LEHMANN-LOTSY. LEHMANN zeigt auf das deutlichste, daß man eine Einheit braucht, die frei von genetischen Beziehungen ist, weil zwei genotypisch absolut identische Individuen aus der Kreuzung verschiedenster reiner Linien hervorgehen können. Den Begriff der konstant bleibenden reinen Linie können wir mithin nicht benutzen, um die Identität unserer, verschiedenen reinen Linien entstammenden, genotypisch absolut gleichen Individuen auszudrücken. Dazu brauchen wir einen empirischen Einheitsbegriff, der unabhängig von aller Genese Identität konstatiert. Zudem haben wir gesehen, daß die Konstanz der reinen Linie zwar bisher der Erfahrung entspricht, daß sie aber im Begriff der reinen Linie als solchem nicht enthalten ist, mit anderen Worten, daß auch genotypisch verschiedene Individuen derselben reinen Linie logisch angehören können, ähnlich wie verschiedene Taxa identische Phyla sein können. Infolgedessen ist die reine Linie gar kein Begriff, geeignet Identitäten festzustellen, sondern nur imstande, Genesen zu erfassen. Wir können also auch deshalb allein schon die reine Linie nicht zur Bezeichnung genotypisch identischer Individuen verwenden. Nur weil wir im Augenblick nicht anders wissen, als daß reine Linien genotypisch konstant bleiben, konnte es so scheinen, als ob man mit ihrer Hilfe auch Identitäten ausdrücken könnte. In Wahrheit geht das nicht. LEHMANN schlägt nun zur Feststellung der genannten, aus verschiedenen reinen Linien stammenden genotypisch identischen Individuen seinen Begriff der „isogenen Einheit" vor, worunter er genotypisch gleiche homozygote Individuen versteht. RAUNKIAERS Genospezies ist vollinhaltlich mit diesem Begriffe LEHMANNS identisch. Wir sind nun der Meinung, daß es nicht angängig ist, die isogene Einheit lediglich auf homozygote Individuen zu beschränken[1]). Es würde sonst erforderlich sein, für die hetero-

---

[1]) Wenn die genannten Autoren eine solche Beschränkung für nötig gehalten haben, scheint mir die „reine Linie" einen logisch unberechtigten maßgeblichen Einfluß dabei ausgeübt zu haben.

zygoten Individuen einen neuen Identitätsbegriff zu erfinden, dessen logische Struktur genau dieselbe ist, wie bei der isogenen Einheit. Daß ferner genotypisch gleiche heterozygote Individuen in der Natur nicht seltener auftreten als homozygote, ist ja bekannt genug. Ein Bedürfnis nach einer Identitätsbezeichnung für sie ist also nicht von der Hand zu weisen. Infolgedessen schlage ich vor, den Begriff *Isogenon* zu prägen und ihn *überall anzuwenden, wo genotypisch-identische Individuen bezeichnet werden sollen, unabhängig davon, wie ihre Genese ist.* Will man nur von homo- oder heterozygoten Isogena reden, ist es ja unbenommen, das entsprechende Adjektiv dem Isogenon beizufügen. Damit wäre allen Bedürfnissen aufs beste gedient. Lehmanns isogene Einheit und Raunkiaers Genospezies sind also identisch mit unserem homozygoten Isogenon. Wenn Lehmann im Anschluß an einen Einwand Lotsys meint, das heterozygote Isogenon sei keine Einheit, weil es in seinen Nachkommen bekanntlich aufspalte, so bedeutet eine solche Bemerkung einen Rückfall in die genetische Denkweise, die Lehmann von dem Artbegriff der Vererbungslehre ja gerade ausgeschlossen haben will. Denn die genotypische Identität, Isoreaktion in der Sprache Raunkiaers besteht bei zwei heterozygoten Isogena genau so gut wie bei zwei homozygoten. Die Tatsache, daß die Heterozygoten in ihrer Nachkommenschaft mendeln, hat doch mit ihrer vorherigen Gleichheit nichts zu tun, ganz abgesehen davon, daß sie im Falle intermediärer Vererbung auch in der Nachkommenschaft wieder auftreten. Man muß in den Begriffen absolut reinen Tisch machen: will man Genesen erforschen, dann hat man dazu die Einheit der reinen Linie, will man genotypische Identitäten konstatieren, dann ist dazu das Isogenon da. Man könnte einen Augenblick versucht sein, sich zu fragen, ob man parallel zum heterozygoten Isogenon nicht auch den Begriff einer heterozygoten Linie aufstellen muß, deren Ausgangsindividuum statt des homozygoten der reinen Linie dann eben ein heterozygotes Individuum ist, während in einer solchen heterozygoten Linie dann ja auch homozygote Individuen auftreten können. Allein hier haben wir den Fall, daß ein an sich logisch möglicher Begriff praktisch entbehrt werden kann; denn wenn wir das Verhalten einer reinen Linie kennen, können wir daraus auf Grund der bekannten Mendelschen Gesetze dasjenige der heterozygotischen Linien eo ipso mit leichter Mühe ableiten. *Zusammenfassend können wir nunmehr sagen, daß das Isogenon eine nicht nur logisch mögliche und gegen Phylon, Taxon und reine Linie kontingente empirische Arteinheit ist, sondern daß es auch in der Praxis der Forschung nicht entbehrt werden kann.* Die reine Linie dient zur Feststellung von Genesen, das Isogenon zur Feststellung von Identitäten in der Vererbungslehre; und wie die Phylogenie mit dem Phylon allein bei der Lösung ihrer Aufgabe nicht auskommen kann, sondern das Taxon ebenfalls nicht entbehren kann, so braucht auch die moderne Vererbungslehre, selbst wenn sie nur Genesen untersucht, nicht nur die reine Linie, sondern auch das Isogenon, denn dieses allein gibt uns die Kriterien an die Hand, mit deren Hilfe wir ermitteln können, wann reine Linien konstant sind, wann nicht.

Wie steht es nun mit der *Realität der Isogena?* Wenn man überhaupt an die Existenz der Gene glaubt, und da es eine echte Entwicklung im Organischen gibt, mithin die komplizierten Formen des fertigen Organismus auf zweifellos viel primitiver organisierte Anfänge zurückgehen, kann man die reale Existenz der Gene[1]) wohl nicht bezweifeln, dann muß man auch die Existenz der Isogena einräumen. Das kam ja auch schon im Begriff des Isogenons, wonach Individuen von genotypisch gleicher Zusammensetzung eben identische Isogena sind, zum klaren Ausdruck  Und was sich unmittelbar auf Individuen bezieht, ist, wie wir wissen, stets real. Bemerkt werden muß noch, daß die individuelle Existenz der Isogena sich keineswegs mit derjenigen der Taxa oder irgendeiner anderen Kategorie zu decken braucht. Bisher haben wir ja oft angenommen, daß gleiche Taxa dennoch als Isogena verschieden sein können, z. B. in dem erwähnten Falle absolut dominanter Kreuzung. Gesetzt aber den Fall, WINKLERS Hypothese (1924, S. 16/17) wäre richtig: ,,Vielleicht ist es gerechtfertigt, anzunehmen, daß die Arten einer Gattung gleiche Genoplasmen besitzen, die verschiedenen Gattungen unter sich aber verschiedene, und die höheren systematischen Einheiten natürlich erst recht. Danach würden die grundlegenden Gattungsmerkmale im Plasma stecken, und sie würden durch die Einwirkung der spezifischen Kernbewirker zu Arteigenschaften. Die Verschiedenheit der Arten einer Gattung würde dann darauf beruhen, daß sie bei gleichem Genoplasma verschiedene karyotische Genome besäßen. Dabei wäre es natürlich durchaus möglich, daß sowohl die karyotischen Genome wie die Genoplasmen von Organismen, die verschiedenen Gattungen und Familien angehören, in manchen wichtigen Punkten miteinander übereinstimmten. Die Übereinstimmung der Gattungen derart, daß sie zu Familien zusammengestellt werden können und diese zu größeren Gruppen, mag gerade auf solchen genomatischen und genoplasmatischen Übereinstimmungen und Ähnlichkeiten beruhen."

---

[1]) Natürlich muß man unter Gen nicht nur substantielle Gebilde, seien es auch Enzyme, verstehen, wie man heute gewöhnlich tut. Der größte Teil aller ,,Gene" wird vielmehr rein dynamischen Charakter haben, bloße Systembedingung im Sinne der Physik sein, einem Begriffe, dem BAURS ,,Reaktionsnorm" wohl am nächsten kommt.

Gesetzt also, diese Hypothese, die jedenfalls neue Wege zur Erforschung der Konstitution der Isogena weist, wäre richtig, dann würden wir von plasmatischen und karyotischen Isogena reden können. Die ersten wären identisch mit den taxonomischen Gattungen, und wir hätten hier dann einen Fall, wo ein taxonomisch abstrakter Begriff isogenetisch ein Realbegriff ist, denn der Begriff des plasmatischen Isogenons wäre ohne Zuhilfenahme niederer Kategorien direkt auf Individuen anwendbar, wenn diese Individuen auch verschiedenen Taxa angehören, während der Begriff des plasmatischen und karyotischen Isogenons sich auch in seiner Realität auf den Begriffsumfang des Taxons beschränkte. Aber es ist natürlich auch möglich, daß sich das Isogenon oder seine eventuellen Stufen überhaupt nicht mit taxonomischen Kategorien decken, diese sich vielmehr als Interpolationen zwischen isogenetischen Stufen erweisen — man denke an Raunkiaers Beispiel. Sei dem, wie ihm wolle, jedenfalls zeigen diese Überlegungen, daß das Isogenon auch in seiner Realität sich weder mit dem Taxon noch irgendeinem andern Artbegriff deckt.

Zum Abschluß dieses Kapitels seien die Definitionen unserer vier verschiedenen Artbegriffe noch einmal nebeneinander gestellt.

1. *Phylon:* Gleiche Phyla sind alle Taxa, die derselben phyletischen Reihe angehören.

2. *Taxon:* Gleiche Taxa sind alle Individuen, die, einerlei woher sie stammen, in jeder Hinsicht isoreagent sind, d. h. dasselbe Verhalten auch bei verschiedener genotypischer Zusammensetzung zeigen.

3. *Reine Linie:* Zur selben reinen Linie gehören alle Individuen, die von einem oder zwei isogen-homozygotischen Eltern durch Selbstbefruchtung, vegetativ oder bei zwei Ausgangsindividuen auch sexuell ohne fremde Blutbeimischung abstammen, einerlei ob sie ebenfalls homozygot sind oder ob sie heterozygot geworden sind.

4. *Isogenon:* Alle Individuen, die dieselbe genotypische Zusammensetzung haben, heißen Isogena. Man unterscheidet homo- und heterozygotische Isogena. Möglicherweise gibt es auch karyotische und plasmatische Isogena[1]) (Winkler 1924).

*Von allen vier Artbegriffen gilt:*

a) daß sie *gegeneinander kontingent* sind,

b) daß sie *Realbegriffe* sind, soweit sie direkt auf Individuen anwendbar sind, was in der Regel der Fall ist.

*Phylon* und *reine Linie* handeln von *genetischer Identität*, während *Taxon* und *Isogenon* reine *Identitätsbegriffe* sind. Das kommt auch in der Form ihrer Definition zum Ausdruck.

---

[1]) Auch die Existenz von Individuen, die karyotisch-isogen, plasmatisch heterogen sind, wäre logisch zu beachten.

Obwohl wir uns an dieser Stelle eigentlich nur mit der Definition des Taxons — heißt die Überschrift dieses Kapitels doch: Die Empirismen der Taxonomie — zu befassen brauchten, haben wir uns doch auch mit den drei logisch von ihm verschiedenen Artbegriffen in gleicher Ausführlichkeit befaßt. Das war indessen unvermeidlich, da es nur so möglich war, logisch Ordnung in den Wirrwarr der Artbegriffe zu bringen und damit auch das Taxon klar und deutlich zu charakterisieren. Wir werden dann in späteren Kapiteln oft Gelegenheit nehmen, auf die hier gemachten Ausführungen zu verweisen.

Bezüglich des Taxons haben wir hier ebenfalls noch zusammenfassend zu konstatieren:

*Die Empirismen der diagnostischen Systematik sind die Taxa oder, falls Untertaxa irgendwelcher Art existieren, diese.* Denn Empirismen sind in qualitativ-empirisch orientierten Wissenschaften immer solche Begriffe, die sich unmittelbar auf echte Individuen beziehen.

## 4. Die Apriorismen.

Unter Empirismen haben wir diejenigen Momente realwissenschaftlicher Theorien verstanden, die im Rahmen einer bestimmten Theorie kontingent, d. h. unableitbar, einmalig sind, als solche nur einfach hingenommen werden müssen und deren Zahl man im Gesamtgebäude aller Theorien einer Naturwissenschaft auf ein Minimum zurückzuführen bestrebt ist. Wir haben ferner gefunden, daß sich alle in naturwissenschaftlichen Theorien vorkommenden Empirismen in zwei logische Typen ordnen lassen, in quantitative und qualitative Empirismen. Die quantitativen Empirismen treten fast nur in mathematisch formulierbaren Theorien auf, und zwar in Gestalt der in naturwissenschaftlichen Theorien stets eine beherrschende Rolle spielenden universalen Naturkonstanten. Den Typus des qualitativen Empirismas fanden wir hingegen im Begriffe des echten, rational unableitbaren, prinzipiell nie völlig ausschöpfbaren Individuums. So gehorchen beide, die Naturkonstante und das Individuum, den logischen Gesetzen der Empirismen, dem Kontingenz- und Ökonomiegesetz. In der uns hier beschäftigenden diagnostischen Systematik stellten wir das Taxon als das ihrer qualitativen Theorienbildung zugrunde liegende Empirisma fest. Im allgemeinen, so fanden wir weiter, deckt sich der Begriff des Taxons mit dem, was die Systematiker „Art" nennen, nämlich immer dann, wenn sich der Artbegriff unmittelbar, d. h. ohne Zuhilfenahme logisch speziellerer diagnostischer Kategorien (Unterart usw.) auf Individuen anwenden läßt, eine Eigenschaft, die dem Taxon als Empirisma unbedingt zukommen muß. Manchmal kann so an die Stelle der Art die Subspezies oder, im Falle es von einer Gattung nur eine Spezies gibt, die Gattung usw. selbst treten.

*Unter Apriorismen sollen nun diejenigen logischen Momente einer naturwissenschaftlichen Theorie verstanden werden, die mit den Empirismen der betreffenden Theorie zusammen deren jeweils spezifischen Charakter bilden.* Wenn z. B. Newtons Gravitationstheorie gerade durch die Gleichung $K = G\,\dfrac{m \cdot m_1}{r^2}$ dargestellt wird und nicht durch irgendeine andere Gleichung, so liegt das eben daran, daß gerade die genannte Kombination, in der die Konstante $G$ als allein kontingentes Empirisma vorkommt, das für diesen Fall spezifische Apriorisma ist. Der Begriff Apriori ist hier also nicht im vulgär philosophischen Sinne des Unabhängig- oder gar Freiseins von aller Erfahrung verstanden. Dergleichen Apriori gibt es nur in der reinen Logik und Mathematik selbst, nicht in der Naturwissenschaft, in der es auch Empirismen gibt. Die Apriorismen einer naturwissenschaftlichen Theorie sind vielmehr durchaus von der Erfahrung abhängig, wie in unserem Falle die Newtonsche Gleichung geradezu der Bestimmungsausdruck für die empirische Konstante $G$ ist. Wir haben es nun in der Hand, die Bestimmungsgrößen von $G$, nämlich $m$, $m_1$ und $r$ beliebig festzustellen, wir sind mit anderen Worten in der Lage, die Erfahrung zu logisieren und zu mathematisieren, natürlich soweit die jeweiligen Empirismen das zulassen. Besonders die Mathematisierung der Logismen ist die Form logischer Beherrschung der Erfahrung, nach der die unhistorische Naturwissenschaft strebt. Diese Art Naturforschung glaubt sich erst am Ziel, wenn sie alle naturwissenschaftlichen Empirismen in die Form von Differential- und Integralgleichungen gebracht hat. Eine irgendwie logisierte naturwissenschaftliche Theorie, sei sie logisch qualitativ (z. B. historisch) oder logisch quantitativ (= mathematisch), ist dann im echt idealwissenschaftlichen Sinne apriori, d. h. wirklich unabhängig von aller Erfahrung nicht für sich selbst, wohl aber für alle Theorien und Gesetze, die sich aus ihr logisch oder mathematisch ableiten lassen. So ist z. B. die Einsteinsche Gravitationstheorie selbst nicht unabhängig von der Erfahrung, d. h. sie ist nicht frei von Empirismen, wohl aber ist es möglich, aus ihr ohne jeden erneuten Rekurs auf die Erfahrung, rein mathematisch also, einfach durch 0-Setzung gewisser Koeffizienten der Einsteinschen Gravitationsgleichung zur Newtonschen Gravitationstheorie zu gelangen. Und das gerade ist die Aufgabe einer Logisierung, Mathematisierung oder Historisierung, aus möglichst wenig universalen Empirismen rein logisch oder mathematisch, jedenfalls apriorisch, möglichst viele spezielle Empirismen abzuleiten. Apriorisierung der Natur bedeutet im Grunde gerade nicht ein Herausspintisieren der Natur aus dem Geiste, sondern eine geschickte Auswahl treffen aus den unendlich vielen möglichen Empirismen, es bedeutet kein Freisein von der Erfahrung, sondern ein Freischaffen mit der Erfahrung. Die Prinzipien der Logik und Mathematik sind an sich zwar unabhängig von der Erfahrung, aber wir geben ihnen eine solche Gestalt, daß sie möglichst bequem anwendbar sind auf die Erfahrung. Wir apriorisieren die Erfahrung, um sie so frei wie möglich von der Kontingenz der Erfahrung zu machen. Das ist aber immer nur bis zu einem gewissen Grade möglich, nämlich nur bis zu den Empirismen, die noch in den Axiomen der naturwissenschaftlichen Letzttheorien vorkommen, die wir zwar durch immer erneute Rückverlegung der Axiome immer mehr vereinfachen, universaler gültig machen können, an deren Kontingenz aber schließlich alle Logisierung ihr Ende finden muß. Wie gesagt strebt die Naturwissenschaft einerseits nach der Mathematisierung der Natur als derjenigen Logisierung, die die eleganteste und bequemste Beherrschung der Natur ermöglicht. Daneben gibt es aber noch eine Art von Logisierung, deren Ziel nicht die Beherrschung der Natur (Physik, Physiologie), sondern die Erkenntnis ihrer Geschichte, die Bestimmung ihres Sinnes ist. Diesem Ziel dienen vor allem Kosmologie und Phylogenie. *Historisierung ist, wie wir noch sehen werden, eine der Mathematisierung durchaus koordinierte Logisierung der Natur, obschon sie immer nur qualitativ möglich ist.* Aber um Apriorisierung handelt es sich auch hier. Wenn ich z. B. als übrigens empirisch gefundenes Axiom den Satz hinstelle, daß die phyletische Schöpfung neuer Formen immer nur in den Nordkontinenten, z. B. in Zentralasien, vor sich gegangen ist und daß sich die neuen Formen von dort aus über die ganze Erde verbreitet haben, dann kann ich daraus die Erkenntnis rein apriorisch ableiten, daß die ältesten Würmer, die wir heute in Australien finden, dort als Relikte übriggeblieben sind, daß sie aber nicht dort ihre Wiege gehabt haben, daß sie also auch nicht von dort ihren Wanderzug über die Welt angetreten haben. Die historische Logik gestattet also genau so gut zwingende Deduktionen wie die mathematische.

Unter Apriorismen verstehen wir also die logischen und mathematischen Momente, die aus sorgsam ausgewählten Empirismen die jeweils spezifischen und gültigen realwissenschaftlichen Theorien machen. Nun erfuhren wir bei der Diskussion der Empirismen, daß es eine ganze Reihe philosophischer Systeme gegeben hat und immer geben wird, die nachweisen wollen, daß es im Grunde gar keine Apriorismen gibt, daß vielmehr alle Logismen im Grunde Empirismen sind. Ebenso gibt es nun aber auch philosophische Systeme, die im Gegensatz zum Empirismus behaupten, daß es eigentlich gar keine Empirismen gibt, daß vielmehr alles, was wir so nennen, nur verkappte und nicht ausreichend logisch analysierte Apriorismen sind. Das ist die Lehre des Rationalismus, die in unseren Tagen in typischer Prägung von Herm. Cohen und seiner Schule vertreten wird, der alle Empirismen im Grunde nur die Unbekannten mathematischer Gleichungen, also ganz inkontingente Größen sind. Ebenso wie der Empirismus schießt nun aber auch der Rationalismus erheblich übers Ziel hinaus. Ebenso wie dieser hat er aber auch das große Verdienst, zu immer erneuter Prüfung anzuregen, was an den Empirismen noch a priori ist, mit anderen Worten die empirischen Axiome immer weiter zurückzuverlegen. Auf diese Weise sind Empirismus und Rationalismus für immer ganz unentbehrliche Fermente logischer Analyse. Falsch sind beide im Hinblick auf den gegenwärtigen Zustand realwissenschaftlicher Theorienbildung. Heute gibt es hier ganz unzweifelhaft sowohl echte kontingente Empirismen, wie ebenso echte transformierbare Apriorismen. Nur wenn wir uns das wahrscheinlich für immer imaginäre Ziel aller naturwissenschaftlichen Theorienbildung vor Augen halten, wonach wir dahin streben, eine einzige einheitliche Theorie für alle Naturvorgänge und mit nur einem einzigen universalen Empirisma aufzustellen (Laplacescher Geist), nur dann können wir von einem theoretischen Zustand der Naturwissenschaft träumen, der jenseits ist sowohl von Empirismus wie von Rationalismus, in dem beide zu einer neuen höheren Synthese vereinigt sind. Einstweilen können wir damit nicht rechnen. Im Augenblick müssen wir uns immer wieder an unseren logischen Erfahrungssatz halten, im Grunde die größte Entdeckung Kants, der uns sagt, daß jede realwissenschaftliche Theorie aus Empirismen *und* Apriorismen besteht.

Wie in der Lehre von den Empirismen können wir auch bei den Apriorismen zwei Sätze aufstellen, die ihre logische Rolle in der realwissenschaftlichen Theorienbildung definieren und ihre allgemeine Entfaltungstendenz charakterisieren. Diese Sätze lauten:

1. *Alle Apriorismen sind im Rahmen ihrer Theorie so weit logisch, historisch und mathematisch in alle anderen möglichen Apriorismen transponierbar, als die Kontingenz der Empirismen derselben Theorie und natürlich die Gesetze der Logik, Mathematik und Historik es zulassen.*

2. *Es besteht die Tendenz, den Bereich der Transponierbarkeit der Apriorismen einer Theorie nach Möglichkeit zu erweitern.*

Da wie gesagt die logische und mathematische Transponierbarkeit der Apriorismen einer Theorie lediglich von der Kontingenz ihrer

Empirismen und deren eventueller Beseitigung abhängt, ist der zweite
Satz nur eine andere an den Apriorismen orientierte Fassung des uns
ja schon bekannten zweiten Satzes von den Empirismen, der besagt,
daß die Naturwissenschaft bestrebt ist, die Zahl der unbedingt notwendigen Empirismen auf ein Minimum zu reduzieren. Fortschreitende Reduktion der kontingenten Empirismen auf möglichst wenige universale Letztempirismen ist aber identisch mit
einer möglichst weitgehenden Ausdehnung der Transponierbarkeit der Apriorismen, die schließlich auf eine Ableitung bisher —
infolge der Kontingenz ihrer Empirismen und so lange diese dauert —
selbständiger Theorien aus universalen Theorien, als deren Spezialfälle sie sich dann erweisen, hinausläuft: wir können uns also hier auf
eine Diskussion des ersten, definitorischen Charakter besitzenden
Satzes von den Apriorismen beschränken.

Es handelt sich dabei im wesentlichen um die Klarstellung dessen,
was unter Transponierbarkeit zu verstehen ist. Ganz allgemein ist
Transponierbarkeit das Gegenteil von Kontingenz; transponierbar
ist alles, was man logisch oder mathematisch zu allem in Beziehung
setzen kann, in alles reduzierbar und aus allem ableitbar ist. Auf
diesem Boden muß man dann sorgsam zwischen rein logischer und
mathematischer Transponierbarkeit einerseits und derjenigen naturwissenschaftlicher, empirisch kontingenter Theorien andererseits
unterscheiden. Die Newtonsche Gravitationstheorie z. B. und die
Theorie der Gase sind mathematisch völlig ineinander transponierbar,
wobei man natürlich nicht immer nur an direkte Ableitbarkeit denken
darf: Transformierbarkeit wie wir diese rein mathematisch-logische
Transponierbarkeit zum Unterschied von der naturwissenschaftlichen nennen wollen, ist vielmehr etwas viel allgemeineres. Es genügt,
wenn die Möglichkeit bloßer logischer oder mathematischer In-
beziehungsetzung gegeben ist. In unserem Falle bedeutet das also
z. B., daß man die Newtonsche und die Gasgleichung benutzen kann,
um zwei mathematische Unbekannte, die in ihnen in identischer
Bedeutung vorkommen, auszurechnen. Mathematisch sind diese
Gleichungen also miteinander transformierbar, nicht jedoch als
naturwissenschaftliche Theorien. Denn da sie ganz verschiedene
Empirismen enthalten, die in keiner Weise auseinander oder aus
einer gemeinsamen übergeordneten Theorie abgeleitet werden können,
hat eine rein mathematische Kombination beider Gleichungen nicht
den geringsten physikalischen Sinn. Physikalische Transformierbarkeit
= Transponierbarkeit schlechthin ist also nur dann gegeben, wenn die in
zwei Gleichungen oder Gleichungssystemen vorkommenden Empirismen
entweder identisch sind, wie z. B. bei der Newtonschen Gravitations-

gleichung, der GALILEIschen Fallgleichung und der Gleichung der Zentrifugalkraft, aus denen rein mathematisch bekanntlich die KEPPLERschen Gesetze, also auch physikalisch sinnvolle Gleichungen errechnet werden können, oder dann, wenn die in den verschiedenen physikalischen Gleichungen vorkommenden Empirismen physikalisch sinnvoll direkt auseinander ableitbar sind. So kann man z. B. die NEWTONsche Gleichung rein mathematisch aus der EINSTEINschen Gravitationsgleichung errechnen, weil das NEWTONsche $G$ ein Grenzfall des EINSTEINschen ist. *Naturwissenschaftliche Transformierbarkeit ist also immer abhängig von der Identität oder der gegenseitigen physikalisch sinnvollen Ableitbarkeit der Empirismen.* Wo diese besteht, kann die Transformierbarkeit vorgenommen werden, als ob es sich um rein mathematische oder logische Transformierbarkeit handelt. Das ist der Sinn unseres ersten Satzes von den Apriorismen. *In rein qualitativ logischen Theoriengruppen bedeutet unser Satz nur, daß Theorien, die von bestimmten Individuen gelten, nicht ohne weiteres auf andere Individuen übertragen werden dürfen, und daß die verschiedensten Theorien, die von den gleichen Individuen gelten, auch zueinander in Beziehung gesetzt werden dürfen.* Es ist überflüssig, diese logischen Gemeinplätze mit Beispielen belegen zu wollen.

Nachdem wir uns somit über den allgemeinen Charakter aller nur logischen oder auch mathematischen Apriorismen Klarheit verschafft haben, stehen wir nun vor der Aufgabe, den besonderen Typus von Apriorismen zu schildern, der uns in unserer diagnostischen Systematik entgegentritt. Unser Problem nimmt dann folgende Formulierung an: *Welche Apriorismen fügen die Taxa, die diagnostischen Empirismen, zu dem logischen Gebilde zusammen, das wir diagnostisches System der Organismen nennen?* Wohlverstanden, es handelt sich für uns hier nur um das diagnostische System, nicht um das typologische oder phyletische.

Wir fragen hier nach der logischen Entstehung der überartlichen systematischen Kategorien, im wesentlichen also der Gattungen, Familien, Ordnungen, Klassen und Stämme. Von allen diesen wissen wir bereits, daß sie keine Realbegriffe, sondern abstrakte reine Begriffe sind. Sie sind daher sämtlich mehr oder weniger willkürlich und konventionell, wir haben es in der Hand, sie nach von uns formulierten logischen Gesichtspunkten — mathematische fangen neuerdings an, in statistischer Form ebenfalls mitzuwirken — zu bilden und zu gruppieren. Da es sich zunächst lediglich um Diagnostik handelt, wäre es das Gegebene, von den Taxa auszugehen und sie innerhalb gewisser definierbarer Grenzen nach dem Prinzip der Ähnlichkeit oder kontinuierlichen Differenz zu Gruppen zu ordnen, die dann Gattungen heißen, und so fort die Gattungen zu Familien, die Familien zu Ordnungen, die Ordnungen zu Klassen und endlich die Klassen zu Stämmen und diese zu Reichen. Das ist auch der Weg, den die Linnésche Systematik mit bekanntem Erfolge gegangen ist. Auch was ihr nachher als natürliches System gegenübergestellt wurde, ist, solange es noch nicht historisch verstanden wurde, im Prinzip logisch vom selben Charakter. Natürlich-künstlich besagt in diesem Falle nur ein mehr oder weniger an Willkür in der Definition der Klassen usw. Je mehr die Kenntnis der organischen Formen an Zahl zunahm, desto mehr verschwanden die schroffen Gegensätze, desto ähnlicher wurden sich alle Organismen, da sie sich immer mehr in kontinuierlich ineinander übergehende Formenreihen ordnen ließen, kurz, schon das Wachsen der rein diagnostischen Formenkenntnis bedingte ein Natürlichwerden des Systems. Irgendwelcher Phylogenie bedarf es dazu nicht im geringsten. Phylogenie sieht nicht auf Ähnlichkeit oder Verschiedenheit, sondern lediglich auf gleiche oder ungleiche Abstammung. Es ist zwar kein physiologischer, aber doch ein systematischer Zufall, wenn ähnliche Formen meistens auch gleiche Abstammung haben. Die nicht gerade seltenen Konvergenzen zeigen aber zur Genüge, daß Formenähnlichkeit kein Beweis für Abstammungsgleichheit ist. Zwar dürfen wir auch weiterhin in der Formenähnlichkeit eine historische Urkunde bei der Erforschung der Abstammung der Arten sehen, aber doch nur eine Urkunde neben anderen, eine indirekte historische Quelle, die wir nicht vertrauensselig hinnehmen dürfen, die wir vielmehr mit allen Kautelen phylogenetischer Quellenkritik mit philologischer Akribie prüfen müssen.

Obwohl wir also sorgfältig Taxonomie und Phylogenie nach ihren Zielen nicht nur, sondern auch nach ihren logischen Methoden auseinanderhalten müssen, kann die Systematik dennoch nicht gleichgültig gegen die Ergebnisse der Phylogenie bleiben. Zwar kann sie logisch vollkommen ohne Phylogenie auskommen dadurch, daß sie sich lediglich auf das Prinzip der diagnostischen Ähnlichkeit stützt. Mit seiner Hilfe kann sie, wie wir gesehen haben, Gattungen, Familien usw. formieren und sogar zu einem natürlichen System der Organismen im Sinne von Descandolles, Cuvier, Agassiz usw. gelangen. Trotzdem wird es heute aber niemandem mehr einfallen, die Deszendenztheorie, die Ergebnisse der Phylogenie einfach zu ignorieren, selbst wenn er bewußt keine Phylogenie, sondern nur Diagnostik treiben will. Der Grund dafür ist einfach der, daß das System der Organismen, das sich nur auf diagnostische Ähnlichkeit stützt, komplizierter und weniger einfach ist als ein System, daß sich soweit wie möglich auf Phylogenie stützt. Und zwar wohl verstanden: Ein phyletisch orientiertes rein diagnostisches System ist als diagnostisches erheblich einfacher als ein ebenfalls rein diagnostisches System, das alle Phylogenie ignoriert und sich lediglich auf diagnostischer Ähnlichkeit aufbaut. Die Diagnostik bleibt also durchaus Diagnostik, wenn sie auch die Ergebnisse und Prinzipien anderer biologischer Disziplinen, mögen sie nun Phylogenie oder Physiologie, Ökologie oder Biogeographie heißen, benutzt. Sie braucht sich also nicht auf das lediglich ihrem eigenen, höchst dürftigen theoretischen Boden entwachsene Prinzip der diagnostischen Ähnlichkeit oder Verwandtschaft zu beschränken. Diagnostik ist ihrem Wesen nach Eklektik, vergibt sich also auch theoretisch gar nichts, wenn sie wirklich dementsprechend verfährt. So ist es dahin gekommen, daß auch in der reinen Systematik das phyletische System der Organismen das alte rein diagnostische vollkommen verdrängt hat, einfach weil es, da die Erforschung der Phylogenie der Organismen Selbstzweck der Forschung ist und zu einer weitgehenden Systematik der Organismen geführt hat, höchst unpraktisch sein würde, neben dem phyletischen System, soweit dieses zu einer klaren Scheidung organischer Formen führt, noch ein anderes bereitzuhalten, das zwar in vielen Punkten vom phyletischen abweicht, aber *praktisch* doch nicht das geringste mehr leistet und zudem jeglichen theoretischen Interesses bar ist. Der Grund, weshalb die Phylogenie mit Recht den Vorrang vor der reinen Systematik verdient (natürlich nur so weit, als sie praktisch dasselbe leisten kann, wie die Systematik), beruht allein darauf, daß sie *auch* rein theoretisches Interesse besitzt, die Systematik dagegen *nur* praktisches. Die Systematik ist überall da entbehrlich, oder vielmehr sie kann überall die Ergebnisse anderer, auch theoretisch notwendiger Disziplinen, zur Zeit vornehmlich der Phylogenie — die Physiologie wird später kommen, wenn die Erforschung der Isogena weiter fortgeschritten —, übernehmen, wo sich diese unmittelbar auch in die Sprache der Diagnostik übersetzen lassen. Diese wiederholt von uns gemachte Einschränkung zeigt schon, daß es nicht möglich ist, alle Ansprüche der Diagnostik mit Phylogenie zu befriedigen. Die Phylogenie reicht nach v. Wettstein (1913[2], 1913[b], 1914[a]) gewöhnlich bis zur Systematik der Familien, wenn es auch u. a. gerade v. Wettstein (1896, 1897) in besonders glänzenden Analysen gelungen ist, die Phylogenie selbst in Gattungen bis zu den Arten vorzutreiben (vgl. Gentiana, Euphrasia). Aber im allgemeinen versagt die Phylogenie bei den unterfamiliaren systematischen Kategorien und selbst, wenn sie hier theoretisch nicht versagt, so doch praktisch, da die phyletisch möglichen Differenzierungen hier gewöhnlich keinen praktisch diagnostischen Wert haben. Hier behauptet das alte diagnostische Ähnlichkeitsprinzip nach wie vor seine ehemals überall dominierende Stellung.

Alles zusammenfassend können wir somit sagen: *die Diagnostik baut ihre überartlichen, abstrakten systematischen Kategorien auf eklektische Weise auf. Sie macht zur Zeit hauptsächlich Anleihen bei der Phylogenie, deren über dem Phylon gelegene Kategorien sie soweit als möglich übernimmt.* Soweit als möglich, d. h. soweit man die phyletischen Zusammenhänge selber kennt und soweit sie zu diagnostischen Zwecken verwendbar sind. Im Augenblick verläuft die Grenze der diagnostisch verwertbaren phyletischen Kategorien so ziemlich unterhalb der Familien. Die Diagnostik subfamiliarer Kategorien ist im allgemeinen nach wie vor auf das Prinzip rein diagnostischer Ähnlichkeit oder Verwandtschaft angewiesen.

Die Apriorismen der reinen Diagnostik sind also im wesentlichen dieselben wie die der Phylogenie. Nur die unterfamiliaren diagnostischen Apriorismen sind im allgemeinen rein diagnostischer Art und nach dem apriorischen Prinzip der formalen Ähnlichkeit gebildet. Im ganzen unterscheidet sich das System der diagnostischen Apriorismen von dem phylogenetischen hauptsächlich durch seinen gänzlich untheoretisch-eklektischen und rein praktischen Charakter. Das System der phylogenetischen Apriorismen dient hingegen ebenso wie die physiologischen Apriorismen rein theoretischen Zielen. Seine diagnostisch praktische Verwendung beruht auf einem Zufall, der als solcher die Phylogenie und Physiologie nicht interessiert.

Auf die sich hier nun leicht einstellende Frage, wie denn nun das System der phylogenetischen Apriorismen — phyletischen Familien, Klassen, Gattungen usw. — logisch zustande kommt, werden wir in dem Apriorismenkapitel der „Logik der Phylogenie" sehr bald einzugehen haben. Wir werden uns dann weiter nicht wundern, wenn wir finden sollten, daß der Aufbau der phyletischen Apriorismen nicht ohne weitgehende Anleihen und tätige Mithilfe der diagnostischen Apriorismen möglich ist, wissen wir doch, daß der Fortschritt der Wissenschaften sich in Spiralen vollzieht, daß immer ein theoretisches Motiv das andere treibt und umgekehrt, daß überall wechselseitige Erhellung stattfindet, daß indessen sehr selten eine einzelne Disziplin für alle anderen nur die geistige Nährmutter, die ewig gebende und nie nehmende ist. Wir können nur eine absolute Verschiedenheit und gegenseitige Indifferenz der erstrebten *Ziele* konstatieren, die Wege, die dahin führen, sind immer Serpentinen, die bald durch diese, bald durch jene, dem jeweiligen Ziele fremde Gegend unserer Wissenschaft führen.

## 5. Die Kontingenzen.

Vom Begriff der Kontingenz haben wir in den vorhergehenden Kapiteln bereits ausgiebigen logischen Gebrauch gemacht. Im Hinblick auf diese Verwendung können wir ihn nunmehr exakt folgendermaßen definieren: Zwei oder mehr Logismen (Theorien oder ihre Momente, die Empirismen und Apriorismen usw.) sind dann gegeneinander kontingent, wenn es unmöglich ist, sie direkt oder auf dem Wege über andere Theorien irgendwie auseinander abzuleiten. *Kontingenz ist identisch mit theoretischer Unableitbarkeit.*

Wir sprechen also von Kontingenz nur im Hinblick auf Logismen, und zwar besonders von Theorien und ihren Momenten. Das zu betonen, ist notwendig, weil der Begriff der Kontingenz natürlich wie alle allgemeinen philosophischen Begriffe eine lange Geschichte hat und damit eo ipso auch einen Wandel seiner Bedeutung. In der neueren deutschen Philosophie seit KANT scheint allerdings der Begriff Kontingenz gar nicht vorzukommen, wenigstens muß man sehr lange suchen, ehe man einmal irgendwo das Wort Kontingenz findet. Indessen sachlich spielen die Kontingenzprobleme auch in der Philosophie KANTs und seiner Nachfolger eine bedeutende Rolle. Die Antinomieprobleme der reinen Vernunft sind im Grunde Kontingenzprobleme und erst auf dieser Basis voll verständlich. In der vorkantischen europäischen Philosophie indessen (SPINOZA, LEIBNIZ), besonders auch derjenigen des sehr mit Unrecht viel geschmähten Mittelalters (THOMAS V. AQUINO), vor allem aber in der modernen französischen Philosophie (BOUTROUX 1907, 1911) steht das Kontingenzproblem im Vordergrund der philosophischen Interessen[1]). Wir können an dieser Stelle nicht näher auf die Auffassung des Kontingenzprinzips bei diesen Autoren eingehen, es muß hier genügen, unsere eigene Definition oben so bestimmt zu haben, daß Verwechselungen nicht möglich sind. Unsere Definition ist allen anderen gegenüber durch die strikte Beschränkung auf die logische Lehre von den Theorien ausreichend charakterisiert. Im übrigen sei hier auf die erwähnten Arbeiten von TROELTSCH und besonders von BOUTROUX, dem gediegensten Kenner aller Kontingenzprobleme, verwiesen.

Wir sprechen somit im folgenden von Kontingenz nur in bezug auf Theorien. In dieser Hinsicht stimmt der Begriff der Kontingenz mit demjenigen des Empirismas und Apriorismas vollkommen überein; er unterscheidet sich aber sehr wesentlich von diesen dadurch, daß man von Kontingenz in einem höheren Sinne auch dann reden

---

[1]) Eine sehr ansprechende Studie über Geschichte und Bedeutung des Kontingenzbegriffes hat TROELTSCH (1913) gegeben.

kann, wenn zwei oder mehr Theorien der logischen Analyse zugrunde liegen[1]). Von Apriorismen und Empirismen hingegen haben wir immer nur im Hinblick und im Rahmen einer einzelnen Theorie gesprochen. Insbesondere gelten auch die von uns für diese logischen Gebilde aufgestellten Gesetze immer nur für einzelne Theorien. Selbst wenn es, wie in den jeweils zweiten Sätzen, heißt, daß die Wissenschaft danach strebt, die Kontingenz der Empirismen zu beseitigen oder die realwissenschaftliche Transformierbarkeit der Apriorismen nach Kräften zu erweitern, so wird dadurch doch immer nur wieder eine einzelne neue Theorie zustande gebracht, mag sie auch eine ganze Reihe früherer Theorien in sich aufgesogen haben.

Auch in dem so bereinigten logischen Herrschaftsbereich der Kontingenzen können wir wieder einen Satz aufstellen, der für alle realwissenschaftlichen Kontingenzen gültig ist und dessen Beweis unmittelbar aus den Sätzen über Empirismen und Apriorismen folgt, die möglicherweise selbst nicht bewiesen werden können, sondern die Rolle logischer Axiome[2]) spielen, ähnlich den bekannten arithmetischen oder geometrischen Axiomen oder den logischen Grundsätzen von der Identität, dem Widerspruch und dem ausgeschlossenen Dritten. Natürlich sind die hier formulierten Sätze dann nicht Axiome für die Gesamtlogik, sondern nur für die Logik der realwissenschaftlichen Theorien.

Unser Satz über die Kontingenz naturwissenschaftlicher Theorien lautet folgendermaßen:

*Zwei naturwissenschaftliche Theorien sind dann gegeneinander kontingent, wenn ihre Empirismen es sind.* Dieser Satz ist eine unmittelbare Folge aus unseren Sätzen über Empirismen und Apriorismen. Da nämlich alle Apriorismen im Prinzip miteinander transformierbar sind und da ferner die Empirismen das kontingente Moment innerhalb jeder einzelnen naturwissenschaftlichen Theorie darstellen, so folgt zunächst, daß die Prüfung der Kontingenz zweier realwissenschaftlicher Theorien an ihren Empirismen vorgenommen werden muß. Da es nun an sich möglich ist, auch die Kontingenz von Empirismen zu beseitigen, so ist damit die Methode der Prüfung ebenfalls vorgeschrieben. Aus alledem ergibt sich unser Satz von der Kontingenz realwissenschaftlicher Theorien. Beispiele für ihn kann

---

[1]) Wir unterscheiden demnach zwei Arten von Kontingenz: 1. Kontingenz innerhalb einer einzelnen Theorie (Empirismen-Kontingenz) und 2. Kontingenz von zwei oder mehr Theorien gegeneinander (Theorien-Kontingenz). Unser gleich zu entwickelnder Satz von der Kontingenz stellt die Verbindung zwischen beiden Arten der Kontingenz her.

[2]) Auf diese Frage komme ich in einer beabsichtigten „Logik der Theorien" zurück. Man vgl. auch meine Probevorlesung: „Kontingenzerscheinungen an naturwissenschaftlichen Theorien" = *Symposion*, Bd. 1, Heft 3, 1926.

man in Menge in der theoretischen Physik finden. Solange man z. B. nicht wußte, wie groß die Geschwindigkeit der elektrischen Wellen ist, war die Theorie des Lichtes derjenigen der Elektrizität gegenüber kontingent, einfach weil die in beiden Theorien damals vorkommenden Empirismen gegeneinander kontingent waren, mochten ihre mathematischen Gewänder sich noch so ähnlich sehen. Erst als man gefunden hatte, daß die Geschwindigkeit der Ausbreitung von Licht und Elektrizität identische Größen sind, nachdem also die hauptsächlichste Konstante, die in den Theorien des Lichtes und der Elektrizität vorkommt, als ein und dieselbe nachgewiesen war, war auch die Kontingenz der genannten Theorien beseitigt und so der Boden für die MAXWELLsche Theorie logisch bereinigt und ihre Aufstellung damit möglich.

Damit ist auch die Lehre von der Kontingenz im allgemeinen soweit diskutiert, als es für die Probleme dieser Arbeit erforderlich ist. Wir begeben uns daher zur Systematik zurück und fragen, *ob auch in der Logik der diagnostischen Systematik Kontingenzen irgendeine Rolle spielen.*

Die Beantwortung dieser Frage hängt offenbar davon ab, ob es in der diagnostischen Systematik mehrere Theorien gibt; denn definitionsgemäß wollten wir von einem höheren Kontingenz*problem*[1]) nur reden, wenn wir es mit mindestens zwei Theorien zu tun haben, deren gegenseitige Kontingenz eben erforscht werden soll. Denn je nach der Zahl und logischen Bedeutung der in zwei gegeneinander kontingenten Theorien vorkommenden Empirismen kann man natürlich verschiedene logische Grade der Kontingenz unterscheiden. Gibt es also in der rein diagnostischen Systematik, die uns hier ja zunächst beschäftigt, zwei oder mehr verschiedene Theorien? Das ist offenkundig nicht der Fall. Zwar spricht man auch hier, selbst wenn wir sorgfältig alles an sich Überdiagnostische, wie phylogenetische, ökologische, biogeographische oder physiologische Überlegungen, ausscheiden, nicht selten von verschiedenen Theorien darüber, welcher höheren diagnostischen Kategorie eine bestimmte Gruppe von Organismen zugeteilt werden muß. Allein wenn wir genauer prüfen, um was es sich hier handelt, dann finden wir, daß von verschiedenen Theorien eigentlich gar nicht gesprochen werden kann; denn eine Theorie im strengen Sinne liegt, wie wir alsbald sehen werden, immer nur dann vor, wenn kausale Ziele verfolgt werden, seien sie nun historisch oder physiologisch kausal. Das aber ist hier, wo

---

[1]) Die Empirismen-Kontingenz bietet weiter keine besonderen Probleme mehr.

es sich im Grunde doch nur um praktische Probleme handelt, solche nämlich einer übersichtlichen und möglichst einfachen Ordnung und Einteilung von realen Dingen, für die wir eine kausal theoretisch fundierte Einteilung eben noch nicht haben, keineswegs der Fall. Da freilich die Diagnostik sich so weitgehend wie möglich an das phylogenetische System der Organismen anschließt und da dieses zweifelsohne auf historisch kausaler Grundlage zustande gekommen ist, so spielen beim logischen Zustandekommen dieser phylogenetischen Einteilung der Organismen echte Kontingenzen selbstverständlich eine Rolle, aber ihre Erörterung gehört nicht in die Logik der Diagnostik, sondern in die der Phylogenie. Die schönsten Beispiele von miteinander kontingenten Theorien freilich kann man in der Logik der Physiologie, besonders der Formphysiologie als der zur Zeit in stärkster theoretischer Gärung befindlichen biologischen Disziplin, finden. *Die noch vollkommen untheoretische Diagnostik ist also in kontingenter Hinsicht neutral.* Die einzelnen systematischen Kategorien sind nicht durch echte Kontingenz von einander geschieden, d. h. ihre Abgrenzung beruht nicht auf verschiedenen kontingenten kausalen Theorien, sondern ist eine Angelegenheit konventionellen Taktes und praktischer Formenkenntnis. Was Döderlein in den folgenden Sätzen seiner grundlegenden Studien (1902, S. 403) im Hinblick auf die Unterscheidung der Arten voneinander sagt, gilt mutatis mutandis auch für die anderen diagnostischen Kategorien: „Wenn wir sämtliche Formen kennen würden, welche existieren und einmal existiert haben, dann würden keine Artgrenzen vorhanden sein; jede einzelne unterscheidbare Form, mag sie noch so charakteristisch sein, würde ohne scharfe Grenzen in eine andere übergehen und jede Gruppe einen lückenlos zusammenhängenden mehr oder weniger reich verzweigten Stammbaum bilden, in welchem natürliche scharfe Abgrenzungen einzelner Abschnitte nicht vorhanden sind." Man könnte im Anschluß hieran die praktisch müßige, theoretisch aber sehr interessante Frage stellen, ob nicht in dem von Döderlein konstruierten Falle der Begriff des Taxons vollkommen unmöglich und überflüssig geworden sein würde und etwa durch das Phylon ausreichend ersetzt werden könnte. Das ist indessen nicht der Fall. Der Taxon würde nach wie vor ein unentbehrlicher Realbegriff bleiben und alles Isoreagente zusammenfassen. Nur würde man es nicht mehr auf eine scharf umgrenzte Gruppe von individuellen Organismen beziehen können, sondern auf „Typen fließender Zusammenhänge", von denen B. Erdmann (1894) in einer leider ziemlich vergessenen logischen Studie spricht. Praktisch haben wir diesen Fall ja in der Systematik der Riffkorallen, die

BROOK und BERNARD in ihrem Katalog des britischen Museums nur durch den Begriff der Typentaxa meistern konnten, denen DÖDERLEIN meines Erachtens nicht ganz mit Recht den Rang von Arten bestreitet. Natürlich hängt dann alles davon ab, welche Taxa man zum Rang von Normaltypen erhebt. Museale Vorhandenseinsrücksichten dürfen dabei jedenfalls erst in allerletzter Linie eine Rolle spielen. Hier tritt der unkontingente konventionelle Charakter der diagnostischen Kategorien so recht deutlich in die Erscheinung. Das ist natürlich kein Widerspruch gegen unsere Anschauung, daß die Taxa immer dann, wenn sie unmittelbar auf Individuen anwendbar sind, reale Begriffe sind. Auch konventionelle Typen sind selbstverständlich Realbegriffe, wenn sie unmittelbar auf Individuen anwendbar sind. Somit wird auch die Kontingenz individueller Taxa als Empirismen der Diagnostik nicht im mindesten durch diese Überlegungen in Frage gestellt. Die Kontingenz, deren Vorhandensein wir in der Diagnostik leugnen, ist ja die höhere Kontingenz, diejenige zwischen Theorien nämlich, die uns, wo sie vorliegt, besondere logische Probleme aufgibt, nicht die Kontingenz der diagnostischen Empirismen, die selbstverständlich ein logisches Faktum ist, zu besonderen Kontingenzproblemen wie gesagt aber nur dann führt, wenn wir Empirismen in mindestens zwei Theorien miteinander logisch vergleichen können. Wenn ferner bemerkt werden sollte, daß die Kontingenz der diagnostischen Empirismen, im allgemeinen also der Taxa, im Grunde auch gar keine echte Kontingenz sei, weil ja auch von echten Empirismen nur mit Bezug auf echte Theorien gesprochen werden kann, so ist diese Bemerkung ohne Zweifel richtig; sie zerstört aber nicht die Kontingenz und damit den Empirismencharakter der Taxa, weil ja das Taxon, obschon logisch ursprünglich echter Realbegriff der Diagnostik, doch auch als Empirisma in anderen, unzweifelhaft echt theoretischen Gebieten der Biologie, eine Rolle spielt, z. B. als notwendige Einschränkungsergänzung des Phylons in der Phylogenie usw. Demnach können wir die Ergebnisse dieses Kapitels in folgende Sätze zusammenfassen:

1. *Die diagnostische Systematik verwendet echte Kontingenzen nur in ihren Empirismen, den Taxa.*

2. *Eigentliche Kontingenzprobleme jedoch, nämlich Theorienkontingenzen, kennt sie nicht,* da sie im Grunde eine atheoretische Wissenschaft ist, wie übrigens alle Diagnostik, in welcher Wissenschaft sie auch vorkommen möge.

## 6. Die Ideen.

Die logische Lehre von den Ideen stimmt mit derjenigen von den Theorienkontingenzen darin überein, daß sie sich wie diese stets auf ein Ensemble von Theorien erstreckt. Ihre Reichweite ist allerdings eine erheblich größere als diejenige dieser höheren Kontingenzen. Denn während eine Kontingenzuntersuchung sich gewöhnlich auf zwei, selten auf drei oder mehr Theorien bezieht, umfaßt der Geltungsbereich einer Idee stets eine unendliche Menge von Einzeltheorien, und zwar sowohl von solchen, die voneinander abgeleitet werden können, wie von solchen, die gegeneinander kontingent sind. *Kontingenz behindert also nicht im mindesten die Zugehörigkeit zum selben Ideenbereich.* Andererseits folgt aber aus der universalen Geltung der Ideen für die Theorien, daß sie für eine einzelne Theorie recht wenig bedeuten, jedenfalls nicht im entferntesten so viel, wie die Lehre von den Kontingenzen. Die Ideen haben — in Kants Terminologie — eben nur regulative, hingegen keinerlei konstitutive Bedeutung. Sie sagen nur darüber etwas aus, welches allgemeine wissenschaftstheoretische *Ziel* eine bestimmte Theorie verfolgt, weisen selber dagegen keinerlei Wege nach, durch deren Befolgung das Ziel erreicht werden kann. Die Ideen bilden gewissermaßen das geistige Band, das aus einem bloßen Bündel von Theorien ein organisch wohlgegliedertes Ganzes macht: *sie sind Leitideen.* Diese leitende Verknüpfungsfunktion der Ideen ist natürlich logisch eine höchst subtile Funktion, die sich immer individuell den verschiedenen Theorienkomplexen anpassen muß und daher die verschiedensten logischen Gestalten annehmen kann. Infolgedessen ist es nicht möglich, die logische Wirksamkeit der Ideen ebenso auf einige allgemeine Lehrsätze zu abstrahieren, wie wir das bei Empirismen, Apriorismen und Kontingenzen tun konnten.

Alle realwissenschaftliche Theorienbildung wird nun von zwei Ideen geleitet, den Ideen des *Naturalismus* und des *Historismus*, den „beiden großen Wissenschaftsschöpfungen der modernen Welt" (Troeltsch 1922, S. 104). Beide spielen als universale metaphysische Theoreme bedeutende Rollen, natürlich nicht nur in der Wissenschaft, sondern auch in Ästhetik, Ethik, Politik und Religion[1]). An dieser Stelle interessiert uns natürlich nur die Rolle, die unsere Ideen in der naturwissenschaftlichen Theorienbildung spielen. Wie ich an anderer Stelle (1920, 1923, 1924) nachzuweisen mich bemüht habe,

---

[1]) Eine universale Kritik des Naturalismus als metaphysisches System gab Eucken (1888), während der Ideenkomplex des Historismus in Troeltsch (1922/23) seinen kongenialen Meister gefunden hat. Man vgl. auch Nietzsches berühmte, geistvolle Fanfare (1873/74).

muß man aber auch hier noch wieder eine metaphysische von einer rein logischen Tendenz unserer Ideen trennen. *Naturalistische Metaphysiken* sind u. a. alle Formen von Materialismus, Energismus (W. OSTWALD 1909), Biologismus, z. B. Darwinismus außerhalb der Biologie (Kritik bei EUCKEN 1912 und RICKERT 1920), Psychologismus, besonders in der Logik (Kritik bei HUSSERL 1913[2]) und Soziologismus. Ein gutes Beispiel für einen Soziologismus ist z. B. die Verwendung des soziologischen Prinzips der Arbeitsteilung in Gestalt der Lehre vom Zellenstaat in der Biologie. Es ist aus logischen Gründen — die Biologie kann wohl theoretisches Fundament der Soziologie sein, aber niemals umgekehrt — natürlich ganz ausgeschlossen, daß die Theorie des Zellenstaates in der Biologie irgendeine andere als höchst fragwürdige allegorische Bedeutung haben kann. Wenn selbst bedeutende Physiologen daher zeitweilig die Ansicht vertreten haben, mit der Zellenstaatstheorie oder dem Prinzip der Arbeitsteilung in der Physiologie irgend etwas *kausal* erklären zu können, dann sind sie in dieser Hinsicht einem logischen Irrtum zum Opfer gefallen. Die Idee des *Historismus* hat innerhalb der Naturwissenschaft aus naheliegenden Gründen nicht eine gleiche Fülle *metaphysischer Formen* hervorgebracht, wie die Idee des Naturalismus. Immerhin kann man historische Metaphysizierungen auch in der Naturwissenschaft bei schärferem Hinsehen nicht selten finden. HAECKELs ablehnende Haltung gegen ROUXs Entwicklungsmechanik und sein uns heute sehr seltsam anmutender Glaube, das „biogenetische Grundgesetz" leiste ja dasselbe, beruht z. B. auf solchem Historismus; denn das biogenetische Grundgesetz ist eben ein phyletisches, d. h. ein historisches Prinzip und niemals ein kausalphysiologisches. *Alle diese metaphysischen Formen von Naturalismus und Historismus innerhalb der Naturwissenschaft beruhen darauf, daß irgendeine naturwissenschaftliche Theorie, die in ihrem Ursprungsgebiet ihren guten theoretischen Wert und Sinn besitzt,* z. B. die Selektionstheorie DARWINs in der Biologie, die Lehre von der Arbeitsteilung in der Soziologie, die Energetik in der Physik, das biogenetische Grundgesetz in der Phylogenie usw., *aus diesem ihr logisch allein adäquaten Rahmen herausgelöst und nun als Theorie der gesamten Naturwissenschaft schlechthin metaphysisch allem Naturgeschehen untergeschoben wird.* Diesen Absolutierungsprozeß verträgt eben keine einzige, noch so universale naturwissenschaftliche Theorie. Die Energetik OSTWALDs scheitert z. B daran, daß man von psychischer Energie nicht im selben exakt meßbaren Sinne sprechen kann, wie von physischer Energie. Ähnliches läßt sich von jeder anderen der genannten und nicht genannten zahlreichen naturwissenschaftlichen Theorien nachweisen, aus denen man eine ganze Philosophie, ein metaphysisches System gemacht hat.

*Also metaphysisch dürfen wir unsere Ideen Naturalismus und Historismus in keinem Falle verstehen, wenn wir in der Logik der naturwissenschaftlichen Theorienbildung irgend etwas mit ihnen wollen anfangen können.* Wir dürfen sie nur logisch oder erkenntnistheoretisch deuten. Aber wie müssen wir sie dann formulieren?

Wir können an dieser Stelle die logischen Definitionen unserer beiden Ideen nicht systematisch entwickeln und begründen. Das ist Sache des Systems der Naturphilosophie selber. Wir verweisen auf die grundlegenden Werke von CASSIRER (1910), BECHER (1914), SCHLICK (1918), TROELTSCH (1922), PETZOLD (1921³), DRIESCH (1921², 1922²) und speziell für das vorliegende Problem auf die obengenannten Abhandlungen von AD. MEYER. Danach können wir die Idee des *Naturalismus als theorienkonstituierendes logisches Prinzip gleichsetzen* mit der allgemeinen Tendenz *der Mathematisierung* der Naturwissenschaft. Das Ziel naturalistischer Theorienbildung ist mathematische Ableitungsmöglichkeit aller naturwissenschaftlichen Theorien, Gesetze und Tatsachen aus möglichst wenigen universalen Differential- und Integralgleichungen, man denke etwa an die von HILBERT (1915, 1917) formulierten. Es handelt sich hier, wie man sieht, um die Realisierung des bekannten LAPLACEschen Geistes. Man will, wenn man den Zustand der Welt in einem bestimmten Zeitmoment kennt, in der Lage sein, mit Hilfe der universalen Weltgleichungen alle gewesenen oder künftigen Weltzustände rein mathematisch zu berechnen; oder was nach PLANCK (1922) auf dasselbe hinausläuft, man will aus den Vorgängen, die sich zu verschiedenen Zeiten in einer Ebene abspielen, rein mathematisch durch die Weltgleichungen alle Vorgänge und Zustände vor und hinter der Ebene errechnen. Der „Zustand der Welt in einem bestimmten Moment" oder „die Vorgänge, die sich zu verschiedenen Zeiten in einer Ebene abspielen", sind dann das, was man physikalisch die Randbedingungen der Weltgleichungen nennt, was in unserer Terminologie in den Empirismen der Theoriengleichungen zum Ausdruck kommt. Obschon somit das Prinzip der Mathematisierung sowohl in den Dienst der Erkenntnis der Vergangenheit wie derjenigen der Zukunft gestellt wird, benutzt man es doch vorwiegend zur Erkenntnis der Zukunft. Das COMTEsche „voir pour prévoir" ist vor allem die Devise des Naturalismus. Einigermaßen verwirklicht ist das System des logischen Naturalismus in der theoretischen Physik; in der Biologie tritt es auf in der Physiologie, die sehr klar als „Physik am Organischen" (CZAPEK 1917) bezeichnet worden ist, in der Psychologie besonders in der Sinnespsychologie, in der

Soziologie in Gestalt einer psychologisierenden theoretischen Bewältigung soziologischer Phänomene (G. LE BONN 1904[8], man vgl. auch AD. MEYER 1920).

Ganz anders die *logische Idee des Historismus*. Auch sie erstreckt sich wie der Naturalismus als Idee natürlich über das Gesamtgebiet aller Wissenschaften, insbesondere also auch der Naturwissenschaft. Während aber die logische Intensität der naturalistischen Idee in der Physik am stärksten sich auswirkt und sich dann auf ihrem Wege über Biologie, Psychologie und Soziologie allmählich immer mehr abschwächt, um schließlich an der Grenze von Soziologie und reiner Historie völlig zu verschwinden, verhält sich der Historismus geradezu umgekehrt. Sein Hauptanwendungsgebiet liegt gar nicht mehr im Bereich der Naturwissenschaft, sondern in den echt historischen Geisteswissenschaften. Aber von hier aus sendet der Historismus weit verzweigte theoretische Fäden in das Gebiet der Naturwissenschaft, bis weit in die Physik, die Domäne der naturalistischen Idee hinein. Versucht man nun, ähnlich wie wir Naturalismus gleich Mathematisierung gesetzt haben, auch die Idee des Historismus auf eine klare und präzise Formel zu bringen, dann gelangt man mit TROELTSCH auf das Problem der „Maßstäbe zur Beurteilung historischer Dinge" (1916, 1922) und landet schließlich bei einer Untersuchung des Gottesbegriffs als dem höchstmöglichen Maßstab historischer Theorienbildung. Diese Formulierung ist für das verhältnismäßige „Minimum an Historie" (A. MEYER 1923), das wir in der naturwissenschaftlichen Theorienbildung benötigen, aber zu allgemein und weitgehend. In der Naturwissenschaft können wir den logischen Gehalt der historischen Idee vielmehr auf eine bescheidenere Formulierung bringen. *Historisch forschen bedeutet in der Naturwissenschaft soviel wie: Theoretisierung nach dem Prinzip der Teleologie.* Historismus ist in der Naturwissenschaft gleich Teleologisierung. Wir werden sehr bald in der Phylogenie ein Paradebeispiel historischer Theorienbildung in einer echten Naturwissenschaft kennen lernen und es auf das genaueste logisch analysieren. Wir können uns an dieser Stelle daher um so mehr eingehendere Bemerkungen über die Rolle der Idee des Historismus in der Naturwissenschaft ersparen, als wir im gegenwärtigen Kapitel, den Ideen der diagnostischen Systematik, doch keinen Gebrauch davon machen können. Wir wollen uns hier nur noch kurz Ausbreitungsstärke und Richtung der historischen Idee in der Naturwissenschaft vor Augen führen. In dieser Beziehung verhält sich der Historismus genau umgekehrt wie der Naturalismus. Er ist in den Naturwissenschaften theoretisch am stärksten wirksam in der Soziologie — man denke an die großen Leistungen der deutschen

historischen Schule; das Ausland, besonders das romanische, pflegt
mehr die naturalistischen Tendenzen in der Soziologie —. In der
Biologie — die Psychologie ist historisch gänzlich auf die Biologie
angewiesen — haben wir noch in der Phylogenie eine echt historische
Wissenschaft, historisch sowohl in Fragestellung wie in Methoden.
In der Physik ist die Kosmologie ebenfalls Historie, aber nur in der
Fragestellung. In ihren Methoden ist die Kosmologie vollkommen
auf die reine, unhistorische Physik angewiesen. Man denke etwa an
die Rolle, die der PLATEAUsche Versuch in der KANT-LAPLACEschen
Theorie spielt. Echte historische Urkunden, wie sie die Phylogenie
in den Fossilien besitzt, kennt die Kosmologie aus naheliegenden
Gründen nicht. Infolgedessen hat die normale, unhistorische, also
naturalistische Physik, auch in der Kosmologie, von der historischen
Fragestellung abgesehen, das entscheidende Wort, während die Physiologie, wie wir noch sehen werden, in der Phylogenie nur beratende,
keinerlei entscheidende Funktionen ausübt. *Somit verhalten sich die
Ideen Naturalismus und Historismus in der Intensität und Richtung
ihrer Wirkungsweise im Rahmen der Naturwissenschaft direkt reziprok.*

Nachdem wir uns nunmehr darüber verständigt haben, welches
der logische theorienkonstituierende Sinn unserer beiden Ideen ist,
daß nämlich Naturalismus mit Mathematisierung, Historismus dagegen, soweit die Naturwissenschaft in Frage kommt, mit Teleologisierung identisch ist, können wir uns die uns hier zunächst an-
gehende Frage vorlegen, welche Bedeutung unseren *Ideen in der
diagnostischen Systematik* zukommt. Die Antwort lautet sehr einfach:
*Gar keine!* Spielten schon die Kontingenzen in der Diagnostik keine
Rolle, weil diese im Grunde ganz untheoretisch ist, da sie eine andere
Tendenz als die der einfachen übersichtlichen Ordnung der organischen
Formen nicht kennt, somit im Grunde mit einer einzigen Theorie
auskommt, derjenigen nämlich, die für alle Diagnostik ein und dieselbe ist und nichts anderes will, als Verschiedenes und Gleiches
mit einfachsten Mitteln als solches feststellen, wenn mithin bei
diesem untheoretischen Zustande der diagnostischen Systematik
schon Kontingenzen ausgeschlossen sind, dann ist sie erst recht auch
gegen Ideen neutral. *Diagnostik ist stets eben nur Propädeutik für
eigentliche Wissenschaft, aber durchaus noch keine Wissenschaft selber.*
Wissenschaft wird ein geistiger Bezugszusammenhang erst dadurch,
daß er mit einem oder mit beiden „großen Wissenschaftsschöpfungen
der modernen Zeit", eben unserem Naturalismus und Historismus, in
Fühlung tritt. Aber natürlich auch diese Bedeutungslosigkeit unserer
Ideen für die diagnostische Systematik konnten wir erst konstatieren,

nachdem wir den logischen Sinn unserer Wissenschaft konstituierenden Ideen ermittelt hatten, Deutungen übrigens, auf die wir in der Folge dieser Untersuchungen noch mehrfach werden zurückkommen müssen.

## 7. Theorie.
### (Das Kausalitätsproblem.)

Nachdem wir nunmehr in den Kapiteln von den Empirismen, Apriorismen, Kontingenzen und Ideen die logischen Momente kennengelernt haben, die eine einzelne Theorie konstituieren, bzw. ein Ensemble von Theorien regeln und leiten, bleibt uns noch die Aufgabe, die Rolle kurz zu erläutern, die eine einzelne Theorie oder ein Theorienkomplex als Ganzes in der Erforschung der Wirklichkeit spielt.

Jede realwissenschaftliche Theorie hat die Aufgabe, einen mehr oder weniger großen Komplex von Tatsachen zusammenfassend zu erklären. *Theorien haben mithin logisch verstanden kausale Funktionen zu erfüllen, sie sind jeweils auf spezielle Fälle abgestimmte Formen und Ausdrücke des sog. allgemeinen Kausalgesetzes.* Dementsprechend lassen sich alle realwissenschaftlichen Theorien nach ihrer logischen Leistung, ihrer inhaltlichen Bedeutung in so viel Typen ordnen, als es Formen der Kausalität gibt. Wir haben demnach an dieser Stelle hier und im folgenden stets den Kausalitätstypus oder die Kausalitätstypen zu ermitteln, dem oder denen die von uns logisch analysierten biologischen Disziplinen zuzurechnen sind. Zunächst stellt sich uns da die Frage, wie viele und welche Typen von Kausalität es denn überhaupt gibt.

Unlängst hat SCHLICK (1920) in einer geistvollen Studie am Beispiel der höchstentwickelten Kausalität, die die moderne Naturforschung kennt, derjenigen der theoretischen Physik nämlich, nachgewiesen, daß alle Kausalität stets die Reduzierbarkeit von sog. Zuständen auf Vorgänge zur Voraussetzung hat, durch die eben die betreffenden Zustände zustande gekommen gedacht werden können. *Wo Zustände nicht in Vorgänge aufgelöst werden können* oder aus anderen logischen Gründen nicht aufgelöst werden, *kann von Kausalität keine Rede sein.*

Typen von Kausalität, die dieser unbedingten Voraussetzung genügen, können meines Erachtens fünf verschiedene aufgestellt werden, nämlich:

1. Axiomatik;
2. Dynamische Kausalität (PLANCK 1922);
3. Statistische Kausalität (PLANCK 1922);
4. Qualitative Kausalität;
5. Historische Kausalität.

Über das Wesen der Axiomatik hat HILBERT eine bedeutende Studie veröffentlicht (1918). Axiomatik ist ohne Zweifel die höchste Form aller Kausalität. Ihr Wesen besteht darin, aus wenigen allgemeinen Sätzen, die zwar nicht direkt, sondern nur indirekt durch ihren kausalen Erfolg beweisbar sind und die ferner durchaus nicht, wie man früher meinte, unmittelbar einleuchtend, evident zu sein brauchen, auf rein logischem Wege jede Theorie, jedes Gesetz, jede Tatsache, die in den Geltungsbereich des Axiomensystems fallen, aus diesem so exakt und bequem wie möglich abzuleiten. Natürlich enthalten die Axiome Apriorismen und Empirismen. Die Apriorismen besitzen in der modernen Physik stets mathematischen Charakter — Differential- und Integralgleichungen —; ebenso treten die universalen Empirismen, gewissermaßen der kondensierteste Extrakt der Wirklichkeit, in physikalischen Axiomen in zahlenmäßig formulierbarer Gestalt (Messungen) auf; und es ist sogar sehr fraglich, ob Axiomatik in anderer als mathematischer Gestalt überhaupt mit Erfolg auftreten kann. Der Versuch, den NELSON (1917) mit der Übertragung der axiomatischen Methode auf die Ethik gemacht hat, ist jedenfalls sehr wenig überzeugend und hat kaum mehr als allegorischen Wert.

Die *dynamische Kausalität* ist diejenige Form der Kausalität, die man gewöhnlich meint, wenn man von Kausalität im strengsten Sinne des Wortes spricht. Auf sie bezieht sich auch die erwähnte Untersuchung von SCHLICK. Es handelt sich hier um *Eindeutigkeitskausalität*, die überall vorliegt, wo man einen bestimmten Zustand eines Körpersystems auf ganz eindeutig bestimmte Vorgänge zurückführen kann. Beispiele dafür finden sich in Menge in der dynamischen Physik, nach der PLANCK ihr auch den Namen gegeben hat. In der Biologie kommt sie vor allem in der Physiologie vor.

Die *statistische Kausalität*[1]), die gegenwärtig ihre höchsten Triumphe in der modernen Atomistik feiert, unterscheidet sich vor allem dadurch von der dynamischen Kausalität, daß sie niemals den Einzelfall bindet, sondern stets nur für den Durchschnitt einer möglichst großen Zahl zusammengehöriger Einzelfälle gilt. Diese Geltung des Durchschnitts kann streng dynamisch sein, braucht aber, wie z. B. im Fall des H-Atoms, wo das Elektron unter drei Bahnen wählen kann, ohne daß man die Bedingungen angeben kann, von denen die Wahl abhängig ist, auch nicht absolut eindeutig zu sein. Gewöhnlich ist man bestrebt — vor allem hat PLANCK (1922) diesen Standpunkt vertreten —, die statistische Kausalität auf die dynamische zurück-

---

[1]) Vgl. hierzu besonders die Forschungen der modernen Wahrscheinlichkeitstheoretiker v. KRIES (1886), MARBE (1916—19) und CZUBER (1923).

zuführen und sie als einen nicht sehr erwünschten Ersatz für diese in solchen Fällen aufzufassen, wo man wie z. B. in den subtilen atomistischen Massenvorgängen, den Weg des Einzelatoms oder Elektrons dynamisch nicht verfolgen kann. Man hilft sich hier dann gewöhnlich mit der Hypothese der ungeheuren Kompliziertheit der Prozesse, um so wenigstens logisch doch noch den Anschluß an die allein klassische dynamische Physik herzustellen. Allein es verdient auch die von KRAMER in einem Hamburger Vortrag (1924) angedeuteteMöglichkeit, in der statistischen Kausalität einen eigenen, autonomen Kausalitätstypus zu erblicken und die unbeweisbare These von der Kompliziertheit der elementaren Atomprozesse fallen zu lassen, ernste Erwägung. Ja man könnte in Anbetracht der logischen Tatsache, daß die dynamische Kausalität doch im allgemeinen nur verhältnismäßig grobe Tatsachenkomplexe exakt erklärt und im Reich der kleinsten Feinheiten, der Atome und Quanten versagt, vielleicht sogar noch weitergehen und sie selbst als einen Spezialfall der statistischen Kausalität betrachten, denjenigen nämlich, wo zufällig einmal absolute Eindeutigkeit herrscht. Aus dem allgemeinen an der Statistik orientierten Kausalprinzip müßte dann freilich das Moment der absoluten Eindeutigkeit verschwinden, wogegen von seiten der Logik meines Erachtens nichts einzuwenden ist. In der Biologie ist die statistische Kausalität im Gebiete der Vererbungslehre, besonders im Mendelismus, sehr weit verbreitet.

Die *qualitative Kausalität* ist nur ein besonderer Fall der dynamischen, diejenige Form nämlich, die diese annimmt, wenn ihr keine quantitativ mathematischen, sondern nur rein qualitative Verhältnisse zugrunde liegen. Sie kommt in der Physik fast gar nicht mehr vor, abgesehen von der Chemie, spielt aber eine große Rolle in der Biologie, besonders in der Entwicklungsmechanik und überhaupt denjenigen Teilen der Physiologie, die quantitativ noch unzugänglich sind. Beispiele von Theorien, die noch auf dieser Art von Kausalität fußen, sind SPEMANNs (1919—24) Theorie der Organisatoren und GOLDSCHMIDTs (1920) Enzymtheorie.

Die *historische Kausalität* endlich bezieht sich ebenfalls stets nur auf qualitative Momente, ordnet ihre Vorgänge aber nicht nach dynamischen Prinzipien, wie die rein qualitative Kausalität, sondern nach historischen Sinn- und Wertprinzipien nach vorher erfolgter historisch-chronologischer Lokalisierung. Wir werden den Typus der historischen Kausalität sehr bald in der Logik der Phylogenie kennenlernen, so daß sich erübrigt, hier näher auf diese Angelegenheit einzugehen. Wenn manche Philosophen gemeint haben, daß schon der Begriff der historischen Kausalität ein innerer Widerspruch ist, so ist diese Ansicht selbstverständlich vollkommen unberechtigt. Sie beruht auf einer absolut willkürlichen und einseitigen Auslegung des Kausalitätsbegriffs. Daß es historische Theorien gibt und daß sie Wirklichkeitserkenntnis liefern, daran ist kein Zweifel. Dann muß es aber auch eine Kausalität geben, die das bewirkt, eben die historische, die sich hinreichend deutlich von allen anderen Kausalitätsformen unterscheidet.

Unsere diagnostische Systematik wird von alledem sehr wenig berührt. Wie die echten Empirismen, über die sie verfügt, Empirismen im wesentlichen deshalb sind, weil sie auch in echter, kausalorientierter Theorienbildung, z. B. in der Phylogenie, eine Rolle spielen, wie ferner das Apriorismensystem, das die Systematik benutzt, im wesentlichen der Phylogenie entlehnt ist und wie endlich die im Grunde untheoretische, mindestens aber nur auf eine einzige Theorie beschränkte Diagnostik keine Kontingenzen kennt und keine Ideen hat, so ist sie auch gänzlich frei von jeder Spur von Kausalität, und zwar aus einem leicht verständlichen Grunde. Wir haben erfahren, daß Kausalität stets, welche Form es auch sein möge, bestrebt ist, Zustände auf Vorgänge zu reduzieren. Die Diagnostik aber kennt keine Vorgänge, sondern nur Zustände. Die Systematik macht als Diagnostik keinerlei Versuch, die starren Formen der Organismen auf Vorgänge zurückzuführen. Das ist Sache der Formphysiologie: ihr genügt es, die Formen so zu charakterisieren, daß sie jederzeit diagnostiziert werden können. *Infolgedessen ist die diagnostische Systematik auch aller Kausalität gegenüber neutral.*

Damit haben wir unsere Erörterungen über die Logik der Systematik, den ersten Teil unserer Logik der reinen Morphologie, beendet. Unser Ergebnis über die gesamte diagnostische Systematik können wir folgendermaßen zusammenfassen: *Die Systematik als reine Diagnostik verfolgt keine rein theoretischen, sondern praktisch-diagnostische Ziele. Dadurch ist ihr logischer Charakter ebenso determiniert, wie ihre Unentbehrlichkeit und Unersetzlichkeit.* Unbeirrt durch den Wandel der Theorien geht sie still und stetig, wenn auch entsprechend arm an intensivem Gehalt, durch die sonst so verschiedenen Epochen der Geschichte der Biologie

# Logik der Typologie.

(Teil 2 der Logik der reinen Morphologie.)

## 1. Definitionsprobleme.

Nehmen wir einmal an, wir kennen sämtliche organische Formen,
die je gelebt haben, heute leben und künftig auftreten werden, und
zwar sowohl die ganzen Individuen, wie ihre morphologisch wohl
unterscheidbaren Teilformen, dann können wir diese Formen in drei
Problemkreise ordnen, die auf das rein Morphologische gerichtet sind.
Die beiden anderen, auf S. 88 noch genannten Fragestellungen, die
praktisch-diagnostische nämlich und die funktionsphysiologische bzw.
ökologische, scheiden also hier als nicht rein morphologische Ziele
verfolgend aus. Die drei erwähnten Möglichkeiten nun sind folgende:

1. Erstens können wir sämtliche organischen Formen in Reihen,
Netze usw. ordnen, lediglich nach ihrer *formalen Ähnlichkeit*.

2. Zweitens können wir sie nach der *historischen Folge* ihres Auf-
tretens ordnen; und

3. drittens endlich können wir nach den *physiologischen Ursachen*,
den kausalen Vorgängen, fragen, denen sie ihre Entstehung verdanken.

Unsere zweite Frage formuliert das Grundproblem der Phylogenie, unsere dritte das der Formphysiologie, unsere erste hingegen
das der wirklich reinen Morphologie, der vergleichenden Anatomie im
idealistischen, phylogenetisch und physiologisch noch ganz neutralen
Sinne, mithin so, wie diese Disziplin von ihren klassischen Begründern,
einem E. GEOFFROY-ST. HILAIRE, GOETHE, KIELMEYER usw. und
ihrem großen Vollender CUVIER gemeint war. Da man die vergleichende Anatomie heute durchweg phylogenetisch deutet, wollen
wir unsere Disziplin, um logische Verwechselungen zu vermeiden,
nach ihrem charakteristischen Empirisma Typologie nennen. Im
gegenwärtigen Kapitel haben wir uns zunächst der Aufgabe zu unterziehen, das logische Verhältnis der Typologie zur Phylogenie und
Formphysiologie (= kausaler Morphologie), das wir schon früher
vorgreifend kurz besprochen haben, ausführlich zu untersuchen.
Halten wir dabei aber fest: Typologie ist nicht „Entwicklungsphysiologie oder kausale Morphologie, sondern die Lehre von den Formen
der Lebewesen selbst, die sog. vergleichende Morphologie, eine heute

ziemlich vernachlässigte[1]) Wissenschaft, ... die eine Feststellung der verschiedenen Formeinheiten der Tier- und Pflanzenwelt, wie die Gliederung ihres Gefüges, die Klarheit der Baupläne oder Formverbände (Typen), denen sie zugeordnet sind, und die Ermittlung der in ihrem Rahmen auftretenden Formverbindungen (Korrelationen) zu ihrem Gegenstand hat" (UNGERER 1922, S. 79—82). Inhaltlich deckt sich der Umfang der Typologie also mit dem, was heute vergleichende Anatomie und Embryologie heißt, ohne daß jedoch, wie gesagt, die heute in diesen Wissenschaften üblichen Deutungen der ermittelten Tatsachen typologischer Natur sind.

Betrachten wir nun zunächst das logische *Verhältnis von Typologie und kausaler Morphologie*. Beide Disziplinen stimmen zunächst darin überein, daß sie sich um die Folge der historischen Entstehung, um die Phylogenie also der organischen Formen nicht bekümmern, sie unterscheiden sich aber sehr lebhaft dadurch voneinander, daß die Typologie sich lediglich auf das Prinzip der rein formalen Vergleichung der organischen Formen aufbaut, während die kausale Morphologie nur solche Ergebnisse als stichhaltig anerkennt, die mit der Methode des kausal-analytischen Experiments im Sinne ROUXs gewonnen sind. NAEF bemerkt sehr richtig: „Systematische Morphologie (= unserer Typologie) kann zunächst nicht erklären, sondern eben nur Beschriebenes ordnen und nichts weiter" (1917, S. 15). Wenn z. B. die Typologie der Pflanzen nach VELENOVSKY (1905, I, S. 1) zu dem Ergebnis kommt, daß das „Blatt, oder besser gesagt: das Blattglied (Anaphyt, Phyllopodium)" der letzte morphologische Begriff ist, von dem wir typologisch auch Wurzel und Achse und dadurch alle übrigen Pflanzenorgane ableiten können, dann ist das ein Forschungsergebnis, das lediglich auf rein formal zusammengestellten Formenreihen, also auf purer Vergleichung beruht. Es ist gewissermaßen das Grundaxiom einer Geometrie der organischen Formen, von HAECKEL Promorphologie genannt, aus dem rein logisch durch auf Vergleichung beruhender Reihenbildung die Mannigfaltigkeit organischer Formen abgeleitet wird. Jede organische Form ist für die Typologie ein kontingentes Individuum, das seinen Platz im System der Typologie lediglich nach dem Prinzip der Ähnlichkeit mit anderen Formen erhält, ganz gleich, in welche genealogischen oder ökologischen Zusammenhänge sie sonst gehört. Die kausale Morphologie hingegen kann dieses Ergebnis der Typologie nur dann anerkennen, wenn es tatsächlich experimental gelingt, aus einem irgendwie primitiven Blattgebilde Wurzel und Achse usw. herzustellen, nicht nur logisch

---

[1]) Hierzu vgl. man auch die völlig berechtigten temperamentvollen Ausführungen von VELENOVSKY (1905, Bd. 1, Einl.).

abzuleiten. Nun versteht man freilich unter kausaler Morphologie heute im Grunde recht verschiedene Dinge. Im wesentlichen lassen sich gegenwärtig drei verschiedene Richtungen der kausalen Morphologie unterscheiden, zu denen unsere Typologie auch in verschiedenem Verhältnis steht. Wir haben:

1. die *Physiologie der Formbildung im strengen Sinne*. Hier kommt es darauf an, nach Möglichkeit die physikalisch-chemischen Prozesse oder Vorgänge zu ermitteln, durch die jeweils spezifische organische Formen zustande kommen. Hierher gehört vor allem die Physiologie des Wachstums, und zwar besonders des spezifischen Wachstums spezifischer Formen. Man denke etwa an die Darstellung bei D'ARCY WENTWORTH THOMPSON (1917). Allein so gründlich man auch über das Wachstum im allgemeinen bereits informiert ist, so wenig kennt man zur Zeit über die spezifischen Wachstums- und überhaupt physiologischen Vorgänge, durch die organische Formen in ihrer jeweiligen Besonderheit zustandekommen. Hier ist man daher schon sehr glücklich, wenn man nur in der Lage ist,

2. bestimmte organische Formen als Zustände, also ohne Kenntnis der jeweils spezifischen Prozesse, die sie gebildet haben, aus anderen Formzuständen experimentell zu erzeugen. So verfährt im allgemeinen die Disziplin, die wir heute *Entwicklungsmechanik* nennen. Zwar werden hier die Formzustände als Stadien spezifischer Vorgänge, „Wirkungsweisen" nach ROUX, gedacht, aber Genaueres über die Wirkungsweise der betr. Vorgänge wissen wir in der Regel nicht. Immerhin gehört diese Art kausaler Morphologie logisch auf das engste mit der eigentlichen, unter 1 charakterisierten Formphysiologie zusammen. Sie ist die notwendige Vorstufe für die erstere und scheidet sich nur experimentell-praktisch, nicht prinzipiell in der Problemstellung von ihr.

Zu diesen beiden Arten von kausaler Morphologie steht unsere Typologie in demselben eindeutigen logischen Verhältnis. Wie die Entwicklungsmechanik die Vorstufe ist für die eigentliche kausale Morphologie der Vorgänge, insofern sie z. B. zunächst einmal alle die spezifisch verschiedenen Formzustände A, B, C, . . . ., die von einem bestimmten anderen Formzustand M kausal-experimentell ableitbar sind, zusammenstellt, gestattet sie die Annahme, daß die Vorgänge, die die Entstehung der A, B, C, . . . aus M bewirken, miteinander physiologisch, wenn auch nicht identisch, so doch physikalisch-chemisch verwandt sind, bringt Übersicht und Ordnung in die kausalen Zusammenhänge der bloßen Formzustände und engt den Kreis der hauptsächlich in Frage kommenden spezifischen Formvorgänge, der „Wirkungsweisen", immer mehr ein. In völlig entsprechender Weise nun ist die Typologie eine propädeutische Vorstufe für die Entwicklungsmechanik, die kausale Morphologie der organischen Formen als Zuständen. Indem nämlich die Typologie alle erreichbaren organischen Ganz- und Teilformen rein nach ihrer formalen Ähnlichkeit reihen- oder netzartig zusammenstellt, gestattet sie ihrerseits die Annahme, daß typologisch ähnliche Formen auch kausal ähnlich ableitbar sind, sie arbeitet daher der Entwicklungsmechanik vor, indem sie dieser zeigt, wo sie mit Aussicht auf Erfolg experimentell kausale Herstellungen vornehmen kann. Man denke etwa an die hierher gehörigen klassischen Arbeiten Göbels und Winklers. Die Typologie formuliert die Aufgaben der Entwicklungsmechanik, sie ist die beste Propädeutik für diese. Umgekehrt folgt daraus aber auch, *daß die Typologie da, wo ihre Probleme von der kausalen Morphologie übernommen und befriedigend gelöst worden sind, ihre logische Funktion erfüllt hat.* In diesem Sinne hat Göbel vollkommen recht, wenn er sagt, daß Morphologie alles das ist, was „noch nicht Physiologie" ist (1905). Da aber die kausale Morphologie auch in ihrer entwicklungsmechanischen Gestalt sich überall noch in den Anfängen befindet, ist sie noch weit davon entfernt, die Typologie entbehrlich zu machen. Da ferner andererseits die Typologie in der Glanzepoche der vergleichenden Anatomie zu Cuviers Zeiten ein überaus imponierendes, fast abgeschlossen anmutendes und in ihrem Fundament unbedingt feststehendes System der organischen Formen ausgebildet hat, so wird sie noch auf lange hinaus die beherrschende Rolle in der Morphologie spielen; und zwar um so länger, als die Entwicklungsmechaniker aus einer zwar begreiflichen, aber ohne Zweifel übertriebenen Oppositionsstellung ihrer kausalen Methode gegenüber der nur vergleichenden der Typologie heraus — man denke an die bekannte Polemik zwischen Roux und O. Hertwig — noch gar nicht erkannt zu haben scheinen, welche überaus wertvolle Vorarbeit in der Problemstellung sie gerade in der Typologie finden können. Es ist zu hoffen, daß aus einer künftigen Synthese von Typologie und Entwicklungsmechanik die letztere neue Nahrung ziehen und über das nicht selten Spielerische ihrer Probleme hinwegkommen wird. Die Problemgemeinschaft von Typologie und Entwicklungsmechanik hat jedenfalls niemand besser erkannt, als O. Hertwig, der schon 1906 schrieb: „Aufgabe und Ziel der vergleichenden Entwicklungslehre und der vergleichenden Anatomie ist die Feststellung der gesetzmäßigen Verhältnisse, die der pflanzlichen und tierischen Formbildung zugrunde liegen" (S. 176). Freilich darf das nicht über den logischen Hauptunterschied beider Disziplinen (logische Ableitbarkeit nach dem Prinzip bloßer Vergleichung und kausal-experimentelle Umwandlung der Formen) hinwegtäuschen, weshalb ROUX HERTWIG gegenüber im Rechte war. Einstweilen wollen wir festhalten, daß die Typologie überall da entbehrlich[1]) geworden ist, wo die von ihr gestellten Probleme kausal-morphologisch erledigt worden sind.

Das gilt freilich nicht von der

3. dritten Form der kausalen Morphologie, die heute eine große Rolle vornehmlich in der Botanik spielt. Ich meine die *Organographie* GÖBELS und die *physiologische Anatomie* HABERLANDTS (1918[5]). Diese Form der kausalen Morphologie kann die Typologie, wie VE-LENOVSKY (1905, I, S. 6ff.) meines Erachtens sehr mit Recht betont, nicht ersetzen. Die Organographie beschäftigt sich nach GÖBEL mit der Erforschung der Beziehungen, die zwischen Struktur und Funktion der organischen Formen obwalten, die, wenn ihre Funktion in Frage steht, stets Organe genannt werden, insbesondere also, da es „ohne weiteres klar" ist, „daß die Struktur (im weitesten Sinne) die Funktion bedingt", mit der Frage, „wie weit auch die Funktion auf die Struktur einwirken kann" (GÖBEL, I, 1913[2], S. 8). Dazu bemerkt VELENOVSKY (1905, I, S. 6): „die Organographie beschreibt und behandelt den Zusammenhang einer bestimmten Pflanzenfunktion mit der Entwicklung der betr. Organe ohne Rücksicht auf die morphologische Bedeutung derselben. So belehrt uns die Organographie, wie ein bestimmtes Organ sich durch die Einwirkung des Lichtes, der Wärme, der Gravitation, des Wassers, Druckes usw. verändert. Hierbei ist es dem Organographen gleichgültig, ob das Rhizom, mit welchem er sich beschäftigt, ein Sympodium oder Monopodium ist, ob dessen Ranke die Bedeutung eines Blattes oder einer Achse besitzt, ob es eine Knolle, eine Wurzel- oder Achsenprovenienz hat." Ohne Zweifel wird VELENOVSKY der Leistung GÖBELs hier nicht ganz gerecht, der in seinem Werke immer wieder auf die morphologische Bedeutung seiner Organe zu sprechen kommt, andererseits aber hat VELENOVSKY in der Tendenz seiner Kritik durchaus recht, die nachweist, daß das, was GÖBEL treibt — und von HABERLANDT gilt dasselbe —, im Grunde gar keine kausale Morphologie ist, sondern Funktionsphysiologie bzw. physiologische Ökologie. Denn, wie wir schon oben betont haben, können Funktionen niemals direkt formbildend wirken, sondern nur indirekt durch Einflußnahme auf die normalen physiologischen Gestaltungsprozesse, die sie dann gewöhnlich in diesem oder jenem ökologischen Sinne umbiegen. Wenn wir z. B. finden, daß identische Ökologismen, funktionsgleiche Organe also, wie z. B. Dornen, einmal durch Metamorphose von Blättern,

---

[1]) Die noch notwendige historische Einschränkung dieser These wird alsbald behandelt werden.

ein andermal durch Umbildung von Stengelgebilden zustandekommen, so haben wir keinerlei kausale Erkenntnis gewonnen, wenn wir irgendwelche direkte Einwirkung der Funktion auf die Struktur annehmen. Das ist vielmehr nur eine andere Beschreibung der beobachteten Tatsache. Kausal müssen wir diese Vorgänge folgendermaßen analysieren: Zwei an sich verschiedene, echt kausal-morphologische Vorgänge, die ohne anderweitige Beeinflussung einmal ein Blatt, ein andermal einen Stengel ergeben, können durch ebenfalls kausal eingreifende rein physiologische (in diesem Falle ökologisch-physiologische) Prozesse gleichsinnig von ihren normalen Zielen abgebogen werden und dasselbe Organ ergeben. Der Organograph interessiert sich in diesem Falle nur für die Natur der physiologischen Prozesse, die es zuwege gebracht haben, daß zwei spezifisch verschiedene morphologische Gestaltungsweisen funktionsphysiologisch gleichsinnig abgeändert worden sind, während der kausale Morphologe, ausgehend von den beiden normalen, spezifisch verschiedenen Gestaltungsweisen, sich für alle physiologischen Abänderungsmöglichkeiten interessiert, denen diese unterworfen werden können und unter denen die besprochenen Ökologismen nur einen Fall unter wahrscheinlich sehr vielen Möglichkeiten darstellen. Der Organograph interessiert sich in unserem Falle gerade für das physiologisch Gemeinsame der kausalmorphologisch natürlich spezifisch verschiedenen Formbildungsprozesse, die gerade in dieser ihrer Verschiedenheit den kausalen Morphologen angehen, mit andern Worten, der Organograph ist reiner Funktionsphysiologe, während der Morphologe in unserem Falle echter Formphysiologe ist, der sich nur für das physiologische Zustandekommen der Strukturen interessiert, nicht für die Beziehungen zwischen Struktur und Funktion; und strukturbildenden Einfluß hat die Funktion immer nur indirekt durch abändernde Beeinflussung der normalen formphysiologischen Gestaltung der betr. organischen Form, nie direkt, wie LAMARCK und PFLÜGER meinten. Niemals ist kausalmorphologisch ein „Bedürfnis die Ursache seiner Befriedigung". Von der Organographie kann man aus diesen Gründen daher auch nicht sagen, daß sie die Typologie logisch und theoretisch ersetzen kann. Das kann vielmehr nur die echte kausale Morphologie.

Die zwischen Typologie und Formphysiologie obwaltenden logischen Beziehungen können wir somit in folgenden Punkten zusammenfassen:

1. Die *Typologie* ordnet die organischen Formen lediglich nach dem rein logischen Prinzip der *Vergleichung auf formale Ähnlichkeit* hin, während die *kausale Morphologie* auf dem Prinzip des *kausalen Experiments* der *wirklichen Herstellung der Formen auseinander* beruht.

*2. Die Typologie ist daher der Formphysiologie gegenüber logisch autonom.*

3. Der theoretische Wert der *Typologie* besteht darin, daß sie, ohne selbst kausale Morphologie zu sein, *Propädeutik* für diese ist[1]).

*4. Infolgedessen ist die Typologie überall da theoretisch entbehrlich, wo die Formphysiologie ihre Aufgabe erfüllt hat.* Wo das, wie in der überwiegenden Mehrzahl der fraglichen Probleme, noch nicht der Fall ist, hat die Typologie, solange dieser Zustand besteht, selbständige theoretische Bedeutung.

*5. Typologie kann nicht ersetzt werden durch Organographie.*

Die Typologie ordnet die organischen Formen nach ihrer durch das rein logische Prinzip der Vergleichung ermittelten, man möchte sagen geometrischen Ähnlichkeit, die kausale Morphologie geht darüber hinaus und sucht die typologischen Formbeziehungen durch experimentell-kausale zu ersetzen. Mit diesen beiden Betrachtungsweisen sind aber die theoretisch-morphologischen Möglichkeiten keineswegs erschöpft. Dazu kommt dann noch die spezifisch phylogenetische Einstellung des Formproblems, die den beiden anderen gegenüber kontingent ist und, wie wir schon wiederholt bemerkt und sehr bald in der Logik der Phylogenie zu begründen haben werden, weder durch Physiologie noch durch Typologie ersetzt werden kann. An dieser Stelle haben wir uns nun noch mit den logischen Beziehungen, die zwischen Typologie und Phylogenie bestehen, zu beschäftigen. In bezug auf das Verhältnis dieser beiden Disziplinen bestehen heute zwei diametral entgegengesetzte Anschauungen. Die Vertreter der einen Doktrin — und diese ist zur Zeit noch die communis opinio — behaupten, daß die Typologie seit Bestehen der Deszendenztheorie vollkommen durch diese aufgesogen und zu einem Teilproblem der allgemeinen Phylogenie der Organismen geworden ist. Diese zuerst von Häckel, dem Begründer der Phylogenie (1866), vertretene Ansicht hat seitdem in der Biologie eine fast dogmatische Gültigkeit gehabt. An Opposition freilich gegen diese einseitig zugunsten der Phylogenie erfolgte Festlegung des logischen Verhältnisses der in Rede stehenden Disziplinen hat es seither nicht gefehlt. Claus (1874), Alex. Braun (1875), R. Burckhardt (1903), O. Hertwig (1906), Driesch (1911[2]), Tschulok (1910), Naef(1917-1923) und Ungerer (1922) haben die zur Zeit immer mehr an Boden gewinnende gegenteilige Ansicht vertreten, daß auch durch die Deszendenztheorie das

---

[1]) Einen ähnlichen Gedankengang, allerdings mit Bezug auf das Verhältnis der Phylogenie und Formphysiologie, hat Boveri in seiner schönen Rektoratsrede von 1906 vertreten.

theoretische Fundament der Typologie keinerlei Erschütterung erfahren hat, daß vielmehr gerade umgekehrt die Typologie statt einer logischen Folge die logische Voraussetzung aller Phylogenie bildet. „Nicht die Deszendenz ist es, welche in der Morphologie entscheidet, sondern umgekehrt die Morphologie hat über die Möglichkeit der Deszendenz zu entscheiden" (BRAUN 1875, S. 246). „Fassen wir die Phylogenie in ihrem weitesten Sinne, d. h. als die genetische Grundanschauung der Biologie, dann ist diese Phylogenie nicht die Grundlage, sondern der spekulative Hintergrund der empirischen Systematik. Die Grundlage der Systematik bleibt die Zusammenfassung der Organismen nach den empirisch erkannten Ähnlichkeitsgraden" (TSCHULOK 1910, S. 242). Besonders energisch wird dieser Standpunkt in unseren Tagen von NAEF vertreten: „außerdem aber ist bisher nie gezeigt worden, wie man nach der phylogenetischen Verwandtschaft der Arten direkt forschen und ein stammgeschichtliches (genealogisches) System ohne die Voraussetzung der idealistischen Betrachtungsweise der älteren Morphologen und ihrer Resultate begründen könnte" (1921, I, S. 1). Endlich meint UNGERER (1922, S. 82), „daß nicht die genetische Beziehung das Kriterium der morphologischen Beurteilung, sondern die morphologische Beziehung der Teile auf den Typus, auf das Formganze, ein Kriterium für die Hypothese der Stammesentwicklung darstellt — ein notwendiges, aber noch nicht hinreichendes Kriterium!" Aber auch der klassische Standpunkt HAECKELS ist in unseren Tagen noch von keinem Geringeren als BÜTSCHLI vertreten worden, der (1921, S. 2) sagt: „Jetzt erblicken wir diesen gemeinsamen Grund . . . in einer ehemaligen gemeinsamen Ursache, nämlich dem oder den identischen Vorfahren. Früher galt als ein solcher Grund ein gemeinsamer Organisationsplan oder eine Gesetzlichkeit, welche der letzten Ursache (dem Urheber) der Tierwelt oder ihrer einzelnen Gruppen eigen gewesen sei bzw. von ihr jedem Individuum in irgendeiner Weise eingeprägt werde." Um nun in diesem Gegensatz der Meinungen eine klare Entscheidung gewinnen zu können, werden wir gut tun, den angeschnittenen Problemkomplex in folgende klare Einzelfragen aufzulösen:

*1. Kann die Typologie logisch autonom, insbesondere unabhängig von der Phylogenie entwickelt werden?*

*2. Kann dasselbe mit der Phylogenie geschehen oder ist diese wirklich nur ein besonderer Deutungsversuch bereits typologisch formulierter und gelöster Probleme?*

*3. Kann überall da auf die Ergebnisse einer der beiden Disziplinen verzichtet werden, wo die andere ihre Aufgabe restlos gelöst hat?*

Die erste Frage kann ohne weiteres in positivem Sinne erledigt werden. Es ist nach unseren Ergebnissen über die Beziehungen zwischen Typologie und Formphysiologie selbstverständlich möglich, das typologische System der organischen Formen lediglich durch Reihenbildung auf Grund formaler Ähnlichkeit sinnvoll zustande zu bringen. Phylogenetische Deutung der Ergebnisse braucht dabei gar keine Rolle zu spielen. Die These VELENOVSKYs beispielsweise, daß alle pflanzlichen Formen typologisch von einem Blatt abgeleitet werden können, hat rein typologisch (idealistisch) bzw. kausal-morphologisch, wie wir gesehen haben, ihren guten Sinn. Es ist durchaus nicht erforderlich, dieses Ergebnis auch noch phylogenetisch zu deuten, d. h. zu behaupten, daß die ältesten pflanzlichen Formen Blätter gewesen seien. Wie gesagt, eine solche Deutung ist nicht notwendig, um die Ergebnisse der Typologie sinnvoll zu machen, aber sie ist auch kein Widerspruch gegen die Ergebnisse der Typologie, sie ist neben den rein typologischen und kausal-morphologischen Deutungen der Hypothese VELENOVSKYs logisch ebenfalls möglich und widerspricht ihnen nicht. Ob sie auch tatsächlich richtig ist, das kann nur die Phylogenie selbst entscheiden.

Damit stehen wir vor unserer zweiten Frage; denn wenn die Phylogenie hier eine historische Tatsachenfrage entscheiden soll, der die Typologie ihrem Wesen nach neutral gegenübersteht, die sie also weder bejahen noch verneinen kann, dann muß die Phylogenie noch über besondere Kriterien verfügen, durch die sie über den Rahmen der Typologie ebenso hinauswächst wie die kausale Morphologie und sich damit als eine der Typologie gegenüber autonome Wissenschaft erweist. Das ist nun in der Tat der Fall. Die Phylogenie verfügt über besondere Erkenntnismittel, Probleme und Methoden, die nur ihr allein zukommen und die sie instand setzen, Probleme zu lösen, die die Typologie als solche nicht lösen kann. Die Ansicht[1]) der genannten Autoren von CLAUS bis NAEF, daß die Phylogenie nur ein besonderer Deutungsversuch typologischer Beziehungen ist, ist ebenso falsch wie das gegenteilige Dogma der HAECKEL-Schule, daß Typologie vollkommen in Phylogenie aufgegangen ist. Wir werden das im einzelnen sehr bald in der Logik der Phylogenie zu zeigen haben. Hier nur zwei Hinweise. Einmal zählt PLATE (1914, S. 159—160) eine ganze Reihe von Problemen auf, die mit den Methoden der Typologie nicht erledigt werden können, die vielmehr ureigenste phylogenetische Forschungen verlangen; so z. B. die Probleme des Polymorphismus, des Generationswechsels, besonders das des Artenreichtums bzw.

---

[1]) UNGERER hat übrigens in dem oben erwähnten Zitat deutlich erkannt, daß Typologie allein nicht ausreicht zur Begründung der Phylogenie.

Mangels in einer Formengruppe usw. Auch die biogeographische Methode v. WETTSTEINs (1898) bedeutet eine Bereicherung der phylogenetischen Methode gegenüber der rein typologischen. Allein alles das sind zunächst nur *Probleme*, deren Lösung m e h r als Typologie erfordert; etwas anderes aber ist es, ob denn die Phylogenie dieses Mehr tatsächlich besitzt. *Das ist* nun, wie leicht zu erweisen, *wirklich der Fall*, wenn auch nur sehr selten, nämlich *überall da, wo* wir, wie im Fall der Steinheimer Planorbis, direkte fossile Urkunden haben, die einmal kontinuierlich zusammenhängen und zum andern sich über mehrere, zeitlich aufeinanderfolgende geologische Schichten erstrecken, wo also *räumlich-zeitliche Kontinuität der Formen vorliegt.* Das ist ohne Zweifel ein *reallogisches Mehr* gegenüber gewöhnlicher Typologie. Diese erstreckt sich zwar auch auf Fossilien, aber sie ordnet diese ebenso nur nach dem logischen Prinzip der Vergleichung auf Ähnlichkeit wie die rezenten Formen; die historische Lokalisierung dieser fossilen Formen ist der Typologie hingegen ebenso gleichgültig wie der historische Ursprung der rezenten. Man darf auch nicht einwenden, daß die Zusammenstellung der phyletischen Reihen, z. B. bei Planorbis, doch auch nach typologischen Prinzipien erfolgt; das ist zwar richtig, leugnet aber nicht die logische Tatsache, daß die Typologie hier zunächst einmal durch die geologische Chorologie und Chronologie eingeschränkt wird, durch historische (phyletische) Momente also, die der Typologie an sich fremd sind. Außerdem ist das, was an Typologie hier gebraucht wird, eigentlich und gewöhnlich mehr systematische Diagnostik als wirkliche Typologie. Auch der Einwand, daß die geologische Chronologie. im Grunde auf Typologie (Leitfossilien) zurückgeht, verfängt hier nicht, da er in seiner Ausschließlichkeit falsch ist. Auch die Geologie hat eigene, von den Fossilien unabhängige Methoden zur historischen Chronologisierung ihrer Formationen. Wir haben damit festgestellt, *daß Phylogenie und Typologie logisch gegeneinander kontingente Wissenschaften sind*, daß es mithin nicht möglich ist, das System der einen aus dem der anderen abzuleiten. Es mag vieles geben, was in beiden Systemen miteinander kongruent ist, eine logische Notwendigkeit ist diese Kongruenz jedoch nicht.

Somit haben wir nun nur noch unsere dritte Frage zu diskutieren, ob es möglich ist, die Typologie durch die Phylogenie zu ersetzen in ähnlicher Weise etwa, wie wir das bei Besprechung des Verhältnisses von Typologie und kausaler Morphologie gesehen haben. Natürlich ist das Ersetzen von Aussagen einer Wissenschaft über ein bestimmtes Gebiet durch Aussagen einer anderen Wissenschaft über dasselbe Gebiet logisch etwas ganz anderes als die direkte Ableitung einer Disziplin aus einer anderen. Beim Ersetzen bleiben die Aussagen beider Disziplinen, die nicht selten inhaltlich voneinander abweichen, nebeneinander bestehen, und es handelt sich dann nur darum, nachzuprüfen, ob man auf die Aussagen der einen Disziplin verzichten kann, ob sie mit anderen Worten noch irgendwelchen praktischen oder theoretischen Nutzen stiften. Das Theorem von VELENOVSKY mag uns wieder zum Führer dienen. Wir fragen also, ob die Aussage der Typologie, daß alle Pflanzenorgane logisch geometrisch vom Blatttyp abgeleitet werden können, noch irgendwelchen Wert für uns hat, wenn wir nicht nur aus der Formphysiologie wissen, daß wir alle Pflanzenorgane kausal-experimentell aus Blättern herstellen können — wir machen hier natürlich nur eine Fiktion —, wenn wir vielmehr auch aus der Phylogenie erfahren, daß Blattformen die primitivsten und phylogenetisch ältesten Pflanzenformen sind. Die typologische Aussage bleibt wohlverstanden neben der physiologischen und phylogenetischen durchaus als eine logisch mögliche und sinnvolle bestehen, in Frage ist nur gestellt, ob sie unter der gemachten Voraussetzung für die Botanik noch irgendwelchen theoretischen oder praktischen Wert besitzt. Diese Frage müssen wir offenbar verneinen. Denn wenn ich die Geschichte einer organischen Form kenne — nicht nur ihre Entwicklungsgeschichte, denn diese ist gewöhnlich nachträglich aus form- und funktionalphysiologischen Gründen entstellt und gefärbt, weil in der Regel nur die phyletischen Stadien ontogenetisch erhalten bleiben, die entweder während der Ontogenie selbst kausalmorphologische oder funktionale Bedeutung haben (vgl. PETER 1920) oder deren Vorhandensein zur Erreichung des Endzustandes formphysiologisch erforderlich ist, wobei auch nicht selten eine Verschiebung in der historischen Reihenfolge zugunsten der funktional wichtigsten eintritt (VELENOVSKY 1905, I, Einleitung.) —, wenn ich also die wirkliche Geschichte einer organischen Form kenne und wenn ich ferner weiß, wie die betr. organische Form physiologisch zustande kommt, dann weiß ich offenbar alles, was ich von einem Organ billigerweise zu wissen wünschen kann. Die rein ideale Anordnung der Typologie, die ja nach der phyletischen und physiologischen Seite hin neutral ist, kann mir dann nichts mehr sagen. Sie war Propädeutik für die beiden anderen Betrachtungsweisen und hat ihre Aufgabe, sobald diese befriedigende Auskunft geben können, erfüllt. Da wir aber wissen, daß es uns außerordentliche Mühe macht, auch nur eine einzige organische Form zu nennen, deren Geschichte wir genau kennen und die wir formphysiologisch so beherrschen, daß wir sie im Experiment nachmachen können, so erhellt ohne weiteres, welche große Bedeutung die reine Typologie noch auf lange hinaus in der

Beurteilung organischer Formen haben wird. Ohne erhebliche Interpolationen von ihrer Seite kommen wir zur Zeit noch nirgends aus. Und zwar ist wohl zu beachten, daß die Typologie einer organischen Form erst dann entbehrlich wird, wenn wir sowohl ihre Geschichte wie den Mechanismus ihrer Entstehung kennen. Kennen wir nur eine von beiden Wissenschaften, dann hat die Typologie immer noch für die andere Bedeutung, da ja einmal die Folge von Formen, die eine bestimmte Form formphysiologisch zustande bringen, eine ganz andere ist oder sein kann als die Formenfolge, aus der sie phyletisch entstanden ist, und da ferner die in Frage kommende typologische Formenkunde auch mit keiner der beiden anderen identisch ist oder zu sein braucht. Vermutlich wird sie nicht selten eine Art Mittelstellung zwischen phyletischer und physiologischer Reihe einnehmen, wenn auch vielleicht meist mit größerer Hinneigung zur phyletischen Reihe, woraus die nicht selten von reinen Empirikern vertretene naive Gleichsetzung von Typologie und Phylogenie zu erklären ist.

Alle Diskussionen dieses Kapitels zusammenfassend können wir somit über die gegenseitigen logischen Beziehungen von Typologie, Phylogenie und Formphysiologie folgende Sätze aufstellen:

1. *Die Typologie ist eine logisch in ihren Erkenntnismethoden durchaus autonome und gegen die beiden genannten anderen morphologisch interessierten Disziplinen kontingente Wissenschaft.* Sie dient auch nicht nur praktischen Interessen, wie die ihr sonst logisch geistesverwandte Diagnostik[1]), sondern *verfolgt rein theoretische Ziele.*

2. *Wo Phylogenie und Formphysiologie ein morphologisches Problem restlos und befriedigend gelöst haben, kann auf die typologischen Erkenntnisse, die dasselbe Gebiet betreffen, theoretisch verzichtet werden.* Unter Umständen sind sie dann noch für die praktische Diagnostik von Wert.

3. Da wir aber noch nicht ein einziges morphologisches Problem restlos befriedigend phylogenetisch *und* kausalmorphologisch erledigt haben, ergibt sich der hohe theoretische Wert der Typologie für die heutige morphologisch interessierte Biologie von selbst. Eine Erforschung der Logik der Typologie ist daher noch ebenso notwendig, wie eine solche der Phylogenie und Physiologie.

---

[1]) Über die Beziehungen zwischen Diagnostik (Systematik) und Typologie vergleiche man die Definitions- und Einteilungsprobleme der reinen Morphologie als Ganzes.

## 2. Einteilungsprobleme.

Die Diskussion der schon oben im Rahmen der Einteilung der gesamten reinen Morphologie gegebenen Einteilung der Typologie betrifft im Grunde drei verschiedene Probleme, die wir früher nur kurz berühren konnten und jetzt eingehender darstellen müssen. Es handelt sich um:

1. *das Problem der zwischen vergleichender Anatomie und vergleichender Embryologie auf typologischer, also phyletisch und formphysiologisch neutraler Basis obwaltenden logischen Beziehungen.*

2. *die Frage der Ausdehnung typologischer Begriffssysteme über den Rahmen der Morphologie hinaus auf das eigentlich physiologische Gebiet,* genauer um eine Einteilung der physiologischen Funktionen nach typologischen Prinzipien;

3. *die logischen Beziehungen zwischen vergleichender Anatomie und Embryologie einerseits und der gewöhnlichen deskriptiven Anatomie und Embryologie andererseits.*

Betrachten wir zunächst das Verhältnis von vergleichender Anatomie und vergleichender Embryologie. Während SPENCER (1864, S. 97) beide Disziplinen zusammennimmt, um sie als ein Ganzes der normalen Anatomie und Embryologie gegenüberzustellen und während DRIESCH in seinem radikalen Aufsatz von 1899 (S. 40 unten) die Ontogenie ebenfalls ohne weiteres der vergleichenden Anatomie als logisch identisch subsumiert, kommt BRAUS im Anschluß an HAECKEL, der zwischen fertiger und werdender Form einen prinzipiellen Unterschied macht, ebenfalls zu dem Ergebnis, „daß in der embryologischen Methode eine besondere Möglichkeit morphologischer Forschung gegeben ist, welche von der vergleichend anatomischen, d. h. der von fertigen Objekten ausgehenden Betrachtung, prinzipiell verschieden ist" (1906, S. 9). Wenn wir nun daran gehen wollen, diese kontradiktorischen Behauptungen nachzuprüfen, müssen wir zunächst einmal wieder feststellen, daß wir uns dabei hier nur im Rahmen der idealistischen Typologie bewegen dürfen. Der über die Phylogenie führende Weg, Beziehungen zwischen unseren beiden Wissenschaften aufzuspüren, muß vorläufig gänzlich unbeachtet bleiben. Sein allzu frühes Betreten ist ohne Frage mit schuld an der bestehenden Verwirrung und Gegensätzlichkeit der Ansichten hinsichtlich unseres Problems. Fragen wir uns also, was die Ontogenie logisch vor der vergleichenden Anatomie voraus oder mehr hat, wenn wir beide Disziplinen als rein idealistische Formenlehren ansehen. Damit entfallen schon alle Unterschiede zwischen beiden Gebieten, die ins Physiologische oder Phylogenetische hinüberspielen, wie z. B.

das Moment der fertigen und der werdenden Formen, welche letzteren
als „Formen des eigentlichen, nicht funktionierenden Entwicklungs-
geschehens[1]) ihre Erklärung in dem zu bildenden Endzustand finden,
also in etwas Teleologischem, welches anders ist, als das Angepaßtsein
des Fertigen an seine Funktionen" (BRAUS 1906, S. 33/34). Auch
die morphologisch faßbaren Stadien der Ontogenese sind unter typologischem Gesichtswinkel nichts als rein organische Formen, im gewissen Sinne starre Momentaufnahmen. In diesem Sinne haben
DRIESCH und SPENCER durchaus recht, wenn sie beide Wissenschaften
als logisch verwandt ansehen  Gleichwohl besteht aber auch auf
typologischer Grundlage ein sehr wichtiger Unterschied zwischen den
Formen der vergleichenden Anatomie und der Ontogenie. Während
wir die Formen der vergleichenden Anatomie rein logisch nach dem
Prinzip der durch Vergleichung festgestellten Ähnlichkeit ordnen
können, stellen sich uns die embryonalen Formen stets schon in bestimmter Reihenfolge dar, derjenigen der Ontogenie nämlich. Es
fragt sich nun, welchen theoretischen Wert die ontogenetische Formenfolge für das System der vergleichenden Anatomie besitzt. Wir rühren
hier an den typologischen Sinn von HAECKELS *biogenetischem Grundgesetz*, das ja schon viel älter ist  als Phylogenie und Abstammungslehre (BURDACH 1817; MECKEL 1811; KIELMAYER 1793 u. a.) und
deshalb auch ohne diese formulierbar sein muß. Auch in dieser Frage
sind die Ansichten der Forscher sehr geteilt. Während VELENOVSKY
(1905, § 2) der ontogenetischen Formenfolge jeden Wert für die Anordnung des Systems der vergleichenden Anatomie abspricht, meint
NAEF, der sich die größten Verdienste um die logische Reinigung der
Typologie von vorzeitigem phylogenetischen Rankenwerk erworben
hat, daß „systematische Morphologie . . . immer systematische Entwicklungsgeschichte sein" werde (1919, S. 17). „In Schriften, die
denen des natürlichen Systems entsprechen, wird Form aus Form
gebildet, aus Allgemeinem Besonderes erzeugt, unverkennbar bewirkt durch einen gegliederten Apparat von Kräften und Auslösungen,
von Potenzen und Bildungsanreizen, der seinen Ursprung aus den
Keimzellen nehmen muß" (1923, S. 394). Ohne diese Frage an dieser
Stelle schon entscheiden zu wollen — sie gehört logisch in das Kapitel
von den typologischen Apriorismen —, wird man im allgemeinen
SCHIPS zustimmen können, der (1919, S. 405) sagt: „Typus und Ent-
wicklungsstufe zusammen bestimmen die Stellung der einzelnen Form

---

[1]) Es ist natürlich sehr fraglich, ob man die ontogenetischen Formen
als „nicht funktionierend" bezeichnen kann. Nach PETER (1920) haben sie ganz
sicher Funktionen zu erfüllen, wenn auch nicht die Funktionen des erwachsenen
Organismus. Man muß sich hier sehr vor dem WEISMANNschen Evolutionismus
hüten.

im natürlichen System", wobei unter natürlichem System hier natürlich das System der typologischen Taxonomie verstanden wird. An dieser Stelle genügt uns die Feststellung, daß man in der Tat *auf typologischer Grundlage eine scharfe Trennung zwischen vergleichender Anatomie und Embryologie vornehmen kann.*

Damit kommen wir zum zweiten uns hier interessierenden Einteilungsproblem der Typologie, der Frage nach der *Ausdehnung typologischer Einteilungsprinzipien auf physiologische Vorgänge.* Diese Frage ist bedeutungsvoller, als sie in dieser nüchternen Formulierung erscheint. Denn wenn wir uns vergegenwärtigen, daß in qualitativen Disziplinen die Einteilung gleichbedeutend mit der Theorie ist, während in quantitativen Wissenschaften die Einteilung eine direkte Folge der Theorie ist, so handelt es sich im Augenblick um nichts Geringeres als eine Diskussion der Möglichkeit, ob die Physiologie logisch sinnvoll unter die typologische Morphologie subsumiert werden kann. Wäre das nicht nur möglich, sondern etwa gar erstrebenswert und sinnvoll, dann würden wir unsere in den Definitionsproblemen aufgestellte These, daß Typologie lediglich Sinn als Propädeutik für Physiologie und Phylogenie hat, von Grund aus revidieren müssen.

Nun finden wir in physiologischen Lehr- und Handbüchern gewöhnlich zwei Typen von Einteilungen der physiologischen Probleme. Die eine in der sog. vergleichenden Physiologie besonders viel benutzte Einteilung schließt sich an die Organe an und schildert deren Funktionen. Wenn nun auch der Begriff des Organs, der „Funktionsform", wie Ungerer sehr glücklich sagt, keineswegs mit dem der rein morphologischen „Grundform" identisch ist, so besteht doch keinerlei Zweifel darüber, daß wir unter Organ etwas Strukturelles, also im Grunde Morphologisches zu verstehen haben, mag es auch keine reine Grundform sein, sondern wie gewöhnlich eine jeweils funktionsspezifische Kombination von reinen Grundformen[1]). In diesem Sinne ist die Funktionsform der typologische Grundbegriff einer typologisch eingestellten Physiologie. Funktionsform und Grundform stehen logisch im selben Verhältnis wie Homologie und Analogie. Beide Begriffe beziehen sich auf strukturelle Einheiten, ruhen also ohne empirisch identisch sein zu müssen, auf derselben typologischen Grundlage. In diesem Sinne ist die sog. vergleichende

---

[1]) Man vergleiche hierzu die Bemerkung Bütschlis (1910—21, S. 5/6:)„Im allgemeinen bezeichnet man jeden untergeordneten Bestandteil, insofern er einen gewissen Grad von Abgrenzung, d. h. morphologische Selbständigkeit und namentlich auch eine besondere physiologische Leistung, also eine gewisse physiologische Selbständigkeit besitzt, als ein Organ." Über den Unterschied dieses physiologischen und morphologischen Organbegriffs vergleiche man ferner auch Gegenbaur (1898, I, S. 3).

Physiologie, wie sie in der klassischen Epoche der vergleichenden Anatomie von Forschern wie BURDACH, OWEN, MILNE-EDWARDS u. a. systematisiert worden ist und wie sie neuerdings von UNGERER[1]) (1922) und NAEF (1917, 1919) zu restaurieren versucht wird, eine rein typologische Disziplin. Auch heute noch wird diese Einteilungsmethode nicht selten benutzt, z. B. in dem soeben erschienenen vortrefflichen Lehrbuch von V. BUDDENBROCK (1924).

Die zweite Einteilungsmethode der Physiologie, die nicht nur in Lehrbüchern der allgemeinen oder gewöhnlichen Physiologie üblich ist, sondern auch auf Darstellungen der vergleichenden Physiologie übertragbar und übertragen worden ist, z. B. in der Grundeinteilung der ausgezeichneten Darstellung PÜTTERS (1911), sowie in vielen Partien des WINTERSTEINschen Handbuchs, beruht auf einer rein physiologischen Problemstellung. Es ist nicht mehr die Rede von Funktionen irgendwelcher strukturellen Organe, von „Funktionsformen", sondern von physiologischen Prozessen als solchen, unabhängig von den Organen, in denen sie sich abspielen. So ist die berühmte Einteilung der modernen Physiologie in Stoff-, Energie-, Form- und Reizwechsel zu verstehen. Eine hierauf aufgebaute vergleichende Physiologie, wie die von PÜTTER, untersucht dann die „Gestalten", die diese rein physiologischen Kategorien in den verschiedenen Organen der verschiedenen Tiergruppen annehmen. Das ist etwas prinzipiell anderes, als was die sog. klassische vergleichende Physiologie mit ihrer Einteilung nach Organen unternimmt. Die rein physiologische Einteilung der Physiologie beruht letzten Endes auf der Theorie der „physiologischen Gestalten", die ihrerseits in der Theorie der „physischen Gestalten" (WO. KÖHLER 1919) Anschluß an die kausalen

---

[1]) Man vergleiche hierzu folgende klare Ausführungen UNGERERS (S. 83) : „Was . . ., selbständiger Teil, als „Funktionsform" des Organismus zu betrachten ist, kann ein Organ heißen . . . Wenn auch häufig genug ein Organ zugleich Formglied darstellen mag, so hat dies doch nichts mit seiner Funktion zu tun, und außerdem gibt es Fälle genug, wo Formglieder keinen einheitlichen Funktionswert, Funktionsformen einer bestimmten Stufe (z. B. Gewebe oder Gewebegefüge keinen einheitlichen Formwert haben. Gerade die auf OWEN zurückgehende Scheidung der Analogien von den Homologien zeigt schlagend nicht nur das Auseinanderfallen dieser beiden Arten morphologischer Betrachtung, sondern vor allem die Notwendigkeit, beide Wissensgebiete als strenge Begriffssysteme in sich geschlossen durchzuführen . . . Die Analogien [stellen] . . . Anzeichen einer anderen Art der Ordnung der Formteile des Organismus [dar]. Das Phyllocladium von Ruscus aculeatus ist für die Grundformenlehre ein Sproß, für die Funktionsformenlehre ein Blatt, wenn man vorläufig diese Bezeichnungen in beiden Zweigen der Morphologie verwendet. Jedenfalls ist es in beiden eine Einheit verschiedener Art. Daß die „Physiologische Anatomie", soweit sie nicht Vorgänge erklären, sondern Formen mit Bezug auf die harmonische Funktion dieser Vorgänge gliedern will, der Funktionsformenlehre angehört, bedarf demnach keiner besonderen Erläuterung." Also auch UNGERER rechnet diese Disziplin nicht zur Physiologie im modernen physikalisch-chemischen Sinne, mithin auch nicht zur Formphysiologie.

Prinzipien der Physik zu gewinnen sucht und völlig frei von allem rein Morphologischen ist. Dazu stimmt vortrefflich unsere frühere Feststellung, daß alle Typologie ihrem Wesen nach neutral gegen jede Art Kausalität ist.

Wir haben nunmehr konstatiert, daß die gegenwärtige Physiologie zwei logisch grundverschiedene Sorten von Einteilung verwendet, eine echt typologische und eine gänzlich atypologische, rein physiologisch-kausale Einteilung. *Die prinzipielle Möglichkeit einer typologisch orientierten Physiologie ist damit erwiesen.* Es fragt sich für uns nun nur noch, ob sie auch eine sinnvolle Aufgabe der Physiologie, einen logischen Selbstzweck darstellt, wie es Ungerer und Naef wollen, oder ob sie, wie wir meinen, nur einen Übergang, eine logische Propädeutik bedeutet, deren Beseitigung durch die rein kausale Physiologie bereits überall mit Erfolg in die Wege geleitet ist und immer mehr die Oberhand gewinnen wird. Daß diese Dinge nun in der Tat so liegen, ist leicht zu erweisen. Angenommen nämlich, die kausale Physiologie hätte ihr Ziel völlig erreicht, Stoff-, Energie-, Reiz- und besonders auch der Formwechsel wären restlos bekannt, dann könnte man jederzeit mit leichter Mühe jedes typologisch-physiologische Organphänomen aus der allgemeinen Theorie herleiten. Die Konstruktion (morphologische Struktur) des betr. Organs würde die Formphysiologie liefern, ihre Beziehungen zur Umwelt die Reizphysiologie usw. Die einfache Synthese aus alledem ergibt dann das gesuchte typologisch-physiologische Verhalten. Daß also kausale Physiologie typologische entbehrlich macht, ist erwiesen. Nun könnte der Typologe freilich einwenden, daß man, wenn alle typologischen Organfunktionen, „Funktionsformen", genau bekannt wären, durch fortschreitende Verallgemeinerung induktiv auch zu den allgemeinen· grundlegenden Gesetzen gelangen könnte, wie sie kausale Physiologie erforscht. Das ist nun freilich zuzugeben. Allein dieser Weg ist niemals der königliche Weg der mathematischen Theorie, wie er von der Physik benutzt wird und von ihrem Pendant in der Biologie, der kausalen Physiologie, ebenfalls mit deutlichem Erfolge überall erstrebt wird. Die mathematische Theorie entwickelt stets das Besondere aus dem Allgemeinen, nie umgekehrt wie die Typologie. Der kausale Weg aber ist der einfachere, der absolut und notwendig gültige, während der Weg der typologischen Verallgemeinerung wie alle reine Induktion unter Zufällen und Ungenauigkeiten leidet und jeglicher logischen Notwendigkeit entbehrt. Es besteht demnach kein Zweifel mehr daran, daß die kausale Physiologie den physiologischen Selbstzweck darstellt, während die typologische nur Mittel zum Zweck der kausalen bedeutet, nur Propädeutik ist. Wo also die kausale

Physiologie klare Verhältnisse geschaffen hat, hat eine Typologie der gleichen physiologischen Beziehungen, obschon sie logisch möglich ist, doch keinen theoretischen Sinn mehr. *Wo aber kausale Physiologie noch nicht fruchtbar angreifen kann, wie z. B. auf dem weiten Gebiete der vergleichenden Organphysiologie, da kann die typologische Physiologie noch lange gute Dienste tun.*

Es lohnt sich daher, das System der typologischen Physiologie, die „Funktionsformenlehre" oder Lehre von den Analogismen der Organe im Einteilungssystem der Typologie zu berücksichtigen.

Endlich haben wir dann noch die Beziehungen zu erörtern, die zwischen den allgemeinen Hauptrepräsentanten unserer Typologie, der vergleichenden Anatomie und Embryologie einerseits und der normalen deskriptiven Anatomie und Embryologie andererseits auf typologischer Basis bestehen. Es braucht wohl nicht besonders bemerkt zu werden, daß hier unter deskriptiver Anatomie und Ontogenie nicht nur die des Menschen verstanden wird, sondern auch die der Tiere und Pflanzen. Einen etwas absonderlichen Standpunkt hat in der uns hier beschäftigenden Frage Spencer eingenommen. Er schreibt (1864, I, S. 97): "Comparative Anatomy . . . and Comparative Embryology . . . cannot properly be regarded as in themselves parts of Biology; since the facts embraced under them are not substantive phenomena, but are simply incidental to substantive phenomena. All the facts of structural Biology are comprehended under . . . [Anatomy and Embryology]; and the comparison of these facts as presented in different classes of organisms, is simply a *method* of interpreting the real relations and dependencies of the facts compared." Mit Recht bemerkt jedoch Gegenbaur, wohl in Erinnerung an diese Ausführungen Spencers (1898, S. 2): „Das Verfahren der vergleichenden Anatomie ist also ein synthetisches, welches die Analyse voraussetzt oder, nur auf sie sich stützend, eine höhere Stufe der anatomischen Forschung repräsentiert. Sie steht nicht im Gegensatze zur Empirie, denn diese bildet ihre Grundlage." Dieser Auffassung entsprechend beschreibt R. Burckhardt (1903, S. 397) das Verfahren der deskriptiven Anatomie mit folgenden Worten: „Die Anatomie ist die auf die konkrete Lebewelt angewandte analytische Methode („Analysis situs" Leibniz). Die heute anwendbaren Hilfsmittel haben es uns leicht gemacht, in der Lösung dieser Aufgabe einen relativ hohen Grad zu erreichen." Man denke etwa an die bekannten abschließenden Werke Köllikers, die diese Epoche der Anatomie theoretisch vollenden. Hiernach könnte man auf der Basis der Typologie deskriptive Anatomie und Ontogenie von ihren vergleichenden Schwestern dem Unterschiede zwischen analytischer und synthetischer Methode entsprechend trennen. Gegen die Verwendung dieser beiden Methoden in der Typologie ist an sich nichts einzuwenden, denn sie sind logisch absolut neutral und an keine bestimmte Forschungsidee gebunden, sie kommen ebenso gut in der Typologie wie in der historischen Phylogenie und der kausalen Physiologie vor. Ich möchte es aber vorziehen, den Unterschied unserer Forschungsgebiete nicht auf den Antagonismus zweier Methoden festzulegen, sondern ihn allgemeiner, fließender, kontinuierlicher zu gestalten. Da kommt dann nur noch der *Gegensatz zwischen allgemeiner und spezieller Typologie* in Frage. Er dürfte in der Tat dem wahren Sachverhalt entsprechen. Deskriptive Anatomie und Ontogenie liefern die einzelnen Tatsachen, deren vergleichende Betrachtung dann zu den allgemeinen typologischen Gesetzen der vergleichenden Anatomie und Embryologie führt. Beide Wissenschaften gehören auf das innigste zusammen, und es ist nicht möglich, sie logisch voneinander so zu trennen, wie SPENCER das will, indem er der einen Gruppe alle Vorteile der Empirie zukommen läßt, während auf der anderen alle Fehler der Spekulation

Tabelle 16. *Einteilung der Typologie*
( = System der ,,Grund- und Funktionsformen", der Homo- und Analogismen organischer Formen).

I. *Allgemeine Typologie:*
　(Synthetische Typologie).
　A. *Grundformenlehre:*
　　(Typolog. Homologismen):
　　a) der freien[1]), fertigen For-
　　　men: *Vergleichende Anatomie.*

　　b) der gebundenen Formenfolge
　　　( = werdenden Formen):
　　　*Vergleichende Embryologie.*
　B. *Funktionsformenlehre:*
　　(Typolog. Physiologie: Analo-
　　gismen):
　　c) *Typologische vergleichende Physiologie.*

II. *Spezielle Typologie:*
　(Analytische Typologie).
C. der gebundenen, werdenden Formen:

　d) *Deskriptive Embryologie:*
　　(1. Ei u. Sperma, 2. Furchung,
　　3. Blastula, 4. Gastrula,
　　5. ,,Neurula" usw.).
D. der freien[1]), fertigen Formen:
　e) *Deskriptive Anatomie:*
　　1. der Zellen u. infrazellu-
　　　laren Gebilde:
　　　*Typolog. Zytologie* ⎫ Typolog.
　　2. der Gewebe: ⎬ mikros-
　　　*Typolog. Histologie,* ⎭ kop.Ana-tomie.
　　3. der Organe u. Organ-
　　　systeme:
　　　*Typolog. Organographie*
　　　(Makroskop. Anatomie),
　　4. der Individuen u. Indivi-
　　　duenverbände: Typolog.
　　　Individuologie. *Typolog.*
　　　*System der Organismen*[2]).

---

[1]) ,,Frei" nicht im Sinne einer Freiheit von räumlicher Bindung, die ja auch bei fertigen Zellen und Geweben in der Regel vorhanden ist, sondern nur im Sinne einer Freiheit von zeitlicher, entwicklungsphysiologischer Bindung.

[2]) Diese Rubrik bezeichnet logisch den Platz, den das typologische Analogon unserer diagnostischen Systematik im Gesamtsystem der Typologie einzunehmen hat, und damit auch die Stelle, wo beide morphologische Disziplinen sich am innigsten berühren. Sie hat aber wegen ihrer besonderen praktischen Bedeutung, wie wir gesehen haben, zu einer besonderen diagnostischen Logik geführt.

haftenbleiben. So wenig, wie es möglich ist, die allgemeine Chemie von der speziellen scharf zu trennen, so wenig kann Entsprechendes mit unseren Disziplinen geschehen. Die allgemeine Anatomie und Ontogenie lehren die Tatsachen der deskriptiven Disziplinen verstehen und nach neuen suchen, die deskriptive Anatomie und Ontogenie machen die Ableitung der allgemeinen Gesetze allererst möglich. Beide Gruppen haben den gleichen Anteil sowohl an der Empirie wie an der Spekulation. Immer aber handelt es sich hier um die Abgrenzung unserer Disziplinen auf dem Boden der Typologie selbst. Natürlich spielen deskriptive Anatomie und Ontogenie auch in Phylogenie, Formphysiologie und, wie wir bereits sahen, in der Diagnostik eine Rolle.

Auf Grund der Ergebnisse dieses Abschnittes können wir nun unsere früher gegebene vorläufige Einteilung der Typologie folgendermaßen ergänzend vollenden (Tabelle 16 auf Seite 188):

### 3. Die Empirismen.

Bisher haben wir immer ganz unbestimmt von hinreichend erfaßbaren „organischen Formen", von „Grundformen" und „Funktionsformen" gesprochen, um die logischen Begebenheiten, die Empirismen zu bezeichnen, um deren Ordnung sich die Typologie bemüht. Nunmehr stehen wir vor der Aufgabe, diese unbestimmt gelassenen logischen Momente, ihren Charakter als Empirismen genauer zu erforschen.

Sind die organischen Formen, die aller Typologie als Empirismen zugrunde liegen, dieselben wie diejenigen, die wir im Empirismenkapitel der diagnostischen Systematik kennengelernt haben, sind sie „Phyla", „Taxa", „reine Linien" oder „Isogena", oder wenn das nicht der Fall ist, in welcher Beziehung stehen unsere organischen Formen dann zu diesen Begriffen? Das sind offenbar die Fragen, die wir uns hier stellen müssen.

Ein Unterschied fällt uns sofort auf. Die eben genannten vier Empirismen beziehen sich allesamt auf ganze Individuen, selbständig existenzfähige und existierende Individuen. Das ist aber bei den organischen Formen, die die Typologie meint, nicht der Fall, oder genauer, braucht nicht der Fall zu sein. In der Regel haben wir es hier mit morphologisch mehr oder weniger selbständigen Teilen von ganzen Organismen zu tun, mit Organen im morphologischen und physiologischen Sinn dieses Wortes[1]), aber immer im Rahmen der

---

[1]) GEGENBAUR hat den Doppelsinn des Organbegriffs sehr fein in folgenden Worten verdeutlicht: „Physiologisch sind die Organe höhere, welche das Ganze

Typologie, mit „Grund- und Funktionsformen" im Sinne Ungerers also. Nun sind aber sowohl das Phylon, wie das Taxon, wie die reine Linie und das Isogenon Ganzheitsbegriffe von in mehr oder weniger selbständige Teile gegliederten Individuen. Wir können sie somit in Partialbegriffe auflösen, wobei natürlich die so entstehende begriffliche Teil-Ganzesbeziehung keineswegs „summativer Art", sondern eine echt logische „Gestalt" im Sinne von v. Ehrenfels (1890) ist. Damit stehen wir vor der Frage, ob die typologischen Formen sich mit den Partialbegriffen eines oder mehrerer der genannten vier Empirismen decken, oder ob sie auf eine von diesen verschiedene Einheit zu beziehen sind. Drei von ihnen scheiden schon bei oberflächlicher Betrachtung von vornherein aus. Das *Phylon* kommt als Lieferant von Partialgestalten deshalb nicht in Frage, weil es sich stets auf phyletische Reihen bezieht, die in der reinen Typologie unbekannt sind. Ebenso scheiden *reine Linie* und *Isogenon* aus, da sie auf Theorien über die formphysiologische Konstitution der Organismen beruhen, denen gegenüber die Typologie sich ebenfalls neutral verhält. Bleibt nur das *Taxon*. Dieses ist in der Tat logisch von solcher Konstitution, daß es mit dem Empirisma der Typologie, dem *Typus*, nicht nur vielfach tatsächlich als Ganzes oder als Partialtaxon identisch ist, sondern auch da, wo es vom Typus inhaltlich abweicht, mit diesem logische Korrespondenz bewahrt. Der Typus eines Säugetieres z. B. kann ein wirkliches Säugetier-Taxon sein, dann nämlich, wenn es ein Säugetier gibt, das alle Merkmale desselben in Persona besitzt. Auch der „Typus einer Krebsschere kann eine wirkliche Krebsschere sein", wieder dann nämlich, wenn in der Tat ein Partialtaxon existiert, daß alle Merkmale der typischen Krebsschere besitzt. Man geht wohl nicht fehl, wenn man annimmt, daß in der Regel die Typen der vergleichenden Anatomie mit realen Taxis und Partialtaxis identisch sind. Aber doch nur in der Regel, nicht unbedingt und aus logischer Notwendigkeit. Vielmehr ist in der Typologie auch der Fall nicht selten, daß die vorliegenden Taxa und Partialtaxa einen bestimmten typologischen Typus nur unvollkommen repräsentieren, daß wir uns sein Idealbild rekonstruieren müssen. Natürlich kann eine vermehrte Kenntnis der organischen Formen jederzeit das reale Ebenbild des konstruierten Typus liefern und hat das auch

---

einer Funktion besorgen, jene dagegen die niederen, die nur Teilaufgaben der Funktion erfüllen. Morphologisch dagegen ist jenes Organ ein höheres, an welchem der Bau sich nicht bloß der Gesamtleistung, sondern allen deren Unterabteilungen gemäß gestaltet hat. Als niederes dagegen erscheint uns ein Organ, an welchem die Hauptleistungen nicht in Einzelfunktionen getrennt, von der Gesamtheit derselben vollzogen wird. Physiologische und morphologische Betrachtung führen somit zu voneinander verschiedenen Auffassungen, wie auch der Weg ein verschiedener ist." (1898, I, S. 3).

nicht selten getan, muß es aber nicht notwendig tun. *Der Typus ist logisch ein wirkliches oder ein mögliches und dann realisierbares Taxon bzw. Partialtaxon.* Damit sind die zwischen Taxon und Typus bestehenden logischen Beziehungen auf die präziseste Formulierung gebracht, aus der zugleich erhellt, weshalb wir berechtigt waren, den Begriff des Typus bei der Betrachtung der vier verschiedenen Artbegriffe außer acht zu lassen; bietet er doch dem Taxon gegenüber logisch nicht das geringste Neue. Aber auch in den Fällen, wo wir für den von uns konstruierten Typus kein Paradigma unter den Taxis oder Partialtaxis haben, gilt doch der Satz, *daß auch ein rein idealer Typus aus realen Taxis und Partialtaxis erschlossen wird.* Ohne taxonomische Erfahrung ist Typologie unmöglich. „Wir können natürlich für den Typus nichts ermitteln, was nicht in den Merkmalen der Spezialformen irgendwie gegeben oder bedingt wäre, denn nur diese liegen uns ja wirklich vor", sagt NAEF (1919, S. 25) mit vollem Recht. Logisch sind so zwei Sorten von idealen Typen, solchen also, die taxonomisch nicht abgebildet werden können, möglich. Einmal kann ein idealer Typus — sei es eines ganzen Organismus oder eines bestimmten Organs — dadurch zustande kommen, daß seine einzelnen Momente verschiedenen Taxis oder Partialtaxis entnommen werden; er ist also nur als Ganzes, nicht in seinen Teilmomenten ideal. Ein bekanntes Beispiel hierfür ist GOETHES „Urpflanze", deren Partialtypen leicht realisierbar sind. Andererseits kann ein idealer Typus auch in seinen Momenten ideal sein, insofern nämlich in den realen Taxis und Partialtaxis nur Ansätze, konvergente Hinneigungen auf unseren Typus und seine Momente vorliegen, die aber alle eindeutig auf unseren idealen Typus als ihren Brennpunkt zielen. Zusammenfassend können wir über die Beziehungen zwischen Typus und Taxon nunmehr feststellen:

1. *Der Begriff des Typus gehört logisch derselben Sphäre an wie das Taxon.*

2. *In der Regel lassen sich die Typen und ihre Momente durch Taxa oder Partialtaxa abbilden.*

3. *Auch wo die Typen rein ideal sind, sind sie letzten Endes aus Taxis resp. Partialtaxis konstruiert.*

Nunmehr sind wir genügend vorbereitet, um an die Definition des Typusbegriffes selbst herangehen zu können. In solchen Definitionsversuchen sind im wesentlichen zwei Richtungen zum Wort gekommen, eine an den starren Formen der vergleichenden Anatomie orientierte und eine, die im Sinne der Ontogenie den Typus als „Werdeform" bestimmt wissen will. Zur ersteren Richtung gehört die bekannte Definition K. E. v. BAERs, der den Typus als das „Lage-

verhältnis der Teile" bezeichnet. UNGERER (1922, S. 80) hat mehr
das durch die Teile bestimmte Ganze im Auge, wenn er den Typus
die „geordnete Beziehung zu einem Ganzen" nennt. Diesen geometrisch starren Typusbegriff versuchen NAEF und im Anschluß an
ihn SCHIPS (1919) in eine mehr dynamische Werdeform umzuwandeln.
Typus „ist . . . diejenige gedachte (aber durchaus naturmögliche)
Form, von der sich eine Mehrheit von typisch ähnlichen auf dem
nächsten Wege, d. h. durch die einfachsten und kürzesten Metamorphosen ableiten läßt" (NAEF 1919, S. 12/13). Der Typus ist „keine
stabile Einzelform", „nichts Einmaliges, Unveränderliches", vielmehr
hat er eine „Entwicklung", „und so gehört zur typischen Organisation auch der typische Werdegang". So ist er „darstellbar durch
eine Stadienreihe". „Alle gründliche Morphologie ist also Entwicklungsgeschichte" (NAEF 1921, I, 1, S. 11). Allein wir sahen schon im
vorigen Abschnitt, daß von anderer Seite (VELENOVSKÝ 1905, I, § 2)
sehr starke Bedenken gegen eine allzu gründliche Berücksichtigung
embryologischer Reihen in der Typologie erhoben worden sind. Wenn
nun auch ohne Zweifel, wie wir im nächsten Abschnitt genauer zu
begründen haben werden, ontogenetische Stadienfolgen bei vorsichtiger Kritik für die von der reinen vergleichenden Anatomie aufgestellten Formenreihen eine Art Probe aufs Exempel abgeben können,
so ist unseres Erachtens doch ebenso klar, daß es nicht möglich ist,
diesen Begriff schon im Begriff des Typus selbst zum Ausdruck zu
bringen. Dynamik gehört in das System der Typologie selbst, nicht
schon in dessen Empirisma, den Typusbegriff, der vielmehr, wie alle
Empirismen, etwas fest Umgrenztes, Starres an sich haben muß.
Da er übrigens logisch ein Gestaltbegriff im Sinne von v. EHRENFELS
ist, d. h. da er als Ganzes mehr ist als die Summe seiner Momente,
auch über diese hinaus auf andere Momente transponierbar ist, so
kommt schon durch seine rein logische Natur genügend Dynamik in
den Typusbegriff hinein. Als jeweils spezifisches „Lageverhältnis der
Teile" aber muß der Typus etwas geometrisch Starres[1]) an sich haben,
sonst würde ein erfolgreiches Arbeiten mit ihm unmöglich sein. Man
stelle sich einmal vor, was aus den Gleichungen der Physik, die als
System doch im höchsten Grade dynamisch sind, werden würde,
wenn ihre Empirismen, die Naturkonstanten, nicht eine, zwar durch
neue Untersuchungen verbesserungsfähige, aber doch als solche konstante Bedeutung in allen noch so verschiedenen Gleichungen, in
denen sie auftreten, haben würden. Oder was sollte man in der

---

[1]) SCHIPS (1919, S. 401) sagt geradezu: „Es geschieht denn auch die Aufstellung eines Typus . . . durchaus mit Hilfe eines Denkprozesses, welcher dem
in der Geometrie üblichen analog ist."

Systematik mit einem Artbegriff anfangen, der nicht feste und konstante Diagnosen ermöglichte? Fassen wir alles zusammen, dann definiert der folgende Satz den Typus: *Typus ist das Lageverhältnis (Analysis situs) der typologisch selbständigen Momente einer organischen Gestalt.*

Nun haben wir noch die Frage nach der Realität des Typus zu diskutieren, die wir oben schon so nebenher angeschnitten haben. Nach Naef (1921, I, S. 10) hat der Typus keine „tatsächliche Existenz", ist vielmehr „lediglich eine methodische Hilfsvorstellung", aber auch „keine willkürliche Konstruktion", sondern „Naturmöglichkeit". „Wenn er auch nur etwas Gedachtes ist, muß er doch als ein in der Natur Sinnvolles, d. h. in engster Analogie zu den beobachteten Naturwesen, gedacht werden. Er ist kein papierenes Schema ohne Leben und Farbe." In logisch stafferer Fassung sagt Schips (1919, S. 404) dasselbe: „Der Typus ist allgemeiner und umfassender als die Gesamtheit der empirisch nachweisbaren, von ihm abgeleiteten Formen und kann schon aus diesem Grunde nicht in seinem ganzen Umfang aus der Erfahrung mit Beispielen belegt werden." *Der Typus ist eine platonische Idee,* logisch vom selben Wesen wie die Zahlen, genauer eine geometrische oder auch kristallographische Idee. Daraus folgt, daß er, wie wir bei Besprechung der Beziehungen zwischen Typus und Taxon gesehen haben, durch Empirismen dargestellt werden kann, ohne es zu müssen. Er ist eine realisierte Idee nur immer dann, wenn ein Taxon oder Partialtaxon ihm als Paradigma dienen kann. Da nun ein Taxon oder Patrialtaxon oder Subtaxon (= Subspezies, Varietas usw.) immer dann ein Realbegriff ist, wenn es sich unmittelbar auf Individuen bezieht, so *ist auch unser Typus immer dann ein Realbegriff,* wenn er unmittelbar durch Individuen repräsentiert werden kann, oder, was damit identisch ist, *wenn er durch Taxa, Partialtaxa oder Subtaxa darstellbar ist.*

Eine besondere Form des Typus kommt neben dem normalen Typusbegriff noch in der Ontogenie vor. Wir sprechen nicht nur vom Typus des Säugetiers, des Blattes, des Facettenauges usw., sondern auch von einer typischen bzw. atypischen Entwicklung. Wir haben gesehen, daß es nicht ratsam ist, den gewöhnlichen Typusbegriff durch diesen Entwicklungstypus zu ersetzen. Wir sind vielmehr umgekehrt in der Lage, den *Begriff des Entwicklungstypus aus dem starren Typus abzuleiten.* Wir können ja jede normale Ontogenese in eine mehr oder weniger beliebig interpolierbare Reihe von starren Einzelstadien zerlegen. *Ein Entwicklungstypus ist dann nichts anderes als die in jedem normalen ontogenetischen Falle spezifische Stadienfolge.* Die einzelnen Stadien für sich aber unterscheiden sich in nichts von einem gewöhnlichen Typus, sie stellen ein jeweils spezifisches Lageverhältnis ihrer Teile dar, das ist alles, was typologisch von ihnen ausgesagt werden kann. Wo ferner die typologische Regel von einem Parallelismus der vergleichend anatomischen und ontogenetischen Typen anwendbar ist, können wir irgendeinen ontogenetischen Stadientypus direkt einem vergleichend anatomischen Typus gleichsetzen, was besonders deutlich die logische Identität der genannten Typusbegriffe zeigt. Demnach besteht *das logische Mehr des Entwicklungstypus* gegenüber dem vergleichend anatomischen Typus nur darin, daß er eine Reihe von Partialtypen, die logisch, wenn auch nicht immer real, jeder einem einzelnen vergleichend anatomischen Typus entsprechen, in jeweils spezifischer und bestimmter Bindung enthält. Das aber ist nur ein logisches Mehr, *kein logisches Novum* gegen den vergleichend anatomischen Typus, denn auch dieser trägt seine Momente in ganz bestimmter, jeweils spezifischer Bindung, mit anderen Worten, *der gewöhnliche Typus und daher auch der aus ihm diesmal rein summativ zusammensetzbare Entwicklungstypus sind logische Gestalten im Sinne von* V. EHRENFELS. Das Gestaltmäßige bei ihnen liegt in dem Tragen ihrer Momente, beim Entwicklungstypus allerdings nur innerhalb der Partialtypen (Stadien der Ontogenese). Ihre Zusammensetzung zum Entwicklungstypus erfolgt dann rein summativ[1]). Das ist der tiefere Grund dafür, daß man den Entwicklungstypus stets aus dem gewöhnlichen Typus ableiten kann. Das umgekehrte Verfahren dagegen geht nur in der Ontogenie, nicht in der vergleichenden Anatomie. *Der Typus ist somit der allgemeine, der Entwicklungstypus der spezielle Begriff.* Infolgedessen ist es unmöglich, den Typusbegriff durch den Entwicklungstypus zu ersetzen oder zu erweitern. Logisch bringt dieser dem andern gegenüber daher nichts Neues.

*Der Typus ist trotz seiner prinzipiellen Idealität gleichwohl das Empirisma der Typologie*[2]). Er ist ja das letzte Gegebene, typologisch nicht weiter Reduzierbare der Typologie. Der *Begriff eines idealen Empirismas* verstößt auch keineswegs gegen den des Empirismas; denn unter Empirisma verstehen wir in diesen Untersuchungen ja nicht das metaphysisch letzte Reale, das selbst nicht wieder in primitivere Realität auflösbar ist; uns *bedeutet Empirisma ja nur das logische*

---

[1]) Das gilt natürlich nur auf dem Boden der Typologie. Entwicklungsphysiologisch wäre der Entwicklungstypus natürlich keine Summe der Stadien, sondern deren physiologische Gestalt.

[2]) Es gibt ja auch ,,Idealempirismen", wie z. B. die Zahlen (vgl. AD. MEYER: Kontingenzerscheinungen . . . 1926). Der ,,Typus" ist somit ein logisch ganz besonders interessantes Empirisma, da er ohne definitorische Änderung sowohl als ,,Ideal-" wie als ,,Realempirisma" auftreten kann.

*Moment, das im Rahmen einer realwissenschaftlichen Theorie das letzte Kontingente ist,* das also nur durch Verlassen des Rahmens seiner Theorie logisch weiter reduzierbar ist. In der Theorie, im System der Typologie aber ist der Typus die letzte Kontingenz. Also ist der Typus das Empirisma der Typologie, obschon er im Prinzip wie die Zahlen ein allerdings qualitatives Idealempirisma sein kann. Hier begegnet uns zum erstenmal im System der biologischen Wissenschaften ein autonomes Theoriengefüge, dessen Empirismen ideal sein können, obschon sie — darin unterscheiden sie sich von den Zahlen — stets aus realen Empirismen, in unserem Falle den Taxis, Partial- und Subtaxis der Systematik, konstruiert worden sind.

Die Ergebnisse dieses Kapitels sind also folgende:

1. Der *Typus* ist das *Empirisma* der Typologie.

2. Er ist ein *ideales Empirisma, allerdings aus realen Empirismen* (Taxis usw.) *konstruiert.*

3. Er ist definiert als das „*Lageverhältnis der Teile*" einer organischen Form.

4. Der Typus kann eine reale oder ideale „*Gestalt*" im Sinne von v. EHRENFELS sein.

5. Er ist ein *Realempirisma immer dann, wenn er direkt durch Taxa, Partial- oder Subtaxa repräsentierbar ist.*

6. *Der Entwicklungstypus ist rein summativ aus dem gewöhnlichen Typus ableitbar,* bietet diesem gegenüber logisch also nichts Neues.

## 4. Die Apriorismen.

„An und für sich hat keine durch Zergliederung gewonnene Tatsache ihre Bedeutung. Sie erhält sie erst dadurch, daß wir sie orientieren." Diesen Worten R. BURCKHARDTS (1903, S. 397) entsprechend, handelt es sich für uns in diesem Abschnitt um das Problem der „Orientierung" der Typen, die als ein Ausdruck für das „Lageverhältnis der Teile" organischer Formgestalten im wesentlichen analytisch ermittelt werden, zu dem, was man das *System der Typologie* nennen muß. Die Orientierung unserer Typen aber erfolgt in drei logischen Stufen, denen drei verschiedene Apriorismen-Probleme entsprechen, nämlich:

1. das Problem der Feststellung der Homologien (*Homologismenproblem*);

2. das Problem der Bildung homologer Reihen (*Reihenproblem*) und

3. das Problem der Systematisierung der Reihen (*Problem der morphologischen Gesetze*).

Erörtern wir zunächst das *Homologismenproblem*[1]). Unter Homologismen wollen wir zunächst ganz allgemein die Feststellung der *Gleichheit organischer Formen* verstehen. Je nach dem Standpunkt, von dem aus wir Gleichheit messen, ob vom typologisch vergleichend anatomischen, vom typologisch-ontogenetischen, vom phyletischen, vom formphysiologischen oder vom funktionsphysiologischen[2]) Standpunkt, wird der Begriff der Homologie einen anderen Sinn bekommen. Der buntschillernde Wirrwarr in der Auffassung des Begriffs der Homologie (SPEMANN 1915; PETER 1922) rührt nicht zum wenigsten daher, daß die Autoren je nach dem von ihnen eingenommenen biotheoretischen Standpunkt unter Homologie ganz Verschiedenes verstehen. Kein Wunder, wenn man sich dann nicht verständigen kann, wie z. B. in der Polemik GOEBEL-VELENOVSKÝ.

Rein *formal* kann man die verschiedenen *Homologiebegriffe nach den Objekten* ordnen, an denen Homologie konstatiert wird. Hierbei wird also keine Rücksicht auf den eben erwähnten theoretischen Sinn der jeweiligen Homologisierung genommen. Infolgedessen sind die gleich aufzuzählenden formalen Unterkategorien der Homologie ohne weiteres auf ihre genannten theoretischen Deutungen übertragbar, d. h. jede der fünf Deutungshomologien zerfällt in so viel Unterkategorien, als die folgende Tafel angibt. Am Objekt der Homologisierung kann man folgende Arten der Homologie unterscheiden (Tabelle 17):

Tabelle 17. Formale Homologismen.

1. Homologe Gebilde an *ein und demselben Individuum:*
   a) im fertigen Zustande (Homonomie: Homodynamie + Homonymie),
   b) in der Ontogenese.
2. Homologe Gebilde an *verschiedenen* Individuen *derselben Spezies:*
   a) an fertigen Formen,
   b) in der Ontogenese.
3. Homologe Gebilde an *verschiedenen* Individuen verschiedener diagnostischer Kategorien (Arten, Gattungen, Familien usw.):
   a) an fertigen Formen,
   b) in der Ontogenese.

PETER (1922, S. 310) meint zwar: „Bei der Homologisierung von Organen usw. handelt es sich um einen Vergleich nicht zwischen Individuen derselben Art, sondern zwischen verschiedenen Arten, Gattungen usw." Allein die logische Kongruenz der Begriffe Homonomie und Homologie im engeren Sinne ist doch so erheblich, daß es nicht angeht, die Homonomie ganz aus dem logischen Rahmen der Homologismen herauszulassen. Andererseits muß man PETER unbedingt beistimmen, wenn er für Homologien am selben Individuum einen

---

[1]) Zur Geschichte desselben vergleiche man besonders O. SCHMIDT (1855) und SPEMANN (1915).
[2]) Natürlich ist Funktionsphysiologie hier auf organologischer Grundlage gemeint, nicht im Sinne der rein physiologischen Physiologie.

besonderen Terminus verlangt, der die hier herrschenden besonderen Probleme als solche kennzeichnet. Man wird daher guttun, in Zukunft die genannte Terminologie, die sich ja schon längst eingebürgert hat — man vergleiche Bütschli 1910/21, S. 11 —, konsequent zu befolgen, d. h. den Ausdruck Homonomie auf Homologismen am selben Individuum zu beschränken und von Homologie schlechthin im Sinne Peters nur bei Homologismen an verschiedenen Spezies zu sprechen. Will man das ihnen allen logisch Gemeinsame hervorheben, so spricht man am besten, wie hier geschehen, von Homologismen, entsprechend dem in der Logik üblichen Brauch, das Allgemeinste mit der Endung -ismus zu versehen. Haeckel hat 1866 im Begriff der Homonomie noch zwei Unterkategorien unterschieden: bei Homonomie an metameren Organen spricht er von Homodynamie, während Homonomie an epimeren Organen (z. B. den Gliedmaßen) Homonymie heißt. Von diesen Ausdrücken hat sich nur die Homodynamie eingebürgert; für weitere Unterscheidungen, von denen Naef (1917, S. 19—20) noch einige in Vorschlag bringt — antimere Homonomie, partielle Homologie usw. —, darf wohl das Bedürfnis abgewartet werden. Ähnliches gilt auch für die zweite Gruppe unserer Tabelle — Homologismen an verschiedenen Individuen derselben Spezies —. Sie wird in der Literatur, soweit ich sehe, bisher nicht erwähnt; es scheint aber, als könnte sie bald in formphysiologischen Homologismen Bedeutung gewinnen (vgl. Spemann 1915). Die in unserer Tabelle immer wiederkehrende Unterteilung in fertige und ontogenetische Homologismen hat nur für die ontogenetische Fassung des Homologieproblems logisch-theoretische Bedeutung, sonst nur rein diagnostische.

Theoretisch wichtiger als die eben diskutierte formale Unterteilung der Homologismen ist diejenige, die nach ihrer *inhaltlichen Bedeutung* erfolgt. In dieser Hinsicht können wir fünf gegeneinander kontingente Auffassungen von Homologien unterscheiden, von denen nur die beiden ersten logisch näher zusammengehören. Es sind dies

1. die *typologisch vergleichend anatomische* Bedeutung der Homologie;

2. die *typologisch-ontogenetische* Bedeutung der Homologie (1 und 2 sind typologisch);

3. Die *phylogenetische* Bedeutung der Homologie (Homogenie: Ray Lankaster 1876);

4. die *formphysiologische* Bedeutung der Homologie (Homoplasie: Ray Lankaster);

5. die *funktions-physiologische* Bedeutung der Homologie, gewöhnlich „Analogie" genannt.

Die logische Situation dieser Probleme hat eine ganz auffallende Ähnlichkeit mit derjenigen der Artfrage. Obschon es sich hier um grundverschiedene, gegeneinander absolut kontingente Begriffe handelt, ist wohl infolge ihrer gemeinsamen Bezeichnung Homologie das Gefühl ihrer logischen Zusammengehörigkeit bei den Autoren im allgemeinen doch noch so groß, daß immer wieder versucht wird — so zuletzt von Peter —, alle unter denselben Hut zu bringen. Nur Spemann bildet bei dem feinen Formgefühl für selbst nur leise schwingende begriffliche Kontingenzen, das die Lektüre seiner Arbeiten so anziehend und zu einem nicht nur biologischen, sondern auch logisch ästhetischen Genusse macht, hier eine bemerkenswerte Ausnahme. Er schildert in seiner mehrfach genannten Arbeit (1915) das logisch-historische Leben der Homologiebegriffe, ohne den doch vergeblichen und auch von Peter nur durch resignierende Gewaltsamkeit erzwungenen Versuch zu machen, eine einzige, alle Fälle von Homologie erschöpfende Definition zu geben. Eine solche hat naturgemäß nur eklektische Bedeutung, die künstlich Einheit schafft, wo logisch Kontingenz herrscht. Nur zwei Beispiele. O. Hertwig definiert in seiner im übrigen ausgezeichnet klar geschriebenen Abhandlung von 1906 (S. 151) Homologie folgendermaßen: „Organe, die in Bau und Zusammensetzung in der Lage und Anordnung und Beziehung zu anderen Nachbarschaftsorganen bis zu einem bestimmten Grade übereinstimmen und daher gewöhnlich auch die gleiche Funktion und Verwendung im Organismus darbieten, bezeichnet der vergleichende Anatom als einander homolog. Als wichtigstes Merkmal für die genauere Feststellung des Begriffes hat später der Embryolog noch eine Übereinstimmung in ihrer Entwicklungsweise hinzugefügt." Bezeichnend für diese Eklektik ist, daß O. Hertwig dann auch noch von „Graden der Homologie" spricht, gegen die aber Naef und Peter energisch protestieren. „Grade der Homologie gibt es nicht . . . Entweder sind zwei Gebilde homolog oder sie sind es nicht" (Peter, S. 314). Die neueste eklektische Definition stammt dann von Peter selber (S. 317). Obwohl es „eine für alle Fälle gültige und verwendbare Definition des Begriffes Homologie" nicht gibt, scheint ihm folgende Fassung die „dienlichste". „Homolog sind Gebilde, deren Anlagen nach Herkunft, Bau und Lagebeziehungen gleich sind und die von gemeinsamer Abstammung sind. Können embryonale Stadien nicht zum Vergleich herangezogen werden, so geben die gleichen Verhältnisse bei erwachsenen Tieren oft eine hinreichend sichere Antwort." Man sieht, diese Definition stimmt inhaltlich mit derjenigen von O. Hertwig ziemlich überein, nur liegt der Haupton auf den „Anlagen der Organe", während die Momente der „Funktion und Verwendung" absichtlich fortgelassen sind. Erweisen wir nunmehr die logische Kontingenz unserer fünf verschiedenen Bedeutungen der Homologie in der Absicht, die spezifisch typologische Bedeutung, die uns hier ja in erster Linie angeht, dadurch am schärfsten zu charakterisieren. Wie beim Artproblem ist es aber auch hier unerläßlich, näher auf die anderen Bedeutungen einzugehen. Wir leisten damit ja auch nur Vorarbeit für die kommenden Kapitel unseres Buches.

Zunächst die *typologische Bedeutung der Homologie.* Sie ist geometrisch klar und einfach: *gleiche Typen sind homolog.* Denn Typus war ja das „Lageverhältnis der Teile" einer einzelnen organischen Form; und organische Formen, die ein identisches Lageverhältnis der Teile aufweisen, heißen eben homolog, mögen diese homologen Teile im übrigen noch so verschieden aussehen und noch so verschiedene Funktionen ausüben. „Jedem Teil des einen Gebildes entspricht ein solcher des anderen. D. h. wir finden „homologe" Seiten, Winkel und Punkte" (Naef 1919, S. 10). Für die pflanzliche Morphologie definiert hier der klassische Vertreter ihrer typologischen Deutung: „Homologe Organe heißen jene Organe zweier verschiedener Pflanzenarten oder Gattungen, welche zu dem ganzen Pflanzenkörper in derselben Generation ein gleiches Verhältnis einnehmen, es mögen hierbei die Funktionen und äußerlichen Gestaltungen welche immer sein" (Velenovsky 1905, I, S. 25). De Candolle, der als erster (1813), also lange vor Geoffroy St. Hilaire (1825) und Owen (1848), das Prinzip der Homologie begründet hat, spricht im selben typologischen Sinne vom „ensemble des dispositions".

Dieser *typologisch vergleichend anatomische Homologiebegriff ist kontingent gegen die vier anderen.* Vom ontogenetisch-typologischen, mit dem er sich sonst logisch am innigsten berührt, scheidet ihn die völlige Freiheit von einer Bindung durch irgendwelche ontogenetische Stadienfolge, ein Moment, das beim ontogenetisch-typologischen Homologiebegriff als etwas völlig Neues und in dem typologisch vergleichend anatomischen Homologiebegriff nicht eo ipso Mitgesetztes hinzukommt[1]). Dem phyletischen Homologiebegriff gegenüber ist er gewissermaßen weitherziger. Der letztere ist an Monophylie gebunden. So kann man bei den protophytischen Algengruppen, die nach v. Wettstein (1914 d) polyphyletisch sind, typologisch ruhig homologisieren, z. B. bei den Antheridien und Oogonien oder Makro-

---

[1]) Das schließt natürlich nicht aus, daß man den Entwicklungstypus rein summativ aus dem gewöhnlichen Typus ableiten kann.

und Mikrosporen, aber phyletische Homologie ist hier, wenn v. Wettstein im Rechte ist, ausgeschlossen. Typologisch ist auch gegen die Homologisierung der animalen Organe der Säugetiere mit denen der Gliedertiere und ihrer vegetativen Organe mit denen der Mollusken, wenigstens zur Zeit v. Baers, der sie erwähnt, nichts einzuwenden, obschon sie phyletisch natürlich ganz unmöglich ist. Die Beschränkung auf gemeinsame Abstammung ist den typologischen Homologiebegriffen — auch dem ontogenetisch-typologischen — also fremd. Polyphylie schließt sie nicht aus. (Man vergleiche auch O. Hertwig 1906, S. 152.) Gegen Konvergenzen ist somit der rein vergleichend anatomisch-typologische Homologiebegriff ziemlich machtlos. Hier ist der ontogenetisch-typologische besser gestellt. Von den beiden physiologischen Homologiebegriffen sind unsere typologischen fundamental dadurch geschieden, daß es ihnen ganz einerlei ist, ob ihre Homologien gleiche Formen oder funktionell Gleiches hervorbringen, worauf es bei den physiologischen Homologiebegriffen natürlich ankommt. *Damit ist die absolute Kontingenz des typologisch vergleichend-anatomischen Homologiebegriffs erwiesen.*

Den *ontogenetischen Homologiebegriff* scheiden vom phyletischen und den beiden physiologischen Homologiebegriffen die gleichen logischen Momente wie den vergleichend anatomisch-typologischen. Wir brauchen ihn also nur vom letzteren schärfer zu sondern, um ihn damit zugleich zu definieren. Homolog heißen hier „Organe, die sich aus dem nach Herkunft, Lage und Beziehung zur Nachbarschaft gleichen Material entwickeln. Die Forderung der Gleichheit braucht sich nur bis zu den Stadien herab zu erstrecken, in denen die Anlage des Organs sichtbar wird" (Peter a. a. O. S. 316; vgl. auch Bütschli 1910—1921, S. 4). Neu ist hier also der „Entwicklungstypus" (Naef), das Moment der „Stadienreihe", welches bewirkt, daß zur „typischen Organisation" der „typische Werdegang" kommt (Naef 1921, I, S. 11). Dadurch kann die ontogenetische Typologie nicht selten erheblich schärfer homologisieren als die vergleichend anatomische Typologie. Konvergenzen z. B., die die letztere für homolog halten muß, erkennt sie leicht, weil „atypisch ähnliche Formen (Konvergenzen) . . . nicht von ähnlichen Vorzuständen aus sich divergent . . . entwickeln, sondern umgekehrt, konvergent" (Naef 1917, S. 67). Ein gutes Beispiel dafür, wie so die Ontogenie die vergleichende Anatomie korrigieren kann, gibt Peter (a. a. O. S. 320) in der Choanenbildung der Amphibien. „Bei dem Vergleiche der erwachsenen Tiere glaubt man die Choanen als homolog bezeichnen zu können, erst die Kenntnis des Entwicklungsganges lehrt die Unmöglichkeit dieser

Auffassung." Man versteht es daher, wenn NAEF und PETER der Ontogenie „das entscheidende Wort in der Homologiefrage" einräumen, „wenn die Paläontologie keine Auskunft geben kann", wie PETER, der die phyletische Homologie im Grunde für die allein richtige hält, hinzufügt (a. a. O. S. 322). VELENOVSKÝ freilich und vor allem GEGENBAUR, auf dessen Ansichten wir besonders im Reihensystematisierungsproblem zu sprechen kommen werden, in vorsichtigerer Form auch BÜTSCHLI (a. a. O. S. 4—5) und O. HERTWIG sind anderer Meinung. Nach VELENOVSKÝ und GEGENBAUR haben Cänogenesen die Ontogenese überall und untrennbar von Palingenesen verfälscht, so daß im Grunde umgekehrt die vergleichende Anatomie das einzige Kriterium bei Homologiefragen abgeben soll. Wir wissen freilich, daß es eine allein seligmachende Formel für Homologismen nicht gibt. Wir wenden jede Definition gemäß ihrem logischen Charakter da an, wo sie uns sicher führen kann, ohne sie allmächtig werden zu lassen. *Die Kontingenz der ontogenetisch-typologischen Homologie gegen die vier anderen Homologismen ist damit auch erwiesen*, da sie in dieser Hinsicht im übrigen der vergleichend anatomischen Homologie konform ist.

Die dritte Bedeutungsform der *Homologie* ist die *phyletische*. Seit HAECKEL (1866) und GEGENBAUR (1878²) gilt sie bis in unsere Tage als die allein berechtigte; und wenn die typologischen Homologien neben ihr heute noch eine so große Rolle spielen, so liegt das nur daran, daß sie selbst fast nie direkt, sondern nur mit Hilfe der typologischen Homologien indirekt erschlossen werden kann. Direkt feststellen können wir die phyletische Homologie nur da, wo uns die Paläontologie ausgiebige kontinuierliche Fossilienreihen durch mehrere aufeinanderfolgende geologische Schichten hindurch liefert, wie sie in den seltenen Entdeckungen der NEUMAYRS (1875) und HILGENDORFS (1866) — des letzteren Planorbisreihen sind allerdings neuerdings von WENZ (1922) in ihrer phyletischen Bedeutung angegriffen — vorliegen. Phyletische Homologie bezeichnet „das Verhältnis zwischen zwei Organen gleicher Abstammung, die somit aus derselben Anlage hervorgegangen sind" (GEGENBAUR 1878², S. 67). Ähnlich überall in der Literatur, so z. B bei PLATE (1914, S. 109), der von Blutsverwandtschaft spricht, CLAUSSEN (1915, S. 482/3) und zuletzt PETER (1922, S. 313). *Auch die phyletische Homologie ist kontingent gegen alle übrigen.* Von den typologischen trennt sie das logisch diesen gegenüber gänzlich neue Monophylieprinzip (vgl. auch SPEMANN a. a. O. S. 81), und von den physiologischen Homologismen wird sie durch dieselben Momente geschieden wie die typologischen.

RAY LANKASTER (1870) hat einen besonderen Terminus für sie in Vorschlag gebracht: *Homogenie*. Leider hat er sich nicht eingebürgert.

Bleiben somit noch die physiologischen Homologien. Gegen die drei anderen sind sie kontingent, weil, wie wir sahen, diese es gegen sie sind. Wir haben also nur noch ihre Bedeutung festzulegen und ihre gegenseitige Kontingenz zu erweisen.

Zunächst der *formphysiologische Homologiebegriff*. ROUX definiert ihn (1912, S. 193) folgendermaßen: „Homolog im entwicklungsmechanischen Sinne sind nur Bildungen, deren erste phylogenetische Entstehung von einer und derselben Alteration des Keimplasmas herrührt, also auch auf dieselben Faktoren zurückzuführen ist: also Gebilde gleicher Abstammung und in diesem Sinne morphologisch gleichwertige Teile, z. B. Arm und Flügel. Gegensatz analog oder funktionell gleichwertig, z. B. die Kiemen der Muscheln und der Fische." Allein diese Definition ist gar keine formphysiologische Homologie. Sie ist im Grunde identisch mit der phyletischen, von der sie nur außerdem die Selbstverständlichkeit des kausalen Zustandekommens phyletischer Homologien betont. Sie ist damit natürlich auch weit davon entfernt, kontingent gegen die phyletische Homologie zu sein. Man kann mit ihr daher auch die entwicklungsphysiologischen Homologien, von denen SPEMANN im Anschluß an HARRISONS, BRAUS' und eigene Versuche berichtet, gar nicht deuten. Das ist nur dann möglich, *wenn man formphysiologisch-homolog alle Organe, Gewebe, Zellen usw. nennt, die imstande sind, auch wenn sie verschiedenen Typen angehören, auf kausalem Wege gleiche Formen hervorzubringen.* Das ist der Fall bei der Linsenregeneration, einmal aus der normalen Epidermis des Augenbechers, dann aus dem oberen Irisrand und endlich aus transplantierter Haut. Man sieht an diesem Beispiel auch, wie gewaltsam es ist, wenn man, wie PETER, Homologie logisch theoretisch von Homonomie trennen will. Wenn er ferner (a. a. O. S. 324) meint, „daß bei Homologisierung embryonaler Organe oder Stadien die prospektive Bedeutung der Keimteile nicht berücksichtigt werden darf", so ist das nur verständlich, wenn er sich immer von der phyletischen Homologie als der im Grunde allein berechtigten imponieren läßt. SPEMANN hat völlig recht, wenn er (a. a. O. S. 83) schließt: „Es scheint also, daß der Homologiebegriff in der Fassung der historischen Periode sich unter unseren Händen auflöst, wenn wir auf kausalem Gebiet mit ihm arbeiten wollen." So ist es. Mit der phyletischen Homologie können wir hier nichts anfangen. Dafür haben wir aber in der oben definierten formphysiologischen Homologie einen neuen echten Homologiebegriff gefunden, der uns hier vollauf genügt. *Auch er ist,* wie gesagt, *kontingent gegen alle anderen Homologiebegriffe.* Es wäre daher nur gut, wenn die von RAY LANKASTER (1870) für ihn vorgeschlagene Bezeichnung „Homoplasie" allgemein im obigen Sinne angenommen würde. Seine absolute Kontingenz gegen die typologischen und die phyletischen Homologien beruht auf dem logisch gänzlich neuen Moment, daß auch verschiedene Typen Homologes liefern können. Gegen seine physiologische Schwesterhomologie ist er insofern kontingent, als bei dieser, mit der er in der Kontingenz gegen die typologischen und phyletischen Homologien übereinstimmt, als logisch neues Moment die physiologische Funktion der Organe hinzukommt.

Damit sind wir bei der *funktionsphysiologischen Homologie* angelangt. Daß sie gegen alle anderen Homologismen kontingent ist, wissen wir bereits. Wir haben sie somit nur noch genauer zu definieren. Dabei ergibt sich die logisch überraschende Tatsache, *daß das Prinzip der Analogie,* das doch immer als der kontradiktorische Gegensatz zum Homologieprinzip hingestellt wird, *nichts ist als eine freilich autonome Sonderform des allgemeinen Homologismenprinzips,* der jeweils immer besonders bestimmten Formengleichheit. Denn analoge Organe sind, obwohl sie verschiedenen Typen entspringen, also typologisch nicht homolog sind, doch homolog in bezug auf ihre Funktion. Funktionsgleichheit von Formen ist eben auch eine Homologie. Denn wenn typologische Homologien, also identische Typen, die seltsamsten Gestalten annehmen können und doch homolog heißen, weil sie dieselbe Lagebezeichnung der Teile haben, wie will man dann unseren Analogismen die logische Homologie nehmen, da sie doch mindestens dasselbe leisten? Leistung aber und gleiche Lagebeziehung der Teile sind nur divergente Spitzen derselben logischen kontinuierlich zusammenhängenden Reihe. Die wirkliche Formenverschiedenheit ist bei analogen Homologien nicht größer als bei typologischen. Somit ist funktionsphysiologische Homologie identisch mit Analogie und *gegen alle anderen Homologien kontingent.*

Damit haben wir die Diskussion des Homologisierungsproblems beendet. Die Ergebnisse sind:

1. Es gibt *fünf verschiedene* Arten von *Bedeutungshomologien,* die je wieder drei formalverschiedene Unterkategorien umfassen (Tabelle 17).

2. Die *Analogie* ist nur ein *Sonderfall der Homologie.*

3. Es besteht daher eine *Relativität der organischen Homologiebegriffe,* d. h. man muß vor ihrer Anwendung genau prüfen, ob das zu bearbeitende Problem ihnen auch adäquat ist.

4. Es gibt *zwei typologische Homologiebegriffe*, einen vergleichend anatomischen — Homologie gleich Typenidentität — und einen ontogenetischen, der dem ersteren gegenüber durch Hinzukommen der Ontogenese kontingent ist. Cenogenesen freilich vermindern die homologe Bedeutung dieses Momentes nicht selten in hohem Maße.

Wir kommen nun zu dem Problem des logischen Zustandekommens homologer Reihen, das man in der klassischen Zeit der vergleichenden Anatomie — Cuvier, Goethe — das *Problem der Metamorphose* nannte. Wir fragen uns, nach welchen Prinzipien organische Formen, deren Homologie bereits feststeht, zu homologen Reihen zusammengestellt werden. Das wäre offenbar sehr einfach, wenn es, wie O. Hertwig (1906) meinte, „Grade der Homologie" gäbe. Das ist aber nicht der Fall. Grade kann man nur an solchen Begriffen feststellen, die quantitativer Behandlung zugängig sind. Das ist bei solchen rein qualitativen Begriffen, wie den Typen, aber nicht möglich. Wir müssen also nach anderen Prinzipien suchen, wenn wir unsere durch das Homologieprinzip ermittelten Homologismen in Reihen oder kompliziertere qualitative Bezugssysteme — „genealogisches Netzwerk" O. Hertwigs (1917); den bekannten Stammbaum usw. — bringen wollen. Auch sind wir uns von vornherein darüber klar, daß die Reihen- usw. Bildungen für jede unserer fünf Homologien logisch verschieden ausfallen, und daß auch diese alle gegeneinander kontingent sein müssen. *Und zwar ist diese Kontingenz der Reihen einfach eine notwendige Folge der Kontingenz ihrer Glieder, der Homologien.* Wir haben es mithin nicht nötig, auch die Kontingenz der Reihen in jedem Falle erst nachzuweisen.

Betrachten wir zunächst die aus den *typologisch vergleichend anatomischen Homologien gebildete Reihe*, also das Problem der Metamorphose im Sinne der alten klassischen Morphologie. Hier kommen wir in der Tat mit der logischen Figur der einfachen Reihe in der Regel aus[1]). Die homologen Typen dieser Reihen folgen aufeinander wie die Zahlen auf einer Zahlenlinie. Welches Prinzip bestimmt hier aber die Reihenfolge, da es verschiedene Grade der Homologie nicht gibt? R. Burckhardt (1903, S. 394—98) will hier die „Klassifikation der Gesamtorganismen" verantwortlich machen, und in der Tat entspricht dem die Anordnung der homologen Reihen in den Lehrbüchern der vergleichenden Anatomie, wie z. B. die homologen Formen des

---

[1]) Naef sagt (1921, I, S. 9): Metamorphose ist „reihenweise" Verbindung „typisch ähnlicher Formen", die „sich zueinander verhalten wie die Stadien eines Vorgangs". Sie sind natürlich in der Regel Produkte verschiedener formphysiologischer Vorgänge, sonst müßten sie ja auch formphysiologisch homolog sein.

Integumentes, des Schädels usw. in der Folge des zoologischen Systems abgehandelt werden. Allein in unserem Falle bedeutet das nur eine Verschiebung des Problems; denn das sog. natürliche System der Organismen — diesen Begriff rein typologisch unphylogenetisch verstanden — existierte ja schon lange vor DARWIN und jeder Deszendenztheorie und beruht, wie es die vergleichende Anatomie scheinbar voraussetzt, ja selbst erst auf vergleichend anatomischen Studien. Wir müssen hier also fragen, wie denn dieses typologische System, wie wir bisher immer das „natürliche System" im klassischen Sinne genannt haben, um phylogenetische Verwechslungen zu vermeiden, logisch selber zustande kommt. Auf das diagnostische System, das ja von dem typologischen verschieden ist, können wir hier nicht zurückgreifen. Einmal ist es, wenn es auch, je größer die Kenntnis der Formen wird, immer mehr dem typologischen sich angleicht, seinem logischen Charakter nach doch kein natürliches, sondern ein künstliches System. Es will praktisch zu Bestimmungszwecken Ordnung in die Mannigfaltigkeit der organischen Formen bringen. Das geht aber sehr oft mit künstlichen Methoden besser als mit natürlichen. Man denke nur an den immer noch großen heuristischen Wert des LINNÉschen Systems der Blütenpflanzen. Zum andern ist das diagnostische System auch nicht fein genug für typologische Zwecke, es begnügt sich ja im wesentlichen mit der Klassifikation der ganzen Individuen, während es in der Typologie gerade auf die „Teile der Tiere" und Pflanzen ankommt. Alsdann käme als Führer für unsere Homologien noch das dritte große biologische System in Frage, nämlich das phylogenetische. Allein auch dieses muß uns enttäuschen, da wir es nur sehr fragmentarisch direkt erschließen können, vielmehr im wesentlichen auf indirekte Methoden angewiesen sind, bei denen nun wieder gerade unser typologisches System die Hauptrolle spielt. Das festgestellt zu haben, oder besser, wieder festgestellt zu haben — denn auch die alten in der Sturm- und Drangperiode der Phylogenie groß gewordenen Anatomen, wie GEGENBAUR, O. HERTWIG u. a., haben nie etwas anderes behauptet —, ist ohne Zweifel ein bedeutendes Verdienst der modernen Kritiker der Phylogenie von TSCHULOK bis SCHAXEL (1919), NAEF und UNGERER. Allerdings schießen diese Autoren übers Ziel hinaus, wenn sie der Phylogenie jegliche Selbständigkeit der Methode absprechen. Also auch das phyletische System scheidet praktisch für uns aus. Die Typologie muß in der Lage sein, aus eigenen Kräften das System zu entwickeln, das sie braucht, oder sie wird keines finden. Das dieses System hervorbringende Prinzip nun ist auch vorhanden und uns schon wiederholt entgegengetreten, es ist nichts anderes als das der rein formalen Ähnlichkeit selbst. Zwar gibt es keine Grade der Homologie, aber die homologen Formen sind rein formal doch nicht alle gleich, vielmehr, wenn Metamorphose überhaupt einen Sinn haben soll, sämtlich verschieden. Wir können sie also, ihre Homologie vorausgesetzt, rein nach ihrer Ähnlichkeit in Reihen ordnen. Eine solche Reihe heißt dann eine *typologische Metamorphose*. Dieser Tatbestand stand O. HERTWIG wohl vor Augen, als er seinen unklaren Begriff der Grade der Homologie überhaupt aufstellte. NAEF schildert diesen Prozeß der typologischen Metamorphosenbildung sehr treffend mit folgenden Worten: „Die Beziehung der realen Einzelformen zum Typus stellt sich dar als ein graduell abgestuftes Abweichen in den einzelnen Teilen und Merkmalen, das so gering sein kann, daß wir von typischen, oder so bedeutend, daß wir von atypischem Verhalten sprechen. Gelegentlich können wir veranlaßt sein, eine reale Form mit dem Typus zu identifizieren . . . Dieses Ableiten, Herleiten ist letzten Endes immer ein Entstandendenken, ein gedachtes, schrittweises Werden, das Hinüberfließen einer Form in die andere" (1919, S. 16). Freilich sind solche Metamorphosen in Wirklichkeit viel mehr quantenmäßig als kontinuierlich. Ähnlich wie NAEF äußert sich O. HERTWIG (1906, S. 179). Für den Fall nun, daß die rein typologische Ähnlichkeit, was sehr oft vorkommt, nicht ausreicht, eine Metamorphose eindeutig herzustellen, hat NAEF drei Prinzipien formuliert, die dann helfend eingreifen können, nämlich die Prinzipe der „ontogenetischen, der paläontologischen und der systematischen Präzedenz". Danach stehen in einer Metamorphose, wenn wir ihr erstes Glied das ursprüngliche — in der Phylogenie heißt es das primitive — nennen, die übrigen abgeleiteten Homologien der ursprünglichen Form um so näher, je eher sie in der Ontogenese oder fossil auftreten oder je allgemeiner die systematische Kategorie ist, in der sie zuerst vorkommen. Mit anderen Worten, NAEF zieht als Kontrolle ontogenetisch-typologische, phylogenetische und taxonomische Metamorphosen der gleichen Formen heran. Nun haben wir aber soeben festgestellt, daß der typologisch vergleichend anatomischen Metamorphose das unbedingte logische Prius vor den beiden zuletzt genannten zukommt. Wie sich in dieser Hinsicht die ontogenetisch-typologische Metamorphose verhält, werden wir sogleich zu erörtern haben. Wenn die Dinge also so lägen, daß man an den Bau einer bestimmten Theorie oder Wissenschaft immer erst herantreten könnte, wenn jene Theorien und Wissenschaften, die ihr logisch vorausgehen, vollkommen fertig sind, dann wäre es in der Tat um NAEFs Kriterien sehr schlecht bestellt. So liegen die Dinge aber glücklicherweise nicht. Man kennt von der Biologie schon eine ganze Menge, ohne daß die Physik, die sie eigentlich voraussetzt, ihre Arbeit vollendet hätte. So können auch Theoriengefüge, die logisch in dem Verhältnis des prius und postea zueinander stehen, vollkommen mit- und durcheinanderwachsen, sich gegenseitig stützen und fördern; denn im einzelnen Falle verfügt die eine oft schon über sichere Ergebnisse, während sie der anderen im gleichen Falle noch abgehen. Nur wenn beide im selben Falle gleich unsicher sind, überträgt sich auch ihr allgemeines logisches Priusverhältnis auf ihn. Infolgedessen kann man unter Anerkennung aller logisch berechtigten Kritik die NAEFschen Prinzipien in Zweifelsfällen durchaus mit Erfolg benutzen. Rein logisch genommen hat aber GÖBEL recht, wenn er es ,,dahingestellt sein" lassen will, ,,an welchem Ende der Reihe jeweils die primitiven und an welchem die abgeleiteten Formen stehen. Jedenfalls würde eine solche Beschränkung den wirklichen Stand unserer Kenntnisse besser zum Ausdruck bringen; denn eine solche Anordnung in Reihen ist das einzige, was die formale Morphologie wirklich zu leisten vermag" (1905, S. 73). *Das allein autonome Prinzip aber, über das die typologische vergleichende Anatomie bei der Bildung ihrer Metamorphosen verfügt, ist das der rein formalen Ähnlichkeit.*

Wie steht es in dieser Beziehung nun mit der *ontogenetisch-typologischen Metamorphose*? Die Bildung von Metamorphosenreihen homologer Stadien von Ontogenesen unterscheidet sich zunächst in nichts von der Bildung von Metamorphosen aus typologisch vergleichend anatomischen Homologien. Statt aus fertigen Stadien bildet man eben eine Reihe aus vorübergehenden ontogenetischen Momentbildern. Das ist zunächst keine logische Differenz. Das Neue, das die ontogenetische Typologie der vergleichend anatomischen gegenüber mitbringt, tritt vielmehr erst hervor, wenn wir die Gültigkeit einer Homologie vergleichend anatomischer Typen, und damit natürlich auch die Bildung entsprechender Metamorphosenreihen, von einer Berücksichtigung der Homologie der ontogenetischen Stadien abhängig machen, die der terminalen Homologie voraufgehen. NAEF hat dies Moment den ,,Entwicklungstypus" genannt. Allein wir haben gesehen, daß es nicht möglich ist, dem Begriffe des Typus eine solche Fassung zu geben, daß eine Ontogenese in ihm mit gesetzt wird. Das führt nur zu einer reinen Summation von logisch gleichberechtigten Typen, deren einer nur der terminale ist. Der Begriff Typus bezieht sich immer nur auf eine Einzelform. Allein, was NAEF meint, ist nunmehr klar, er meint Entwicklungshomologien und -metamorphosen. Der Begriff der Homologie bezieht sich immer auf mindestens zwei Formen, gewöhnlich auf eine Formenfolge, deren genaue Reihenfolge vom Begriff der Metamorphose bestimmt wird. *Unter einer Entwicklungshomologie bzw. -metamorphose verstehe ich daher die Abhängigkeit der Homologie, bzw. der Metamorphose organischer Formen von einer solchen ihrer ontogenetischen Stadien.* Zwei oder mehr Formen, die als terminale ohne weiteres homologisiert bzw. metamorphosiert werden dürfen, sollen es dennoch dann nicht, wenn ihre Ontogenesen dagegen sprechen, d. h. nicht auch homologisiert bzw. metamorphosiert werden können. Wir haben schon durch Peter (1922) in der Choanenentwicklung der Amphibien usw. derartige Fälle kennengelernt. Naef ist so sehr von der entscheidenden Rolle, die die Ontogenese bei der Feststellung rein typologischer Homologien und Metamorphosen spielt, überzeugt, daß er die „ontogenetische Präzedenz" an die erste Stelle seiner Präzedenzprinzipien stellt, und auch Peter hatte ja der Ontogenie das Hauptwort in diesen Fragen eingeräumt. Auf diametral entgegengesetztem Standpunkt steht jedoch kein Geringerer als Gegenbaur, der letzte Vertreter der großen Epoche der vergleichenden Anatomie. Für ihn ist das Verhältnis zwischen vergleichender Anatomie und Ontogenie hinsichtlich unserer Probleme direkt umgekehrt. „Überall sind es die Zustände des ausgebildeten Organismus, die uns die ontogenetischen Befunde erleuchten . . . Was der Organismus auf dem ontogenetischen Wege zur Entfaltung bringt, das haben seine Vorfahren einmal früher oder später sich erworben, und dieser Erwerb ist ihnen jeweils während ausgebildeter Zustände zuteil geworden. Daher werden wir auf jene niederen, den Durchgangsstadien entsprechenden oder ihnen doch ähnlichen Zustände verwiesen, sobald wir den höheren Zustand in seiner Ontogenese verstehen wollen" (1889 b, S. 8/9) . . . „Es ist also sicher ein großer Irrtum, ohne die vergleichende Anatomie als Führerin den Pfad der Ontogenese zu betreten" (1876, S. 17). Doch damit geraten wir schon in das dem Problem der Metamorphose logisch übergeordnete Problem der Beziehungen, die zwischen den Metamorphosen selbst obwalten. Wir können also nur konstatieren, daß die typologische Ontogenese der typologischen vergleichenden Anatomie mit ihrer Eigenart sicher ebensooft aushelfen wird wie umgekehrt und haben damit einen deutlichen Eindruck von dem bekommen, was wir vorhin das logische Durcheinanderwachsen der Theorien genannt haben.

Nun ist die Ontogenese aber ein kontinuierlicher Prozeß, bei dem unendlich viele Stadien unterschieden werden können. Man berücksichtigt aber in der Tat nur diejenigen, die für die Aufstellung typologischer Metamorphosen von Bedeutung sind. In dieser Hinsicht unterscheidet man zunächst die Keimzellenentwicklung von der

Somatogenese und zerlegt diese selbst wieder in Reihen von Stadien, die bei Pflanzen und Tieren verschieden sind. Bei den Tieren hat man besonders typische Stadien, wie Blastula, Gastrula, Neurula, „Metamerula" usw. Alle diese Stadien sind Gegenstand typologischer Vergleiche und der Bildung typologischer Metamorphosen. Das Vergleichen solcher Stadien der Ontogenese bei mehr oder weniger verwandten Organismen unterscheidet sich, wie wir wissen, logisch natürlich nicht von der vergleichend anatomischen Vergleichung der terminalen Stadien, der Endformen der Ontogenese. Die Eigenart ontogenetischer Typologie kommt erst voll zum Ausdruck im Problem der Systematisierung der verschiedenen typologischen Metamorphosen, wenn wir im Abschnitt von der Kontingenz die vergleichend anatomische und die ontogenetische Metamorphose eines und desselben Typus vergleichend nebeneinanderstellen werden. Ihrem logischen Charakter nach unterscheidet sich somit die ontogenetisch-typologische Metamorphose von der vergleichend anatomischen nur durch das uns ja schon vom Homologieproblem her bekannte Moment der empirisch feststellbaren Stadienfolge, mit andern Worten, *vergleichend anatomische Metamorphosen sind stets ideale Ableitungen, während ontogenetische Metamorphosen auch reale Ableitungen darstellen*, dann nämlich, wenn die Glieder der Metamorphose in der Ontogenese vertikal aufeinanderfolgen, dagegen dann nicht, wenn sie parallel in verschiedenen Ontogenesen nebeneinanderstehen. Im letzteren Falle unterscheidet sich die ontogenetische Metamorphose in nichts von der vergleichend anatomischen.

Über die *phyletische* und die beiden Arten von *physiologischen Metamorphosen* können wir uns hier kurz fassen. Was sie von den typologischen Metamorphosen unterscheidet, geht ebenso wie bei der ontogenetischen Metamorphose schon auf den Unterschied der Homologien zurück, den wir oben ausführlich behandelt haben. Hier mag nur kurz bemerkt werden, daß die phyletische wie die formphysiologische Metamorphose genau wie die vertikal-ontogenetische reale Metamorphosen sind, während die funktionalphysiologische Metamorphose ebenfalls eine ideale ist. Ihr Unterschied von den idealen typologischen Metamorphosen beruht, wie wir gesehen haben, nur darauf, daß sie von verschiedenen Typen ausgehen kann, während die typologischen Metamorphosen streng an identische Typen gebunden sind. Die Frage der Realität oder Idealität der Metamorphosen berührt also ihre logische Struktur nicht sehr tief. Würde man die Metamorphose der Formen lediglich nach diesem Gesichtspunkt eingeteilt haben, so würde man nur ein ganz unvollkommenes Bild von der logischen Struktur der ihnen zugrunde liegenden Disziplinen bekommen. Andererseits kommt unter diesem Gesichtspunkt die Zusammengehörigkeit der typologischen Anatomie und der vergleichenden Physiologie der klassischen Epoche beider Disziplinen, wie sie wohl für immer zuletzt in Milne-Edwards (1857/63) ihre geniale Synthese gefunden haben, überaus klar zum Ausdruck.

Das Ergebnis unserer Erörterungen über die Metamorphose ist:

1. In der *typologischen vergleichenden Anatomie* erfolgt die Bildung der Metamorphose aus den Homologien lediglich nach dem *Prinzip der formalen Ähnlichkeit* der untersuchten Formen.

2. In der *ontogenetischen Typologie* kommt neben diesem idealen Prinzip der Verknüpfung von Homologien auch eine *reale*, empirisch gegebene *Verknüpfung hinzu:* und zwar dann, wenn die untersuchten Homologien in der Ontogenese aufeinanderfolgen.

3. Die *phyletische* und die *physiologischen Metamorphosen* unterscheiden sich von den typologischen durch eben die Momente, die ihre Homologismen schon voneinander trennen. Hinsichtlich ihrer Idealität oder Realität gilt, daß die phyletischen und die entwicklungsphysiologischen Metamorphosen nur real sind — vgl. die Artbegriffe: Phylon, reine Linie —, während die funktionsphysiologischen Metamorphosen wieder rein ideal sind.


Damit kommen wir zum dritten Problem unserer typologischen Apriorismenlehre, nämlich dem der *Systematisierung von Metamorphosenreihen.* Dabei wollen wir uns nun lediglich auf die typologischen Metamorphosen beschränken und die andern gehörigen Orts abhandeln. Wir fragen uns also, *auf welche logische Weise aus den typologischen Metamorphosen das System der beiden typologischen Wissenschaften der vergleichenden Anatomie und Embryologie zustande kommt.* Die weitere Frage, ob es möglich ist, diese beiden Schwesterwissenschaften auf typologischer Basis theoretisch unter einen Hut zu bringen, müssen wir der Lehre von den zwischen ihnen bestehenden Kontingenzen zur Entscheidung überlassen.

Grundlage für die Systematik der beiden typologischen Wissenschaften ist nun immer das jeweils gültige System der Organismen selbst. Nun wissen wir aber, daß dieses wieder zum größten Teil ein Ergebnis von Typologie und Diagnostik ist. Gleichwohl liegt hier kein logischer Zirkel vor, sondern wieder einmal eine von den berühmten Spiralentwicklungen, die in der Logik so häufig sind, obschon sie hier noch nirgends eine systematische Darstellung gefunden haben. Die Sache liegt also so: Ausgangspunkt der Anordnung typologischer Reihen ist das gerade herrschende System der Organismen; eines von den Ergebnissen solcher typologischer Forschung ist dann gewöhnlich auch die Verbesserung des Ausgangssystems. Das so geänderte System ist dann wieder der logische Beginn neuer typologischer Reihenbildungen, Hauptergebnis eine abermalige Verbesserung des Organismensystems usf. ad infinitum. Dieses Verfahren ist beiden typologischen Disziplinen gemeinsam; im übrigen bestehen noch geringfügige Unterschiede.

Rekapitulieren wir in diesem Sinne kurz das Verfahren der typologischen vergleichenden Anatomie. Typus hieß das Lageverhältnis der Teile einer organischen, diagnostisch wohl definierbaren Form. Solche Formen, die dieselbe „analysis situs" ihrer Formen ergaben, hießen typologisch-homolog. Derart homologe Formen, identische Typen, ließen sich dann nach zu- und abnehmender, rein formaler Ähnlichkeit in Reihen ordnen, die wir Metamorphosen nennen. Nun besitzt aber ein diagnostischer Einzelorganismus eine unendliche Menge von typologischen Formen, von denen aber nur eine begrenzte Anzahl, die aus irgendwelchen Gründen, sei es formaler, sei es funktionaler Art, besonders auffallen, zum Gegenstand einer Metamorphose gemacht wird. Die ersten Glieder solcher nach formalen Ähnlichkeiten angeordneten Metamorphosen heißen die ursprünglichen, die übrigen abgeänderte oder abgeleitete Formen. Ein Einzelorganismus ist also Glied einer großen Anzahl von Metamorphosen, in deren jeder er durch seinen Typus an bestimmter Stelle steht. *Nun ist es eine logische Tatsache typologischer Erfahrung*, eine überaus wichtige Tatsache, auf der alle paläontologische Rekonstruktion in der Hauptsache beruht, *daß die Typen eines Einzelorganismus oder genauer ihre Mehrzahl* — denn Ausnahmen bestätigen hier die Regel — *in den Metamorphosen, denen sie angehören, überall ungefähr dieselbe Stellung in der Reihe einnehmen*. Die Organismen sind also gewissermaßen die Maschen in dem ungeheuer verflochtenen Netzwerk typologischer Metamorphosen. *Das Netzwerk selber aber heißt das typologische oder natürliche System der Organismen*, ein Begriff, dem vor der Hand noch jede phyletische Bedeutung abgeht. Man sieht hier ebenfalls deutlich den fundamentalen logischen Unterschied dieses typologischen (natürlichen) Systems der Organismen vom rein diagnostischen. Das Netzwerk des natürlichen Systems ist viel zu kompliziert und fein, um zugleich als diagnostisches System gebraucht werden zu können. Wohl aber ist es heute ebenso dessen Grundlage geworden, wie früher in den Anfängen der vergleichenden Anatomie das diagnostische, künstliche System ihm als Ausgangssystem diente. Heute sucht sich die Diagnostik aus der Typologie nur so viel Metamorphosen-Beziehungen heraus, als eben nötig sind, um die ganzen Organismen oder — wie in der topographischen Anatomie usw. — ihre Teile hinreichend deutlich und bequem bestimmen zu können. Bei solchem Expolieren wird natürlich auch die Anordnung der berücksichtigten Metamorphosen eine andere, künstlichere, gewaltsamere als die war, die sie im typologischen System inne hatten. Das nebenbei. Das typologische System selber ist immer wieder neuer Ausgangspunkt neuer typologischer Metamorphosierungen und zugleich ihr erneutes Ergebnis. Dieses vergleichend anatomische, typologische System ist so logisch rein idealer Natur.

Das in seiner Logik wunderbar reine und kristallklar aufgebaute System der vergleichend anatomischen Typologie reicht nun auch weit hinein in das *System der Ontogenie*. Was SPENCER ',,vergleichende

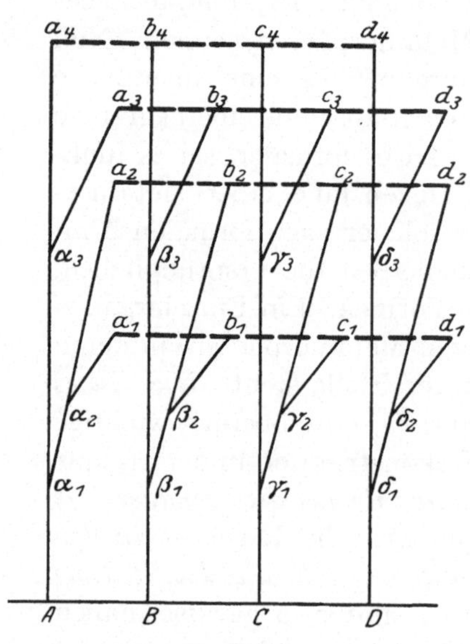

Abb. 2.

Embryologie'' genannt hat, ist nichts als seine logische Übersetzung auf ontogenetische Stadien. Zu diesen gewissermaßen horizontalen ontogenetischen Metamorphosen kommen aber nun noch vertikale hinzu, die nicht nach idealer zu- und abnehmender Formähnlichkeit geordnet sind, sondern nach realer Ontogenese. Das ist das von uns wiederholt festgestellte neue logische Moment, das die Ontogenie vor der vergleichenden Anatomie voraus hat. Abb. 2 möge die so zustande kommenden, rein typologischen Beziehungen illustrieren.

Wenn man fertige Formen als Typen homologisieren und metamorphosieren kann, kann man selbstverständlich auch mit ontogenetischen Stadien dasselbe tun. In diesem Sinne seien $A$, $B$, $C$ und $D$ homologe Anlagen desselben Organs bei verschiedenen Organismen, etwa einem Fisch, einem Amphibium, einem Reptil und einem Vogel, und $a_1$, $a_2$, $a_3$, $a_4$, ferner $b_1$ bis $b_4$, ebenso $c_1$ bis $c_4$ und endlich $d_1$ bis $d_4$ die aus diesen Anlagen entstehenden terminalen Organe. Dann bilden die Reihen $a_1$, $b_1$, $c_1$, $d_1$, ferner $a_2$, $b_2$, $c_2$, $d_2$, sowie $a_3$, $b_3$, $c_3$, $d_3$, und endlich $a_4$, $b_4$, $c_4$, $d_4$ vergleichend anatomische Metamorphosen, die eo ipso stets horizontal sind. Alle übrigen Reihen sind ontogenetisch-typologische Reihen, und zwar haben wir hier zwei Klassen von Metamorphosen, horizontale sowie vertikale. Horizontal sind $A\,B\,C\,D$, ferner $\alpha_1\,\beta_1\,\gamma_1\,\delta_1$, sowie $\alpha_2\,\beta_2\,\gamma_2\,\delta_3$ und endlich $\alpha_3\,\beta_3\,\gamma_3\,\delta_3$. Diese Reihen sind diejenigen embryonalen Metamorphosen, die sich in nichts logisch von den typologisch vergleichend anatomischen Metamorphosen unterscheiden. Anders verhält es sich mit den vertikalen Reihen. Hier haben wir wieder zwei Sorten, rein ontogenetische und gemischt ontogenetische Reihen, gemischt natürlich mit vergleichend anatomischen Momenten. Rein ontogenetische Metamorphosen sind die Homologismen: $A$, $\alpha_1$, $\alpha_2 + \alpha_3$, $a_1 + a_2 + a_3 + a_4$, ferner $B$, $\beta_1$, $\beta_2 + \beta_3$, $b_1 + b_2 + b_3 + b_4$ sowie $C$, $\gamma_1$, $\gamma_2 + \gamma_3$, $c_1 + c_2 + c_3 + c_4$ und endlich $D$, $\delta_1$, $\delta_2 + \delta_3$, $d_1 + d_2 + d_3 + d_4$. Es ist selbstverständlich, daß ein einzelnes dieser Summenstadien, z. B. $\delta_2$ oder $d_3$ nicht dem ganzen $D$ homolog sein kann. Wenn ich nun aber einen Schritt weitergehe und solche ganzen vertikalen Metamorphosen miteinander homologisiere, wie z. B. die vertikale $A$-Reihe mit der vertikalen $B$- oder $C$- oder $D$-Reihe, oder metamorphosiere, z. B. die vertikale $A$-Reihe mit der vertikalen $B$-, $C$- und $D$-Reihe, dann füge ich zu den in der einzelnen vertikalen Reihe zum Ausdruck kommenden realen ontogenetischen Formenfolgen wieder das ideale Prinzip der vergleichend anatomischen, reinen Formähnlichkeit hinzu und erhalte so gemischt ontogenetische Reihen. Natürlich kann man auch die horizontalen vergleichend anatomischen und ontogenetischen Metamorphosen wieder in gleicher Weise wie die vertikal-ontogenetischen Reihen miteinander homologisieren bzw. metamorphosieren. Man erhält damit aber logisch nichts Neues, bleibt vielmehr vollkommen im Rahmen der geschilderten vergleichend anatomischen Typologie. Fassen wir zusammen, so können wir mit R. BURCKHARDT (1903, S. 432) das *System der Ontogenie ein „eklektisches"* nennen. Und zwar befolgt man in ihm bei der Schilderung der ersten Entwicklungsvorgänge gewöhnlich das Prinzip der vertikalen und der gemischt ontogenetischen Reihen einfach deshalb, weil die primitiven Entwicklungsstadien bei allen Organismen ziemlich ähnlich verlaufen. Sowie aber in der Ontogenese die Organe sich einigermaßen abgehoben haben, geht die weitere Darlegung im wesentlichen nach dem Prinzip der horizontalen embryonalen Metamorphosen, also vergleichend typologisch vor sich.

Damit haben wir die Lehre von den Apriorismen der Typologie beendet. *Wir fanden eine weitgehende Übereinstimmung zwischen den logischen Prinzipien der beiden typologischen Teildisziplinen, der vergleichenden Anatomie und Embryologie.* Nur in den vertikalen ontogenetischen Metamorphosen kam als absolut neues kontingentes Moment zu der sonst nur idealen Typenfolge die reale der Ontogenese hinzu. Wir werden in dem folgenden Kapitel zu prüfen haben, ob die hier vorliegende Kontingenz im System der Typologie eine definitive ist oder ob sie mit rein typologischen Mitteln überwunden werden kann.

## 5. Die Kontingenzen.

Wenn wir nun die Frage prüfen wollen, ob die soeben zwischen dem System der typologischen vergleichenden Anatomie und der typologischen Ontogenie konstatierte Kontingenz eine notwendige ist oder ob sie beseitigt werden kann, dann tun wir gut, sie so exakt wie möglich, und zwar folgendermaßen zu formulieren: *Können, immer auf typologischer Basis natürlich, die Systeme vergleichend anatomischer und ontogenetischer Metamorphosen in solche logische Form gebracht werden, daß sie entweder als Ganze einander vollkommen logisch kongruent sind oder daß das eine System einem Teil des anderen ebenso vollkommen logisch kongruent ist?* Ist das der Fall, dann ist die Kontingenz offenbar durch Identität der Resultate aufgehoben, ist das nicht der Fall, dann muß sie als mit den logischen Mitteln der Typologie unangreifbar festgestellt werden.

Wir rühren hier offenbar an jenes logische Bezugssystem, das seit Haeckel unter dem Namen des *biogenetischen Grundgesetzes* bekannt geworden ist. Man kann aber nicht sagen, daß es bisher gelungen wäre, diesen logischen Bezügen auch nur die auf Grund unserer heutigen Kenntnisse schon mögliche Formulierung zu geben. Da wir das Gesetz als ein phylogenetisch-historisches sehr bald ausführlich würdigen werden, soll hier nur so viel gesagt werden, als zum Verständnis des typologischen Teilbezugssystems von ihm, das uns hier allein beschäftigt, unbedingt nötig ist.

In allen Formulierungen, die das biogenetische Grundgesetz bisher erfahren hat, von Meckel (1811) über Burdach (1817), Geoffroy-St. Hilaire (1818/22), C. E. v. Baer (1834), Fr. Müller (1864), Haeckel (1866)[1], O. Hertwig (1906) bis Naef (1917ff.), erscheint es stets als eine logische Beziehung zwischen zwei Metamorphosensystemen, nämlich in der Zeit der idealistischen Morphologie als eine solche zwischen dem System der vergleichenden Anatomie und dem der Ontogenie mit leicht phyletischem Einschlag — dieselbe, die uns hier gleich beschäftigen wird — und seit Darwins Werk als eine solche zwischen den Systemen der Embryologie und der Phylogenie. Das ist nun aber nicht richtig. In Wahrheit ist das biogenetische Grundgesetz, wie wir demnächst sehen werden, eine ziemlich verwickelte logische Beziehung und Rückbeziehung zwischen

---

[1] Haeckel selber bildet freilich in gewissem Sinne eine rühmliche Ausnahme. Er hat den Trialismus der Reihen (1866, Bd. 2) sehr deutlich erkannt und mehrfach geschildert. Aber wo er das biogenetische Grundgesetz formuliert, erscheint es immer als Beziehung zwischen zwei Reihen. In dieser Weise hat es in der Literatur fortgewirkt. Zudem liegen die Probleme hier komplizierter, als Haeckel annimmt. Wir kommen darauf ausführlich bei den Apriorismen der Phylogenie zurück.

drei gegeneinander kontingenten, mit autonomen logischen Methoden und Prinzipien arbeitenden Systemen, nämlich den Systemen der typologischen vergleichenden Anatomie, der typologischen Embryologie und der autonomen Phylogenie. Hier im Rahmen der Typologie interessiert uns nur eine Teilrelation dieses komplizierten logischen Verhältnisses, nämlich die zwischen den beiden typologischen Systemen bestehende. *Gibt es eine befriedigende Formulierung des biogenetischen Grundgesetzes auf typologischer Basis?* So können wir unser Problem unter Vorbehalt des Dreireihengesetzes als eigentlichem biogenetischen Grundgesetz auch formulieren.

Wenn eine logische Kongruenz der Systeme der vergleichenden Anatomie und der Ontogenie auf typologischer Basis möglich sein soll, dann kann das nur so geschehen, daß die unleugbar zwischen ihnen vorhandenen Inkongruenzen, die die geforderte Identität stören, als unerheblich und auf andere Weise hinreichend erklärbar hingestellt werden. Die Frage ist, ob das möglich ist. Ferner ist dann zu bedenken, daß eine solche Abbildung der Systeme aufeinander auf zweifache Weise geschehen kann. Einmal gilt nämlich dann das System der vergleichend anatomischen Typologie als das normale und die Abweichungen des ontogenetisch typologischen Systems müssen anderweitig befriedigend erklärt werden, oder aber umgekehrt, die Ontogenie gilt als das normale System und die Abweichungen des vergleichend anatomischen von ihm sind dann besonders zu deuten. Bekanntlich nennt man in der Phylogenese das Normale „Palingenese", das Abweichende „Cenogenese". Da wir hier phyletische Begriffe aber noch nicht verwenden dürfen, andererseits aber dasjenige, mit dem wir es hier zu tun haben, logisch diesen Begriffen analog ist, wollen wir entsprechend von *Palintypose* und *Cenotypose* sprechen.

Betrachten wir den *ersten Fall: die vergleichende Anatomie gilt als Ganzes als Palintypose.* Alle Erscheinungen der Ontogenese, die dem System der vergleichenden Anatomie nicht entsprechen, die mit anderen Worten als selbständige, fertige Typen nicht existieren, sind dann Cenotyposen. Diese Auffassung ist stets von Gegenbaur (1876, 1888, 1889) in klarer Weise vertreten worden. Freilich müssen wir hier seine für die Phylogenie bestimmten Äußerungen ins rein Typologische übersetzen, was ohne Vergewaltigung möglich ist. „Wenn man zugeben muß, daß Palingenesis [Palintypose] und Cenogenesis [Cenotypose] miteinander durchmischt vorkommen, so ist es auch gewiß, daß die Ontogenie nicht als reine Quelle für die Phylogenie [Gesamttypologie[1])] gelten kann.

---

[1]) Wir wollen hier ja aus den beiden typologischen Teildisziplinen eine theoretisch einheitliche machen, d. h. die Kontingenz zwischen ihnen beseitigen. Das in [ . . . ] Klammern Beigefügte stammt von mir. A. M.

Dadurch wird die Ontogenie zu einem Gebiete, auf dem beim Suchen nach phylogenetischen [gesamttypologischen] Beziehungen eine rege Phantasie zwar ein gefährliches Spiel treiben kann, auf dem aber sichere Ergebnisse keineswegs überall zutage liegen . . . Wenn einmal zugestanden sein muß, daß nicht alles, was auf dem Wege der Entwicklung liegt, palingenetischer [palintypotischer] Natur ist, daß nicht jede ontogenetische Tatsache, man möchte sagen als bare Münze gelten kann, so ist zur Leistung jener Kritik [Sichtung der cenotypotischen von den palintypotischen Zuständen] auch kein Stück der Ontogenie unbedingt verwertbar. Daran wird nichts zu ändern sein. Jene Kritik muß also aus einer anderen Quelle entspringen" (1889, S. 5). Gegenbaur ist also der Meinung, daß, auf Typologie übertragen, nur die vergleichende Anatomie das einheitliche Gesamtsystem der Typologie liefern kann und daß alles Ontogenetische, was sich nicht auf vergleichende Anatomie abbilden läßt, als Cenotypose zu deuten und anders — entwicklungsphysiologisch und ökologisch — zu erklären ist. Die vergleichende Anatomie aber ist die unbedingt den Vorrang besitzende Führerin. An *ontogenetischen Cenotyposen* gebe es dann in der Hauptsache folgende:

1. Änderungen vergleichend anatomisch-typologischer Metamorphosen durch ihre Überführung in embryonale, vertikale Metamorphosen (embryonale Stadien).

2. Ausmerzung vergleichend anatomisch-typologischer Typen aus einer Ontogenese aus entwicklungsphysiologischen Gründen.

3. Embryonale Neuanpassungen, die vergleichend anatomisch-typologisch nie existiert haben.

4. Heterochronien, d. h. Änderungen in der zeitlichen Reihenfolge der ontogenetischen Metamorphosen gegenüber den vergleichend anatomisch-typologischen aus entwicklungsphysiologischen Gründen.

Ehe wir nun die entscheidende Frage beantworten, ob es möglich ist, die Cenotyposen so zu erledigen, daß vergleichende Anatomie und Ontogenie in der geschilderten Weise zu einer einheitlichen Gesamttypologie vereinigt werden können, wollen wir zuvor noch die andere Möglichkeit, Gesamttypologie zu erlangen, diskutieren, da ihre Erledigung dieselbe ist wie bei dem eben skizzierten Primat der vergleichend anatomischen Typologie.

Statt nämlich die Ontogenie auf die vergleichende Anatomie abzubilden, kann man auch wenigstens theoretisch das Umgekehrte tun. *Man kann das System der Ontogenesen rein als solches als die theoretische Grundlage der Gesamttypologie hypostasieren und dann alle Abweichungen des vergleichend anatomischen Systems davon als Cenotyposen deuten*

Vertreter dieser Anschauung ist vor allem NAEF, der — auch wieder natürlich ins Typologische übersetzt[1]) — sagt: „Die Zustände der Stufen, die der Embryo in seinen einzelnen Teilen durchläuft, sind aus der Stammesgeschichte [vergleichenden Anatomie] herübergenommen, in die sie um so weiter zurückweisen [um so primitiveren Formen des typologischen Organismensystems angehören], je früher sie in der Ontogenese auftreten, und in der sie in gleicher Folge auftreten, wie sie in der Stammesgeschichte [im natürlichen System] erschienen sind" (1919, S. 60; und ähnlich 1920, S. 11 usw.). NAEF will also die vergleichende Anatomie an der Ontogenie orientiert sehen, und man kann nicht leugnen, daß das in vielen Fällen mit großem Erfolg geschehen ist. Auch braucht man nicht zu befürchten, daß auf diese Weise alle obenerwähnten Cenotyposen — vom Standpunkt der vergleichenden Anatomie aus gesehen — nun plötzlich als normale Erscheinungen angesehen werden müßten. Das ist durchaus nicht der Fall. Vielmehr sorgt das Studium der gemischt-vertikalen Ontogenesen, das ja vergleichend embryologisch betrieben wird, schon dafür, daß im Rahmen der Ontogenie selbst die tollsten Cenotyposen eliminiert werden. Gleichwohl zeigt die tatsächliche Erfahrung, daß man noch niemals versucht hat, vergleichend anatomisch-typologische Cenotyposen zu ermitteln, daß die Bedenken GEGENBAURS im wesentlichen bestehen bleiben. In der vergleichenden Anatomie handelt es sich immer um selbständig, nicht nur embryonal existierende Formen; das ist ein Vorzug, den sie stets vor der Ontogenie voraus hat. Es würde geradezu unsinnig sein, ontogenetische Stadien, von denen man gar nicht weiß, ob überhaupt und in welcher Form sie selbständig existiert haben, gleichberechtigt den rezenten dem System der vergleichenden Anatomie einzuverleiben. *Man kann also wohl die Ontogenie auf die vergleichende Anatomie abbilden, auch die letztere gelegentlich durch die erstere korrigieren, aber man kann diese Logik der Dinge niemals radikal umkehren.* Es gibt eben keine vergleichend anatomischen Conotyposen!

Nun sind wir genügend vorbereitet, die Hauptfrage zu entscheiden, ob überhaupt Ontogenie und vergleichende Anatomie in ihren Systemen so aufeinander abgebildet werden können, daß die zwischen ihnen bestehende Kontingenz fortfällt. Das ist nun in der Tat nicht der Fall; denn die ontogenetischen Palintyposen sind nie derart, daß sie ohne weiteres die Lücken des vergleichend anatomischen Systems, in das natürlich alle Fossilien gehören, ohne daß damit schon Phylogenie betrieben werden müßte, ausfüllen können.

---

[1]) Vgl. Anm. 1 auf S. 215.

Nehmen wir einmal an, wir kennten alle organischen Formen, die je gelebt haben, dann würde das vergleichend anatomische System vollständig sein. Es hätte keine Lücke, es bestände jener kontinuierliche Übergang aller Formen ineinander, den DÖDERLEIN so ansprechend geschildert hat (1902). Nun nehmen wir weiter an, wir kennten auch alle Ontogenesen, die je existiert haben. Glaubt man wirklich im Ernste, daß man dann sagen könnte, dieses oder jenes ontogenetische Stadium sei identisch mit dieser oder jener fertigen, selbständigen Form? Das ist unmöglich! Ontogenetische Metamorphosen wiederholen niemals vergleichend anatomische. NAEF hat ganz recht, wenn er immer wieder sagt: „Die Ontogenese wiederholt stets nur sich selbst!" Von Identität zwischen ontogenetischen Stadien und fertigen Formen kann man also nicht reden, nur von Palintypie. Palintyposen lassen sich also nicht in das vergleichend anatomisch-typologische System der Organismen gleichberechtigt einordnen. *Somit bleibt die Kontingenz zwischen Ontogenie und vergleichender Anatomie, solange wir auf dem Boden der Typologie bleiben, notwendig bestehen.* Das ist auch erkenntnistheoretisch nicht anders möglich, denn logisch führt nie und nirgends ein Weg von idealen Metamorphosen zu realen. In der Logik der Phylogenie werden wir sehr bald erkennen, daß nur die phylogenetische Metamorphose imstande ist, beide typologischen Arten von Metamorphosen durch ihre höhere historisch-reale Synthese zwar nicht aufzuheben, wohl aber biotheoretisch entbehrlich zu machen. Es ist eben überall das Bestreben in der Naturwissenschaft, Ideales durch Reales zu ersetzen[1]).

### 6. Die Ideen.

Wie die diagnostische Systematik, so verhält sich auch unsere Typologie gänzlich neutral gegen die beiden großen, alle realwissenschaftliche Kausalität leitenden Ideen der Naturwissenschaft, die Idee des Naturalismus, die die Natur mathematisieren will, und die Idee des Historismus, die sie teleologisieren will. Die Typologie will ja nie und nirgends kausal erklären, sie kann ihrem Wesen nach nur vergleichend ordnen. Kausalität aber bedeutet demgegenüber stets ein logisches Mehr; und Naturalismus ebenso wie Historismus wollen kausal deuten.

Daß die Typologie von jeder Naturalisierungstendenz als von jeder Art von Mathematisierung frei ist, dafür haben wir in K. F. BUR-

---

[1]) Wenn dieses Reale dann umgekehrt selbst wieder „idealisiert" wird, so widerspricht das obigem Prinzip nicht. Zuerst muß es doch einmal in die reale Theoretik eingeführt werden.

DACH, einem bedeutenden Vertreter dieser Disziplin in ihrer klassischen Epoche, einen guten Kronzeugen. Er schreibt (1817, S. 43): „Hier kann also die Mathematik uns nicht leiten, sondern nur als Hilfsmittel benutzt werden. Denn sie hat es nur mit Quantitäten, mit Größen zu tun, welche ein Sein schon voraussetzen; ihr ist die Gestalt ein Gegebenes, dessen Größenverhältnisse sie berechnet. Das Berechnen aber ist immer etwas Untergeordnetes in der Erkenntnis, denn das Maß setzt immer ein Wesen und eine qualitative Verschiedenheit voraus, deren Erkenntnis unser eigentliches Ziel ist. Die Morphologie will auf dieser ihrer Höhe die Beziehung aller Gestalt zu ihrem Urquell auffassen, und den Sinn, der den Formen zugrunde liegt, aus höherer Anschauung ableitend, eine Symbolik der Natur geben." BURDACH erweist sich in diesen Sätzen als ein echtes Kind seiner Zeit, die durch die idealistische Philosophie SCHELLINGS, HEGELS und OKENS ihr Gepräge erhielt. Infolgedessen unterschätzt er auch den Wert und den Sinn der mathematischen Erkenntnis. Sie will ja gerade überflüssige Qualitäten beseitigen, indem sie sie in Quantitäten auflöst und so auseinander mathematisch ableitbar macht. Das ist eine geistige Leistung, die aller idealistischen Philosophie weit überlegen ist. Nach den letzten Sätzen BURDACHS könnte es so scheinen, als ob er die Morphologie als Typologie historisieren wollte. Allein seine Worte atmen nicht den echten historischen Geist, sondern gewissermaßen einen idealistisch entstellten. Es kommt ihm nicht darauf an, zunächst einmal den tatsächlichen Verlauf der Geschichte zu ermitteln, „festzustellen, wie es gewesen ist", sondern „symbolisch" zu deuten. Symbolik allein ist aber noch keine Kausalität, also auch noch keine historische Kausalität. Daß die *Typologie ebenso neutral gegen allen echten Historismus ist, wie gegen jeden Naturalismus*, geht klar und deutlich aus den Untersuchungen UNGERERS hervor, der im Hinblick auf unseren typologischen Typusbegriff (1922, S. 80) sagt: „Der Zweck findet gegenüber dieser Ganzheitsbeziehung der Teile gar keine Norm." Das Teleologieprinzip aber ist, wie wir wissen und in der Logik der Phylogenie deutlich erkennen werden, die spezifische Form, in der die Idee des Historismus in der Biologie figuriert.

Also noch einmal: Typologie ist gegen kausale Leitideen der Naturwissenschaft ebenso neutral wie systematische Diagnostik. Will man aber in der theoretischen Naturwissenschaft auch unkausale Ideen gelten lassen — vgl. SCHIPS 1919, S. 404 —, dann muß man alles als Idee bezeichnen, was nicht Empirisma ist, ein Verfahren, das offenbar mehr Verwirrung stiftet, als Klarheit bringt.

## 7. Theorie.

In theoretischer Hinsicht hingegen unterscheidet sich die Typologie erheblich von der diagnostischen Systematik. Während diese rein praktischen Zwecken dient, verfolgt die Typologie rein theoretische Ziele. Allerdings ist sie, wie wir gesehen haben, auch nicht Selbstzweck, vielmehr ist sie im Prinzip durch Physiologie und Phylogenie ersetzbar. Der letzte erkenntnistheoretische Grund dafür ist, daß sie sich mit rein idealen Bezugssystemen begnügt oder da, wo sie über reale verfügt, wie in der Ontogenie, diese jedenfalls nicht zu kausalen, sondern nur zu deskriptiven Zwecken benutzt. Auf diesem Mangel an Kausalität beruht letzten Endes ihre nur propädeutische Bedeutung. Kausalität gibt es nur in realen Bezugssystemen. *In dem aber, was man ohne Kausalität theoretisch leisten kann, hat die Typologie das Höchste vollbracht.* Sie hat eine der großartigsten Epochen der Biologiegeschichte geschaffen, die Periode der idealistischen Morphologie, die von LINNÉ über CUVIER, PETER CAMPER, GOETHE bis zu C. E. v. BAER und MILNE-EDWARDS reicht und in empirischer Sammlung und geistiger Durchdringung des gesammelten Materials ein Monument aere perennius geschaffen hat. Ihre Theorie ist das, was wir in der Einleitung dieses Buches *theoretische Deskription* genannt haben, deren Logik wir uns in den vorhergehenden Kapiteln bloßzulegen bemüht haben. Da es unsere historische Aufgabe ist, das System der kausalen Biologie zu schaffen, können wir nicht zur Typologie zurückkehren, so groß auch unsere Sehnsucht sein mag, aus der theoretischen Zerklüftung unserer heutigen Wissenschaft herauszukommen und uns der wundervollen geistigen Geschlossenheit der Typologie hinzugeben. Wir sind, wie gesagt, noch weit von gleicher logischer Größe entfernt, aber daß es einmal eine solche in unserer Wissenschaft in der Typologie gegeben hat, das mag uns den Mut und die Hoffnung geben, auf unserem Wege fortzufahren, so mühselig die Weiterreise auch vor sich gehen mag. Die modernen, letzten Endes auf den genialen R. BURCKHARDT zurückgehenden und in unseren Tagen besonders durch die UNGERERsche Richtung der DRIESCHschen Schule sowie durch NAEF vertretenen Versuche, einer Renaissance der Typologie die Wege zu bahnen, halten wir, so sympathisch uns solches Beginnen auch ist, im Grunde für verfehlt. Es ist schließlich doch nur die alte Verwechslung von Renaissance und Reaktion, an der unsere Zeit auf so vielen Gebieten des geistigen Lebens krankt.

*Die Typologie ist also in kausaler Hinsicht eine neutrale Wissenschaft.* Darin berührt sie sich wieder auf das innigste mit der Diagnostik und darauf beruht auch die Zusammenfassung beider zu dem System der reinen Morphologie. Gleichwohl werfen die beiden großen kausalen Theorienkomplexe der Biologie, Phylogenie und Physiologie, gewissermaßen ihre theoretischen Schatten zurück in das Gebiet der Typologie. Das kommt zum Ausdruck in der Ganzheitskategorie, die „alle Begriffe der Grundformenlehre" beherrscht (UNGERER 1922, S. 88). „Ganzheit", das Sublimat, zu dem sich DRIESCHs Entelechie allmählich verdichtet hat, ist identisch mit der „Gestalt" im Sinne von v. EHRENFELS. Wir sahen schon in der Lehre von den Empirismen der Typologie, daß alle Typen echte derartige Gestalten sind, d. h. daß sie nicht einfach Summen aus ihren Momenten sind, wie die typologischen Ontogenesen[1]) reine Summen aus ihren Stadientypen waren. Dieselben typischen Gestalten sind auf andere Momente transponierbar usw., aber nicht dieselben Ontogenesen auf andere Typen. Die Kategorie der Ganzheit beherrscht somit den Aufbau der Typologie von Grund auf. Daß auch logisch-summative Reihen vorkommen, ist hiergegen natürlich kein Einwand. Nun würde man aber einen sehr großen Fehler begehen, wollte man hieraus schließen, daß die Typologie eine kausale Disziplin ist. UNGERER freilich und auch DRIESCH selbst sprechen gewöhnlich von Ganzheitskausalität. Sie haben dann aber meist entwicklungs-physiologische Prozesse im Auge, obschon UNGERER auch in der Typologie manchmal, darin nicht sehr vorsichtig, von Ganzheitskausalität spricht. Das führt nur zu Verwechslungen. *Kausalität setzt stets reale Prozesse voraus, die wir hier nicht haben.* Ganzheit ist vielmehr wie Einheit, Vielheit, Allheit usw. nur eine Kategorie, aber nicht eo ipso auch eine kausale. Es gibt vielmehr *ideale, historisch-reale* und *physiologisch-reale Ganzheiten* in der Biologie. *Nur die beiden letzteren,* die in Phylogenie und Physiologie (WO. KÖHLER 1920; PÜTTER 1923) vorkommen, *sind Ganzheitskausalitäten. Typologische Ganzheit dagegen ist nur Kategorie, ist ideale Ganzheit.* So vollendet auch die Betrachtung der Theorie das Bild, das wir uns im vorstehenden von der Logik der Typologie machen konnten. Wir konnten hier die logische Schönheit einer geistigen Welt bewundern, die Hervorragendes in unserer Wissenschaft geleistet hat und noch auf lange hinaus leisten wird, deren Gestalten, heute noch herbstlich beleuchtet von den letzten Strahlen ihres sinkenden Sterns, doch schon leise wehende Schatten des Todes umhüllen. Beugen wir uns vor ihnen in Demut und stiller Verehrung.

---

[1]) Natürlich nur typologisch. Formphysiologisch sind auch die Ontogenesen Gestaltprozesse.

# Reine Morphologie als Ganzes.

### (Fortsetzung und Schluß von S. 103.)

Wir haben in der Logik der reinen Morphologie bisher die Definitions- und Einteilungsprobleme sowie die gesamte Logik ihrer Teilgebiete Systematik und Typologie erledigt. Unserer Disposition entsprechend haben wir daher nun auch von der *gesamten* reinen Morphologie noch die Abschnitte: Empirismen bis Theorie zu erledigen. Da wir aber diese Probleme in Systematik und Typologie bereits restlos durchgeführt haben, so kann ihre nun folgende abschließende Behandlung in der Hauptsache nur den Charakter einer vergleichenden Zusammenstellung der bisher gewonnenen Ergebnisse besitzen.

## 3. Empirismen der reinen Morphologie.

Als Empirisma der Systematik haben wir das *Taxon* kennengelernt und als dasjenige der Typologie den *Typus. Wie verhalten sich diese beiden Begriffe logisch zueinander?* Das ist hier allein noch die Frage.

Taxon war alles, was in jeder Hinsicht die gleiche Reaktion zeigte („Isoreagent" RAUNKIAERS), Typus hingegen alles, was dieselbe „Lagebeziehung der Teile" aufwies. Danach sind wohl alle Taxa auch identische Typen, hingegen niemals identische Typen auch gleiche Taxa. *Der Typusbegriff ist also der umfassendere.*

Ferner unterscheiden sich beide Begriffe dadurch wesentlich voneinander, daß das Taxon, eventuell als Subtaxon, sich stets auf reale Individuen bezieht, also ein Realbegriff ist, während der Typus im Prinzip eine rein ideale Konstruktion ist, die allerdings auch sehr oft in realen Individuen realisiert ist.

Gemeinsam ist beiden Begriffen jedoch, daß sie rein deskriptive Ziele verfolgen, das Taxon diagnostische Deskription, der Typus vergleichend theoretische. Irgendwelche kausale Absicht liegt ihnen durchaus fern. Sie sind in dieser Hinsicht neutral und später einmal durch kausale Begriffe ersetzbar.

## 4. Apriorismen der reinen Morphologie.

Als solche haben wir kennengelernt in der:

Diagnostik: 1. *Eklektik* (Übernahme des Systems der Phylogenie).

2. *Prinzip der diagnostischen Klassifikation.* (Wo Phylogenie versagt oder zu kompliziert ist, also meist unterhalb der Familien.)

Typologie:  3. Prinzip der *Homologie*.
            4. Prinzip der *Metamorphose*.
            5. Prinzip der *Systematisierung* der Reihen (Typologisches System der Organismen).

Die Übernahme phyletischer Apriorismen (des phyletischen Systems der Organismen) in die Diagnostik geht uns hier nichts an, da wir uns hier nur für rein morphologische Apriorismen interessieren. Wir haben an dieser Stelle also nur zu untersuchen, *in welchem Verhältnis das Prinzip der diagnostischen Deskription zu der typologischen, d. h. der theoretisch vergleichenden Deskription* — auf Grund der Ganzheitskategorie — *steht*, die, wie wir gesehen haben, in wundervoll einheitlicher Logik das gesamte System der Typologie beherrscht, als deren Sonderformen unsere drei typologischen Apriorismenarten erscheinen. *Der Unterschied zwischen beiden Arten der Deskription ist nur ein solcher der logischen Richtung, nicht des Wesens.* Sie unterscheiden sich genau so voneinander, wie die künstliche Einteilung von der natürlichen. Diagnostische Deskription wählt unter den Momenten der Deskription aus, und zwar so wenige wie möglich, nur so viele, als eben nötig sind, um den zu charakterisierenden Gegenstand von allen sonst in Frage kommenden hinreichend deutlich zu unterscheiden. Sie schafft also Diskretionen, qualitative „Quanten“, während die theoretisch vergleichende Deskription gar nicht genug Momente berücksichtigen kann. Statt zu sondern, zu diskretionieren, ist sie vielmehr bestrebt, fließende Übergänge zu schaffen, zu verbinden, weitgehendste Kontinuität herzustellen. Also nur in der Blickrichtung unterscheiden sich die diagnostischen von den typologischen Apriorismen, *Deskription treiben sie beide, einmal praktische, einmal theoretische.* Auch hier wieder können wir die Abwesenheit aller kausalen Tendenzen konstatieren.

Der Unterschied zwischen diesen beiden Arten der Deskription tritt besonders klar zutage, wenn wir ihre Tätigkeit auf dem Felde betrachten, das sie beide in ihrer spezifisch verschiedenen Art bearbeiten, nämlich die Systematik der ganzen Individuen. Denken wir uns die im LINNÉschen System der Blütenpflanzen aufgezählten Formen auf die ihnen entsprechenden Stellen eines natürlich typologischen Systems übertragen, dann haben wir zwei gute Beispiele für die Ergebnisse unserer beiden Arten der Deskription. Das LINNÉsche künstliche System ist ein Resultat diagnostischer Deskription, das aus denselben Individuen konstruierte natürliche System, die Folge typologischer (theoretisch-vergleichender) Deskription. Die eine will nur Ordnung schaffen, um die Objekte bequem bestimmen zu können, die andere hingegen will sie für die Zwecke kausaler

Theoretisierung übersichtlich zusammenstellen. *Je größer freilich die Formenkenntnis wird, desto mehr müssen natürlich die Resultate der diagnostischen Systematik mit denen der Typologie* resp. da, wo die Typologie schon durch Phylogenie ersetzt werden konnte — die Physiologie kommt für die Systematik als Apriorismenlieferant noch nicht in Frage —, mit den Ergebnissen der Phylogenie *übereinstimmen.* Infolgedessen sind die Unterschiede zwischen dem künstlichen und natürlichen System heute nicht mehr so groß wie in dem herangezogenen Beispiel. Heute liefert nach V. WETTSTEIN die Diagnostik nur noch dort eigene Konjekturen, wo entweder die Phylogenie noch versagt oder wo Typologie und Phylogenie für die praktische Bestimmung zu schwerfällig arbeiten.

## 5. Kontingenzen der reinen Morphologie.

In der diagnostischen Systematik gibt es, von der Empirismenkontingenz abgesehen, keine höheren Kontingenzen, da diese vollkommen untheoretische Disziplin natürlich auch keine eigentlichen Theorienkontingenzen haben kann. Nur die Taxa der Diagnostik sind als Empirismen kontingente Gebilde. Aber ihre Kontingenz kommt im System der Diagnostik selbst aus dem eben genannten Grunde nicht zu einem theoretischen Ausdruck. Man kann von der Diagnostik ebensogut sagen, es sei in ihr alles kontingent, wie daß in ihr nichts kontingent ist.

*Infolgedessen gibt es im Rahmen der reinen Morphologie nur eine einzige echte Kontingenz, nämlich die zwischen ontogenetisch-vertikalen Metamorphosen und den typologisch-vergleichend anatomischen und ontogenetisch-horizontalen Metamorphosen.* Der logische Schnitt geht hier also mitten durch die Embryologie selbst hindurch. Charakteristisch für die Typologie als Ganzes ist auch wieder, daß diese Kontingenz auf ihrem Boden nicht zum Ausgleich gebracht werden kann. Schuld daran ist natürlich immer wieder ihr kausal-neutraler logischer Habitus. Nur durch Kausalität, sei es historische, sei es physikalisch-physiologische, können Kontingenzen beseitigt werden.

## 6. Ideen der reinen Morphologie.

Hinsichtlich der beiden großen Leitideen der modernen Naturwissenschaft, der Ideen des *Naturalismus* und des *Historismus*, stimmen Diagnostik und Typologie in ihrem logischen Verhalten vollkommen überein. Sie sind frei von diesen Ideen, aber darum natürlich nicht ideenlos. Der Grund ist selbstverständlich wieder ihr kausalneutrales Verhalten. Naturalismus und Historismus aber waren gerade die in den Realwissenschaften wirksame Kausalität in stärkster Konzentration.

## 7. Die Theorie der reinen Morphologie.

In theoretischer Hinsicht unterscheiden sich beide Disziplinen dadurch voneinander, daß die *Diagnostik prinzipiell atheoretisch, rein praktisch* orientiert ist, während die *Typologie theoretische Ziele* verfolgt. *Darin jedoch, daß auch die typologische Theorienbildung nicht Selbstzweck, sondern nur Vorbereitung ist für die allein echt kausale Theorienbildung, liegt die logische Verwandtschaft von Diagnostik und Typologie auch in dieser Frage.* Es läuft eben alles immer wieder auf die Frage: Kausalität oder nicht? hinaus. Alle reine Morphologie aber ist ihrem Wesen nach unkausal. Der letzte Grund dafür liegt darin, daß die Morphologie immer nur Zustände beschreibt und diese ideal in Reihen zusammenstellt. Auch die vertikale Ontogenese ändert an dem zuständlichen Charakter der Typologie nichts. Sie fragt nicht nach der Kausalität organogenetischer Prozesse, sondern reiht nur ontogenetische Stadien als Zustände summativ aneinander. Sie ersetzt nur die ideale Folge von Zuständen durch eine realbestimmte. Aber Zustände sind es auch, die sie beschreibt. Alle Kausalität aber beruht, wie SCHLICK unlängst noch überzeugend dargetan hat, auf der Ersetzung bloßer Zustände durch Vorgänge, deren reales Ergebnis sie sind. Umwandlung von Typologie in Phylogenie bedeutet also Ersetzung von Zuständen, idealen oder realen, durch Prozesse, aus denen sie realkausal entspringen. Alles nur Zuständliche ist vergänglich, ist nur Vorbereitung für das Vorgängliche. Nach dieser Devise handelt die moderne Naturwissenschaft. Und allein deshalb ist reine Morphologie heute noch das, was „noch nicht Physiologie" und, wie wir hinzufügen müssen, noch nicht Phylogenie ist.

Die höchste logische Kategorie, deren sich die Typologie zu ihrer theoretischen Deskription bedienen kann, ist die Kategorie der Ganzheit — DRIESCH — oder, wie v. EHRENFELS schon 1890 sagte, der „Gestalt". Es gibt zwar auch Gestalt- oder Ganzheitskausalität — und sie spielt in der Biologie sowohl in der Phylogenie wie in der Physiologie (KÖHLER 1920; Ad. MEYER 1923) eine große Rolle —, in der Typologie jedoch kommt die Kategorie der Ganzheit in autonomer Reinheit frei von der Verbindung mit ihrer kausalen Schwesterkategorie zur Verwendung. Die Verwendung der Ganzheitsbetrachtung als solcher macht die reine Morphologie also noch keineswegs zu einer kausalen Disziplin, wie uns DRIESCHs und UNGERERs Rede von der „Ganzheitskausalität" nicht selten stillschweigend suggerieren will. Ganzheit und Kausalität sind also zwei Kategorien, die autonom nebeneinander stehen, wenn sie auch jede mögliche Verbindung miteinander eingehen können. Nur Kausalität liefert echte, dauernde Theorien, Ganzheit dagegen rein für sich nur propädeutische Theoretik.

# Logik der Phylogenie.

## 1. Definitionsprobleme.

Die Phylogenie ist unter den biologischen Disziplinen heute diejenige, deren logischer Charakter am heftigsten umstritten ist. Der Enthusiasmus, mit dem sie von HAECKEL begründet und den großen Biologen der DARWINschen Aera in ihren Hauptzügen systematisch ausgebaut wurde, wich schon in der nächsten Forschergeneration einer tiefen, ernüchternden Skepsis, einem Mißtrauen, das noch weit in unsere Tage hinein wirksam ist, und von dem sie sich immer noch nicht wieder erholen zu können scheint. Jedenfalls wird man Mühe haben, seit Beginn unseres Jahrhunderts eine phyletische Großtat zu nennen, die ebenbürtig den Leistungen HAECKELs, FR. MÜLLERs, HAACKES, WEISMANNS, v. WETTSTEINS, GEGENBAURS, LANGS, COPES, FÜRBRINGERS, BOULENGERS, OSBORNs und wie die geistvollen Forscher jener an originellen Gestalten so reichen Epoche der Biologie sonst noch heißen, an die Seite gestellt werden könnte. Diese Forschergeneration lebte mit HAECKEL in der Überzeugung: „Die synthetische, genealogische Systematik der Zukunft wird mehr als alles andere dazu beitragen, die verschiedenen isolierten Zweige der Zoologie in einem natürlichen Mittelpunkte in der wahren Naturgeschichte zu sammeln und zu einer umfassenden geschichtlichen Gesamtwissenschaft vom Tierleben zu vereinigen" (1902², S. 11). Wie hat sich die Stimmung seitdem geändert! GÖBEL schrieb (1905, S. 82): „Die Bedeutung phylogenetischer Fragestellung soll nicht geleugnet werden, aber die Resultate, welche sie gezeitigt hat, glichen doch vielfach mehr den Produkten dichterisch schaffender Phantasie als denen, z. B. mit sicheren Beweisen arbeitender Forschung." Am schärfsten aber ist DRIESCH mit der überscharfen kritischen Sonde seiner Logik und Theoretik der Phylogenie zu Leibe gegangen; er meinte (1904, S. 17): „Das Historische wird sich wahrer biologischer Systematik vielleicht einst als nebensächlicher Anhang angliedern." Radikaler läßt sich wohl kaum über die Phylogenie und ihren Wert aburteilen. Allein man wird DRIESCH die Strenge, die man gegen überwundene Irrtümer zu haben pflegt, zugute halten müssen; im übrigen wird man aber TROELTSCH beipflichten müssen, der unlängst (1922) den Mangel an Verständnis, den DRIESCH allem Historischen gegenüber, in welcher Form es sich immer zeigt, bekundet, des öfteren aufgedeckt hat. Zudem wird der Verlauf dieser Untersuchung sehr bald die Unhaltbarkeit der Auffassung Drieschs beweisen. Die Organismen sind nun einmal nach Boveri (1906), dem man doch gewiß nicht Voreingenommenheit für die Phylogenie nachsagen kann, „historische Wesen"; und nicht zum wenigsten der gänzliche Mangel an Verständnis für das, was damit gesagt ist, hat die moderne, rein entwicklungsmechanisch — aufklärerisch würde der Philosophiehistoriker sagen — eingestellte Forschung in die Sackgasse gebracht, in der sie zur Zeit theoretisch festzusitzen scheint. Nicht zuletzt wird die Überwindung dieser Stagnation in der modernen Formphysiologie von einem erneuten, kritisch vertieften Studium der historischen Probleme, die die Organismen bieten, abhängen. Eine ganze Menge formphysiologischer Experimente wäre gar nicht angestellt worden resp. ganz anders und richtiger gedeutet worden, wenn ihre Autoren gelernt hätten, ihre Objekte mit historisch-kritisch geschärften phyletischen Augen zu betrachten. So gehen wir, wenn wir die Zeichen der Zeit richtig deuten, einer neuen Epoche phyletischer Forschung in der Biologie entgegen, die auch in der Physiologie neues Licht verbreiten wird. Der ganze Streit um Evolution und Epigenese, um Unsterblichkeit oder Sterblichkeit der Protisten, um die Vererbung oder Nichtvererbung erworbener Eigenschaften, um Mechanismus oder Vitalismus wäre niemals in solcher Schärfe zum doch so fruchtlosen Austrag gekommen, wenn die Forscher weniger rationalistisch und mehr historisch zu denken sich gewöhnt hätten. Denn alle diese „Standpunkte" sind ja viel zu grobe Rationalismen, als daß sie fähig wären, das feine, verborgene, historische Wesen der Organismen auch nur obenhin zu belauschen.

Aber was ist nun Phylogenie und was kann sie leisten? *Phylogenie ist nicht mehr und nicht weniger als Geschichte der Organismen.* Diese Definition ist die einfachste und richtigste, die man in der Biologie überhaupt geben kann. Gleichwohl ist man noch weit davon entfernt, die Konsequenzen dieses Satzes zu Ende gedacht zu haben. Die Phylogenie wird dadurch logisch den sog. historischen Wissenschaften zugesellt und ihren Prinzipien unterstellt. Was das bedeutet, ist den wenigsten Biologen bis heute klar geworden. Das kann kein Vorwurf sein, sind doch die Biologen als Naturforscher in der Regel unhistorisch eingestellt. Das zeigen deutlich die sog. Deszendenztheorien. Die Deszendenztheorie soll die theoretische Grundlage der Phylogenie abgeben. Aber was davon vorliegt, ist, soweit es wertvoll ist, viel mehr Physiologie, viel mehr Theorie der Formbildung als Theorie der Formgeschichte. Kein Wunder, wenn man heute, wo der Blick für die überaus komplexe Natur der organischen Prozesse gegen früher erheblich feiner geworden ist, mit diesen

Theorien in der Entwicklungsmechanik und Vererbungslehre nicht mehr anfangen kann als in der Phylogenie. Nur läßt man leider diese entgelten, was jene verdorben hat. Nur R. Burckhardt, der feinsinnige Humanist unter den Biologen und geistvolle Historiker der Zoologie, hat immer wieder auf den historischen Charakter der Phylogenie hingewiesen und vor einer Überschätzung der physiologischen Probleme den phylogenetischen gegenüber gewarnt. „Die andere Frage ist die nach der Herkunft, nach der Geschichte eines durch Anatomie gewonnenen Organisationsverhältnisses, nach seiner Genese, und zwar können wir uns nicht mehr vergegenwärtigen, daß irgendein Organismus oder einer seiner Teile vorhanden sei, ohne eine lange Geschichte hinter sich zu haben. Ja, es gibt auch keine Funktion, die sich nicht diesem Gesichtspunkte unterstellen ließe . . . Deshalb ist die Ansicht, daß die Physiologie wegen der experimentellen Methode logisch wertvoller, exakter, wissenschaftlicher sei als die Phylogenie, eine Überschätzung, die nur geschichtlich zu begreifen ist" (1903, S. 398/99). Vom autonomen logischen Charakter der Phylogenie werden wir uns am ehesten ein klares Bild machen, wenn wir nunmehr die Beziehungen zwischen der Phylogenie und den übrigen biologischen Disziplinen klarzustellen versuchen, ehe wir daran gehen, die ihr immanente Logik selber aufzudecken.

Betrachten wir zunächst das *Verhältnis von Phylogenie und Physiologie,* das wir in früheren Darlegungen ja schon wiederholt mehr oder weniger eingehend berühren mußten. Äußerlich tritt ein Hauptunterschied zwischen den genannten Disziplinen deutlich hervor: *die Physiologie experimentiert, die Phylogenie deutet Urkunden.* Allein das ist nur ein äußeres Merkmal zur Unterscheidung beider Disziplinen; sein Sinn liegt tiefer, und ihn suchen wir gerade. Vorweg mag noch bemerkt werden, daß für den Vergleich zwischen Physiologie und Phylogenie auf physiologischer Seite lediglich die Formphysiologie berücksichtigt zu werden braucht, da die Funktionen eben an Organe gebunden sind und infolgedessen die für das Verhältnis ihrer physiologischen Entstehung zu ihrer phyletischen Entstehung erhaltenen Ergebnisse auch auf ihre Funktionen übertragbar sind. *Die Geschichte der Organe ist auch die Geschichte ihrer Funktionen,* denn Funktionsänderungen sind ohne Organänderungen ja nicht denkbar. Nachdem wir so das Terrain unserer logischen Untersuchung sondiert haben, können wir die logischen Beziehungen zwischen unseren Wissenschaften auf zwei kontradiktorische Sätze bringen, die gesondert geprüft werden müssen, nämlich:

1. *Die Physiologie ist der Phylogenie prinzipiell übergeordnet* und imstande, sie theoretisch zu ersetzen und umgekehrt.

*2. Die Phylogenie hat denselben logischen Rang wie die Physiologie.*
Beide Wissenschaften sind einander also logisch koordiniert und nicht
subordiniert.

Die dritte Möglichkeit, beide Disziplinen aus einer ihnen übergeordneten dritten Disziplin logisch abzuleiten, fällt weg, da von
einer solchen Wissenschaft bisher noch nicht das geringste hat wahr-
genommen werden können und die Wahrscheinlichkeit ihres Auf-
tretens auch aus logischen Gründen über den Gegensatz von Historie
und Mathematik sehr gering zu veranschlagen ist.

Die *erstgenannte These* ist, wie wir wissen, mit deutlichen Worten
von DRIESCH vertreten worden. Dieselbe Meinung ist auch später
von TSCHULOK (1910, S. 207—208) geäußert worden. Unsere These
setzt voraus, daß die Faktoren, die heute Bildung und Umbildung
organischer Formen bewirken, in der Vergangenheit in gleicher oder
doch aus einer aus der heutigen Wirkungsweise theoretisch ableit-
baren Art wirksam gewesen sind, ferner, daß eine organische Form
immer nur auf eine eindeutige Weise aus einer oder mehreren anderen
ceteris paribus natürlich entstehen kann. NAEF bemerkt sehr richtig:
„Die Aufgabe einer so eingestellten Methodik wäre dann gewesen, zu
zeigen, in welcher Weise aus den vorliegenden Tatsachen direkt auf
die historischen Vorzustände geschlossen werden kann. . . ., es war
die Frage, ob mit den Mitteln der Naturwissenschaft sich feststellen
ließ, daß ein bestimmter Weg der Entwicklung der einzig mögliche
oder wahrscheinliche sei, während andere sich ausschließen ließen“
(1919, S. 52). Diese Fragen stellen, heißt allen Mut in ihre Lösbarkeit
verlieren. Wenn schon die moderne Physik in Fragen der Atomistik
drauf und dran ist, das solange vergötterte Prinzip der unbedingt
eindeutigen Kausalität aufzugeben, wie soll dann die Physiologie,
gegen deren komplexe Objekte molekulare und atomare Systeme doch
als Muster an Einfachheit und Durchsichtigkeit bezeichnet werden
müssen, jemals hoffen dürfen, in Fragen einer bestimmten Formbildung zu mehr als nur sehr regelhaft, d. h. mit mehr als einer Möglichkeit geltenden, sehr angenähert rohen Gesetzen zu gelangen?
Ferner hat LEHMANN in seiner Polemik gegen LOTSY überzeugend
dargetan, daß dasselbe Isogenon durch Kreuzung isogenetisch verschiedener Eltern entstehen kann, und umgekehrt hat RAUNKIAER
gezeigt, daß zwei oder mehr isogenetisch verschiedene Individuen
als gleiche Taxa — „Isoreagenten“ — erscheinen können. Woher
will man bei dieser Lage der Dinge noch den Mut nehmen zu behaupten, daß eine bestimmte organische Form, die wir heute im
Experiment darstellen, in der Vergangenheit phylogenetisch auf die
gleiche Weise entstanden ist? Physiologische Experimente beweisen

eben in der Phylogenie gar nichts. Ceteris paribus ist die Zahl der physiologischen Möglichkeiten viel zu groß. Auch die moderne Serodiagnostik ist nur mit großer Vorsicht, nur zur Nachprobe schon rein phylogenetisch gewonnener Ergebnisse und auch dann nur mit vielem Vorbehalt zu gebrauchen. Denn Serodiagnostik beweist in erster Linie nur chemische, nicht phyletische Verwandtschaft; und wie Berthold sehr richtig bemerkt, können phyletisch nicht verwandte Formen physiologisch sehr nahe miteinander verwandt sein (1904, S. 2—3). Aus alledem folgt, „daß die Artbildung auf verschiedenem Wege erfolgen kann" (v. Wettstein 1898, S. 29). *Physiologie kann nie über Phylogenie entscheiden, sondern nur mit großer Vorsicht Phylogenie erraten.* "It was said a good many years ago that the future lies with experimental morphology. But those who take this hopeful view appear to forget that present-day experiment cannot possibly reconstruct history, for it is impossible to re-arrange all the conditions as they were in a previous evolutionary period; and even then, are we sure, that the subjects of experiment are really the same as the were them? Moreover, those subjects must always react under the limitations of their present-day hereditary character. Hence is highly improbable that any modern reaction under experiment can be the exact reaction of a former age. The results may be suggestive, but it must always be a question how far they throw real light upon earlier events" (Bower 1923/24, S. 5). Das Höchste, was man mit Physiologie in phylogenetischen Fragen erreichen kann, hat Ernst (1922, S. 76) in folgenden Worten zum Ausdruck gebracht: „Dagegen gehen die Ansichten über die in der Vergangenheit wirksam gewesenen Faktoren der Entwicklung weit auseinander. Ihre nachträgliche Feststellung ist wohl ausgeschlossen, eine gewisse Klärung der Ansichten dagegen vom Studium der Faktoren und Bedingungen der Formen-Neubildung in der Gegenwart zu erwarten." Klärung phylogenetischer Probleme, die endgültig nur mit rein phylogenetischen Methoden, die wir noch kennenlernen werden, gelöst werden können, ist alles, was Physiologie hier bestenfalls leisten kann. Mit dem Drieschschen Primat der Physiologie über Phylogenie ist es also nichts, wie steht es nun mit der umgekehrten Behauptung?

*Ohne Frage kann die Phylogenie der Physiologie große Dienste leisten, aber auch eben nur Dienste.* Irgendwelche Entscheidungen kann sie auf physiologischem Gebiet so wenig fällen, wie die Physiologie auf phylogenetischem. Boveri macht in seiner wundervollen Rektoratsrede von 1906 darauf aufmerksam, daß überaus komplizierte Formbildungsvorgänge dadurch physiologisch vereinfacht werden können, daß man nicht sie selbst physiologisch erforscht, sondern ihre primitiven Vorstufen bei einfacheren Organismen, von denen die Träger jener komplizierten Organe sich phylogenetisch ableiten. Ähnliches kommt auch in dem zum Ausdruck, was KLEBS (1903) „die inneren Bedingungen“ der Formbildung nennt. Diese enthalten eben auch das „historische Wesen“ des Organismus. Ihre phyletische Analyse kann daher auch vorsichtige Anhaltspunkte für die entwicklungsphysiologische bieten. Auf diesen Voraussetzungen ruhen auch die schönen Untersuchungen, die BRAUS seit seiner mehrfach genannten Programmschrift (1906) auf dem Gebiete der experimentellen Embryologie durchgeführt hat, die aber im ganzen viel mehr formphysiologische Interessen gefördert, als zur Deutung phylogenetischer Vorgänge beigetragen haben. Man muß sich den scharfen Unterschied zwischen phyletischer und physiologischer Entstehung immer wieder vor Augen halten, um keinen theoretischen Zielen nachzustreben, die sich doch nicht erfüllen können. Phylogenie deutet wie alle Historie Urkunden, macht aber keine Experimente. Wie vorsichtig man daher in der Wertung phylogenetischer Ergebnisse zur Entscheidung physiologischer Fragen sein muß, geht am besten aus folgenden Worten BERTHOLDS (1904, S. 2—3) hervor, die wir rückhaltlos unterschreiben: „Die vergleichende Morphologie zeigt, daß eine Anzahl äußerlich oft sehr verschiedene Organe und Bildungen als Abwandlungen eines typischen Grundorgans zu betrachten, daß sie historisch aus diesem letzteren hervorgegangen sind. Für die physiologische Betrachtungsweise ist diese geschichtliche Tatsache aber im ganzen von mehr nebensächlicher, untergeordneter Bedeutung, denn ihr Problem ist die Feststellung der ursächlichen Faktoren, durch deren Zusammenwirken solche Umwandlungsprozesse gegenwärtig zustande kommen. Der ganze Verlauf der augenblicklich vorhandenen Entwicklungsprozesse ist dabei naturgemäß von hoher Bedeutung, und zweifelsohne steht auch vom Standpunkt der physiologischen Betrachtungsweise aus ein, wenn auch noch so stark metamorphosiertes Blattorgan in gewisser Weise anderen Blattorganen näher als etwa Stengel- oder Wurzelgebilde. Es ist aber andererseits sehr wohl möglich, daß auf den Endstadien metamorpher Entwicklung derartige Blatt-, Stengel- oder Wurzelorgane sich so nahe treten können, daß sie physiologisch unter sich näher verwandt sind als mit den typischen Organen, von denen sie geschichtlich abstammen. Manche Phyllocladien dürften dafür wohl gute Beispiele abgeben.“ Hier ist mit einer in der biologischen Literatur seltenen Klarheit ausgesprochen, *daß physiologische und phylogenetische Verwandtschaft grundverschiedene Dinge sind.* Im einen Fall handelt es sich um Affinitäten im chemischen Sinne, im anderen um genealogische Beziehungen. Beide können weitgehend parallel gehen und tun es auch, brauchen es aber nicht. Infolgedessen sind phyletische Ergebnisse nur mit allen Kautelen physiologisch verwertbar. Zwischen beiden Disziplinen walten nur mehr oder weniger tiefgehende Analogien. Das ist im Grunde auch nicht verwunderlich, da sie, wie wir besonders im Abschnitt von den Ideen erkennen werden, grundverschiedene Ziele verfolgen. *Physiologie will* die *Gesetze* organischer Wirkungsweisen ermitteln, *Phylogenie dagegen* diese und die von ihnen hervorgebrachten Zustände *ihrem Sinne nach deuten.* Denn Phylogenie ist Historie und Historie ist Deutung von Sinn und Wert der Dinge und Ereignisse. Das ist in allen historischen Wissenschaften dasselbe. Wenn O. HERTWIG (1906) und SPEMANN (1915) der Phylogenie unterstellen, sie wolle die Gesetze organischer Formbildung erkennen, so ist das falsch und nur ein Ausfluß für die in der Literatur unablässig wiederholte Verwechslung von Phylogenie und Entwicklungsphysiologie.

Soviel über die Beziehungen von Physiologie und Phylogenie. Der letzteren *Verhältnis zur Typologie* haben wir in den Definitionsproblemen dieser Disziplin ausgiebig erörtert. Hier muß ein einfacher Hinweis auf das dortige Ergebnis genügen. Wir hatten festgestellt, daß es eine Reihe zweifellos phylogenetischer Probleme gibt, die mit den Mitteln der Typologie nicht angreifbar sind und daß auch sonst die Typologie nur Propädeutik für Phylogenie und Physiologie ist. Wo diese Wissenschaften ihre Arbeit getan haben, ist jede besondere typologische Lösung — diagnostisch-praktische Ziele ausgenommen — theoretisch vollkommen entbehrlich.

Über das Verhältnis zwischen *Phylogenie und Systematik* gilt im allgemeinen dasselbe. Hier kommen besonders die Beziehungen zwischen dem phylogenetischen und dem diagnostischen System der Organismen in Frage. Nach der landläufigen Auffassung erschöpft sich ja Phylogenie geradezu in einer Reform des Organismensystems. Und doch sind phyletisches und diagnostisches System, wie wir im Apriorismenabschnitt noch genauer sehen werden, logisch grundverschiedene Dinge, die immer nebeneinander bestehen werden — die Diagnostik ist aus praktischen Gründen auch bei Vollendung der Phylogenie unentbehrlich —, aber darüber hinaus ist Phylogenie erheblich mehr als phyletische Systematik. Die letztere ist nur ein Teil des Lehrgebäudes der ganzen Phylogenie, wenn auch ein hervorragend wichtiger. PLATE (1914) hat ganz recht, wenn er meint, daß die Phylogenie in das Organismensystem ein ,,kausales Moment'' hineinbringe. Aber nicht ein physiologisch-kausales, sondern ein historisch-kausales. Wie tief Phylogenie und Diagnostik logisch verschieden sind, haben wir früher bei Erörterung der Artbegriffe — Phylon, Taxon — gesehen. Hier genügt wieder die Feststellung, daß das phyletische System der Organismen das taxonomische theoretisch entbehrlich macht, wenn auch nicht praktisch.

Dann wird *Phylogenie* nicht selten einfach mit *Paläontologie* identifiziert. Namentlich HAECKEL hat dieser Ansicht nicht geringen Vorschub geleistet. In Wahrheit ist Paläontologie allen biologischen Problemstellungen prinzipiell zugänglich. Nur läßt die Beschaffenheit ihrer Objekte physiologische Fragestellungen nur in geringem Maße zu. Sie wird daher vorwiegend unter typologischen und phylogenetischen Gesichtspunkten studiert. In besonders innigem Verhältnis steht sie zu unserer Phylogenie. Denn sie liefert ihr die einzigen direkten Beweise, über die sie verfügt. Man denke nur wieder an die mehrfach von uns erwähnten Steinheimer Planorbisfunde HILGENDORFs (1866) und an die analogen Ergebnisse der NEUMAYRs (1875). Wo in geologisch aufeinander folgenden Schichten Fossilienformenkontinuität besteht, da haben wir die so überaus seltenen direkten phylogenetischen Urkunden. Insofern steht die Paläontologie der Phylogenie besonders nahe. Ihrer Idee nach ist sie aber nicht nur Phylogenie, sondern ebenso universal wie alle andere Biologie auch. HAECKEL wird daher der Paläontologie nicht gerecht, wenn er in ihr nur ,,den empirischen, unmittelbar durch die Versteinerungskunde gegebenen Teil der Phylogenie'' sieht (1866, II, S. 307). *Paläontologie ist also weder mit der gesamten Phylogenie* (HAECKEL 1866, I, S. 30, Tabelle), *noch mit einem ihrer Teile identisch, so wenig wie Ornithologie oder Protozoologie dies sind.*

Auch *Ökologie* und *Biogeographie* stehen in den intimsten Beziehungen zur *Phylogenie.* Namentlich die Biogeographie ist ohne die Geschichte der Organismen, die ja zugleich die Geschichte ihrer Verbreitung ist, gar nicht zu verstehen. Infolgedessen konnte v. WETTSTEIN diese engen Beziehungen auch benutzen, um da phylogenetisch tiefer zu sehen, wo die Phylogenie sonst gewöhnlich versagt, in der phylogenetischen Klassifikation der Arten und Subspezies nämlich. Er kam so zu dem Ergebnis, ,,daß in fast jeder Gattung nicht wenige Sippen existieren, welche strenge gegenseitige Vertretung in benachbarten Gebieten mit großer morphologischer Ähnlichkeit verbinden, daher große Verwandtschaft mutmaßen lassen, daß ferner stets unter gleichen äußeren Standortsbedingungen in demselben Gebiete vorkommende Sippen auch morphologisch sich als weniger verwandt erweisen'' (1898, S. 34). Die Biogeographie ist so sehr in der Deutung ihrer Ergebnisse von der Phylogenie abhängig, daß man sie geradezu als einen integrierenden Teil der Phylogenie ansehen könnte, wenn in ihr nicht auch zugleich ökologische Theorien eine Rolle spielten. Ökologismen sind nun zwar auch nicht ohne Phylogenie verständlich; denn wenn sie auch form- und funktionsphysiologisch vollkommen erforscht sind, können sie doch erst durch echte Teleologisierung vollkommen verstanden werden. Teleologisierung ist aber Historisierung, ist Sinnesdeutung. *So haben wir in der Ökologie, die natürlich auch eminent physiologisch bearbeitet werden muß, und in der Biogeographie zwei Beispiele für jenen Typus biologischer Wissenschaften kennengelernt, die logisch aus physiologischen und phylogenetischen Theorien und Prinzipien gemischt sind: die Ökologie direkt aus diesen beiden* — die Physiologie erforscht Zustandekommen und Funktionieren der Ökologismen, z. B. den Mechanismus der Pflanzengallen, die Phylogenie deutet ihren Sinn und Wert, teleologisiert sie —, *die Biogeographie direkt aus Phylogenie und indirekt aus Physiologie, nämlich auf dem Umwege über die Ökologie.* So sind Biogeographie und Ökologie logisch von der Phylogenie abhängig und können andererseits zu indirekten phylogenetischen Beweisen herangezogen werden. Diese aus Physiologie und Phylogenie theoretisch gemischten Disziplinen haben aber nicht, wie die Typologie, auch ohne die genannten Disziplinen irgendein selbständiges, wenn auch nur provisorisches theoretisches Gewand. Sie gehören ja zu den Fragenkomplexen, die die Typologie allein nicht angreifen kann (PLATE 1914), die daher erst erfolgreich nach Begründung der Phylogenie in Angriff genommen werden können.

Auch zur *Psychologie* hat die *Phylogenie* bedeutende Beziehungen. Freilich ist auch das nicht so zu verstehen, als ob psychologische Prinzipien zur Deutung phylogenetischer Probleme herangezogen werden dürfen, etwa so, wie E. BECHER (1917) das mit der „fremddienlichen Zweckmäßigkeit der Pflanzengallen" versucht hat. Vielmehr ist auch hier das Verhältnis umgekehrt. Die *Phylogenie hat den logischen Primat,* was natürlich auch wieder nicht gewisse Probleme und Anregungen, die an die Phylogenie von der Psychologie herankommen, ausschließt. Im allgemeinen aber gilt hier dasselbe wie von der Phylogenie der physiologischen Funktionen. Die Phylogenie ist in der Hauptsache Geschichte der Organe und ihrer formalen Momente. *Soweit mit gewissen Organen psychische Funktionen verbunden sind, ist sie auch die Geschichte dieser Funktionen,* aber nur so weit, als deren organelle Bindung reicht. Alle darüber hinausgehende autonome Psychologie gehört nicht mehr zur Phylogenie. Wohl kann auch hier noch eine ideelle Verbindung über die der

Phylogenie zugrunde liegende historische Idee der Teleologisierung hergestellt werden, diese aber liegt dann außerhalb der Kontingenz phylogenetischer Theorien, gehört also nicht mehr in den logischen Rahmen der Phylogenie.

*Damit ist die logische Autonomie der Phylogenie allen anderen biologischen Disziplinen gegenüber erwiesen.* Sie ist Historie und durch und durch von Historismus erfüllt. Dacqué hat diesen Unterschied der Phylogenie von aller Physiologie auch sehr fein herausgefühlt, wenn er sie (1921, S. 3) der „diskursiv-analytischen" Ursachenforschung als von symbolischer Kausalität beherrscht gegenüberstellt. „Entwicklung, Anpassung, Zweckmäßigkeit, Stammbaum sind vor allem solche Symbole, welche es uns ermöglichen sollen, das in seinem zeit- und raumlosen Wesen dem verstandesmäßigen Denken unzugängliche, schöpferisch-organische Werden und Sein in die Sphäre kausaler Anschauungsform hereinzunehmen, als deren Gegenstand die konkreten Objekte, die Formen, erscheinen." Symbolische Kausalität ist aber nur ein anderer Ausdruck für historische Kausalität, die in der Phylogenie unter der echten Teleologie wirksam ist. Phylogenie ist Geschichte der Organismen im Sinne der historischen Wissenschaften.

## 2. Einteilungsprobleme.

Wenn die Phylogenie eine historische Wissenschaft ist, dann muß das auch in ihrer logischen Struktur zum Ausdruck kommen, insbesondere also auch in ihrer Einteilung. Troeltsch (1922) hat in seiner letzten epochemachenden Darstellung der modernen Geschichtsphilosophie drei Probleme herausgearbeitet, die aller historischen Logik zugrunde liegen; nämlich:

1. das Problem der *Individualisierung,*
2. das Problem der *Periodisierung,* und
3. das Problem der „*Maßstäbe* zur Beurteilung historischer Dinge".

Das Problem der *Individualisierung* versucht die historischen Tatsachen quellenkritisch zu ermitteln, von unhistorischem Beiwerk zu reinigen und richtig zu charakterisieren.

Im Problem der *Periodisierung* werden dann diese Tatsachen nach dem Verlauf der Geschichte geordnet.

Und im Problem der *Maßstäbe* endlich werden die in den beiden früheren Problemen ermittelten historischen Abläufe nach ihrer Wichtigkeit geordnet und gedeutet.

Das alles klingt sehr einfach, ist aber wie jeder weiß, der einmal historische Forschung kennengelernt hat, unendlich schwer. Das

Rankesche „Feststellen, wie es gewesen ist" ist eben nicht so einfach, wie Kant, in dessen System alles Historische bekanntlich sehr schlecht wegkommt, meint, wenn er sagt: „Ginge man demnach den Zustand der Natur in der Art durch, daß man bemerkte, welche Veränderung sie durch alle Zeiten erlitten habe, so würde dieses Verfahren eine eigentliche Naturgeschichte geben" (Ausgabe von Hartenstein, Bd. 3, S. 155). Damit hat Kant zwar das Problem der Geschichte sehr genau bezeichnet, ihre Problematik aber nicht erkannt; denn sie fängt nach dieser Fragestellung überhaupt erst an. Bloße Chronik ist eben noch keine Geschichte. Sowenig man das System der Physik durch eine lexikalische Anordnung der physikalischen Daten aufbauen kann, sowenig ist Geschichte mit einem chronologisch geordneten Haufen historischer Tatsachen identisch. Es gilt vielmehr, diese Tatsachen nach ihrem immanenten Sinn zu deuten, die Spreu von dem Weizen zu sondern. Das ist Historik, Theorie der Geschichte.

Was ist von alledem in der Phylogenie zu finden? Gibt es hier eine echt historische Einteilung ihrer Probleme? Wenn man sich an das phyletische System der Organismen hält, in dessen Ausbau sich nahezu alle Phylogenie als Wissenschaft bisher erschöpft hat, dann möchte man an dem historischen Charakter der Phylogenie Zweifel hegen. Solange Phylogenie nichts ist als Systematik, Klassifikation, wenn auch auf historischer Basis, solange erhebt sie sich nicht wesentlich über bloße Chronologie. Phyletische Systematik sagt mir nur, welche Organismen zuerst auf der Erde erschienen, welche ausgestorben sind, von welchen Vorfahren die heute lebenden Organismen abstammen usw. Das aber ist nur Genealogie, keine Historie. In genealogischen Ketten ist jeder Organismus nur ein einzelnes, blindes Glied. Niemand weiß, weshalb es da ist, von wannen es gekommen ist und wohin es geht. Historie aber will mehr! Historie will den Sinn solchen Geschehens erfassen, will wissen, weshalb ein bestimmter Organismus auftreten mußte, worin die historische Aufgabe besteht, die er und nur er allein zu erfüllen hatte. *Kein Phylon darf nur Durchgang sein, nur Schwellenwert darstellen für einen anderen Organismus,* der wieder nichts als Vorläufer ist und so fort ad infinitum. Historie will im Gegenteil zeigen, daß jeder Organismus seine Zeit hat, die nur er erfüllen kann, Selbstzweck, Entelechie im alten Sinne des Aristoteles ist, und zugleich Durchgang, Mittel für andere Organismen, sobald seine Zeit erfüllt ist, sobald er nicht mehr in die Welt paßt. In diesem Sinne ist die Geschichte der Organismen in der Tat „eine Aufeinanderfolge dominierender Gruppen, von welchen jede zu ihrer Zeit ihre Höchstentwicklung erreicht hat, um dann, als sich die Lebensbedingungen änderten, in den Hintergrund zu rücken und irgendeiner neu aufgekommenen Gruppe Platz zu machen" (SCOTT 1911, zit. nach JONGMANNS 1914). Wo aber hat man in diesem Sinne Phylogenie geschrieben? FRANZ hat in seiner jüngst erschienenen großen Phylogenie (1924) zwar deutlich ausgesprochen, daß Geschichte nicht nur „tatsächlicher Bericht" und „stammesgeschichtliche Verknüpfung" ist, sondern auch „Erfassung des in dem Ablauf sich formenden Werdens", das er wieder in der „Vervollkommnung der Gestalten" sieht (S. IV), der logische Aufbau seines Werkes geht aber völlig in den bisherigen Bahnen weiter. Nur HAECKEL, der eigentliche Begründer aller Phylogenie, hat in seinem genialen Jugendwerk, das man immer mehr bewundert, je öfter man es zur Hand nimmt, die historische Problematik der Phylogenie deutlich gesehen. Das kommt in seiner geistvollen Lehre von der „Epacme", der „Acme" und der „Paracme", der „Aufblühzeit, Blütezeit und Verblühzeit" der Phylen zum klaren Ausdruck (1866, II, S. 320, 361, 366). Das heißt die Phylogenie biographisch erfassen, historisch also im besten Sinne des Wortes. Hier kommt ein echt historisches Einteilungsprinzip in die Phylogenie hinein, das alle bloße Chronik weit überragt. Hier gibt HAECKEL „Maßstäbe zur Beurteilung historischer Dinge". Es ist nur zu bedauern, daß die Ausführung seiner Phylogenie dann doch in erster Linie dem phyletischen System zugute gekommen ist. Allein das war damals die Forderung des Tages. Man darf HAECKEL nicht zum Vorwurf machen, was zu seiner Zeit noch nicht möglich war. Phylogenie darf sich also nicht in phyletischer Systematik erschöpfen; auf dieser muß sich vielmehr eine Darstellung des historischen Eigenwertes der aufeinanderfolgenden phylogenetischen Epochen, deren äußerliche Charakteristik die jedesmal vorherrschenden Leitfossilien ergeben, aufbauen auf Grund von Maßstäben, die aus und an den Epochen selbst heraus- und herangebildet sind. v. UEXKÜLLS (1919) originelle „Umwelt-Innenwelt-Konzeption" stellt im Grunde auch einen solchen historischen Maßstab dar, man muß sie nur etwas weniger physiologisch ansehen und einräumen, daß bei aussterbenden Organismen die Umwelt ihrer Innenwelt entwachsen, entgleiten kann. Wir kommen darauf im Abschnitt von den Ideen zurück. Alles in allem genommen gelangt man so zu folgender Einteilung der Phylogenie als einer echt historischen Wissenschaft (Tabelle 18).

Tabelle 18. ***Einteilung der Phylogenie als Geschichte der Organismen.***

I. Lehre von den *phyletischen Quellen:* „Problem der Individualisierung"; Ermittlung und Charakterisierung der Phyla, der *Empirismen* der Phylogenie.

II. Die *Periodisierung der Phyla:* „Problem der Periodisierung"; Phyletische
Apriorismen:
   a) Lehre von den phyletischen *Homologien,*
   b) Lehre von den phyletischen *Metamorphosen,*
   c) Lehre von dem phyletischen *System der Organismen* (Systematisierungs-
   problem").

III. Die *Historisierung der Phyla:* „Problem der Maßstäbe":

Ihre „Epacme, Acme und Paracme".
1. Die Geschichte der einzelnen Phyla: *Biographische Phylo-genie.*
2. Die Geschichte der phyletischen Epochen: *Universale Phylogenie.*
3. Metaphysik der Phylogenie: Bestimmung des letzten Telos' (Sinus) aller Organismengeschichte.

Was unter phylogenetischen Homologismen und Metamorphosen
zu verstehen ist, ist auf Grund der im Abschnitt von den Apriorismen
der Typologie gemachten Ausführungen wohl ohne weiteres erinner-
lich. Im übrigen wird es auch aus den folgenden Darlegungen völlig
deutlich werden.

## 3. Empirismen.

Die Ermittlung und Sicherstellung der einer historischen Darstellung zugrunde liegenden Tatsachen heißt historische Quellenforschung. So ist auch die Lehre von den Empirismen phylogenetischer Theorienbildung phyletische Quellenforschung. *Nach welchen Kriterien ermitteln wir die Tatsachen, die aller Phylogenese zugrunde liegen?*
Das ist das Problem dieses Abschnittes. Die Kriterien alsdann, nach
denen diese Tatsachen historisch geordnet werden, nach denen sie also
homologisiert, metamorphosiert, systematisiert und historisch ideell
gedeutet werden, werden im nächsten Abschnitt von den Apriorismen
entwickelt. Hier handelt es sich also noch nicht darum, „festzustellen, wie es gewesen ist", sondern nur darum, was gewesen ist.

Wir haben schon früher bei Untersuchung der Artbegriffe gesehen, daß die Phylogenie einen eigenen Artbegriff besitzt, der in ihr
zugleich die Rolle des Empirismas spielt und den wir im Anschluß an
Haeckel, den genialen Schöpfer der Phylogenie, das *Phylon* genannt
haben. Welche Kriterien besitzen wir, um irgendeiner organischen
Form, sei es einem rezenten Individuum, sei es einem Fossil oder
einem ontogenetischen Stadium, die Eigenschaft eines Phylons bei-
zulegen? Das ist das Problem, das wir nun diskutieren müssen.

Der Begriff des Phylons stammt von Haeckel (1866). Eine kurze
Auseinandersetzung mit diesem Autor ist nicht nur Ehrenpflicht einer
jeden Darstellung phyletischer Probleme, sondern auch notwendig,
um die Abweichung unseres Phylonbegriffes von demjenigen Haeckels
zu motivieren und Verwechslungen vorzubeugen. Haeckel unter-

nimmt es zunächst, die zu seiner Zeit geltenden Artbegriffe einer
Kritik zu unterziehen (1866, II, S. 323ff.). Er unterscheidet drei Artbegriffe, einen morphologischen, einen physiologischen und einen
genealogischen. Während aber wir bei gleichem Unterfangen zu dem
Ergebnis kamen, daß es vier logisch gegeneinander kontingente und
allesamt notwendige Artbegriffe gibt, lehnt HAECKEL seine beiden
erstgenannten ab und stellt als allein berechtigten Artbegriff seinen
genealogischen, das Phylon, hin. Unter Phylon versteht HAECKEL
„die Summe aller Organismen, welche von einer und derselben einfachsten, spontan entstandenen Stammform ihren gemeinschaftlichen
Ursprung ableiten" (1866, I, S. 52; II, S. 303). Nun ist aber der so
formulierte Phylonbegriff als Summe viel zu allgemein gehalten.
HAECKEL braucht also noch niedrigere Kategorien der genealogischen
Individualität, um die verschiedenen Angehörigen eines Phylons auseinanderhalten zu können. Dazu dienen ihm die Begriffe des „Zeugungskreises (Cyklus generationis)" und der „Art (Spezies)". „Jedes
Phylon ist eine Vielheit von blutsverwandten Spezies, und jede Spezies
ist eine Vielheit von gleichen oder vielmehr höchst ähnlichen Zeu-
gungskreisen. Wir konnten daher dieselben als drei verschiedene
Ordnungen oder Kategorien der genealogischen Individualität oder
als drei subordinierte Entwicklungseinheiten folgendermaßen über-
einanderstellen: I. der Zeugungskreis (Cyklus generationis) ist die
erste und niedrigste Stufe, II. die Art (Spezies) ist die zweite und
mittlere Stufe, III. der Stamm (Phylum) ist die dritte und höchste
Stufe der genealogischen Individualität" (1866, II, S. 305). Das alles
ist offenbar nicht sehr einleuchtend. Zeugungskreis und Spezies haben
eine auffallende Ähnlichkeit mit den von HAECKEL abgelehnten morphologischen und physiologischen Artbegriffen. So sieht sich HAECKEL
denn auch genötigt, wenigstens den Begriff der Spezies als Teilbegriff
der genealogischen Individualität, die sehr unklar zwar, aber doch
sein eigentlicher neuer Artbegriff ist, genealogisch zu definieren:
„Die Spezies ist die Gesamtheit aller Zeugungskreise, welche unter
gleichen Existenzbedingungen gleiche Form besitzen und sich höchstens durch den Polymorphismus adelphischer Bionten unterscheiden" (1866, II, S. 359). In diesem Artbegriff steckt die Genealogie
nur noch im Begriff des Zeugungskreises, während er sonst ein Ge-
menge aus rein morphologischen und formphysiologischen Komponenten darstellt. Der Begriff des Phylons wird von HAECKEL nur noch
im Sinne der Angehörigen ein und desselben Monophylums benutzt.
In HAECKELs Speziesbegriff kommt die richtige Auffassung zum Ausdruck, daß, wie wir schon zu betonen Gelegenheit hatten, die Phylogenie mit dem Begriff des Phylons allein nicht auskommt, daß sie

vielmehr das rein diagnostische Taxon zu Hilfe nehmen muß. Statt diesen Sachverhalt aber genealogisch zu verbrämen, ist es besser, ihn offen zuzugeben und die gegenseitigen Beziehungen beider Begriffe — im Rahmen der Phylogenie natürlich — klar herauszustellen. Das geht aber nur, wenn man das HAECKELsche Phylon einer grundlegenden Änderung unterwirft in dem Sinne, wie wir es getan haben.

Wir gingen dabei aus von der Überzeugung, daß Phylogenie sich letzten Endes auf Genealogie stützt, ohne jedoch auf dem dieser Disziplin eigentümlichen Boden zu beharren. *Wie Genealogie für die eigentliche Historie nur die Rolle einer Hilfsdisziplin, besonders in der historischen Quellenforschung spielt, so bildet auch die Genealogie eines bestimmten Organismus nur die empirische Grundlage, auf der sich seine Phylogenie aufbaut.* Könnten wir die Genealogie aller Organismen bis auf die ersten organischen Moneren lückenlos zurückführen, dann hätten wir damit noch lange keine Phylogenie, sondern eben nur Genealogie. Allerdings hätten wir dann das empirische Material, aus dem sich die Phylogenie aufbaut, lückenlos zur Hand. Aus der unendlichen Menge der Genealogenesen wählt die Phylogenie ihre Phylogenesen aus. Nach welchen Kriterien?

*Unter einer Genealogenese oder einer genealogischen Reihe verstehen wir die Summe aller Individuen, von denen ein bestimmter Organismus in direkter Linie abstammt.* Die Zahl dieser genealogischen Individuen (= Angehörigen derselben Genealogenese) ist bekanntlich in der $n$. Elterngeneration $= 2^n$. Unter ihnen befinden sich, wenn wir uns eine solche Reihe lückenlos bis zu den Moneren[1]) durchgeführt denken und wenn das angenommene Individuum ein Säugetier ist, demselben artfremde Säugetiere, Reptilien, Fische, Würmer, Coelenteraten usw., *aber immer in ganz bestimmten Individuen, nie als diagnostische Kategorien.* Nun würde aber eine Genealogie, auch nur eines einzigen Organismus, niemals fertig werden, wenn sie alle $2^n$ Elternindividuen aufzählen wollte. Hier muß also schon die Genealogie aus Gründen der Selbsterhaltung eine Auswahl treffen. Das geschieht am besten so, daß sie bei der Genealogie eines männlichen Individuums in den jeweiligen Elterngenerationen immer wieder nur je ein Männchen berücksichtigt, in der Genealogie eines weiblichen dagegen immer nur wieder ein weibliches. Das ist schon eine ganz erhebliche Vereinfachung.

Für die Phylogenie aber ist auch das noch viel zu viel. Wenn wir die *Genealogien* — = wie oben *ausgewählte Genealogenesen* — aller Organismen kennten, dann würden wir sofort feststellen können,

---

[1]) Unter „Moneren" sind hier rein genealogische bzw. phylogenetische Begriffe verstanden, nämlich die letztermittelbaren Eltern einer genealogischen Reihe.

*daß bei einer jedesmal ungeheuer großen Zahl von Individuen die Genealogien übereinstimmen, nämlich bei .allen den Individuen, die zum selben Taxon gehören,* die isoreagent sind im Sinne RAUNKIAERS. Die *Phylogenie braucht daher nur jedesmal ein einzelnes Genealogon für alle identischen Taxa zu berücksichtigen.* Und auch das ist nun wieder nicht so zu verstehen, als ob für jedes Taxon die Genealogie eines und desselben Individuums ermittelt werden müßte, vielmehr darf dabei ruhig in den verschiedenen Generationen auf die Genealogie verschiedener Individuen zurückgegriffen werden. Und noch ein weiteres Moment enthält die taxonomische Einschränkung der Genealogie für die *Phylogenese: Bei der Feststellung der letzteren brauchen nicht lückenlos alle genealogischen Generationen berücksichtigt zu werden, sondern nur solche, die verschiedenen Taxis angehören. Phylogenese ist also Genealogie der Taxa.* Abb. 3 mag die hier erörterten Beziehungen im Bilde verdeutlichen.

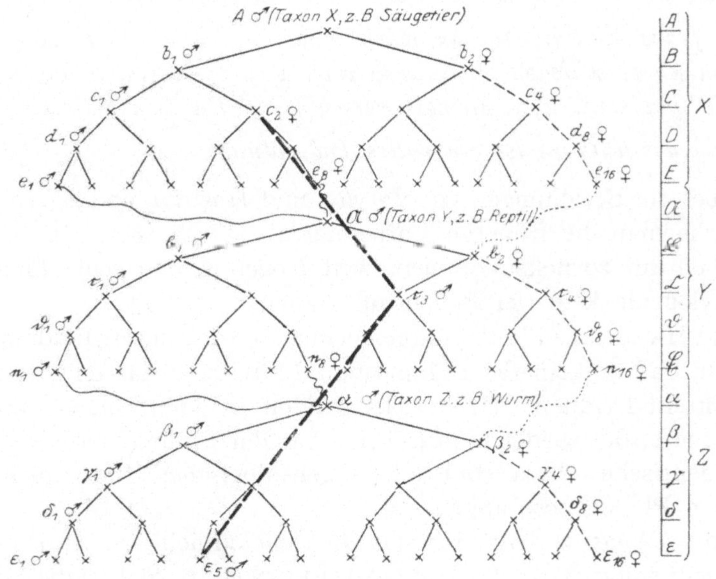



Abb. 3[1]). *Genealogenese und Phylogenese.*

*Erklärung:* Links = ♂; rechts = ♀. — Schwarze glatte Linie = Genealogie (nicht Genealogenese) eines ♂; schwach gestrichelte Linie = Genealogie eines ♀ — stark gestrichelte Linie = Phylogenese von X. — $A + B + C + D + E + \ldots \mathfrak{A} + \mathfrak{B} + \mathfrak{C} + \mathfrak{D} + \mathfrak{E} + \ldots \alpha + \beta + \gamma + \delta + \varepsilon + \ldots$ = Genealogenese von A.

[1]) Über die schematische Darstellung genealogischer Verhältnisse vgl. auch O. HERTWIG (1917) und K. LEWIN (1920). Hier, wo es uns auf Phylogenie und nicht auf Genealogie ankommt, genügt die gegebene Darstellung des ein-

Die Abb. zeigt:

*Genealogenese* von $A = A + B + C + D + E + \ldots \quad \mathfrak{A} + \mathfrak{B} + \mathfrak{C} + \mathfrak{D} + \mathfrak{E} + \ldots \; \alpha + \beta + \gamma + \delta + \varepsilon + \ldots$

*Genealogie* von $A\,(\male) = A + b_1 + c_1 + d_1 + e_1 + \ldots \quad \mathfrak{A} + \mathfrak{b}_1 + \mathfrak{c}_1 + \mathfrak{d}_1 + \mathfrak{e}_1 + \ldots \; \alpha + \beta_1 + \gamma_1 + \delta_2 + \varepsilon_1 + \ldots$ [alles $\male$].

*Genealogie* von $B\,(\female) = b_2 + c_4 + d_8 + e_{16} + \ldots \quad \mathfrak{b}_2 + \mathfrak{c}_4 + \mathfrak{d}_8 + \mathfrak{e}_{16} + \ldots \; \beta_2 + \gamma_4 + \delta_8 + \varepsilon_{16} + \ldots$ [alles $\female$].

*Phylogenese* von Taxon $X \; (= \text{Individuum } A) = \mathfrak{c}_2(\female) + \mathfrak{c}_3\,(\male) + \varepsilon_5\,(\male)$. $(= \text{Phylontaxon})$.

Damit sind die Begriffe Genealogenese, Genealogie und Phylogenese hinreichend deutlich gegeneinander abgegrenzt und wir zugleich imstande, den Begriff des Phylon scharf zu definieren. Phylon ist alles, was individuelles Glied einer Phylogenese ist. Darin sind, wie aus dem Vorhergehenden leicht abzuleiten, folgende Bestimmungen enthalten:

1. *Jedes Phylon ist Glied einer Genealogenese und Genealogie, ist also auch ein genealogisches Individuum im Sinne* Haeckels.

2. *Jedes Phylon ist von jedem anderen Phylon individuell und taxonomisch verschieden, d. h. es können wohl verschiedene Taxa identische Phyla sein, aber niemals verschiedene Phyla identische Taxa.*

3. *Jedes Phylon ist ein reales Individuum.*

Über die Beziehungen von *Phylon* und *Isogenon* und *reiner Linie* vergleiche man die früheren Darlegungen. Wir brauchen hier nicht wieder darauf zurückzukommen, weil Isogenon und reine Linie für die Phylogenie keinerlei Bedeutung haben.

Von Haeckels Phylon unterscheidet sich das unsere fundamental dadurch, daß es keinerlei Summe von Individuen darstellt, sondern nur Einzelindividuen. Haeckels Phylon ist identisch mit unserer Phylogenese, die wieder identisch ist mit der Summe unserer Phyla; denn identische Phyla sind solche genealogischen Individuen, die derselben Phylogenese angehören.

Zum *Typus* verhält sich das *Phylon* ähnlich wie zum Taxon. Das erhellt sofort, wenn wir mit Döderlein (1902, S. 403) die Fiktion machen, daß wir alle organischen Formen, die je existiert haben, kennten. Dann würden wir zwischen allen organischen Formen lücken-

---

fachsten genealogischen Falles (Verhältnis eines Individuums zu den Eltern usw). Im übrigen haben genealogische Spezialitäten für die Phylogenie wegen der ungeheuren Lückenhaftigkeit des fossilen Materials nur sehr geringe praktische Bedeutung. Und selbst wenn die ganze Paläontologie — im günstigsten Falle — lauter Fälle wie die Steinheimer Planorbis geliefert hätte, könnten wir wohl deren Phylogenie, dagegen nicht unmittelbar ihre Genealogie erschließen. Das hindert natürlich wieder nicht, daß sich die Grundbegriffe der Phylogenie logisch aus Genealogie ableiten.

los kontinuierliche Übergänge[1]) haben, der Begriff des Taxons müßte dann in den des Typus übergehen, wie wir ja schon dargetan haben, und der Begriff des Typus würde auch insofern mit dem des Taxons identisch, als er seine prinzipielle und mögliche Idealität verlöre. Es gäbe dann auch für jeden, sonst nur konstruierbaren Typus individuelle getreue Abbilder.

Von den *überartlichen taxonomischen Kategorien* aber unterscheidet sich das *Phylon* prinzipiell dadurch, daß es stets reale Individuen, die genealogischen Reihen angehören, repräsentiert. Wenn also in einer Phylogenese ein Säugetier, ein Fisch, ein Wurm vorkommen, so sind das stets reale Säugetiere, Fische, Würmer, niemals konstruierte Verkörperungen der entsprechenden diagnostischen Kategorien[2]).

Zusammenfassend können wir nun über das Verhältnis von *Genealogie und Phylogenie* sagen, daß Genealogie ebensowenig schon Phylogenie ist wie Chronik Geschichte. Aber Genealogie ist doch die unbedingte und unmittelbare Grundlage der Phylogenie. Wie Geschichte aufhört, Geschichte zu sein, und Dichtung wird, wenn sie mit der chronologischen Ordnung der Dinge beliebig schaltet, so hört auch die Phylogenie auf, Geschichte der Organismen zu sein, wenn sie gegen Genealogie verstößt. Dennoch darf und muß die Phylogenie aus dem logisch unermeßlichen Schatze der Genealogie auswählen; was sie aber nimmt, muß sie in der alten genealogischen Folge bringen. *Welche genealogischen Individuen jedoch wert sind, zum Range der Phyla erhoben zu werden, das bestimmt der Begriff des Taxon.* Dadurch wird jedoch die Phylogenie keinesewgs eine logisch gemischte Disziplin, gemischt aus Taxonomie und Historie; denn welche Taxa in einer Phylogenese •verwendet werden dürfen, hängt ja ganz von den Phylen selber ab. Die zu wählenden Taxa müssen identische Phyla sein, sind also in erster Linie Phyla und nur nebenbei auch Taxa. Man kann daher nicht sagen, daß das Taxon als solches auch ein Grundbegriff der Phylogenie ist. Das ist nicht der Fall. *Autonomes Empirisma der Phylogenie ist nur das Phylon.*

Ein Phylon ist ein genealogisches Individuum, das in einer Phylogenese vorkommt. Nach welchen Prinzipien baut sich nun die letztere aus identischen Phyla auf? Das haben wir nun zu untersuchen.

---

[1]) Nach den Ergebnissen der Vererbungslehre über Mutationen und Fluktuationen ist das nicht mehr so sicher, wie DÖDERLEIN 1902 noch annehmen durfte. — JOHANNSENS Buch erschien ja erst 1903. — Hier aber, wo es uns nur auf begriffliche Möglichkeiten und mögliche Begriffe ankommt, dürfen wir diese Fiktion ohne weiteres machen.

[2]) Auch ein ontogenetisches Stadium ist als Phylon ein selbständig-reales Individuum, da es ja dann nicht mehr nur als Stadium, sondern als reales Abbild eines ausgestorbenen, aber fossil bisher nicht gefundenen Organismus fungiert.

## 4. Apriorismen.

Die logischen Stadien, deren Folge eine Phylogenese aufbauen, lassen sich durch folgende Probleme charakterisieren:

1. Problem der *phyletischen Homologisierung*,
2. Problem der *phyletischen Metamorphosierung*,
3. Problem der *phyletischen Systematisierung*, und endlich
4. Problem der *phyletischen Historisierung*.

Homologisierung und Metamorphosierung sind Untergruppen des Troeltschschen *Problems der Periodisierung*, während *Systematisierung und Historisierung* schon *zum Problem der Maßstäbe* gehören, das seinen Höhepunkt in der Lehre von den phyletischen Ideen erklimmt.

Das Problem der *phyletischen Homologie* bildet die logische Veraussetzung jeder phyletischen Metamorphose. Wir haben es schon ausführlich im Anschluß an die typologischen Homologien behandelt, um diese gegen die anderen möglichen Homologien abzugrenzen. Es genügt daher, hier kurz die Resultate wiederzugeben. Zwei organische Formen sind dann phylogenetisch homolog, wenn sie von ein und derselben Form historisch real abstammen. Historische Abstammung ist, wie wir wissen, ebenso verschieden von typologisch-idealer Ableitung, wie von physiologisch-kausalem Ursprung. Wenn man in der Biologie von Verwandtschaft spricht, meint man gewöhnlich irgendeine dieser logisch grundverschiedenen homologen Beziehungen. Es ist daher besser, diesen verworrenen Begriff der Verwandtschaft organischer Formen gänzlich beiseite zu lassen und immer präzise zu sagen, welche Art von Homologie man meint.

Da nun zwei oder mehr Phyla dann identisch sind, wenn sie Glieder derselben Phylogenese sind, d. h. wenn sie historisch real voneinander abstammen, so kann man auch sagen: *Identische Phyla sind homolog*. Gleichwohl ist es nicht angebracht, den Begriff der phyletischen Homologie einfach durch den der Phylenidentität zu ersetzen; denn es entspricht den terminologischen Bedürfnissen der Phylogenie, den Begriff Phylon nur für ganze Individuen, für Taxa also, wenn sie die Rolle von Phylen spielen, zu verwenden, den Begriff der phyletischen Homologie jedoch auch besonders für die organischen Teile oder Momente der Phyla, für identische Partialphyla also zu benutzen. Logisch wäre an sich natürlich nichts dagegen einzuwenden, wenn man den Begriff Phylon auch auf die formalen Komponenten der ganzen Individuen anwenden wollte. Allein terminologisch zweckmäßig wäre das nicht.

Aus phyletischen Homologien baut sich nun eine *phyletische Metamorphose* auf. Unter einer solchen haben wir historisch-real geordnete phyletische Homologien oder identische Phyla bzw. Partialphyla zu verstehen. Im vorigen Abschnitt haben wir bereits die empirische Grundlage, d. h. dasjenige Moment kennengelernt, das die historisch-reale Kontinuität einer phyletischen Metamorphose, die im folgenden immer kurz als *Phylogenese* bezeichnet werden soll, herstellt. Phylogenese leitet sich empirisch von Genealogenese ab. Phyla waren genealogisch geordnete Taxa. In dieser Beschränkung der Phylogenese auf die Taxa liegt ein bedeutendes logisches Moment, das sie prinzipiell über alle Genealogie hinaushebt, das für sie daher auch die Schwierigkeiten, die LORENZ (1898) und im Anschluß an ihn O. HERTWIG (1917) u. a. gegen das Problem der Mono- oder Polyphylie erhoben haben, beseitigt. LORENZ schreibt: „wenn die Ahnenforschung des Menschen zu einer unendlichen Vielheit von Individuen führt, so kann der Deszendenzlehre umgekehrt die Frage nicht erspart bleiben, wie der Übergang der Arten von einer Form zur anderen gedacht werden kann, wenn die Genealogie doch lehrt, daß jedes Individuum eine unendliche Menge von gleichartigen und gleichzeitig zeugenden Ahnen voraussetzt und die Vorstellung einer Abstammung des Menschen durch Zeugungen eines Paares an der unzweifelhaft feststehenden Tatsache scheitern muß, daß jedes einzelne Dasein vielmehr eine unendliche Zahl von Adams und Evas zur Bedingung hat. Die Einheitlichkeit des Abstammungsprinzips steht daher zunächst im vollen Widerspruch zu den genealogischen Beobachtungen." Es ist schwer zu verstehen, wie diese Sätze von einem Biologen vom Range eines O. HERTWIG überhaupt ernst genommen werden konnten; denn sie beruhen auf einer geradezu flagranten Verwechslung von Phylogenese und Genealogenese, von Phylon und genealogischem Individuum. Monophylie besagt ja gar nicht Abstammung von einem einzigen oder von zweien genealogischen Individuen, sondern Abstammung von ein und demselben *Taxonphylon*, das bekanntlich aus Millionen von Individuen besteht. So töricht war ein HAECKEL wirklich nicht, zu behaupten, daß die ganze Organismenwelt von einem einzigen Moner letzten Endes abstamme. Er meinte vielmehr, daß die ersten Phyla, die milliardenweise vorhanden waren, demselben Taxon angehörten, und daß von diesem einen Monerentaxon alle andern Organismen monophyletisch abstammen. Diejenigen Autoren, die an Polyphylie glauben, wie HAECKEL noch in der „Generellen Morphologie" und wie heute die meisten Phylogenetiker, kommen den Ergebnissen der Genealogie um nichts näher, sie behaupten einfach, daß sich die fossilen und rezenten

Organismen phyletisch nicht von einem einzigen Monerentaxon ableiten, sondern von mehreren und daß diese verschiedenen Monerentaxa nicht alle in derselben Zeit auf der Erde erschienen sind, sondern in verschiedenen Zeiten, daß sie möglicherweise auch heute noch neu erscheinen, sei es durch Archigonie oder durch ARRHENIUSsche (1907) Weltallübermittlung. Also *Phylogenese hat mit Genealogie nur die empirische historisch-reale Kontinuität gemein, im übrigen ist Phylogenese prinzipiell von Genealogenese verschieden, insbesondere kann das Mono-Polyphylie-Problem auf genealogischer Basis überhaupt gar nicht sinnvoll gestellt, geschweige denn gelöst oder abgewiesen werden.* Im übrigen kommen wir auf dies Problem in der Lehre von den Kontingenzen zurück.

Daß eine Phylogenese nur aus phyletischen Homologismen, aus identischen Phylen besteht, das wissen wir nun. Wie kommt aber die spezifische, historisch-reale Ordnung, in der die Phylen in einer Phylogenese auftreten, zustande, mit anderen Worten, *wie konstruiert man logisch eine Phylogenese?* Da gibt es zwei Wege, einen königlichen und einen mühseligen, einen geraden und einen viel verschlungenen, oft verschütteten und im ganzen sehr unsicheren Weg. Der königliche Weg ist die direkte Beobachtung von Phylogenesen. Es ist unter den Autoren die Ansicht weit verbreitet, daß man Phylogenese direkt nicht feststellen kann. „Eine besondere phylogenetische Methode gibt es also nicht, sondern nur eine phylogenetische Fassung morphologischer Probleme. Diese aber sind eben zunächst ebenso wie bei der idealistischen Morphologie rein formale" (GOEBEL 1905, S. 69). Ähnlich NAEF, UNGERER u. a. Gleichwohl ist diese Ansicht nicht richtig. *Direkte Phylogenese* liegt uns immer dann vor, wenn wir organische Formwandlung — und zwar von Taxis — kontinuierlich durch eine kontinuierliche Formationenfolge hindurch verfolgen und feststellen können. Paradebeispiele dafür sind HILGENDORFs Planorbisfunde (1866) und die NEUMAYRschen (1875) Paludinen- und Congerienschichten Slavoniens. Wenn neuerdings WENZ (1922) bezweifelt, daß im Planorbisfall wirklich Artumwandlung vorliegt, so verschlägt das nichts gegen das Prinzip. Dann scheiden eben die Planorben als Paradigmata aus. Gegen diese direkte Methode der Feststellung von Phylogenesen kann zweierlei eingewendet werden: erstens, daß die Unterscheidung von geologischen Schichten auf derjenigen von Leitfossilien beruht, daß mithin die Ergebnisse der Phylogenese in dem Fall, wenn die Leitfossilien mit den untersuchten Formen identisch sind, bereits antizipiert werden, man sich also in einem logischen Zirkel bewegt. Dieser Einwand ist leicht zu entkräften. Einmal gibt es auch rein geologische Methoden, die Formationenfolge festzustellen, und zum andern hat man meist die Wahl zwischen verschiedenen Leitfossilien, so daß man auch aus diesem Grunde den geschilderten Zirkel meiden kann. Der zweite Einwand scheint schwerer zu wiegen. Er behauptet, daß man, um die Ähnlichkeit oder Gleichheit der in den verschiedenen und gleichen Schichten gefundenen Individuen festzustellen, doch die Prinzipien der Typologie logisch veraussetzt, somit auch die Feststellung der direkten Phylogenese kein real-logischer, sondern ein ideal-logischer Prozeß ist. Allein dieser Schluß ist falsch. Er verwechselt wieder Genealogie und Phylogenie. Bei Feststellung der Gleichheit und Ähnlichkeit treiben wir im gegenwärtigen Falle nicht Typologie, sondern nur Diagnostik. *Die Ordnung der Formen ist uns real-empirisch durch die Schichtenfolge vorgeschrieben. Das genügt für die Feststellung der direkten Phylogenese.*

Der hier geschilderte Weg ist der einzige zur Zeit bekannte, um historische Kontinuität bei Phylogenesen direkt festzustellen. Serodiagnostik und ähnliche Methoden können nicht dasselbe leisten. Sie stellen, wie wiederholt bemerkt, nur chemische Verwandtschaft, keine phylogenetische fest. Blutsverwandtschaft ist eben keine phyletische Verwandtschaft, sondern chemisch-physiologische Affinität; und BERTHOLD macht (1904) mit Recht darauf aufmerksam, daß in phyletisch verschiedenen Gruppen dennoch fast identische Chemismen entstehen können. Man darf daher, wenn man bei systematisch weit auseinanderstehenden Organismen ähnliche Säftezusammensetzung findet, zunächst nur auf physiologische Affinität schließen, auf phyletische Verwandtschaft jedoch nur dann, wenn auch andere, rein historische Gründe für eine solche sprechen. Als Indizien, Beweisproben usw. sind also physiologische Momente günstigenfalls zu bewerten. Sie schließen Konvergenzen nicht ohne weiteres aus.

Allein dieser königliche Weg ist in der Phylogenie nur sehr selten betretbar. Die Feststellung der meisten phyletischen Homologien und Metamorphosen muß auf *indirektem* Wege erfolgen. Die historischen Quellen der Phylogenie sind nicht weniger schwer zu lesen und richtig zu deuten als die der Menschheitshistorie. Und zwar kommen als Lieferanten phyletischer Quellen so ziemlich alle biologischen Disziplinen in Frage, die einen mehr, die anderen weniger. Die wichtigsten unter ihnen sind im biogenetischen Grundgesetz HAECKELS zusammengefaßt. Ehe wir uns mit diesem befassen, wollen wir aber die einzelnen Komponenten, aus denen es sich direkt oder indirekt logisch ableitet, für sich betrachten.

Zunächst *Phylogenie und Systematik*. Die diagnostische Systematik kommt als Quelle für die Aufstellung von Phylogenesen nicht in Betracht, haben wir doch festgestellt, daß sie selbst ihrem Apriorismensystem schon das phyletische System der Organismen so weitgehend zugrunde liegt, wie es die Rücksicht auf praktische Diagnostik irgend erlaubt.

Anders ist es mit der *Typologie* als Quelle für Phylogenesen. Da aber, wie wir wissen, die Typologie eine logisch nicht einheitliche Disziplin ist, sondern durch eine Kontingenz, die mitten durch die Embryologie läuft, in zwei verschiedene Teile zerlegt wird, und zwar in ein rein ideales und in ein reales Gebiet, so müssen wir jedes von ihnen auf seine phylogenetische Brauchbarkeit gesondert prüfen.

Das ideale Gebiet setzt sich logisch zusammen aus der *typologischen vergleichenden Anatomie* und aus den ebenfalls idealen horizontalen Schnitten durch die Embryologenesen. Die aus dem Zusammenwirken dieser logischen Komponenten entstehende ideale Ordnung der organischen Formen nannten wir das typologische oder natürliche System der Organismen. Der real-logische Teil der Embryologie, die Lehre von den vertikalen ontogenetischen Stadienmetamorphosen kann, wie wir gesehen haben, an diesem typologischen System der organischen Formen wohl Korrekturen anbringen, z. B. eine typologische Homologisierung der Amphibienchoanen mit denen der Reptilien verhindern (PETER 1922), kann aber an dem idealen Charakter des typologischen Systems als Ganzem nicht das geringste ändern. Umgekehrt ist dieses vorwiegend vergleichend anatomisch-typologisch orientierte natürliche System imstande, alle Stadien der realen vertikalen Ontogenese in zwei Klassen zu scheiden, in Palintyposen und Cenotyposen. Palintyposen sind diejenigen phyletischen Stadien, die auch im natürlichen System als selbständige Formen vorkommen, Cenotyposen diejenigen, die nur in den realen Ontogenesen auftreten. Wie verhalten sich nun die idealen Metamorphosen, die das natürliche System enthält, und die realen Metamorphosen der Ontogenie zu den phylogenetischen Metamorphosen?

Zunächst die idealen typologischen Metamorphosen und die phyletischen Metamorphosen. Im natürlichen System sind alle bekannten organischen Formen, seien es nun fossile oder rezente ganze Organismen, fossile oder rezente Partialformen oder endlich embryonale Stadien, rein formal-ideal nach ihrer Ähnlichkeit geordnet. Jede der in diesem System enthaltenen unendlich vielen, netzartig miteinander verknüpften typologisch-idealen Metamorphosen enthält eine solche Ordnung ihrer Typen, daß eine möglichst einfache, „primitive" Form am Anfang einer Reihe steht, während komplizierte und degenerierte Formen am Ende stehen und durch entsprechende Zwischenglieder kontinuierlich mit dem Anfangsglied verbunden sind.

Dürfen wir nun die Hypothese aufstellen, daß das primitive Glied zugleich das historisch älteste ist, während alle anderen Typen entsprechend ihrem Stellenwert jünger sind, *daß somit die ideal-typologische Reihe identisch mit einer real-historischen Reihe, einer Phylogenese ist*? HAECKEL hat diese These in seinem Prinzip des „Parallelismus zwischen der phyletischen und der systematischen Entwicklung" vertreten (1866, II, S. 272). Auch GEGENBAUR weist der Typologie vor der Ontogenie den Primat zu beim Aufstellen indirekter Phylogenesen (1898, S. 8—9). Ebenso schon früher LAMARCK (1876, S. 20): Ein natürliches System „ist nur die von Menschen ausgeführte Skizze des Ganges, dem die Natur bei der Schöpfung ihrer Erzeugnisse folgt." Ähnlich weiter NAEF in seinem Prinzip der „systematischen Präzedenz". Ebenso ferner UNGERER: „was systemgemäß ist, gilt als durch Abstammung verwandt, was systemunwesentlich erscheint, wird als Anpassung gedeutet" (1922, S. 26). Und doch ist dies Prinzip im allgemeinen falsch. Nur wenn wir wissen, daß eine bestimmte Form zu der Zeit, von der wir annehmen, daß eine andere Form aus ihr entstanden ist, noch genau so ausgesehen hat, wie sie uns heute, fossil oder rezent, vorliegt, nur dann dürfen wir behaupten, daß eine im typologischen System vorkommende Form so, wie sie ist, ein Phylon einer bestimmten Ontogenese ist. Dieser Fall mag vorkommen, vielleicht bei Libellen und anderen lange konstant gebliebenen Formen, die Regel ist er aber gewiß nicht. Man braucht gar nicht so skeptisch zu sein wie GÖBEL, der die Bestimmung der auch phyletisch primitiven Form einer typologischen Metamorphose für bloße Modesache hält, und wird doch O. HERTWIG zustimmen müssen, der (1906, S. 176) gegen GEGENBAUR bemerkt: „Da ein jetzt lebender niedriger Organismus . . . ein Amphioxus, ein Cyclostom, ein Haifisch, in die Vorfahrenkette einer höheren, gleichzeitig lebenden Organismenart, eines Säugetiers z. B., ganz sicherlich nicht hineingehört, kann er uns auch kein Abbild von einem ausgestorbenen Glied dieser Kette geben[1])." *Das Prinzip des Parallelismus von natürlichem (typologischem) und phyletischem System der Organismen ist also objektiv falsch.*

Nicht besser steht es mit dem Prinzip einer *Parallelität von real-ontogenetischen Metamorphosen und Phylogenesen.* Hier handelt es sich um das *biogenetische Grundgesetz* in der vulgären Fassung der

---

[1]) Wenn SPEMANN (1915, S. 75) gegen diese Ausführungen O. HERTWIGS bemerkt, es käme ja nur darauf an, wieviel „sich aus diesen [sc. den ‚sichtbaren aktuellen Ausgestaltungen' der vergleichenden Anatomie] auf die erwachsenen Formen der Vorfahren schließen läßt", so trifft das O. HERTWIG im Grunde gar nicht, denn dieser Autor hatte ja nur behauptet, daß sich nicht *alles* aus diesen schließen läßt.

Ontogenie als einer „Rekapitulation der Phylogenie", von Haeckel
auch „Parallelismus zwischen der phyletischen und biontischen Entwicklung" genannt. In dieser Fassung ist das biogenetische Grundgesetz ganz gewiß nicht richtig. Von einem Parallelismus zwischen
phyletischen und ontogenetischen Metamorphosen kann gar nicht die
Rede sein; denn die Ontogenie verfügt über keinerlei immanente
Kriterien, die Cenogenesen von der Palingenese zu trennen. Die
Frage ist nur, wie es in dieser Hinsicht mit den neueren Unternehmun-
gen steht, das biogenetische Grundgesetz exakter zu formulieren.
Unter den vielen Versuchen, die in dieser Hinsicht angestellt worden
sind, sollen hier nur zwei besprochen werden. Zunächst der von
Braus. Er faßt das Wesentliche des biogenetischen Grundgesetzes
in folgenden Sätzen zusammen: „v. Baer[1]) war es, der . . . fand,
daß alle Verschiedenheiten der Art- und Gattungsmerkmale um so
mehr in der Ontogenese verschwinden, je mehr wir rückschreitend in
der Embryologie dem Ei uns nähern . . . Hier liegen also die materiellen Reste des gemeinschaftlichen Erbes verschiedener Formen
noch zusammen; durch die folgende Divergenz in der Entwicklung
werden sie erst umgebildet und verwischt" (Braus 1906, S. 23).
Die „Grundlage des phylogenetischen Forschens" beruht so „auf dem
Vergleich der ersten Anlagen in der Entwicklung", so daß „für die
Vergleichung zweier oder mehrerer embryonaler Organe nicht so sehr
ihre weitere Ausbildung als ihre erste Entstehung maßgebend ist".
Und zwar muß man sich davor hüten, „das optisch zuerst Sichtbare
ohne jede Reserve für die wirkliche erste Anlage" zu erklären (ebd.,
S. 31). Braus macht von dieser Hypothese dann insofern phyletischen
Gebrauch, als er prüft, „ob eine Veränderung, welche in der Phylogenie als möglich oder unmöglich erschlossen wurde, heute in der
Ontogenie veranlaßt werden kann oder nicht" (ebd., S. 35). Damit
macht aber Braus die Gültigkeit einer Phylogenese von entwicklungsphysiologischen Experimenten abhängig. Daß das aber nicht
angängig ist, haben wir mehr als einmal nachgewiesen. Physiologie
kann nie über Phylogenie entscheiden, weil in der Physiologie sehr
viel mehr möglich ist und teratologisch gelegentlich ja auch realisiert
wird — wieviel von der Entwicklungsmechanik fällt außerdem phylogenetisch auf das Konto der Teratologie? —, als phylogenetisch wirklich aufgetreten ist. Braus selbst muß diesen Sachverhalt ja auch
zugeben, da er die Phylogenese zum mindesten als logische Hypothese seinen Experimenten zugrunde legt (vgl. den letzt zitierten
Satz). Wir behaupten dann aber außerdem, daß der Ausfall der

---

[1]) Man vgl. etwa C. E. v. Baer (1828), S. 224.

entwicklungsphysiologischen Experimente keinerlei schlüssigen Beweis für den tatsächlichen Verlauf einer solchen Phylogenese abgeben kann. *Mit der entwicklungsphysiologischen Umdeutung des biogenetischen Grundgesetzes ist es also auch nichts.* Damit soll solchen Versuchen natürlich nicht jeder Wert für die Phylogenie abgesprochen werden. Als Indizien sind solche Versuche immerhin mit großen Kautelen benutzt von hohem Wert (vgl. auch weiter unten das „Prinzip von BRAUS").

Auf rein typologisch-ontogenetischer Basis versucht NAEF den phyletischen Sinn des biogenetischen Grundgesetzes schärfer zu erfassen. Er ist sich zunächst darüber klar, daß Ontogenie an sich immer nur Ontogenie, nie direkt Phylogenie abbilden kann (1920, S. 7). Da aber die phyletische Umbildung der Organismen nur durch eine ontogenetische zustande gekommen sein kann, so nimmt man mit gutem Grund an, daß Spuren dieser Umwandlung und ihre früheren Stadien noch irgendwie in der Ontogenie zum Ausdruck kommen. Die Frage ist nur, wie man diese Spuren, die Palingenesen, von den ontogenetischen Zutaten, den Cenogenesen, die durch das Embryonalwerden, d. Unselbständigwerden früher selbständiger Formen bedingt sind, sondern kann. Außer diesem Prinzip des Embryonalwerdens, das absolut neue, phyletisch nie existente Momente in die Ontogenie bringt, wirkt noch das Prinzip der Ausschaltung solcher früher phyletisch selbständiger Stadien aus der Ontogenese, die entwicklungsphysiologisch entbehrlich geworden sind, cenogenetisch. Es handelt sich also in der Ontogenie darum, ein Kriterium zu finden, das die Palingenesen von den Cenogenesen sondert. Dies Kriterium glaubt NAEF in seinem „Gesetz der terminalen Abänderung" gefunden zu haben, das besagt: „Die Zustände der Stufen, die der Embryo in seinen einzelnen Teilen durchläuft, sind aus der Stammesgeschichte herübergenommen, in die sie um so weiter zurückweisen, je früher sie in der Ontogenie auftreten, und in der sie in gleicher Folge auftreten, wie sie in der Stammesgeschichte erschienen sind" (1919, S. 60). „Im Verlauf der phylogenetischen Abänderung sind die Stadien einer Morphogenese um so konservativer, je früher, um so fortschrittlicher, je später sie in der ontogenetischen Reihe stehen" (ebd., S. 58). „So entstehen bei Tintenfischen aus gleichen Saugnapfanlagen die verschiedensten Haftorgane, z. B. krallenpfoten- oder hakenförmige. Ebenso kann aus einer auffallend gleichartigen, fischähnlichen Grundform des Wirbeltierembryos ein Hai, eine Eidechse ein Hund oder ein Mensch hervorgehen" (1923, S. 391). Wenn man nun aber nach diesem Prinzip Phylogenese feststellen will, muß man folgende Einschränkungen beachten. Einmal „werden aber in der

Ontogenese keine Endstadien von Ahnen wiederholt" (1919, S. 61). Dadurch unterscheidet Naef sein Prinzip von demjenigen Fr. Müllers (1864). Ferner ist „die Möglichkeit einer Abänderung der Ontogenese . . . für die einzelnen Stadien verschieden, nämlich abnehmend gegen den Beginn, zunehmend gegen das Ende der Entwicklung" (1920, S. 8—9). Aber auch die Stadienfolge der Ontogenese entspricht nicht derjenigen der Vorfahrenreihe, denn „wir beobachten . . ., daß Bildungen in der Morphogenese um so früher auftreten, je komplexer, bedeutsamer, umfangreicher sie am Ende sind, wenn sie zur Funktion gelangen (1917, S. 56). Somit, wenn wir aus dem Verlauf der Ontogenese Daten dafür gewinnen wollen, was primitiv und abgeleitet ist, so kann dies nicht durch die bloße Feststellung des Vorangehens und Nachfolgens geschehen; vielmehr muß das Verhältnis des Bestimmenden gegenüber dem Bestimmten hierfür zum Maßstab genommen werden" (1920, S. 8—9). Denn „soweit die Gestaltungsverhältnisse eines ontogenetischen Stadiums die des nachfolgenden hervorbringen und bestimmen, besitzen sie, systematisch betrachtet, gleichen oder größern Allgemeinheitsgrad als diese" (Handschriftlicher Zusatz Naefs auf S. 11, 1920). Aus alledem erkennt man, daß Naef wie wenige die ganze Problematik des biogenetischen Grundgesetzes immerfort vor Augen hat, man wird aber auch die Empfindung nicht los, daß es ihm nicht gelungen ist, sein „Gesetz der terminalen Abänderung" so zu formulieren, daß es allen folgenden, von Naef selbst gemachten Einschränkungen, die es immerfort wieder in seinen wesentlichen Momenten aufheben, gewachsen ist. Wenn man nicht vorzieht, es rein entwicklungsphysiologisch zu nehmen, was Naef nicht will, worauf seine letzt zitierten Sätze aber doch hinauskommen, und was man, wie Braus, mit gutem Sinn und bedeutendem theoretischen Ergebnis tun kann, obschon unter Aufgabe seiner phylogenetischen Eigenschaften, wenn man das also nicht will, dann bleibt nur ein Parallelismus übrig zwischen: „1. Vorzustand und Umwandlungsprodukt in der Ontogenie, 2. größeres oder geringeres relatives Alter dieser Zustände in der Phylogenie" (1920, S. 10). Mit andern Worten, ein ontogenetisches Stadium, das ein anderes physiologisch bestimmt, also hervorbringt, ist auch phylogenetisch älter als dieses. Ist das aber immer und prinzipiell richtig? In der Regel sicherlich, aber es ist auch sehr wohl der Fall denkbar, daß ein ontogenetisches Stadium in einer bestimmten rezenten Ontogenese in Folge von Heterochronienkorrelation jetzt durch ein Stadium physiologisch bestimmt wird, das in Wirklichkeit phylogenetisch jünger als das jetzt von ihm bestimmte ist. Dieses kann ja vor der phyletischen Entstehung seines jetzigen Bestimmers durch ein anderes Stadium bestimmt gewesen sein, das vielleicht gerade durch die phyletische Neubildung seines jetzigen Bestimmers entwicklungsphysiologisch entbehrlich wurde. Aber lassen wir das einmal dahingestellt sein. In der Hauptfrage vielmehr, die in der Ontogenese gelöst werden muß, wenn sie phyletischen Urkundenwert haben soll, nämlich die Palingenese von der Cenogenese zu scheiden, versagt NAEFs Prinzip ebenso wie dasjenige von BRAUS. Denn wenn der „Vorzustand" eines „Umwandlungsproduktes" in der Ontogenese nur eine Cenogenese und keine Palingenese ist, hat er jeden phylogenetischen Wert verloren. Frühes ontogenetisches Auftreten ist kein Schutz gegen Cenogenese; denn auch die frühesten Anlagen mußten embryonal werden, sind also ebenfalls cenogenetisch verseucht und wahrscheinlich sogar erheblich mehr als die späteren Stadien. Man muß eben *zwei Sorten von Cenogenesen* unterscheiden. Cenogenese durch Embryonalmachung, eine rein entwicklungsphysiologische Cenogenese ohne jeden phyletischen Wert, und Cenogenese infolge phyletischer Umbildung der terminalen Stadien. Gewöhnlich wird nur der letzteren gedacht. Somit bestätigt auch NAEFs Unternehmen nur unsere These, daß *Ontogenie von sich aus nicht über Phylogenie entscheiden kann.* „Das einleuchtendste [was dagegen spricht. A. M.] . . . ist die Unfähigkeit irgendeines Embryonalstadiums zu selbständigem Leben" (SPEMANN 1916, S. 77). „Wenn einmal zugestanden sein muß, daß nicht alles, was auf dem Wege der Entwicklung liegt, palingenetischer Natur ist, daß nicht jede ontogenetische Tatsache man möchte sagen als bare Münze gelten kann, so ist zur Leistung jener Kritik [der ‚Sichtung der palingenetischen und der ontogenetischen Zustände'] auch kein Stück der Ontogenese unbedingt verwertbar . . . Jene Kritik muß also einer anderen Quelle entspringen" (GEGENBAUR 1889, S. 5).

Ehe wir nun versuchen, den hier vorliegenden Knoten aufzulösen, wollen wir noch kurz auf den dritten Parallelismus eingehen, mit dem HAECKEL Phylogenesen ableiten will. Bisher hatten wir die Parallelismen zwischen Typologie und Phylogenie und zwischen Ontogenie und Phylogenie erörtert. Nach dem Grundsatz: Sind zwei Größen einer dritten gleich, so sind sie auch untereinander gleich, folgert HAECKEL nun noch den „Parallelismus zwischen der biontischen und der systematischen Entwicklung" (1866, II, S. 373). Dies ist derjenige Parallelismus, den die vordarwinschen Anatomen und Embryologen, ein MECKEL, BURDACH, OKEN u. a. konstruierten, weshalb wir sie heute als Vorläufer des biogenetischen Grundgesetzes ansehen. So schreibt BURDACH (1817, S. 38): „Es ist allgemein anerkannt, wie der Lebenslauf des Einzelwesens verglichen werden kann mit der Entwicklung organischer Gestaltung in der gesamten Reihe lebender Wesen, nicht als ob eins im andern buchstäblich sich wiederfände, sondern so, daß ein höheres Gesetz der Entfaltung über beiden schwebt, sich äußernd an den in der Zeit aufeinanderfolgenden Zuständen des Einzelwesens, wie an den in verschiedenen Räumen gleichzeitig bestehenden Gliedern des organischen Reiches." *Natürlich hält dieser Parallelismus genauer Nachprüfung genau so wenig stand* wie einer der beiden anderen. Wir haben uns zudem ja schon in den Apriorismen und Kontingenzen der Typologie ausgiebig genug mit ihm beschäftigt, um zu wissen, daß seine Erledigung auf jenem Boden nicht möglich ist. Viel weniger kommt er dann als direkte phyletische Quelle in Betracht.

Als Schlußresultat unserer bisherigen Untersuchung können wir buchen, daß *keiner der untersuchten* Haeckel*schen Parallelismen für sich allein genommen als Quelle zur Feststellung von Phylogenesen in Frage kommt.* Wie steht es dann aber mit ihrem logischen Zusammenwirken? Kann man sie so in ein System logischer Ordnung und Unterordnung bringen, daß sie dann als Ganzes Phylogenie indirekt erschließen? Das ist nun, wie wir meinen, der Fall. Allerdings liefern sie uns auch dann keine dauernden phyletischen Ergebnisse, sondern nur solche, die dem augenblicklichen Stand der Forschung entsprechen, die mithin vom Fortschritt der Forschung reguliert werden müssen. Definitive Resultate liefert nur die eingangs geschilderte Methode direkter phylogenetischer Beobachtung. Leider aber ist diese so unendlich selten anwendbar.

Die *indirekte Erschließung der Phylogenesen* muß nun logisch folgendermaßen vor sich gehen. Zunächst stellen wir die Ontogenese jener Form fest, deren Phylogenese erschlossen werden soll; wir folgen kurz gesagt dem *Prinzip von* Haeckel. Ontogenie hat mit der Phylogenie das sehr wichtige Moment der Realität ihrer Formenfolge gemein, womit natürlich nicht gesagt sein soll, daß die Reihenfolge der Formen identisch ist. Das ist natürlich nicht der Fall, nur die *Realität als solche ist gemeinsam.* Alsdann gilt es, aus der Ontogenese alles irgendwie Cenogenetische zu eliminieren. Hier beginnt die Unsicherheit und Vorläufigkeit des Ergebnisses. Soweit unsere Kenntnisse reichen, kann es geschehen durch das *Prinzip von* Gegenbaur, das wir folgendermaßen formulieren wollen: Alle Stadien einer Ontogenese, für die sich im System der Typologie, im natürlichen System also, das wie gesagt auch alle Fossilien umfaßt, keine selbständig existenten Gegenbilder finden, die embryonalisiert den ontogenetischen

Ausgangsstadien kongruent sind, sind Cenogenesen und für die Ermittlung von Phylogenesen nicht verwendbar.

Hier sind nun drei logische Momente zu beachten. Zunächst erhalten wir auf diese Weise noch keine Palingenese, sondern nur eine Palintypose; denn allein mit Hilfe des idealen Systems der Typologie erhalten wir noch keine reale Phylogenese. Die Realität der Ausgangsontogenese kann diese typologische Idealität unseres Ergebnisses nur abschwächen, aber nicht beseitigen. Ferner enthält das von uns zur Ermittlung der Cenogenesen herangezogene System der Typologie ebenfalls ontogenetische Momente; denn wie wir früher gesehen haben, gehört zur normalen Typologie auch die vergleichende Embryologie, die in Form ontogenetischer Korrekturen das System der Typologie verbessert (vgl. die Choanenhomologie der Amphibien, PETER 1922). *Die Ontogenese kommt somit zweimal in der Feststellung von Phylogenesen zur Geltung*, einmal direkt und einmal als vergleichende Embryologie im Gesamtsystem der Typologie. Aus diesem Beispiel erhellt recht deutlich die ungeheure logische Komplexität unseres Problems. Logische Gedankenmassen liegen hier ebenso durch- und übereinandergeschichtet wie geologische Schichten in einem geologischen Faltenzug. Und endlich kommt im typologischen System, wie angedeutet, auch die *Paläontologie* zur Geltung[1]), soweit sie nicht schon die geschilderten direkten phylogenetischen Methoden liefert. Ein einzelnes aufgefundenes Fossil ist noch kein direkter Beweis für Phylogenie, so wenig wie es rezente Organismen, aussterbende oder eben ausgestorbene Formen an sich sind. Sonst hätte CUVIER, der in umfassenderem Maße Paläontologie und Zoologie beherrschte wie irgendeiner nach ihm, unbedingt Phylogenetiker sein müssen. Durch die Ergänzungen, die die Paläontologie in das System der Typologie bringt, wird der oben geschilderte Einwand O. HERTWIGS gegen GEGENBAUR einigermaßen aufgehoben.

Wir haben bisher also nach dem Prinzip von GEGENBAUR unsere Ausgangsontogenese von allem Cenogenetischen gereinigt und so eine Palintypose erhalten. *Diese Palintypose müssen wir nun in eine Palingenese verwandeln.* Das geschieht ebenfalls zunächst nach dem *Prinzip von* GEGENBAUR. Wir haben nach Beseitigung der Cenogenesen solche palintypotischen Stadien zurückbehalten, für die wir im System der Typologie embryonalisierbare Kongruenzen vorfinden.

---

[1]) Man vgl. hierzu auch folgende Bemerkung BÜTSCHLIS über das Verhältnis von vergleichender Anatomie und Paläontologie: „Im ganzen darf man daher wohl sagen, daß die vergleichende Anatomie mehr zum Verständnis der fossilen Reste beigetragen hat als umgekehrt letztere zur Aufklärung der vergleichend-anatomischen Probleme". (1910—21, S. 5.) Ähnlich auch v. WETTSTEIN (1898, S. 27, 28.)

Setzen wir nun diese an die Stelle unserer Palintyposen, *so erhalten wir eine Metamorphose von Typosen, die real durch das ontogenetische Band zusammengehalten werden.* Wir haben damit eine unvollständige Phylogenese erlangt, unvollständig, weil wir nicht wissen, ob aus der Ursprungsontogenese aus physiologischen Gründen schon Stadien fortgefallen waren, die phyletisch existiert haben; unvollständig ferner in bezug auf die Reihenfolge der Stadien unserer Palingenese, kann sie doch heterochronisch geändert sein; unvollständig drittens insofern, als wir nicht wissen, ob die von uns aus dem System der Typologie ausgewählten Formen den phyletisch anzunehmenden wirklich entsprechen.

Dies letztere Moment ist das schwerwiegendste, aber am leichtesten zu verschmerzende; denn diese Unsicherheit ist nun einmal das Schicksal aller indirekten Phylogenese. Der Einwand freilich braucht uns hier nicht zu kränken, den O. Hertwig Gegenbaur gemacht hatte, daß man nämlich nicht rezente Formen Fossilen gleichsetzen darf. Das werden wir natürlich auch nicht tun, wenn wir nach dem Prinzip von Gegenbaur verfahren. Das typologische System enthält ja wohlgeordnet alle fossilen und rezenten Formen, sowie Teilformen, die wir kennen; wir können somit mit einiger Aussicht auf Erfolg hoffen, den palintypotischen kongruente *fossile* Formen zu finden. Dabei werden wir uns von dem *Prinzip von* Naef leiten lassen und um so fossilere, d. h. paläontologisch ältere Formen aus der Typologie als Kongruenzen unserer Palingenese auswählen, je weiter zurück unser palintypotisches Stadium in der Ausgangsontogenese liegt.

Wir sahen, daß die Kongruentsetzung von typologischen Formen und Stadien unserer Palintypose (also noch nicht Palingenese[1]) eine Embryonalisierung der kongruenten Typosen verlangt; denn wir wissen, daß wir an sich ontogenetische Stadien niemals mit Dauerformen identifizieren dürfen. Wie aber soll eine solche Embryonalisierung vorgenommen werden, oder was dasselbe sein würde, aber unausführbar ist, eine Typologisierung ontogenetischer Stadien? Unausführbar ist die letztere insofern, als sie eine Umkehrung der Phylogenese bedeutet, die den physikalischen Gesetzen, besonders wahrscheinlich dem Entropieprinzip, zuwiderläuft. Hier ist nun der Punkt erreicht, wo Entwicklungsphysiologie helfend eingreifen kann. Hier kommt das *Prinzip von* Braus zu seinem phylogenetischen Recht; denn es zeigt uns in einem bestimmten Falle, „ob eine Veränderung, welche in der Phylogenie als möglich . . . erschlossen wurde, heute in der Ontogenie veranlaßt werden

---

[1]) Palingenese ist hier immer identisch mit unvollständiger Phylogenese.

kann" (1906, S. 35) Das aber ist nichts anderes als eine Dauerform, eine Typose, zu embryonalisieren. Zugleich haben wir damit genauer gezeigt, auf welchen komplizierten, indirekt phyletischen Prinzipien das BRAUSsche Programm ruht.

Wir haben jetzt durch die Prinzipien von NAEF und BRAUS unsere Palingenese als echten Bruchteil einer indirekten Phylogenese soweit logisch gesichert, als es der jeweilige Zustand der wissenschaftlichen Kenntnisse auf gesamttypologischem und physiologischem Gebiet zuläßt. Nun haben wir noch zu prüfen, *welche Formen interpoliert werden müssen und welche palingenetischen Stadien eventuell in ihrer Reihenfolge umgestellt werden müssen, damit aus unserer Palingenese eine vollständige indirekte Phylogenese wird.*

Die Interpolation erfolgt nach dem *Prinzip von* CUVIER, demselben Prinzip, mit dem diese erhabene Forschergestalt ihre unsterblichen paläontologischen Rekonstruktionen zustande gebracht hat. Die Quantelungen der Palingenese werden kontinuierlich ausgefüllt durch solche Typosen, die den bei der Aufstellung der Palingenese benutzten im natürlichen System am nächsten stehen.

Die eventuelle Umstellung der Reihenfolge erfolgt nach zwei Prinzipien. Einmal muß ermittelt werden, welche Stadien der Palingenese umgestellt werden müssen, wo also eventuell Heterochronien wirksam gewesen sind. Das geschieht nach dem *Prinzip von* O. HERTWIG durch formphysiologische Ermittlung der cenogenetischen Prozesse, die Heterochronien im Gefolge gehabt haben. Also auch hier greift Entwicklungsphysiologie helfend ein in den Prozeß der historischen Ermittlung einer Phylogenese. Die eigentliche Umstellung selber erfolgt dann nach dem *Prinzip von* MECKEL, nach dem die Reihenfolge der palingenetischen Formen derjenigen des natürlichen Systems adäquat gestaltet wird. Die Prinzipien von CUVIER und MECKEL stehen sich logisch offenbar sehr nahe. Sie unterscheiden sich aber dadurch voneinander, daß das Prinzip von CUVIER interpoliert, während das von MECKEL nur lokalisiert.

Damit haben wir gezeigt, auf welchen überaus komplizierten logischen Wegen eine indirekte Phylogenese zustande kommt. *Wahrlich, die Phylogenie oder historische Biologie steht der allgemein-historischen Quellenforschung an Verwicklung und Feinheit der historischen Kritik in nichts nach.* Den so einfach erscheinenden dreifachen Parallelismus HAECKELS haben wir in ein überaus komplexes logisches Bezugssystem aufgelöst, das sich auf einen Trialismus, aber keinen Parallelismus, dreier organischer Systeme, dem typologisch-idealen, dem ontogenetischen als dem typologisch-realen und dem phylogenetischen System aufbaut. Nicht weniger als sieben Prinzipien —

diejenigen von Haeckel[1]), Gegenbaur, Naef, Braus, Cuvier, O. Hertwig und Meckel — waren erforderlich, um in ganz bestimmter logischer Folge eine einfache indirekte Phylogenese zu konstruieren.

Aber eine solche indirekte Phylogenese ist durchaus abhängig von dem jeweiligen Stande der Disziplinen, auf denen unsere sieben Prinzipien, die in besonderen Fällen leicht noch um einige vermehrt werden können, beruhen. Nur in dem idealen Grenzfalle, daß wir alle organischen Formen, die je existiert haben, existieren und existieren werden, kennen, dürfen wir annehmen, daß die auf solcher Basis konstruierten indirekten Phylogenesen den direkt wahrnehmbaren völlig kongruent sind. Wahrscheinlich aber würden wir dann auch die letzteren kennen, könnten also auf indirekte Konstruktionen verzichten; aber an sich bedeutet die Kenntnis aller Formen natürlich noch nicht die Kenntnis ihrer geologisch-chronologischen Zusammengehörigkeit. *Zugleich ist aus alledem deutlich geworden, wie alle bloße Typologie und Ontogenie in der Phylogenie eins werden und ihre Kontingenz überwinden, soweit historische Erkenntnis in Frage kommt.*

Bisher sind wir im Aufbau unserer Phylogenesen nach dem Haeckelschen Prinzip von der Ontogenese ausgegangen. Erfahrungsgemäß gelangt man auf diesem Wege in der Regel aber nicht viel weiter als bis zur Phylogenie taxonomischer Familien. Der Grund dafür liegt natürlich darin, daß die Übersetzung unserer palintypotischen Stadien in palingenetische nach dem Gegenbaurschen und den anderen Prinzipien niemals mit absoluter Eindeutigkeit auf nur eine bestimmte typologische Form weist, sondern in der Regel für eine ganze Reihe solcher Typen zutrifft, ebenso viele, als eine diagnostische Klasse oder Familie ausmachen. Infolgedessen braucht übrigens der übersetzte Typus in unserem jeweiligen System gar nicht als ganzer vorzukommen, er kann sich auch aus Teilformen sonst von ihm abweichender typologisch-existenter Individuen zusammensetzen. Freilich als Phylon muß er einmal existiert haben; denn Phylogenese ist ja reale, historische Genese. Nur braucht er in unserm äußerst lückenhaften natürlichen System als solches noch nicht vorzukommen. Derartige Schlüsse auf „missing links" benutzt man ja leider mehr als gut ist in der Phylogenie. Immerhin wird man sich zur Regel machen, von ihnen nur den allersparsamsten Gebrauch zu machen.

---

[1]) Ich habe diesen Prinzipien die Namen derjenigen Autoren gegeben, die den in ihnen enthaltenen Gedankengängen am nächsten stehen.

Nun gibt es aber auch noch eine Methode, die Phylogenie weiter vorzutreiben als nur bis zu den Familien. Das leistet die biogeographische Phylogenese, die wir das v. WETTSTEIN*sche Prinzip* nennen wollen, weil es von diesem geistvollen Autor zuerst systematisiert worden ist. Angewandt ist es natürlich auch schon vor den denkwürdigen Arbeiten von v. WETTSTEIN an Gentiana und Euphrasia, so von KERNER und vielen Zoologen, hier besonders von meinem unvergeßlichen Lehrer W. HAACKE, dem ein tragisches Geschick die Vollendung seiner geistigen Existenz genommen hat. v. WETTSTEIN faßt sein Prinzip in folgende Worte zusammen: „Die Lebensbedingungen sind nicht nur vielfach zeitlich, sondern insbesondere räumlich in ganz bestimmter Weise geordnet woraus ohne weiteres sich ergibt, daß die in Anpassung an räumlich bestimmt verteilte Faktoren entstandenen Arten durch analoge räumliche Verbreitung auf ihr Entstehen zurückschließen lassen müssen." Das Phylontaxon — Taxon, welches zugleich Phylon ist — erhält dadurch die Bedeutung, die schon KERNER dem Artbegriff gegeben hat, nämlich „Inbegriff aller über ein bestimmtes Areale verbreiteter gleichförmiger und sich durch längere Zeit in der Mehrzahl ihrer Nachkommen gleichförmig erhaltener Individuen" zu sein (KERNER 1868, S. 46). Da, wo sie anwendbar ist, kann diese Methode die indirekte Phylogenese, die sonst nur bis zu den Familien reicht, in günstigen Fällen bis zu den Taxis selbst vortreiben.

Damit haben wir das Problem der phyletischen Metamorphosierung — Phylogenese — erledigt. Wir haben gefunden, daß es zwei Wege zur Feststellung von Phylogenesen gibt, einen königlichen der direkten Beobachtung und einen mühseligen der indirekten Erschließung. Die überaus verwickelten logischen Etappen dieser Methode, die gewöhnlich unter der Terminologie des biogenetischen Grundgesetzes umläuft, haben wir uns bemüht bloßzulegen.

Ehe wir zum nächsten Problem, der Systematisierung der Phylogenesen übergehen, soll noch kurz angemerkt werden, daß man Phylogenesen graphisch in der Form des Stammbaums darzustellen pflegt, wie er sonst in der Genealogie üblich ist. Daß das auch in der Phylogenie mit Erfolg möglich ist, zeigt aufs neue die innige logische Verwandtschaft beider Wissenschaften. Neuerdings sind nun von O. HERTWIG (1917) und K. LEWIN (1920) Darstellungsmethoden ausgearbeitet worden, die exakter arbeiten wollen als es der gewöhnliche Stammbaum tut. Allein mir will scheinen, daß die genannten Verbesserungen vorläufig nur genealogische Bedeutung haben, allenfalls sind sie im Mendelismus noch von Wert. Die Phylogenie wird wohl noch auf lange hinaus ohne sie ebensogut auskommen können.

Das bestätigt auch Naef, dem zum mindesten die Arbeit von O. Hertwig nicht unbekannt gewesen sein wird, als er (1919, S. 21) den Stammbaum den „vollkommensten Ausdruck" typischer Beziehungen nannte, weil er deren „Koordination und Subordination" aufs beste zur Darstellung bringt.

Diese Frage der äußeren Darstellung der Phylogenesen hat uns schon hinübergebracht in unser nächstes *Problem der Systematisierung der Phylogenesen.* Ihre Gesamtdarstellung findet die Summe unserer phyletischen Kenntnisse in dem phylogenetischen System der Organismen. Wie kommt es zustande und was bedeutet es?

Gewöhnlich, z. B. von Göbel, wird es so dargestellt, als ob das phyletische System der Organismen nur eine einfache historische Umdeutung des typologisch-natürlichen ist. Das ist aber grundfalsch. Wir haben erfahren, welcher komplizierte logisch-historische Apparat in Bewegung gesetzt werden muß, um auch nur die einfachste indirekte Phylogenese zu erschließen; wir dürfen daher von vornherein annehmen, daß das Resultat dieses Prozesses von dem der Typologie himmelweit verschieden ist. Die Typologie ist ein ganz unhistorisches, ideales System, das die organischen Formen ohne jede Rücksicht auf den Zeitfaktor rein formal nach der Ähnlichkeit ordnet; *das phyletische System hingegen ordnet reale Gebilde nach ihrer historischen Zeitlokalisation.* Dieser Zeitfaktor kommt in die indirekte Phylogenese, wie wir gesehen haben, durch das Haeckelsche Prinzip, das Moment der vertikalen Ontogenese hinein. Das Prinzip der historischen Lokalisation, das jedem einzelnen Phylon in einer bestimmten Phylogenese seinen Platz anweist, baut auch diejenigen phyletischen Kategorien auf, die über dem Phylontaxon liegen. Zum selben P h y l o n - t a x o n gehören alle realen Individuen, die zu einer bestimmten Zeit und an einem bestimmten Ort aus demselben organischen Material entstanden sind, sowie unter Wahrung der genealogischen Kontinuität seitdem mit den erstentstandenen Individuen isoreagent geblieben sind. Zur selben phyletischen G a t t u n g , F a m i l i e , K l a s s e usw. gehören dann weiter alle realen Individuen, die zwar mit den ersten isoreagenten Moneren ihres Stammes nicht isoreagent geblieben sind, aber genealogisch von ihnen abstammen. Je nach dem Grad der rein taxonomischen Abweichung von der ursprünglichen Isoreagenz bestimmt sich dann, ob die verschiedenen Phylataxa zur selben phyletischen Gattung, Klasse, Familie usw. gehören. *Zum gleichen Stamm aber gehören alle phyletischen Kategorien, die von denselben autonom entstandenen Moneren real-genealogisch abstammen.* Der phyletische Stamm ist also allemal eine Summe von phyletischen Individuen, während der typologische Stamm eine geometrische Idee, einen Bauplan darstellt. Die logischen Probleme des Polyphylieproblems werden wir in der Lehre von den phyletischen Kontingenzen erörtern; phyletisches System und natürliches (typologisches) System sind also grundverschiedene Dinge. Das hat auch UNGERER sehr deutlich gefühlt, wenn er einmal sagt, daß „die Gewinnung eines Systems der Lebewesen die Annahme der Abstammung, die so viele Tatsachen zur wahrscheinlichen Hypothese machen, nicht erleichtere, sondern erschwere" (1922, S. 25). Es kommt der Phylogenie nicht auf rein logische Ordnung an, wie der Typologie, sondern auf historische Kenntnis des tatsächlichen Verlaufs der organischen Formbildung, nicht auf Ableitung der Formen voneinander, sondern auf ihre Abstammung. *Wo wir aber reale Abstammung der Formen ermittelt haben, können wir auf ideal logische Ableitung verzichten, sofern sie nicht für physiologische Theorien noch gebraucht wird.* Denn die Physiologie wird von der historischen Phylogenie einfach stillschweigend vorausgesetzt, d. h. die Frage, wie organische Formwandlung physiologisch möglich ist, interessiert die Phylogenie als echte Historie nicht. Sie sieht, *daß* sie möglich ist, das genügt. Infolgedessen ist die Phylogenie auch an der Lösung von entwicklungsphysiologischen oder Vererbungsfragen, wie derjenigen nach der Vererbung erworbener Eigenschaften, gänzlich uninteressiert. Sie weiß, daß die Formen neue Eigenschaften erwerben und ihren Nachkommen vererben. Das genügt ihr, die physiologische Auflösung dieses Rätsels eben der Physiologie überlassend.

Damit sind wir schon in das *Problem der Historisierung* hinübergeraten, d. h. der Frage der historisch-theoretischen Bedeutung und Sinngebung des phylogenetischen Systems der Organismen. Wir werden hierauf abschließend erst in den Abschnitten von den phylogenetischen Ideen und Theorien antworten. Hier mag nur angemerkt werden, daß diese Frage von den zumeist physiologisch eingestellten Phylogenetikern und Deszendenztheoretikern gar nicht gesehen wird. Sie wollen immer „Gesetze" der Formbildung ermitteln und vergessen ganz, *daß Historie gar keine Gesetze sucht, sondern Sinn deutet.* Die Gesetze der organischen Formbildung, auch der phyletischen, hat die Physiologie in Vererbungslehre und Entwicklungsmechanik zu ermitteln, die Phylogenie verdeutlicht nur ihren Sinn. Sinnesforschung hat natürlich nicht überall Sinn. Von einem Sinn der Mineralien werden nur Phantasten reden, weil die Formen der Mineralien nicht zahlreich genug sind, um solche Frage überhaupt stellen und beantworten zu können. Wo aber eine verwirrende Fülle verschiedenster Formen vorliegt, eine Fülle ferner, deren einzelne

Glieder kontinuierlich[1]) ineinander übergehen und dadurch die Vermutung rechtfertigen, daß die physiologischen Vorgänge, die jede von ihnen haben entstehen lassen, nicht gar so sehr voneinander verschieden sein werden, eine solche Fülle trotzdem verschiedenster Formen ruft unweigerlich die Frage nach dem Sinn solcher Gestaltung hervor; und wenn aus keinem anderen Grunde, so einfach deshalb, weil hier alle Physiologie vielleicht für immer versagt. Die Gehirnphysiologie eines Bismarck ist z. B. sicherlich nicht sehr verschieden von der eines Goethe, und doch welche verschiedene Fülle geistiger Gestalten entsprang beiden Gehirnen? Die Hoffnung, diesen Dingen jemals physiologisch beikommen zu können, ist mehr als vermessen, ist Gotteslästerung! Daher wird Historie auch in der Biologie in Form der Phylogenie stets ihren guten Sinn behalten. Welcher Art diese Historisierung der Phylogenie ist, wird uns die Lehre von den phylogenetischen Ideen zeigen.

## 5. Kontingenzen.

Im Abschnitt von den Kontingenzen der Typologie mußten wir mit der unbefriedigenden Erkenntnis schließen, daß, solange wir auf typologischem Boden bleiben, eine Kontingenz zwischen den beiden typologischen Disziplinen, der typologisch-idealen vergleichenden Anatomie und der typologisch-realen Embryologie bestehen bleibt, die mit den logischen Mitteln der Typologie auf keine Weise überbrückt werden kann. Wir deuteten aber schon an, daß die Phylogenie imstande ist, diese typologisch unauflösbare Kontingenz zu beseitigen. Auf typologischer Basis besteht keine Möglichkeit, die idealen vergleichend anatomischen und vergleichend embryologischen Metamorphosen in die realen der vertikalen Ontogenie zu übersetzen.

Die Phylogenie aber hat diese Leistung vollbracht. *Durch die Methode der indirekten Phylogenese kann sie aus einer Ontogenese zunächst eine Palintypose, aus dieser eine Palingenese und aus ihr wieder eine Phylogenese machen. So wird aus idealer Typologie reale Historie.* Das logische Moment, das die Phylogenie letzten Endes hierzu befähigt, ist kein anderes als die Hypothese einer real-historischen Abstammung aller organischen Formen voneinander, eine Hypothese, die durch die Methode der direkten Phylogenese zwar nicht unbedingt bewiesen — welche naturwissenschaftliche Hypothese ist über-

---

[1]) Die hier auftauchende Frage, ob die phyletische Entwicklung nicht statt kontinuierlich gequantelt gedacht werden muß, ist bei dem gegenwärtigen Stand unserer phylogenetischen und vererbungswissenschaftlichen Kenntnisse noch nicht spruchreif.

haupt direkt beweisbar? —, aber doch als allein wahrscheinlich und jedenfalls theoretisch fruchtbarer als jede andere hingestellt und damit zur wirklichen Theorie erhoben wird. So löst die Phylogenie den logischen Knoten, den die Typologie zurückgelassen hatte, und rechtfertigt damit auf das sicherste unsere stets wiederkehrende Behauptung, daß die Typologie nur Propädeutik für Phylogenie ist, eine Propädeutik, die theoretisch dort entbehrlich wird, wo Phylogenie imstande ist, ihr theoretisches Ziel zu erreichen und volle historische Aufklärung zu geben. *Was von Typologie nicht in Phylogenie aufgeht, hat entweder keine theoretische Bedeutung, sondern nur praktisch diagnostische, oder aber bleibt Propädeutik, nun allerdings für die Physiologie.* Denn die Phylogenie schließt zwar keine einzige typologische Form aus von der ihr eigentümlichen historischen Sinngebung, die Frage der physiologischen Entstehung der Formen aber läßt sie offen. Hier wird die von der an sich neutralen Typologie geleistete Vorarbeit von der Physiologie übernommen und ersetzt.

Allein wir haben hier zunächst noch die Frage zu prüfen, *ob die Phylogenie*, die in der Lage ist, eine typologische Kontingenz historisch aufzulösen, nun selber völlig frei von eigenen Kontingenzen ist oder ob auch sie ihre *Grenzen hat*, über die sie logisch nicht hinaus kann.

Diese Frage ist zur Zeit nicht mit Sicherheit zu beantworten. Sie hängt von der Lösung, die man dem Polyphylieproblem gibt, ab. Wer wie HAECKEL in seiner späteren Zeit und NAEF an Monophylie glaubt, für den ist die Phylogenie völlig frei von jeder Kontingenz. Wer aber, wie v. WETTSTEIN Polyphylie für erwiesen hält, für den gibt es in der Phylogenie genau soviel Kontingenzen als mathematische Kombinationen der Anzahl der autonomen Stämme möglich sind, die er annimmt. *Polyphylie ist mit phylogenetischen*, d. h. logisch historischen *Mitteln unauflösbar;* denn Polyphylie zwischen zwei Stämmen sagt ja nichts anderes, als daß historische Abstammungsbeziehungen zwischen ihnen nicht vorhanden sind. Hier kann die Phylogenie als historische Wissenschaft nicht weiter.

Freilich ist die Entscheidung, ob Polyphylie vorliegt oder nicht, nicht so einfach, wie LORENZ (1898) und O. HERTWIG (1917) sie sich machen. Denn die genealogische Tatsache, daß Abstammung von einem einzelnen Stammvater unmöglich ist, ist keineswegs ein Beweis für Polyphylie; denn Phylogenie behauptet ja nie und nimmer Abstammung von einem einzelnen Individuum, sondern, wie wir wiederholt festgestellt haben, Abstammung von demselben Taxon, „Isoreagenten" RAUNKIAERS (1918). Auch der Anhänger der Monophylie nimmt doch an, daß die Moneren, von denen er alle phyletischen Stämme ableitet, ursprünglich in unendlicher Menge vorhanden waren und womöglich heute noch sind, eventuell als ARRHENIUSsche Weltallsporen (1907). Nur behauptet er — und darin besteht seine Monophylie —, daß die ersten Moneren einander in jeder Hinsicht gleich waren, isoreagent, reine Linien und Isogena waren. Augenblicklich neigt die Forschung mehr dahin, isogenetisch verschiedene Moneren als autonom entstanden und damit Polyphylie anzunehmen, und man muß sagen, daß diese Ansicht auch die logische Wahrscheinlichkeit für sich hat; denn warum sollten in dieser Welt der Verschiedenheiten ausgerechnet die organischen Moneren einander einmal alle gleich gewesen sein? Ferner ist es, wenn man Polyphylie behauptet, durchaus nicht nötig, bei den Moneren der verschiedenen Stämme nun unbedingt ungeheure konstitutionelle Verschiedenheiten anzunehmen. Dagegen sprechen alle Konvergenzerscheinungen. Es ist natürlich auch sehr unwahrscheinlich, daß die Moneren der einzelnen Stämme alle nur in einer bestimmten Epoche der Phylogenie gelebt haben; vielmehr verteilen sie sich sicher auf verschiedene Epochen und existieren und entstehen heute noch so wie einst, wenn nicht mehr auf unserem sterbenden Planeten, so eben auf günstigeren Gestirnen.

*Wer also an Polyphylie glaubt, setzt der Phylogenie unübersteigbare Grenzen. Hier ist dann der logische Moment erreicht, wo die Phylogenie das Wort unbedingt an die Physiologie abgeben muß.* Denn diese kann natürlich, wo phyletisch-historische Kontinuität versagt, physiologische Untersuchungen und Vergleiche anstellen, physiologische Konvergenzen ermitteln usw. Kann doch auch der Chemiker Elemente, die sicher nicht voneinander abstammen, hinsichtlich ihrer Eigenschaften vergleichen, Verbindungen zwischen ihnen herstellen und dergleichen.

## 6. Ideen.

Hier nehmen wir den Faden der Untersuchung wieder auf, den wir am Schluß des Apriorismenkapitels abbrechen mußten. Das Problem der Systematisierung der Phylogenesen hatte uns dort zum Problem der *Historisierung des phyletischen Systems der Organismen* geführt. Historisierung *aber heißt Ausdeutung oder Sinngebung des phyletischen Systems auf Grund der historischen Idee.* Wir müssen also zunächst das Wesen der historischen Idee selber, natürlich immer mit Rücksicht auf die Biologie, untersuchen, ehe wir daran gehen können, von ihr aus das phyletische System mit historischem Sinn zu erfüllen. Zwar ist sich die Phylogenie dieser Aufgabe bisher nie bewußt geworden; sie glaubte ihre Probleme mit der Aufstellung des phyletischen Systems der Organismen gelöst zu haben. Wessen sie

darüber hinaus an Theorie bedurfte, befriedigte sie mit jenen heute
mehr als problematisch gewordenen kühnen Theorien, die wie die
Selektionstheorie, der Lamarckismus in allen seinen Schattierungen,
die Migrationstheorie, die Theorie der Orthogenesis, die Mutations-
theorie und wie ihre vielen logischen Geschwister sonst noch heißen,
das so ungeheuer komplizierte Problem der organischen Entwicklung
mit einer einzigen Zauberformel lösen wollen. Nachdem wir aber
heute durch die Ergebnisse der exakten Vererbungslehre belehrt
worden sind, daß diese „alles umfassenden Abstammungstheorien . . .
ebenso unsicher [sind], wie sie durch ihre Weite und Kühnheit ent-
zücken" (SPEMANN 1915, S. 84), daß also keine von ihnen ernstlich
zu gebrauchen ist, und daß es noch vieler, mühevoller Detailunter-
suchungen bedarf, ehe wir aufs neue an den Aufbau einer universaleren Theorie der Umwandlung organischer Formen ineinander
denken können, ist der Phylogenie das physiologisch-theoretische
Fundament entzogen. Statt nun aber, wie es DRIESCH und die vielen
anderen modernen Verächter der Phylogenie unter den Biologen getan haben, auch die Phylogenie selbst in diesen allgemeinen Zu-
sammenbruch mit hineinzuziehen, sollte man sich lieber darauf besinnen,
*daß die Phylogenie als historische Wissenschaft von dem Versagen irgend-
welcher voreiliger physiologischer Theoreme gar nicht berührt zu werden
braucht.* Zwar sind die Objekte, mit denen sich die Phylogenie befaßt, genau so gut durch physiologische Prozesse hervorgebracht wie
auch die ganze übrige Welt physikalisch-kausal bedingt ist. Das
alles hat aber doch mit ihrer historischen Bedeutung nichts zu tun.
*So kann man auch die Phylogenie durchaus unabhängig von allen
physiologischen Theorien über die Entstehung der Arten theoretisch begründen, und zwar historisch-theoretisch.* Damit macht man dann auch
die Phylogenie ein für allemal unabhängig von allen Schwankungen
physiologischen Theoretisierens.

Worin besteht nun die *Idee des Historismus auf biologischem Gebiet?* Wir wissen bereits, daß sie in allem der logische Antipode der
naturalistischen Idee der Mathematisierung ist. Allein worin besteht
ihr positiver Kern? TROELTSCH, in unseren Tagen der gründlichste
Erforscher geschichtsphilosophischer Probleme, ist (1922) zu dem
Ergebnis gelangt, daß es letzten Endes das Gottesproblem ist, von
dessen Erkenntnis und Lösung alles historische Forschen schließlich
seinen Sinn empfängt. Historisierung ist Sinngebung des Universums
sub specie aeternitatis, sub specie dei. Soll das besagen, daß wir in
der Biologie jene Sorte von Untersuchungen wieder aufleben lassen
sollen, deren Forschungsziel darin bestand, die Weisheit und Güte
des allmächtigen Schöpfers Himmels und der Erden beispielsweise

an Bau und Nutzen von Pulex irritans zu demonstrieren? Sicherlich nicht. Troeltsch selber weiß hier keinen Rat. Er denkt außerordentlich skeptisch über die Möglichkeit einer Historisierung der Biologie und ist in seinem Buche immer wieder bemüht, den Trennungsstrich zwischen eigentlicher Geschichte und Naturgeschichte, insbesondere der organischen, möglichst kräftig zu ziehen. „. . . wenn man es für notwendig halten mag, auch . . . vor allem den biologischen Systemen eine organisierende Idee zuzutreiben, dann bleibt ein solcher Entwicklungsbegriff doch immer noch trotz aller Annäherung von dem historischen Entwicklungsbegriff grundverschieden . . .“ (1922, S. 59). Unseres Erachtens steht auch Troeltsch hier in der Phylogenie allzusehr unter dem Eindruck, den die für alle Physiologie durchaus selbstverständliche und vollauf berechtigte Ablehnung alles Historismus (Teleologie!) auf den theoretischen Bestand der Phylogenie gemacht hat. Dennoch kann man in der Phylogenie nicht nur eine logisch gediegene Form der Idee des Historismus finden; man muß sie auch finden, wenn anders das System der Phylogenie nicht ein Torso bleiben soll.

*Diese echt historische Idee, die aller Phylogenie theoretisch zugrunde liegt und ihrem Sinn erst den richtigen Sinn verleiht, ist nun nichts anderes als das in der Physiologie mit Recht zurückgewiesene Teleologieprinzip.* Freilich darf man unter Teleologie dann nicht jenes magere logische Gerippe verstehen, das unter den Händen physiologisch orientierter Forscher aus ihm geworden ist, die von ihm wohlmeinend noch retten wollten, was zu retten ist. *Historische Teleologie* ist nicht nur „Dauerfähigkeit“ (Roux), noch weniger die dürre „Ganzheitskategorie“ (Driesch, Ungerer), sondern *ein in hohem Maße lebendiger, von historischem Geiste erfüllter Bedeutungszusammenhang.* Ungerer (1922) scheidet ja von seiner Ganzheitsteleologie noch eine „echte Teleologie“ ab, die mehr ist als nur „Ganzheit“ und in der Ökologie eine Rolle spielt. Hier ist er der historischen Teleologie so nahe gekommen, wie das von seinem Standpunkt aus möglich ist, aber immer noch nicht nahe genug. Die Organismen sub specie Teleologiae betrachten, heißt in ihnen nicht nur Durchgangsstadien zu immer höheren phyletischen Zielen erblicken, sondern bedeutet, jede organische Form in erster Linie als *Selbstzweck* zu würdigen. *Jeder Organismus ist historisch angesehen ein einmaliger, in gleicher Art und Form nie wiederkehrender Ausdruck für jenen allgemeinen metaphysischen, alles historische Sein und Leben in sich begreifenden Prozeß der ewigen Verwirklichung Gottes in der Welt.*

Daß das mehr ist als eine müßige metaphysische Phantasie ohne jede Möglichkeit einer theoretischen Anwendung in der Phylogenie, mag die folgende, den Werdegang dieser Idee in der Biologie schildernde Skizze beweisen. Der erste, der auf diesem Prinzip die Biologie als Ganzes theoretisch aufgebaut und ihr dadurch eine theoretische Geschlossenheit und universale Größe verliehen hat, die sie seitdem nicht wieder hat erringen können, war ARISTOTELES[1]). Sein *Entelechieprinzip*, weit entfernt von jenem Kümmerling, den DRIESCH aus ihm herausdestilliert hat, ist inhaltlich und formal völlig identisch mit unserer oben gegebenen Formulierung der historischen Idee in der Phylogenie. *Für ihn war jeder Organismus ebensowohl Selbstzweck wie Schwelle.* Diese Philosophie des Organischen wurde ihm bekanntlich zur Naturphilosophie überhaupt. ARISTOTELES ist so der Vater der historischen Biologie geworden.

Zu neuem Leben erwacht diese Form des Teleologieprinzips, die Organismen historisch zu betrachten, dann in der Epoche der idealistischen Morphologie. „Die Individuen müssen einen anderen Zweck haben, als ihre Gattung oder das organische Reich zu verwirklichen und zu erhalten, denn dieses Reich, sowie jene Gattung existiert nur in Individuen: Wesen aber, die keinen eigenen Zweck hätten, sondern nur für andere wirkten, die des eigenen Zweckes ebenfalls ermangelten, würden ein höchst albernes Dasein haben und unendlich weniger wert sein als Maschinen, die zwar auch nichts für sich wirken, wohl aber den reellen Nutzen eines Fremden bezwecken. Der Organismus charakterisiert sich durch Selbständigkeit: wie er durch eigene Tätigkeit besteht, so muß er auch um seiner selbst willen leben; wie er den Grund seines Daseins in sich trägt, so kann auch der Zweck desselben nicht außer ihm liegen ... Das Leben behauptet sich durch seine eigenen Kräfte, aber nur unter der Bedingung einer ihm entsprechenden Außenwelt und nur vermöge seines Ursprungs aus einem Ideellen, welches sich in seiner Besonderheit und Einzelheit verwirklicht hat. So hat es denn außer der Beziehung auf sich selbst auch eine Beziehung auf das Ganze: es wird Mittel fremden Daseins und Lebens, aber ebensowenig als ein Organ für die anderen Organe seines Leibes Mittel schlechthin ohne eigenen Zweck, vielmehr wird durch die in ihm erwachende Universalität seine Individualität gesteigert und dadurch der eigene Lebenszweck in höherem Grade und in weiterem Umfang erfüllt." So K. F. BURDACH (1830, Bd. 3, S. 717 u. 718). Gibt man diesem Gedanken die Wendung auf die Gottesidee, so landet man bei AGASSIZ (1857) und seinen organischen Formen als „Schöpfungsgedanken" Gottes.

Freilich bleibt das alles auf dieser Stufe rein ideell typologisch. BURDACH erstrebt keine reale Geschichte der Natur, sondern will nur

---

[1]) In einer Monographie über „ARISTOTELES als theoretischen Biologen" gedenke ich ausführlicher auf diesen Gegenstand zurückzukommen.

„eine Symbolik[1]) der Natur geben" (1817, S. 43). Wie jedoch dieser Gedanke auf die realhistorische Entwicklung der organischen Stämme anzuwenden ist, das hat niemand schöner angedeutet als HAECKEL. Leider ist es nur bei dieser Andeutung geblieben; infolge seiner auch in der Phylogenie mechanistischen Einstellung konnte er allerdings wohl nicht tiefer dringen. Immerhin hat er hier erheblich tiefer gesehen als alle seine Epigonen und erweist sich dadurch dem älteren AGASSIZ viel geistesverwandter, als er selbst geglaubt hat. Die These HAECKELs, die wir hier im Auge haben, ist seine Lehre von der „Epacme, Acme und Paracme" der organischen Stämme (1866, II, S. 366ff.). Die Acme ist nichts anderes als der phyletische Selbstzweck der organischen Stämme. Was von einem ganzen Stamm gilt, gilt natürlich auch von dem einzelnen Phylon, ja von jedem Individuum. Ebenso muß diese Lehre auch auf die einzelnen phyletischen Epochen selber angewandt werden. Ihre Acme wird repräsentiert durch ihre jeweiligen Leitfossilien. Leider ist noch niemals Phylogenie bewußt in diesem echt historischen Sinne geschrieben worden.

In unseren Tagen hat dann diese Lehre vom Selbstzweck der Organismen eine neue Auferstehung in der These von v. UEXKÜLL (1919, 1921[2]) von der „Umwelt und Innenwelt" der Organismen gefunden. Leider wird sie immer rein physiologisch aufgefaßt, obschon sie im Rahmen der Physiologie doch als ein logischer Fremdkörper wirken muß; übrigens wohl der tiefere Grund dafür, daß die Physiologie bisher mit v. UEXKÜLLs These nichts Wesentliches hat anfangen können. In Wirklichkeit ist diese Idee eine historische. Man erkennt dies sofort, wenn man eine kleine Korrektur vornimmt. Nach v. UEXKÜLL paßt jeder Organismus geradezu vollendet-vollkommen in seine Umwelt. Kein Organismus ist vollkommener als irgendein anderer. Sieht man diese Behauptung mit phylogenetischen Augen an, dann muß man sie dahin einschränken, daß sie nur für die „Acme" der jeweiligen Form restlos gilt, hingegen noch nicht für die Epacme und nicht mehr für die Paracme. Man wende somit die Theorie v. UEXKÜLLs ins Phylogenetische und kann ihres großen Erfolges sicher sein.

*Es ist also jedes phyletische Individuum, jedes Phylontaxon, jeder Stamm, jede Epoche Selbstzweck und hat seinen oder ihren guten*

---

[1]) In ähnlichen Gedankengängen bewegt sich neuerdings auch DACQUÉ, wenn er (1921, S. 4) meint: „Entwicklung, Anpassung, Zweckmäßigkeit, Stammbaum sind vor allem solche Symbole, welche es uns ermöglichen sollen, das in seinem zeit- und raumlosen Wesen dem verstandesmäßigen Denken unzugängliche, schöpferisch-organische Werden und Sein in die Sphäre kausaler Anschauungsform hereinzunehmen, als deren Gegenstand die konkreten Objekte, die Formen, erscheinen."

*Eigen-Sinn und Wert: hingegen für das phyletisch folgende Individuum, Phylon oder den folgenden Stamm und die folgende Epoche — folgende, keineswegs höhere, vollkommenere — sind alle diese Mittel zum Zweck.* Von Vervollkommnung darf man mit gutem Sinn in der Phylogenie also nie reden, wenn man eine Acme mit irgendeiner anderen Acme vergleicht, sondern nur vom Standpunkt einer Acme relativ zu gleich- oder vorzeitigen Ep- und Paracmeen. Einen anderen Sinn als diesen kann das Vervollkommnungsprinzip in der Phylogenie nicht haben, wenn anders es nicht Verwirrung stiften soll. Fassen wir zusammen:

1. *Historisierung ist in der Phylogenie identisch mit Teleologisierung.*

2. *Teleologie bedeutet in der Phylogenie nicht Dauerfähigkeit, auch nicht Ganzheit, sondern Entelechie im alten Sinne des Aristoteles.*

So sehr wir nun auch das Teleologieprinzip in der Phylogenie für theoretisch unentbehrlich ansehen, ebensosehr müssen wir uns aber auch hüten, daraus Rückschlüsse auf die Physiologie zu ziehen. In der Physiologie hat Teleologie gar nichts zu suchen und höchstens propädeutische Bedeutung.

## 7. Theorie.

Nachdem wir in den vorhergehenden Abschnitten die Prinzipien und den logischen Gang der Theorienbildung in der Phylogenie als einer historischen Wissenschaft geschildert haben, haben wir nun noch die Aufgabe zu lösen, die in dieser Art Historie zum Ausdruck kommende *Kausalität* zu schildern und so gleichsam die Quintessenz alles phylogenetisch-historischen Theoretisierens zum Ausdruck zu bringen.

Schon der Begriff einer „*historischen Kausalität*" ist heiß umstritten. Nicht wenige Philosophen sind der Ansicht, daß es dergleichen gar nicht gibt, daß historische Kausalität ein hölzernes Eisen, ein rundes Viereck und ähnliche logische Ungereimtheiten mehr bedeutet. Allein der Streit um diesen Begriff ist ein ziemlich müßiger, jedenfalls aber völlig unfruchtbarer. Es ist lediglich eine Frage zweckmäßiger Terminologie, ob man von historischer Kausalität reden darf oder nicht. Wer freilich unter Kausalität nur streng eindeutige Bestimmtheit der Dinge durcheinander versteht, kann sie nur in der exakten mathematischen Naturwissenschaft, also nur in der naturalistischen Idee der Mathematisierung finden, ja selbst einmal hier nicht uneingeschränkt, sondern im Grunde nur in dem Teil der Physik, den man mit PLANCK (1922) als dynamische der statistischen gegenübergestellt; denn in der modernen Atomistik ist man bekanntlich noch sehr weit von eindeutiger Bestimmtheit entfernt, so weit, daß Forscher wie Kramer bereits Neigung verspüren, aus dieser Not eine Tugend zu machen und auf das Prinzip der Eindeutigkeit im Kausalbegriff überhaupt zu verzichten. Wir wollen hier unter *historischer Kausalität* ganz einfach die logische Tatsache verstehen, daß sie *nicht minder wie mathematisch-physikalische Kausalität kausale Befriedigung unseres Erkenntnisbedürfnisses,* unserer theoretischen oder reinen Vernunft *gewährt.*

Wie können wir nun aber die historische Kausalität ihrem Sinne nach näher bestimmen und sie damit zugleich gegen die mathematische Kausalität abgrenzen? Die herrschende Deutung des Verhältnisses dieser beiden Begriffe zueinander ist heute noch die von Windelband (1894) inaugurierte und von Rickert (1902) in breitester Weise systematisierte Lehre, daß es der Historie überall im Fluß der Erscheinungen darauf ankommt, das Einmalige, Unverlierbare zu charakterisieren, während sich die Naturwissenschaft umgekehrt nicht für das Besondere, sondern gerade für das Allgemeingültige der realen Dinge und Geschehnisse interessiert. Die Historie verfährt idiographisch, die Naturwissenschaft nomothetisch. Wir können uns an dieser Stelle nicht ausführlich mit dieser Lehre beschäftigen. Es existiert eine umfangreiche Literatur darüber, die in überlegener Weise von Troeltsch (1922) kritisch verarbeitet worden ist. Troeltsch hat überzeugend nachgewiesen, daß dieser Gegensatz zwar recht gut die hervorstechendsten Eigenschaften der Systeme von Naturalismus und Historismus logisch wiedergibt, daß er aber dennoch an der Oberfläche unserer Antinomie bleibt und sie nicht im entferntesten logisch erschöpft. Das erhellt sofort, wenn man versucht, sich über die Kriterien klar zu werden, nach denen man das historisch Einmalige und Besondere erfassen und wissenschaftlich darstellen will, also die „Maßstäbe zur Beurteilung historischer Dinge" zu ermitteln sucht. Rickert sieht sie im absoluten System der Werte und verankert damit alle Historie im System der kritischen Ethik, die er für die absolute hält. Die letzte Konsequenz aus solcher Lehre hat Görland gezogen, wenn er seiner Ethik (1914) den bezeichnenden Untertitel einer „Kritik der Weltgeschichte" gibt. Allein Troeltsch hat auch hier überzeugend nachgewiesen (1916), daß es absolute Maßstäbe zur Beurteilung historischer Dinge nicht gibt. Unseres Erachtens ist die Ethik sowenig imstande, der Historie logisch konstitutive Prinzipien zu liefern, wie das irgendeine erkenntnistheoretische Schule, z. B. die Machsche für die Naturwissenschaft, vermocht hat. Hier sind wir nun in der Tat an den Kernpunkt der Frage gelangt. Sind historische Systeme ebenso wie naturalistische logisch autonom oder sind sie in ihren leitenden Prinzipien an andere Disziplinen, als welche dann naturgemäß nur philosophische in Frage kommen, gebunden? Die Frage stellen heißt sie beantworten. *Wenn Historie überhaupt als Wissenschaft möglich ist, und daß sie es ist, beweist sie ebenso wie die Naturwissenschaft durch ihr Vorhandensein, dann kann sie nur als logisch autonomes Wissenschaftssystem möglich sein.* Sowenig wie man die normativ gefaßte Logik als solche an die Ethik binden kann, sowenig kann man dasselbe mit der Historik tun.

Historismus als Wissenschaftssystem gründet sich also auf autonome Prinzipien. Welcher Art sind diese und wie sind sie gegen naturalistische abzugrenzen? Diese Frage müssen wir zu beantworten suchen, wenn wir den zwischen mathematischer und historischer Kausalität bestehenden Gegensatz so klar wie möglich erfassen wollen. Freilich können wir an dieser Stelle nicht das Unternehmen wagen, dieser Frage bis in ihre letzten Verwurzelungen nachzugehen und sie damit auf eine abschließende Formel zu bringen, es muß uns hier genügen, den Gegensatz so weit zu klären, als es für die Logik der Biologie notwendig ist.

Naturalistische Kausalität ist Mathematisierung der Natur. Sie ist überall darauf aus, die phänomenologisch, d. h. beim ersten, theoretisch noch gänzlich neutralen Anblick überall qualitative Natur dieser Qualitaten zu entkleiden durch mathematische Ableitung möglichst vieler Qualitäten voneinander. Sie will das *Wesen* der Natur durch möglichst wenige universal gültige und *zeitlos* ideale Sätze beschreiben. Weltgeometrie ist ihr Ziel, und PYTHAGORAS, DESCARTES, NEWTON, KANT und EINSTEIN bedeuten die Hauptetappen der Philosophie und Physik auf diesem Wege, den auf mathematischer Seite in unseren Tagen RIEMANN, MINKOWSKI und HILBERT vorbereitet haben. Der LAPLACEsche Geist ist ein Abbild der auf diesem Wege erstrebten Verwirklichung Gottes.

Ganz anders ist der Weg der historischen Kausalität in der Naturwissenschaft. *Historismus ist,* mit BURDACH und DACQUÉ zu reden, *Symbolisierung der Natur.* Was bedeutet das aber? Zunächst *nicht quantitative Ableitung der Qualitäten voneinander, sondern ihre qualitativ vertiefte Deutung als immer reichere Entfaltung einer intuitiv erfaßten Grundqualität.* Als Beispiel denke man etwa an SCHOPENHAUERS „Willen in der Natur". ARISTOTELES, SPINOZA, GOETHE, SCHELLING, HEGEL, OKEN, CUVIER, HAECKEL u. a. charakterisieren weiter diesen logischen Weg der Wissenschaft. Das ist typisch-historische Denkweise. Die Historie sucht ferner nicht zeitlose Gesetze, sondern *zeiterfüllte* Entwicklung, deren Momente einander nur in historischer Folge tragen und deren Ensemble nur als ein sich Entfaltendes, nie als zahlenmäßig Abgeleitetes erfaßbar ist. *Sie will nicht das Wesen der Natur beschreiben, sondern ihren Sinn deuten als einmalige nie in gleicher Weise wiederkehrende Verwirklichung Gottes.*

*Wesenserfassung* und *Sinndeutung,* das ist wohl die präziseste Formel, auf die man zur Zeit den Gegensatz Naturalismus — Historismus in kausaler Hinsicht bringen kann. Wesenserfassung ist immer ideal zeitlos wie das System der Mathematik, Sinndeutung ist zeiterfüllte — historische — Entwicklung. Sinndeutung ist auch die in der Idee der Teleologisierung zum Ausdruck kommende phylogenetische Kausalität, wie wir im vorigen Abschnitt genauer auseinandergesetzt haben. Und so gilt von den Organismen als „historischen Wesen" das typisch historisch gefühlte Goethewort:

> Alle Gestalten sind ähnlich, und keine gleichet der andern;
> Und so deutet der Chor auf ein geheimes Gesetz,
> Auf ein heiliges Rätsel.

Abschluß der in der Einleitung behandelten

# Logik der Biologie als Ganzes.

### (Zusammenfassung.)

### 1. Definitionsprobleme v. S. 21 ff.

### 2. Einteilungsprobleme v. S. 45 ff.

### 3. Empirismen.

An Empirismen haben wir in den bisher untersuchten biologischen Diziplin:n kennengelernt:

1. in der Systematik: das *Taxon:*
2. in der Typologie: den *Typus:*
3. in der Phylogenie: das *Phylon* bzw. *Phylontaxon* und
4. in der Formphysiologie: die *reine Linie* und das *Isogenon.*

Die zwischen den Begriffen Taxon, Phylon, reine Linie und Isogenon obwaltenden logischen Beziehungen sind klargestellt im Abschnitt „Empirismen der Systematik".

Von *Typusbegriff* gibt es zwei Formen, den einfachen Typus und den Entwicklungstypus. Der letztere ist aber nur eine vertikal-ontogenetische, reale, rein summative Folge von einfachen Typen. Beide Typen stehen logisch dem Taxon nahe, sind aber allgemeiner als dieses, da ihre Isoreagenz sich nur auf das Lageverhältnis der Teile, nicht auf jede formale und physiologische Beziehung schlechthin bezieht. Auch ist der Typusbegriff im Prinzip kein idealer und realisiert nur so weit, als er direkt auf Taxa und Subtaxa anwendbar ist. Die Einzelheiten vergleiche man bei den „Empirismen der gesamten reinen Morphologie". Zu den anderen Empirismen verhält sich der Typus logisch genau so wie das Taxon, so besonders auch zum Phylon. Ebenso wie das Taxon ist der Typus ein Begriff, der nur dazu dient, Identitäten zu ermitteln, während das Phylon bekanntlich stets Genesen feststellt.

Das *Phylon* setzt genealogische Kontinuität voraus, schränkt im übrigen aber als *Phylontaxon* die Feststellung derselben auf Taxa ein. Das Phylon ist ein genealogisches Taxon.

## 4. Apriorismen.

Ihr Apriorismensystem konstruiert die *Systematik* nach rein atheoretisch praktischen Gesichtspunkten. Möglichst bequeme Diagnostik ist für sie maßgebend. Infolgedessen übernimmt sie soweit wie möglich das phyletische System, korrigiert es nur, wo es zu unübersichtlich wird (so im allgemeinen bei den unterfamiliaren systematischen Kategorien) und ergänzt es, ebenfalls mit rein diagnostischen Motiven da, wo es versagt.

Die Apriorismensysteme von *Typologie* und *Phylogenie* zerfallen in drei Teilprobleme. Das Problem der Homologisierung, das der Metamorphosierung und das der Systematisierung.

Hinsichtlich der *Homologisierung* unterscheiden sich Typologie und Phylogenie scharf dadurch voneinander, daß die typologischen Homologien nach rein formal-idealen Prinzipien festgestellt werden, nämlich nach der formalen Ähnlichkeit und Verschiedenheit der Typen, während die phyletischen Homologien auf historisch-realer Abstammung, also genealogischer Kontinuität beruhen. Im übrigen haben wir fünf verschiedene Arten der Homologie unterschieden, die typologisch-vergleichend anatomische, die typologisch-ontogenetische, die phylogenetische und zwei physiologische, eine entwicklungsphysiologische und eine funktional-physiologische, für welche man gewöhnlich die Bezeichnung Analogie zur Verfügung hat. Logisch aber ist die Analogie nur eine Sonderform der Homologie. Es besteht ein kontinuierlicher logischer Zusammenhang zwischen allen fünf Homologien. Einzelheiten vergleiche man bei den ,,Apriorismen der Typologie''.

Beim Problem der *Metamorphosierung* unterscheiden sich die typologischen Metamorphosen von den phyletischen, den Phylogenesen, logisch genau so wie die Homologien. Die vertikal-ontogenetisch typologische Metamorphose nimmt insofern eine Mittelstellung zwischen der vergleichend anatomischen und der phylogenetischen ein, als sie auf dem Prinzip der realen Stadienfolge beruht, ohne allerdings imstande zu sein, dabei aus eigenen Kräften Cenotyposen von Palintyposen unterscheiden zu können.

*Phylogenesen* gibt es zwei logisch verschiedene Formen, die direkte — Typus Planorbis — und die indirekte. Die letztere ist ein überaus kompliziertes logisches Gebilde. Nicht weniger als *sieben verschiedene Prinzipien* sind erforderlich, um aus einer Ontogenese zunächst eine Palintypose, daraus eine Palingenese und hieraus endlich eine Phylogenese zu konstruieren. Näheres vergleiche man bei den ,,Apriorismen der Phylogenie''.

Das Problem der *Systematisierung* zeigt wieder denselben logischen Unterschied zwischen Typologie und Phylogenie. Das typologische Organismensystem zeitigt als Ergebnis das sog. natürliche System der idealistischen Morphologie, das lediglich nach dem Prinzip der formalen Formverwandtschaft aufgebaut ist, während das phylogenetische System die Organismen nach dem Prinzip der historischen Lokalisation ordnet. Nur das System der Ontogenie nimmt insofern eine Sonder- und Mittelstellung ein, als es die primitiven Entwicklungsstadien nach der realen Stadienfolge ordnet, da sich hier für große Organismengruppen Gemeinsamkeiten finden, während es die Embryologie der Organe nach den Prinzipien der typologischen vergleichenden Anatomie ordnet.

## 5. Kontingenzen.

In der *Systematik* gibt es keine diagnostischen Theorien und infolgedessen auch keine Theorienkontingenzen.

In der *Typologie* besteht eine Kontingenz zwischen dem System der vergleichend anatomischen Typologie und der vertikalen ontogenetischen Typologie, die mit typologischen Mitteln nicht beseitigt werden kann, da hierzu das Verhältnis von drei Systemen, dem ontogenetischen, dem vergleichend anatomischen (beide als typologische) und dem phyletischen System erforderlich ist. Infolgedessen kann diese typologische Kontingenz erst im System der Phylogenie und zwar durch die indirekte Phylogenese zur Erledigung gelangen. Aus diesem Sachverhalt folgt die These von der Typologie als Propädeutik für die Phylogenie, soweit es sich um historische Probleme handelt. In physiologischen Fragen ist die Typologie auch Propädeutik für die Formphysiologie. Selbständig ist sie nur da, wo Phylogenie und Physiologie noch nicht hinreichen.

In der *Phylogenie* bestehen Kontingenzen nur dann, wenn man Polyphylie annimmt, und zwar so viele, als es mathematische Kombinationen der historisch selbständigen Stämme gibt. Solche Kontingenzen sind nur noch mit physiologischen Mitteln auflösbar, allerdings niemals in historischer, sondern natürlich stets nur in physiologischer Absicht. Das ist ein fundamentaler Unterschied zwischen der Auflösung der typologischen Kontingenz durch die Phylogenie, die auch der Typologie gerecht wurde, und der Auflösung der phyletischen Kontingenzen durch die Formphysiologie, die der Phylogenie als Theorie natürlich nichts nützen kann. Infolgedessen kann hieraus kein Primat der Physiologie über die Phylogenie abgeleitet und die *Phylogenie nicht als Propädeutik für die Formphysiologie* bezeichnet werden.

## 6. Ideen.

*In ideeller Hinsicht*, d. h. in bezug auf die beiden alle Realwissenschaft theoretisch beherrschenden Ideen des Naturalismus und des Historismus sind *Systematik und Typologie* in gleicher Weise *neutral:* die Typologie deshalb, weil sie theoretisch nicht autonome, sondern nur heteronome Propädeutik ist.

In der *Phylogenie* als einer echt historischen Wissenschaft spielt naturgemäß die Idee des Historismus die beherrschende Rolle und zwar im Problem der Historisierung des Systems der Phylogenie, das erheblich mehr bedeutet als das phyletische System der Organismen, welches das Ziel des Problems der Systematisierung in der Phylogenie war.

*Historisierung* bedeutet in der Phylogenie *Teleologisierung*, und zwar ist Teleologie hier keine „bloße Dauerfähigkeit" und auch keine dürre „Ganzheitskategorie", Schemen, die die Physiologie günstigenfalls von ihr übriggelassen hat, sondern lebendige Entelechie im alten Sinne des ARISTOTELES; d. h. die Phylogenie muß ihre Phyla, Stämme und Epochen niemals als bloße historische Durchgänge zu sog. höheren vollkommeneren Phylen, Stämmen und Epochen ansehen, sondern als historische Selbstzwecke. Zur Zeit kommt v. UEXKÜLLs Umwelt — Innenwelt-Theorem, wenn man es entphysiologisiert und historisiert, dieser Auffassung am nächsten.

## 7. Theorie.

### a) Kausalitätsproblem.

*Diagnostik und Typologie* — reine Morphologie — sind in kausaler Hinsicht *neutrale Disziplinen.* Sie verwenden lediglich das Prinzip der Vergleichung, das nicht selbst reale Kausalität begründet, sondern sie nur ideal vorbereitet und so eine notwendige Voraussetzung aller Kausalität bildet.

Unter den biologischen Disziplinen der Morphologie ist nur die *Phylogenie* eine echt kausale Disziplin, allerdings eine historisch kausale. Dieser Begriff wurde alsdann gegen mathematisch kausale Aspirationen sichergestellt und gezeigt, daß historische Kausalität ebenso logisch autonom ist wie mathematisch-physikalisch-physiologische. Sie an die Ethik binden zu wollen (RICKERT, GÖRLAND) ist genau so falsch wie die Deutung der Logik als normativer Disziplin (Psychologismus und Ethizismus in der Logik). Letztlich wurden historische und mathematische Kausalität einander gegenübergestellt als Sinnesdeutung und Wesenserfassung. Die erstere ist Logisierung in der Form historischer Entwicklung, die letztere in der Form zeitloser Geltung.

Nur wenn beide Systeme, Naturalismus sowohl wie Historismus, nach TROELTSCH die „Wissenschaftsschöpfungen der modernen Welt", einmal alle Probleme restlos gelöst haben sollten, sind sie nach Form und Inhalt identisch geworden. Die Wege von außen und innen verlieren sich ineinander. Sinn und Wesen sind dann Ausdruck derselben Gottheit geworden.

### b) Prolegomenon zur theoretischen Biologie.

Aus allem bisher Dargelegten ergibt sich mit zwingender Konsequenz, daß die künftige theoretische Biologie logisch erheblich anders aussehen wird als die theoretische Physik. Mit dieser geht in der Biologie logisch konform nur die theoretische Physiologie. Den andern gleichwertigen Teil der theoretischen Biologie bildet die *theoretische Phylogenie*, deren Logik wir soeben erschlossen haben. Zu ihr gibt es in der Physik keine vollgültige Parallele; denn der historische Teil der Physik, die Kosmologie, ist Historie nur in der Problemstellung, nicht in den Methoden der Lösung. Kosmologische Homologien, Metamorphosen, Systematisierungen und Historisierungen werden mit demselben logischen und experimentellen Apparat erledigt, der auch sonst in der Physik üblich ist. Direkte und indirekte Kosmogenesen, die den Phylogenesen logisch entsprechen, gibt es aus naheliegenden Gründen nicht; denn real zusammenhängende kosmologische Formationenfolgen, die uns das Werden der Welten als direkte oder indirekte historische Quellen vor Augen führen, gibt es in der Astronomie eben nicht. Wohl aber wird die theoretische Phylogenie als eine echt historische Wissenschaft immer einen notwendigen und der theoretischen Physiologie gegenüber gleichberechtigten Teil der theoretischen Biologie ausmachen. Alle Unterschiede, die man mehr oder weniger tiefgehend und mehr oder weniger schiefsehend bisher zwischen Biologie und Physik — Vitalismusproblem! — konstruiert hat, fließen, soweit sie berechtigt sind, letzten Endes nur aus dieser Quelle, aus der Eigenschaft der Organismen also, echt „historische Wesen" zu sein.

### c) Ergebnisse für die Logik der Theorien.

Ausgangspunkt unserer logischen Untersuchung war folgende These, die dann durch den Verlauf der Untersuchung wohl als außerordentlich fruchtbar sich erwiesen hat: Endziel aller Forschung ist die Aufstellung einer Theorie des erforschten Gebietes. Darum ist die Logik der Theorienbildung die interne Logik der Forschung selbst.

*Jede real-wissenschaftliche* (naturwissenschaftliche und historische) *Theorie aber ist eine logische Synthese aus Empirismen und Apriorismen* (Theorienaxiom).

Es gibt *qualitative* und *quantitative Empirismen*. Qualitative Empirismen sind *Individuen*. Sie spielen hauptsächlich in historischen Theorien (Phylon) und in solchen Wissenschaften eine Rolle, die als Propädeutik für echt historische Disziplinen in Frage kommen (Systematik und Typologie: Taxon, Typus).

*Quantitative Empirismen* sind *Messungen* und kommen in mathematischen Theorienbildungen vor — als *Konstanten* — und in solchen Disziplinen, die als Propädeutik für mathematische Theorienbildung in Frage kommen (nur empirisch bestimmte Messungen).

*Für alle Empirismen gilt der Satz: Im Rahmen einer bestimmten Theorie sind die in ihr vorkommenden Empirismen gegeneinander kontingent.* Ferner gilt für alle Empirismen die *Maxime*, daß man bestrebt ist, *ihre Zahl nach Möglichkeit auf ein Minimum einzuschränken.*

*Apriorismen* sind in naturalistischen Theoriensystemen stets *Systeme mathematischer Gleichungen*, im Idealfall Differential- und Integralgleichungen; in historischen Systemen treten sie als ein *qualitativ bestimmt geschichteter Problemkomplex* in die Erscheinung, der in die Probleme der *Periodisierung* (Homologierung und Metamorphosierung in Phylogenie und Typologie) und der *Systematisierung* auseinandertritt.

*Für alle Apriorismen gilt der Satz, daß sie ineinander historisch und mathematisch prinzipiell transformierbar sind.* Eine tatsächliche Einschränkung erfährt diese Transformierbarkeit nur durch die Kontingenz der Empirismen, zu denen die Apriorismen gehören.

*Kontingenzen*[1]) gibt es in zwei logischen Formen: *Empirismen- und Theorienkontingenz*. Nur die letztere bietet besondere logische Probleme. Sie betreffen immer das logische Verhältnis zweier oder mehrerer Theorien zueinander. Für sie gilt der *allgemeine Satz: Zwei Theorien sind so lange gegeneinander kontingent, als ihre Empirismen es sind*. Infolgedessen ist die Kontingenz zwischen naturalistischen Theorien dann beseitigt, wenn es, wonach stets gestrebt wird, gelingt, ihre Empirismen auseinander oder aus einer sie synthetisch zusammenfassenden dritten Theorie abzuleiten; in historischen Theorien dann, wenn es gelingt, die Empirismen der einen Theorie qualitativ-

---

[1]) Vgl. hierzu meine Arbeit: Kontingenzerscheinungen an naturwissenschaftlichen Theorien = Symposion 1926, Bd. 1, Heft 3. Dort werden die hier nur induktiv ermittelten logischen Sätze streng abgeleitet.

kontinuierlich-real an die der anderen anzuschließen, wie z. B. in der Aufhebung der Polyphylie zweier organischer Stämme.

*Ideen* umfassen *regulativ,* nicht konstitutiv, größere Theorienkomplexe, die sämtlich gegeneinander kontingent sein können. An solchen Ideen kennt die moderne Forschung zwei: *Naturalismus* und *Historismus,* die somit als Leitmotive aller realwissenschaftlichen (naturwissenschaftlichen und historischen) Forschung ihren bestimmten Sinn und ihre klare Bedeutung haben.

Das *Kausalitätsproblem* bringt alle genannten Logismen für ein bestimmtes Gebiet auf eine möglichst kurze und präzise Formel. Es gibt daher *so viel Sonderformen von Kausalität als es theoretisch autonome Realwissenschaften gibt.* Alle Arten von Kausalität aber lassen sich in den beiden Klassen der historischen und der mathematisch-physikalischen (naturalistischen) Kausalität unterbringen.

Natürlich gibt es *Kausalität nur in Realwissenschaften,* für die anderen Logismen aber lassen sich auch in den idealen Wissenschaften (Logik, Mathematik, Historik) Parallelismen aufzeigen. So werden aus Empirismen in der Mathematik Zahlen, Axiome usf. Doch das sind Probleme, die den hier gezogenen Rahmen einer Logik der Biologie weit überschreiten und in eine Darlegung der allgemeinen Logik gehören.

# Literaturverzeichnis.


AGASSIZ, LOUIS: Essay on classification. (Contrib. to the Nat. Hist. U. S.) Boston 1857; deutsch von HEMPFING 1866.

ARRHENIUS, SVANTE: Das Werden der Welten; deutsch v. BAMBERGER, Leipzig 1907.
Das Weltall, Hamburger Vortrag, Leipzig 1911.

AUERBACH, FELIX: Ektropismus oder die physikalische Theorie des Lebens, Leipzig 1910.
— Die Weltherrin und ihr Schatten. 2. Aufl., Jena 1913.

v. BAER, C. E.: Über Entwicklungsgeschichte der Tiere, Beobachtung und Reflexion, 1828.
— Das allgemeine Gesetz der Entwicklungsgeschichte der Natur. Königsberg 1834. Vorträge aus dem Gebiete der Naturwiss., Bd. 1, ebd.

BAUER, ERWIN: Die Grundprinzipien der rein naturwissenschaftlichen Biologie und ihre Anwendungen in der Physiologie und Pathologie. ROUX's Vorträge und Aufsätze, H. 26, Berlin 1920.

BAUR, E.: Einführung in die experimentelle Vererbungslehre. 5. u. 6. Aufl., Berlin 1922.

BECHER, ERICH: Naturphilosophie = Kultur d. Gegenwart, T. 3, Abt. 7, Bd. 1, Leipzig u. Berlin 1914.
— Die fremddienliche Zweckmäßigkeit der Pflanzengallen, Leipzig 1917.
— Geisteswissenschaften und Naturwissenschaften, München u. Leipzig 1921.

BERNARD, CLAUDE: Leçons sur les phénomènes de la vie, communs aux animaux et aux végétaux, Vols 1. 2; 2. éd., Paris 1885.

BERTHOLDT, G.: Untersuchungen zur Physiologie der pflanzlichen Organisation, T. 1, 1898; T. 2, 1, 1904; Leipzig 1898—1904.

BESNARD, A. F. Inaug. Abb. über den Unterschied zwischen Genus (Geschlecht), spezies (Art) und Varietas (Abart), München 1835.
— Altes und Neues zur Lehre über die org. Art, Regensburg 1864.

BOUTROUX, ÉMILE: Der Begriff des Naturgesetzes in der Wissenschaft und Philosophie der Gegenwart; deutsch v. BENRUBI, Jena 1907.
— Die Kontingenz der Naturgesetze; deutsch v. BENRUBI, Jena 1911.

BOVERI, TH.: Die Organismen als historische Wesen; Würzburger Rektoratsrede, 1906.

BOWER, F. O.: Remark on the present outlook on Descent = Proc. Roy. Soc. of Edinburgh, Vol. 44, 1. 1923—24.

BRAUN, ALEX: Die Frage nach der Gymospermie der Cykadeen, erläutert durch die Stellung dieser Familie im Stufengang des Gewächsreiches = Monatsber. Akad. Wiss., Berlin 1875—76.

BRAUS, HERMANN: Die Morphologie als historische Wissenschaft = Exp. Beitr. z. Morphol., Bd. 1, Leipzig 1906.

BUDDENBROCK, W. v.: Grundriß der vergleichenden Physiologie, T. 1, Berlin 1924.

BÜTSCHLI, O.: Vorlesungen über vergl. Anatomie, Leipzig u. Berlin 1910—21.

BUNGE, G.: Lehrbuch der physiologischen und pathologischen Chemie, 2. Aufl., Leipzig 1889.

BURKCHARDT, R.: Zur Geschichte der biologischen Systematik = Verhandl. d. Nat. Ges. in Basel, Bd. 16, 1903.
— Biologie und Humanismus, drei Reden, Jena 1907.
— Geschichte der Zoologie, Leipzig 1907.

BURDACH, K. F.: Über die Aufgabe der Morphologie, Leipzig 1817.
— Die Physiologie als Erfahrungswissenschaft, Bd. 3, Leipzig 1830.

CAMPER, PETER: Deux discours sur l'analogie, qu'il y a entre la structur du corps humain et celles des quadrupèdes, des oiseaux et des poissons, Oevres 1778, T. 3.

CASSIRER, ERNST: Substanzbegriff und Funktionsbegriff, Berlin 1910.

CHWOLSON, O. D.: Hegel, Haeckel, Kossuth und das 12. Gebot, 2. Aufl., Braunschweig 1908.
CLAUS, C.: Die Typenlehre und F. Haeckels sogenannte Gastraea-Theorie, Wien 1874.
CLAUSSEN, P.: Fortpflanzung im Pflanzenreiche = Kultur d. Gegenwart, T. 3, Abt. 4, Bd, 1, Leipzig u. Berlin 1915.
COHEN, HERMANN: Kants Theorie der Erfahrung, 2. Aufl., Berlin 1885.
COMTE, A.: Cours de philosophie positive, 4. éd., T. 1—6, Paris 1887.
CORRENS, C.: Die neuen Vererbungsgesetze, 2. Aufl., Berlin 1912.
CUVIER, G.: Sur un nouveau rapprochement a établir entre les classes qui composent le Règne enimal = Ann. de Mus. d'histoire nat., T. 19, 1812.
CZAPEK, FR.: Biochemie der Pflanzen, 2. Aufl., Bd. 1—3, Jena 1913—21.
— Zur Einleitung in die Pflanzenphysiologie = Kultur d. Gegenwart, T. 3, Abt. 4, Bd. 3, 1, Leipzig u. Berlin 1917.
CZUBER, EM.: Die philosophischen Grundlagen der Wahrscheinlichkeitsrechnung = Wiss. u. Hypothese, Bd. 24, Leipzig u. Berlin 1923.
DACQUÉ, EDGAR: Vergleichende biologische Formenkunde der fossilen niederen Tiere, mit 345 Fig., Berlin 1921.
DECANDOLLE, PYR.: Theorie élémentaire de la Botanique ou exposition des principes de la classification naturelle et de l'art d'écrire et d'étudier les végétaux, 1813.
DEDEKIND, R.: Stetigkeit und irrationale Zahlen, 3. Aufl., Braunschweig 1905.
— Was sind und was sollen die Zahlen?, 3. Aufl., ebd. 1911.
DÖDERLEIN, L.: Über die Beziehungen nahe verwandter Tierformen zueinander = Zeitschr. f. Morphol. u. Anthropol., Bd. 4, H. 2, Stuttgart 1902.
DRIESCH, HANS: Die organischen Regulationen, Leipzig 1901.
— Die Seele als elementarer Naturfaktor, ebd. 1903.
— Die Selbständigkeit der Biologie und ihre Probleme = Südd. Monatsh., Jahrg. 1, H. 1, S. 5—17, 1904.
— Der Vitalismus als Geschichte und als Lehre, ebd. 1905.
— Die Entwicklungsphysiologie, 1905—08 = Ergebn. d. Anat. u. Entwicklungsgesch., Bd. 17, 1907.
— Philosophie des Organischen, Bd. 1, 2, Leipzig 1909; 2. Aufl., ebd. 1921.
— Die Biologie als selbständige Grundwissenschaft, 2. Aufl., Leipzig 1911.
— Logische Studien über Entwicklung = Sitzungsber. d. Heidelberg. Akad., Phil.-hist. Kl., Jahrg. 1918, H. 3; Jahrg. 1919, H. 18.
— Der Begriff der organischen Form = Abhandl. z. theor. Biologie, H. 3, 1919.
— Das Ganze und die Summe, Leipziger Antrittsrede, Leipzig 1921.
— Wirklichkeitslehre, 2. Aufl., Leipzig 1922.
— Ordnungslehre, 2. Aufl., Jena 1923.
DROYSEN, Grundriß der Historik, Leipzig 1868.
EHRENBERG, R.: Theoretische Biologie, Berlin 1923.
v. EHRENFELS, CHR.: Über Gestaltqualitäten = Vierteljahrsschr. f. wiss. Philos., Jahrg. 14, 1890.
ERDMANN, B.: Theorie der Typen—Einteilung I—VII = Philos. Monatsh., Bd. 30, 1894.
ERNST, ALFRED: Chromosomenzahl und Rassenbildung = Vierteljahrsschr. Nat. Ges. Zürich, Jahrg. 67, 1922.
EUCKEN, RUDOLF: Die Einheit des Geisteslebens im Bewußtsein und Tat der Menschheit, Leipzig 1888.
— Erkennen und Leben, Leipzig 1912.
FECHNER, GUST. TH.: Einige Ideen zur Schöpfungs- und Entwicklungsgeschichte der Organismen, Leipzig 1873.
FITTING, HANS: Aufgaben und Ziele einer vergleichenden Physiologie auf geographischer Grundlage, Jena 1922.
FRANZ, VICTOR: Die Vervollkommnung in der lebenden Natur, Jena 1920.
— Probiologie und Organisationsstufen = Abh. z. theor. Biologie, H. 6, 1920.
— Geschichte der Organismen, Jena 1924.
FRIEDENTHAL, H.: I. Über einen experimentellen Nachweis von Blutsverwandtschaft; II. Über die Verwertung der Reaktion auf Blutsverwandtschaft = Arch. f. Anat. Physiol., Physiol. Abt. 1900, 1905.
GAMS, H.: Prinzipien der Vegetationsforschung = Vierteljahrsschr. Nat. Ges. in Zürich, 63, H. 1 u. 2, 1918.

GEGENBAUR, C.: Grundriß der vergleichenden Anatomie, 1. Aufl. 1859; 2. Aufl. 1878.
— Die Stellung und Bedeutung der Morphologie = Morphol. Jahrb., Bd. 1, 1876.
— Über Cenogenese = Anat. Anz., Jahrg. 3, 1888.
— Ontogenie und Anatomie in ihren Wechselbeziehungen betrachtet = Morphol. Jahrb., Bd. 15, 1889.
— Vergleichende Anatomie der Wirbeltiere mit Berücksichtigung der Wirbellosen, Bd. 1, 2, 1898—1901. Leipzig 1898.
GEOFFROY ST. HILAIRE, ETIENNE: Philosophie anatomique I, 1818, II, 1822, Paris.
— Memoire sur la structure et les usages de l'appareil olfact. dans les poissons, suivi de considérations sur l'olfaction des animaux qui odorent dans l'air = Annales des Sciences naturelles, T. 6, 1825.
GÖBEL, C.: Die Grundprobleme der heutigen Pfanzenmorphologie = Biol. Zentralbl., Bd. 25, 1905.
— Organographie der Pflanzen, Bd. 1—3, Jena 1913—23.
GÖRLAND, A.: Ethik als Kritik der Weltgeschichte = Wissenschaft und Hypothese, Bd. 19, Berlin und Leipzig 1914.
GOHLKE, KURT: Die Brauchbarkeit der Serumdignostik für den Nachweis zweifelhafter Verwandtschaftsverhältnisse im Pflanzenreiche = Arb. a. d. bot. Inst. d. Univ. Königsberg, Stuttgart u. Berlin 1913.
GOLDSCHMIDT, R.: Die quantitative Grundlage von Vererbung und Artbildung = ROUX's Vorträge u. Aufsätze, H. 24, Berlin 1920.
GURWITSCH, ALEX.: Über den Begriff des embryonalen Feldes = Arch. f. Entwicklungsmech., Bd. 51, 1922.
— Versuch einer synthetischen Biologie = Abh. z. theor. Biol., H. 17, Berlin 1923.
HAACKE, WILHELM: Biologie, Gesamtwissenschaft und Geographie = Biol. Zentralbl., Bd. 6, 1886—87. Leipzig 1887
— Grundriß der Entwicklungsmechanik, Leipzig 1897.
HABERLANDT: Physiologische Pflanzenanatomie, 5. Aufl., Leipzig 1918.
HAECKEL, ERNST: Generelle Morphologie, Bd. 1, 2, 1866.
— Über Entwicklungsgang und Aufgabe der Zoologie, Jenaer Antrittsvorl. = Vorträge u. Abh., 2. Aufl., Bd. 2, 1902, 1869.
— Systematische Phylogenie, T. 1—3, Berlin 1894—95.
HAECKER, V.: Entwicklungsgeschichtliche Eigenschaftsanalyse, Phänogenetik, Jena 1918.
— Über umkehrbare Prozesse in der org. Welt = Abh. z. theor. Biol., H. 15, Berlin u. Leipzig 1922.
HARTMANN, N.: Philosophische Grundfragen der Biologie, Göttingen 1912.
HAUPTMANN, CARL: Die Metaphysik in der modernen Physiologie, Neue Ausgabe, Jena 1894.
HEIDENHAIN, M.: Plasma und Zelle, Lfg. 1, 2, Jena 1907—11.
— Formen und Kräfte in der lebenden Natur = ROUXS Vorträge und Aufsätze, H. 32, Berlin 1923.
HEINCKE, F.: Naturgeschichte des Herings = Abh. d. dtsch. Seefischereivereins, 1897—98.
v. HELMHOLTZ, H.: Die Thermodynamik chemischer Vorgänge = Sitzungsber. d. Preuß. Akad. d. Wiss., Bd. 1, 1882.
HERBST, C.: Entwicklungsmechanik oder Entwicklungsphysiologie der Tiere = Handw. d. Natw., Bd. 3, Jena 1913.
HERTWIG, O.: Über die Stellung der vergleichenden Entwicklungslehre zur vergleichenden Anatomie, zur Systematik und Deszendenztheorie = Handb. d. vergl. u. exper. Entwicklungslehre d. Wirbeltiere, T. 3, S. 149—180, 1906.
— Das genealogische Netzwerk und seine Bedeutung für die Frage der monophyletischen oder der polophyletischen Abstammungshypothese = Arb. f. mikroskop. Anat., Vol. 89, Abt. 2, S. 227—42, 1917.
HESSE, R.: Biologie = Handw. d. Natw., Bd. 1, 1912.
— Tiergeographie auf ökologischer Grundlage, Jena 1924.
HILBERT, D.: Die Grundlagen der Physik = Nachr. v. d. Göttg. Ges. d. Wiss., math.-physik. Klasse, 1, 2, 1915—17.
— Axiomatisches Denken = Math. Ann., Bd. 78, 1918.

HILGENDORF, F.: Planorbis multiformis im Steinheimer Süßwasserkalk = Monatsber. d. Berl. Akad. d. Wiss., 1866.

HUSSERL, E.: Logische Untersuchungen, Bd. 1; Prolegomena zur reinen Logik, 2. Aufl., Halle 1913.

JOHANNSEN, W.: Über Erblichkeit in Populationen in reinen Linien, Jena 1903.
— Elemente der exakten Erblichkeitslehre, 2. Aufl., 1913.
— Experimentelle Grundlagen der Deszendenzlehre, Variabilität, Vererbung, Kreuzung, Mutation = Kultur d. Gegenwart, T. 3, Abt. 4, Leipzig u. Berlin 1915.

JONGMANNS, W. J.: Paläobotanik = Kultur d. Gegenwart, T. 3, Ab. 4, Bd. 4, S. 396—438, Leipzig 1914.

KANT, I.: Werke, hrsg. v. HARTENSTEIN, Bd. 1—8.

KAPPERS, C. U. Ariens: On structural laws in the nervous system. The principles of Neurobiotaxis. = Brain, Vol. 44, T. 2, 1921.

KERNER V. MARILAUN, A.: Die Abhängigkeit der Pflanzengestalt von Klima und Boden, Innsbruck 1868.

KIELMEYER, K. F.: Über die Verhältnisse der organischen Kräfte untereinander in der Reihe der verschiedenen Organisationen, die Gesetze und Folgen dieser Verhältnisse, 1793.

KLATT, B.: Studien zum Domestikationsproblem, 1, 2 = Bibliotheca Genetica, Bd. 2, 6, Leipzig 1921—23.

KLEBS, G.: Willkürliche Entwicklungsänderungen bei Pflanzen, Jena 1903.

KÖHLER, W.: Die physischen Gestalten in Ruhe und im stationären Zustand, Braunschweig 1920.

v. KRIES, J.: Prinzipien der Wahrscheinlichkeitsrechnung, Freiburg 1886.
— Über Merkmale des Lebens = Freib. Wiss. Ges., Nr. 6, Freiburg 1919.

LAMARCK, J. B. DE MONET: Philosophie zoologique, Paris 1809; deutsch v. A. LANG, Jena 1876.

LANKESTER, E. REY: On the use of the term Homology = Ann. Nat. Hist., Vol. 6, 1870.

LASAREFF, P.: Ionentheorie der Nerven und Muskelreizung = Pflügers Arch., Bde. 135, 154, 155, 193, 197. H. 1—5 1910—22.

LE BON, GUSTAVE: Psychologie des foules, 8. éd., Paris 1904.

LEWIN, K..: Die Verwandtschaftsbegriffe in Biologie und Physik und die Darstellung vollständiger Stammbäume = Abh. z. theor. Biol., H. 5, Berlin 1920.
— Der Begriff der Genese in Physik, Biologie und Entwicklungsgeschichte, Berlin 1922.

LEHMANN, E.: Lotsys Anschauungen über Entwicklung des Deszendenzgedankens und der jetzige Standpunkt der Frage 1913 = Zeitschr. f. indukt. Abstammungs- u. Vererbungslehre, Bd. 11, 1913.
— Bemerkungen zu der vorstehenden Entgegnung Lotsys, ibid, Bd. 12, 1914.
— Art, reine Linie, isogene Einheit = Biol. Zentralbl., Bd. 34, 1914.

LIEBMANN, OTTO: Kant und die Epigonen, Neudruck, Berlin 1912.

LORENZ, O.: Lehrbuch der gesamten wissenschaftlichen Genealogie, Berlin 1898.

LOTSY, I. P.: Forschritte unserer Anschauungen über Deszendenz seit DARWIN und der jetzige Standpunkt der Frage = Progr. rei bot., Bd. 4, 1913.
— a) Entgegnung auf Lehmanns Polemik = Zeitschr. f. indukt. Abstammungs- u. Vererbungslehre, Bd. 12, 1914.
— b) Prof Lehmann über Art, reine Linie u. isogene Einheit = Biol. Zentralbl., 34, 1914.
— La theorie du croissement = Arch. Neerl. des Sciences exaktes et naturelles, Ser. 3b, T. 2, 1917.
— c) Meine Anschauungen über die Entwicklung des Deszendenzgedankens seit Darwin und der jetzige Standpunkt der Frage, eine Entgegnung zu der daran v. E. LEHMANN geübten Kritik = Zeitschr. f. indukt. Abstammungs- u. Vererbungslehre, Bd. 12, 1914.

MACH, E.: Analyse der Empfindungen, 5. Aufl., Jena 1906.
— Die Mechanik in ihrer Entwicklung, hist.-krit. dargestellt, 2. Aufl., Leipzig. 1908.
— Populärwissenschaftliche Vorlesungen, 4. Aufl., Leipzig 1910.

MARBE, C.: Die Gleichförmigkeit in der Natur, Bd. 1, 2, Minden 1916—19.

MECKEL, I. K.: Entwurf einer Darstellung der zwischen dem Embryozustande der höheren Tiere und dem permanenten der niederen Tiere stattfindenden Parallele = Beitr. z. vergl. Anat., Bd. 2, 1811.
— System der vergl. Anatomie, 1821.
MEYER, ADOLF: Die mechanistische Idee in der modernen Naturwissenschaft = Naturwiss. Wochenschr., Neue Folge, 19, (35), Jena 1920.
— Empirie und Wirklichkeit, ebd. Neue Folge, 20, (36), Jena 1921.
— Die logische Stellung der Biologie im Systeme der Wissenschaften, ebd. Neue Folge, 21, (37), Jena 1922.
— Historische Prinzipien in der Naturwissenschaft = Verhandl. der Naturwiss. Ver. Hamb., 4. Folge, Bd. 1, 1. f. 1922—23.
— Der Realkatalog = Zentralbl. f. Bibliothekswesen, Jahrg. 40, 1923.
— Naturalismus und Historismus als Leitideen in der modernen Naturwiss. Verh. Nat. Ver. Hbg. 4. Folge, Bd. 1, H. 2—4, ebd. 1924.
— Kontingenzerscheinungen an naturwissenschaftlichen Theorien, Habilitationsvortrag, erscheint demnächst im „Symposion".
— Das Mechanismus-Vitalismus-Problem im Lichte neuerer logischer Untersuchungen, Hamburger Antrittsvorlesung = Biol. Zentralbl., 1926.
MEZ, C.: Anleitung zur sero-diagnostischen Untersuchungen für Botaniker. = Botan. Arch., Bd. 1, 1922.
MILNE-EDWARDS, H.: Leçons sur la physiologie et de l'anatomie comparée de l'homme et des animaux. T. 1—8, Paris 1857—63.
MORGAN, T. H.: Die stoffliche Grundlage d. Vererbung, Übersetzung v. H. NACHTSHEIM, Berlin 1921.
MÜLLER, FRITZ: Für Darwin, 1864.
NAEF, A.: Die individuelle Entwicklung organischer Formen als Urkunde der Stammesgeschichte, Jena 1917.
— Idealistische Morphologie und Phylogenetik, Jena 1919.
— Über das sogenannte biogenetische Grundgesetz, Festschrift f. ZSCHOKKE, Basel 1920.
— Fauna und Flora des Golfs v. Neapel, Bd. 35; Die Cephalopoden, Teil 1, Berlin 1921.
— Die fossilen Tintenfische, Jena 1922.
— Kritische Biologie und ihre Gliederung = Vierteljahrsschr. d. Naturforsch. Ges. in Zürich, Bd. 68, Zürich 1923.
— Über systematische Morphologie und ihre Bedeutung für die Wiss. und Lehre vom Leben, Zürich 1923.
NELSON: Kritik der praktischen Vernunft, Leipzig 1917.
NEUMAYR, M. u. P.: Die Congerien- und Paludinenschichten West-Slavoniens, Abh. geol. Reichsanstalt, Wien 1875.
NEWTON, J.: Mathematische Prinzipien der Naturlehre, hrsg. v. J. TH. WOLFERS, Berlin 1872.
NIETZSCHE, FR.: Vom Nutzen und Nachteil der Historie für das Leben = Unzeitgemäße Betr.. Stck. 2, Leipzig 1873—74.
OSTWALD, WILHELM: Energetische Grundlegung der Kulturwissenschaft = Philos.-soziol. Bücherei, Bd. 16, Leipzig 1909.
— Grundriß der Naturphilosophie, Reklam. Nr. 4992/93, Leipzig.
— Moderne Naturphilosophie, T. 1, Leipzig 1914.
OSTWALD, WO.: Die allgemeinen Kennzeichen der organisierten Substanz = Kultur d. Gegenwart, T. 3, Abt. 4, Bd. 1, 1915.
OWEN, R.: On the archetype and homologies of the vertebrate skeleton, 1848.
PETER, K.: Die Zweckmäßigkeit in der Entwicklungsgeschichte, Berlin 1920.
— Über den Begriff der Homologie und seine Anwendung in der Embryologie = Biol. Zentralbl., Bd. 42, 1922.
PETERSEN: Über den Begriff des Lebens und die Stufen der biologischen Begriffsbildung = Arch. Ent. mech., Bd. 45, 1919.
PETZOLDT, J.: Naturwissenschaft = Handw. d. Nat., Bd. 7, Jena 1912.
— Das Weltproblem, 3. Aufl., Leipzig u. Berlin 1921.
PFLÜGER, ED.: Über die physiologische Verbrennung in den lebendigen Organismen = Pflügers Arch., Bd. 10, 1875.
— Die teleologische Mechanik der lebenden Natur — Pflügers Arch., Bd. 15, Bonn 1877.
PLANCK, MAX: Physikalische Rundblicke, Ges. Reden u. Aufsätze, Leipzig 1922.

PLATE, L.: Prinzipien der Systematik mit besonderer Berücksichtigung des Systems der Tiere = Kultur d. Gegenwart, T. 3, Abt. 4, Bd. 4, 1914.
— Deszendenztheorie = Handw. d. Nat., Bd. 2, Jena 1912.
PREYER, W.: Die Hypothesen über den Ursprung des Lebens. Naturwiss. Tatsachen u. Probleme, Berlin 1880.
— Elemente der allgemeinen Physiologie, Leipzig 1883.
PÜTTER, AUG.: Vergleichende Physiologie, Studien zur Theorie der Reizvorgänge, 1917, 1—7 = Pflügers Arch., Bde. 171, 175, 176, 180, 1918—20.
— Stufen des Lebens, Berlin 1923.
RAUNKIAER, C.: Über den Begriff der Elementarart im Lichte der modernen Erblichkeitsforschung = Zeitschr. f. indukt. Abstammungs- u. Vererbungslehre, Bd. 19, H. 4, 1918.
RAWITZ, B.: Der Mensch, eine fundamentalphilosophische Untersuchung, Berlin 1912.
RICKERT, HEINR.: Die Grenzen der naturwissenschaftlichen Begriffsbildung, Tübingen u. Leipzig 1902.
— Die Philosophie des Lebens, Tübingen 1920.
ROUX, W.: Die Entwicklungsmechanik, ein neuer Zweig der biologischen Wissenschaft = ROUX's Vorträge u. Aufsätze, H. 1, Leipzig 1905.
— Terminologie der Entwicklungsmechanik, Leipzig 1912.
— Das Wesen des Lebens = Kultur der Gegenwart, T. 3, Abt. 4, Bd. 1, Berlin u. Leipzig 1915.
SCHAXEL, J.: Grundzüge der Theorienbildung in der Biologie, Jena 1919, 2. Aufl., ebda 1922.
SCHIMPER, A. F. W.: Pflanzengeographie auf physiol. Grundlage, Jena 1898.
SCHIPS, M.: Die Idee vom Typus und ihre Bedeutung für Morphologie und Systematik = Naturwiss. Wochenschr., Neue Folge, 18, (34), Jena 1919.
SCHLICK, M.: Allgemeine Erkenntnislehre, Berlin 1918.
— Naturphilosophische Betrachtungen über das Kausalprinzip, Die Naturwiss., Jahrg. 8, Berlin 1920.
SCHMIDT, O.: Die Entwicklung der vergleichenden Anatomie, Ein Beitrag z. Gesch. d. Wissensch., Jena 1855.
SCOTT, D. H.: The evolution of plants. Home University Library, New York 1911.
SEELIGER: Über die Anwendung der Naturgesetze auf das Universum (1. 5. 09) = Sitzungsber. d. Bayr. Akad., Math.-phys. Kl., Jahrg. 1909 (4. Abt.).
SPEMANN, H.: Zur Geschichte und Kritik des Begriffs der Homologie = Kultur d. Gegenwart, T. 3, Abt. 4, Bd. 1, 1915.
— Experimentelle Forschungen zum Determinations- und Individualitätsproblem = Die Naturwiss., Jahrg. 7, 1919.
— Zur Theorie der tierischen Entwicklung = Jahresh. d. Univ. Freiburg, 1922—23.
— Vererbung und Entwicklungsmechanik = Die Naturwiss., Jahrg. 12, (Referat auf d. Münch. Vererbungskongreß 1923), Berlin 1924.
SPENCER, HERBERT: The Principles of Biology, Vol. 1, 2, London 1864; übersetzt v. B. VETTER, Stuttgart 1876—77.
SPIX, J. B.: Geschichte und Beurteilung aller Systeme in der Zoologie, Nürnberg 1811.
THOMPSON, D'ARCY WENTWORTH: On growth and form, Cambridge 1917.
TIMIRJAZEW: (russisch) Grundriß einer Geschichte der biologischen Wissenschaften im 19. Jahrhundert, Moskau 1908.
TITCHENER: Functional Psychology and the Psychology of Act. 1 = The American Journal of Psychology, Vol. 32, 1921.
TREVIRANUS, G. R.: Biologie oder Philosophie der lebenden Natur, Bd. 1—6, Göttingen 1802—22.
TROELTSCH, E.: Die Bedeutung des Begriffs der Kontingenz = Ges. Schr., Bd. 2, S. 769—778, Tübingen 1913.
— Der Historismus und seine Überwindung, Berlin 1923.
— Maßstäbe zur Beurteilung historischer Dinge, Kaiser Geburtstagsrede, Univ. Berlin 1916.
— Der Historismus und seine Probleme, 1. Ges. Schr., Bd. 3, Tübingen 1922.
v. TSCHERMAK, A.: Allgemeine Physiologie, Bd. 1, T. 1, 2, Berlin 1916—23.

TSCHULOK, S.: Das System der Biologie in Forschung und Lehre, Jena 1910.
— Zur Methodologie und Geschichte der Deszendenztheorie = Biol. Zentralbl.,
Bd. 28, 1908.
— Logisches und Methodisches. Die Stellung der Morphologie im System
der Wissenschaften und ihre Beziehungen zur Entwicklungslehre = Langs
Handb. d. Morphologie, 1912.
— Deszendenzlehre, Ein Lehrbuch auf hist.-krit. Grundlage, 1922.
v. UEXKÜLL, J.: Theoretische Biologie, Berlin 1919.
— Umwelt und Innenwelt der Tiere, 2. Aufl., 1921.
UHLMANN, E.: Entwicklungsgedanke und Artbegriff in ihrer geschichtlichen
Entstehung und sachlichen Beziehung = Jen. Zeitschr. f. Naturwiss.,
Bd. 59, Neue Folge, Bd. 52, Jena 1923.
UNGERER, E.: Die Regulationen der Pflanzen — Roux' Vorträge u. Aufsätze,
H. 22, Berlin.
VELENOWSKY, JOS.: Vergleichende Morphologie der Pflanzen, T. 1—3, Prag
1905—10.
VERWORN, MAX: Allgemeine Physiologie, 5. Aufl., Jena 1909.
— Die Erforschung des Lebens, 2. Aufl., Jena 1911.
WARBURG, EMIL: Verhältnis der Präzisionsmessungen zu den allgemeinen
Zielen der Physik = Kultur d. Gegenwart, T. 3, Abt. 3, 1, 1915, Bd. Physik,
Berlin u. Leipzig 1915.
WARMING, EUGEN: Lehrbuch der ökologischen Pflanzengeographie v. E. W. u.
P. GRAEBNER, 3. Aufl., Berlin 1918.
WENZ, W., Die Entwicklungsgeschichte der Steinheimer Planorben und ihre
Bedeutung für die Deszendenzlehre = Ber. d. Senckbg. Naturf. Ges. 52,
Frankfurt a. M. 1922.
v. WETTSTEIN, R.: Monographie der Gattung, Euphrasia = Arb. d. bot. Inst.
d. k. k. deutsch. Univ. Prag, Nr. 9, Leipzig 1896.
— Die europäischen Arten der Gattung Gentiana aus der Sektion Endo-
tricha Troel. und ihr entwicklungsgeschichtlicher Zusammenhang = Denk-
schr. d. Kgl. Akad. d. Wiss., Math.-naturwiss. Kl., Bd. 64, Wien 1897.
— Grundzüge der geographisch-morphologischen Methode der Pflanzen-
systematik, Jena 1898.
— Handb. der systematischen Botanik, 2. Aufl., Leipzig 1911; 3. Aufl., T. 1,
Wien 1923.
— System der Pflanzen = Handw. d. Naturwiss., Bd. 9, Jena 1913.
— Das System der Pflanzen = Kultur d. Gegenwart, T. 3, Abt. 4, Bd. 4,
Berlin u. Leipzig 1914.
— Phylogenie der Pflanzen, ebd. 1914.
WINDELBAND, WILH.: Geschichte und Naturwissenschaft, Rektoratsrede,
Straßburg 1894.
WINKLER, H.: Entwicklungsmechanik oder Entwicklungsphysiologie der
Pflanzen = Handw. d. Naturwiss., Bd. 3, Jena 1913.
— Über die Rolle von Kern und Protoplasma bei der Vererbung = Zeitschr.
f. indukt. Abstammungs- u. Vererbungslehre, Bd. 33 (Referat auf d.
Münchner Vererbungskongreß 1924).
WUNDT, WILH.: Metaphysik = Kultur d. Gegenwart, T. 1, Abt. 6, Leipzig 1907.
ZELLER, ED.: Kleine Schriften, Bd. 1, Berlin 1910.
ZIEHEN, TH.: Erkenntnislehre auf psychophysiologischer und physikalischer
Grundlage, Jena 1913.

# Namen- und Sachverzeichnis.